表示印第安那沃巴什河时，比例尺的影响

图 1.11 蓝线表示的是从小比例尺地图上提取的沃巴什河。以合适比例尺进行分析（如大陆研究）时，这条特征线足以满足大多数应用的需求。在进行大比例尺研究时，要用到从 1:24000 地形图上提取的红线所提供的精细信息（数据由 Indiana Map 提供）

置于待扫描相片或地图旁的灰度卡和色标

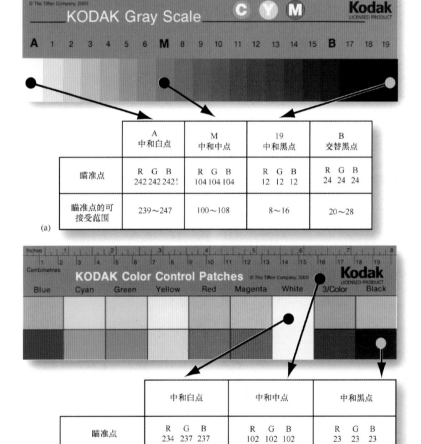

图 3.15 (a) 放在待扫描黑白航片或地图旁的灰度卡，其目的是通过表中的白色、灰色和黑色点，在数字化输出文件中使其 RGB 值与指定目标点的 RGB 值最接近；(b) 置于待扫描彩色地图或彩色航片旁的色标（摘自美国国家档案文件管理局；Puglia et al.，2004）

典型多光谱数字帧相机的波谱分辨率

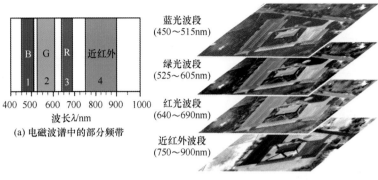

(c) 由蓝光、绿光和红光波段合成的真彩色图像

(d) 由绿光、红光和近红外波段合成的彩红外图像

蓝光波段
(450～515nm)

绿光波段
(525～605nm)

红光波段
(640～690nm)

近红外波段
(750～900nm)

(b) 各幅多光谱波段图像

(a) 电磁波谱中的部分频带

图 3.18 (a) 典型数字相机 4 个波段的光谱带宽（蓝、绿、红和近红外波段）；(b) 由多光谱数字相机获取的单波段图像；(c) 由蓝、绿、红波段真彩色合成的图像；(d) 由绿、红和近红外波段彩红外合成的图像

佐治亚州亚特兰大市的真彩色图像

(a) Landsat 7 ETM+传感器于2000年9月28日获取的图像（RGB = 波段3、2、1，分辨率为30m×30m）

城市热岛

(b) 由Landsat ETM+热红外图像导出的温度图

图 3.29 (a) 陆地卫星 7 ETM+ 传感器于 2000 年 9 月 28 日获取的佐治亚州亚特兰大市的真彩色图像；(b) 佐治亚州亚特兰大市的温度图，城市热岛来源于对陆地卫星 ETM+ 热红外图像的分析（来自 NASA 地球天文台）

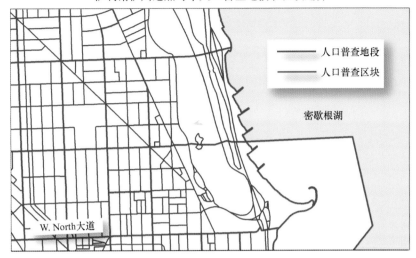

伊利诺伊州芝加哥市人口普查地段和区块边界

人口普查地段

人口普查区块

密歇根湖

W. North大道

图 4.10 图中蓝色代表美国伊利诺伊州芝加哥市的人口普查地段，红色代表普查区块。取决于所研究的内容，区域单元可能是合适的。通常，可塑性面积单元问题表明区域单元尺寸越大，变化之间的相关性就越大（数据来自美国人口统计局）

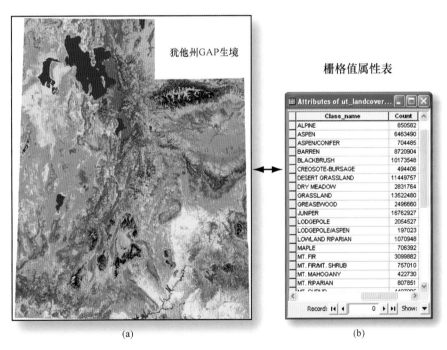

(a)   (b)

图 5.17 犹他州差异生境空间数据和与其关联的属性表：(a) 每种颜色代表不同的土地类型（Class_name）；(b)Count 字段表示每种土地类型的像素和，每种土地类型的面积可通过像素的面积乘以表中的 Count 字段值算出（数据由犹他州提供，程序界面由 Esri 公司提供）

面要素的负（内嵌）缓冲区分析

(a) 宗地和建筑用地的叠加

(b) 宗地的5m负（内嵌）缓冲区

(c) 宗地的5m和10m负（内嵌）缓冲区

图 6.5 (a) 配准后的宗地（蓝色）和南卡罗来纳州皇家港地区的建筑用地范围（黄色）的叠加；(b) 从宗地边界向内的 5m 负（内嵌）缓冲区，用蓝色标识；(c) 分别表示为蓝色和深绿色的宗地 5m 和 10m 负内嵌缓冲区（数据由博福特县 GIS 部门和美国地质调查局提供）

伊利诺伊州芝加哥某个路网的MAF/TIGER文件

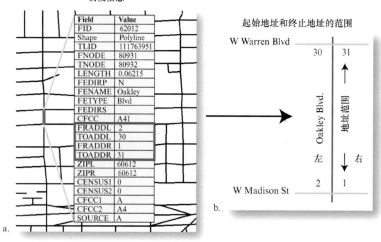

图 7.3 (a) 伊利诺伊州库克县一个街段的 MAF/TIGER Line 文件，红色街段与 North OakleyBoulevard（北奥克利大道）关联。右侧的黄色街道属性信息列表，使用蓝色边框标出了起始地址和终止地址信息；(b)Oakley Boulevard 的起始地址和终止地址，偶数地址和奇数地址分别列在街道的左右两侧；(c)Oakley Boulevard 上的数字地址可插值到大致的位置。例中，15 N Oakley Boulevard 位于街道右侧 West Madison Street 与 West Warren Boulevard 的中间位置。相反，地址 24 N Oakley Boulevard 更接近于街道左侧的 West Warren Boulevard（数据来自美国人口统计局）

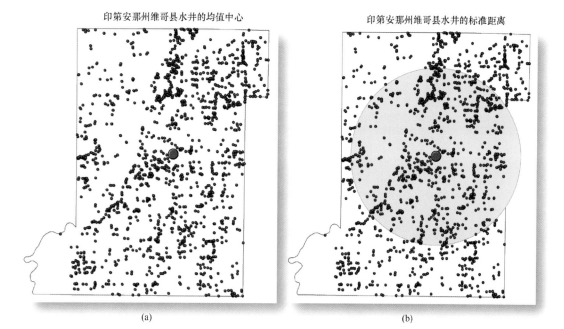

印第安那州维哥县水井的均值中心　　　　　　　　印第安那州维哥县水井的标准距离

(a)　　　　　　　　　　　　　　　　　(b)

图 8.10　印第安那州维哥县所有正常运行水井的位置：(a) 红点是所有水井的均值中心；(b) 绿色圆圈是均值中心的第一标准距离。如果点是随机分布的，那么有 68% 的点落在第一标准距离内（数据源于印第安那地图中心）

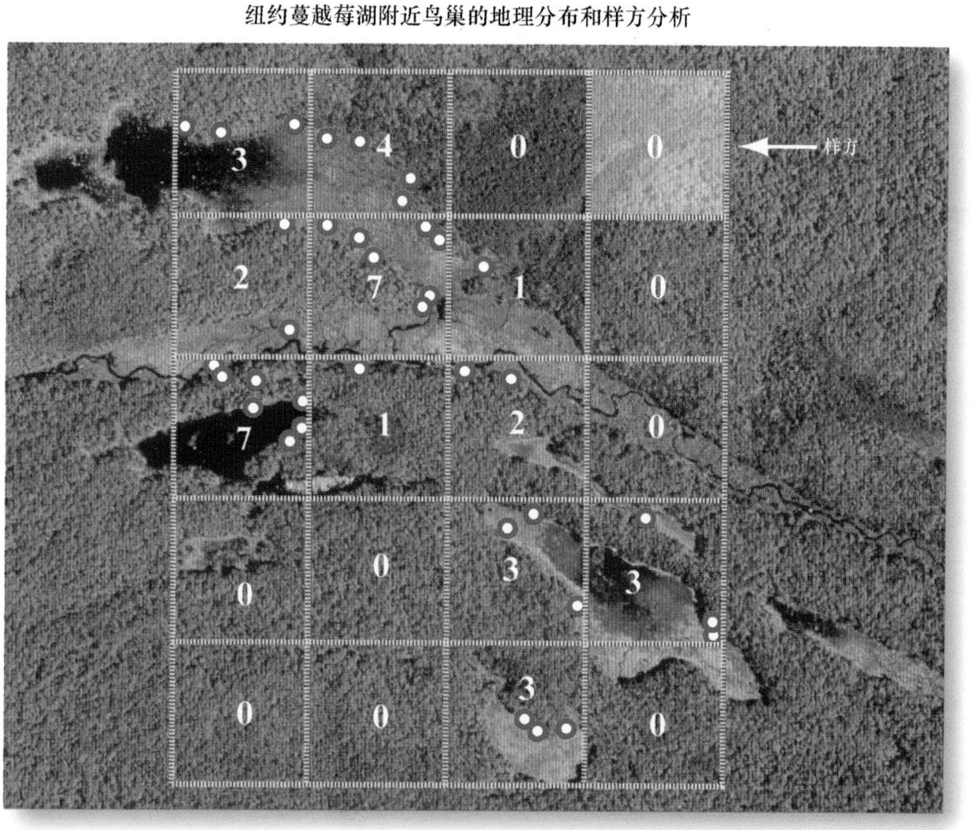

纽约蔓越莓湖附近鸟巢的地理分布和样方分析

← 样方

图 8.13　纽约蔓越莓湖附近鸟巢（蓝点）的地理分布。进行样方分析时，将大小均为 250m×250m 的 20 个样方叠加到鸟巢（白色圆心）上。用每个样方（黄色表示）内的鸟巢数量来计算卡方检验统计，以确定鸟巢是否为平均分布（数据由 Elaina Tuttle 提供，航拍影像源于美国地质调查局）

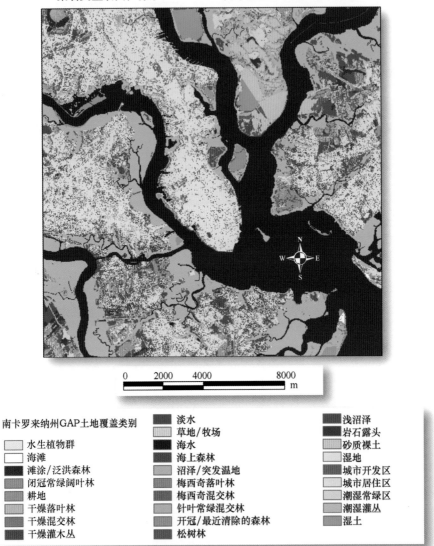

南卡罗来纳州查尔斯顿地区GAP分析土地覆盖的定量配色方案名义量表图，源于1991—1993年陆地卫星专题成像仪影像

0	2000	4000		8000
				m

南卡罗来纳州GAP土地覆盖类别

- 水生植物群
- 海滩
- 滩涂/泛洪森林
- 闭冠常绿阔叶林
- 耕地
- 干燥落叶林
- 干燥混交林
- 干燥灌木丛

- 淡水
- 草地/牧场
- 海水
- 海上森林
- 沼泽/突发温地
- 梅西奇落叶林
- 梅西奇混交林
- 针叶常绿混交林
- 开冠/最近清除的森林
- 松树林

- 浅沼泽
- 岩石露头
- 砂质裸土
- 湿地
- 城市开发区
- 城市居住区
- 潮湿常绿区
- 潮湿灌丛
- 湿土

图 10.19　对 27 个类别使用定量配色方案后的名义量表土地覆盖图。每像素土地覆盖信息取自 20 世纪 90 年代早期的陆地卫星专题制图仪影像。该数据是空间分辨率为 30m×30m 南卡罗来纳州差异分析计划的一部分（数据由南卡罗来纳州自然资源部授权使用）

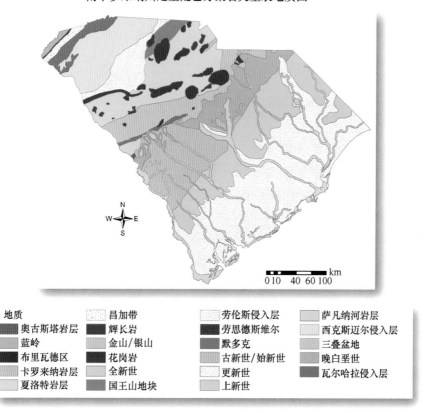

南卡罗来纳州定量配色方案名义量表地质图

地质			
昌加带	劳伦斯侵入层	萨凡纳河岩层	
奥古斯塔岩层	辉长岩	劳思德斯维尔	西克斯迈尔侵入层
蓝岭	金山/银山	默多克	三叠盆地
布里瓦德区	花岗岩	古新世/始新世	晚白垩世
卡罗来纳岩层	全新世	更新世	瓦尔哈拉侵入层
夏洛特岩层	国王山地块	上新世	

图 10.20　对 22 个类别应用简单定量配色方案的多边形地质数据名义量表土地覆盖图
　　　　（数据由南卡罗来纳州自然资源部授权使用）

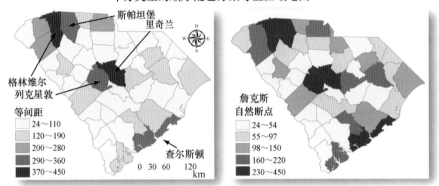

(a),(b) 使用相同顺序配色方案的等面积和詹克斯自然断点类间距

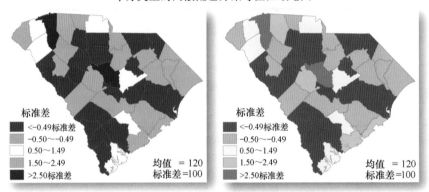

(c),(d) 使用两种不同离散配色方案的标准差类间距

图 10.22　用于等值区域制图的顺序和离散配色方案示例。彩色分类方案的 RGB 特性可在图 10.21 中找到（数据由南卡罗来纳州自然资源部授权使用）

地理信息系统导论

Introductory Geographic Information Systems

[美] John R. Jensen 著
Ryan R. Jensen

王淑晴 孙翠羽 郑新奇 等译

电子工业出版社
Publishing House of Electronics Industry
北京 · BEIJING

内 容 简 介

　　地理信息系统是一种特定的空间信息系统，它是在计算机软/硬件系统支持下，对整个或部分地球表层（包括大气层）空间中的有关地理分布数据进行采集、存储、管理、运算、分析、显示和描述的技术系统。本书简要介绍与 GIS 相关的基本原理，主要内容包括 GIS 简介、参照系、GIS 数据、数据质量、空间数据模型和数据库、矢量和栅格数据的空间分析、网络分析、统计和空间数据测量、三维数据的空间分析、使用 GIS 制图、GIS 硬件/软件和编程、未来展望等。

　　本书主要为 GIS 和空间分析的初学者撰写，相对复杂的 GIS 科学原理的叙述会尽可能简单，基本不涉及数学公式。本书紧跟 GIS 技术发展的步伐，图文并茂，内容丰富，知识覆盖面宽，概念清楚，讲解生动，可作为高等学校、科研单位、技术部门、公司和政府部门相关人员的教科书或学习参考书。

版权贸易合同登记号　图字：01-2013-0468

图书在版编目（CIP）数据

地理信息系统导论/（美）詹森（Jensen, J. R.），（美）詹森（Jensen, R. R.）著；王淑晴等译.

北京：电子工业出版社，2016.4

书名原文：Introductory Geographic Information Systems

ISBN 978-7-121-28290-4

I. ①地… II. ①詹… ②詹… ③王… III. ①地理信息系统－高等学校－教材 IV. ①P208

中国版本图书馆 CIP 数据核字（2016）第 046480 号

策划编辑：谭海平

责任编辑：谭海平　　特约编辑：王崧

印　　刷：三河市双峰印刷装订有限公司

装　　订：三河市双峰印刷装订有限公司

出版发行：电子工业出版社

　　　　　北京市海淀区万寿路 173 信箱　　邮编：100036

开　　本：787×1092　1/16　印张：20.75　字数：531 千字　彩插：4

版　　次：2016 年 4 月第 1 版（原著第 1 版）

印　　次：2016 年 4 月第 1 次印刷

定　　价：65.00 元

　　凡所购买电子工业出版社图书有缺损问题，请向购买书店调换。若书店售缺，请与本社发行部联系，联系及邮购电话：（010）88254888。

　　质量投诉请发邮件至 zlts@phei.com.cn，盗版侵权举报请发邮件至 dbqq@phei.com.cn。

　　服务热线：（010）88254552，tan02@phei.com.cn。

译 者 序

地理信息系统（GIS）是一门潜力无限的新兴边缘交叉学科，它通过输入、处理、分析和显示空间数据来解决空间位置的相关问题。随着计算机、空间和互联网等支撑技术的发展，地理信息系统已从一种工具、方法或技术，飞速发展为一门科学，并得到了广泛应用。在全世界的中学、学院和大学中，都在讲授 GIS 的相关课程。如今，GIS 已成为全球拥有数百万从业人员和数百亿美元的产业。国家测绘地理信息局在"十三五"期间我国测绘地理信息工作的重点任务目标中明确提出，我国地理信息产业将保持年均 20%以上的增长速度，2020 年总产值将超过 8000 亿元人民币。在"十三五"的开局之年，我们很荣幸将这本"科普版"的地理信息系统书籍介绍给广大读者。

本书涵盖了与地理信息系统相关的基本原理、概念及其在各领域的应用实例，内容深入浅出，相对复杂的地理信息科学原理都用简单明晰的概念和丰富的应用实例加以讲解，适用于对地理信息系统和空间分析没有任何概念的读者。希望能有更多的人通过阅读本书，对地理信息系统有更深入的了解，并建立正确的概念。

全书共 12 章，其中王淑晴、高方红翻译第 1 章和第 2 章，王淑晴、辛鑫翻译第 3 章和第 4 章，王淑晴、张学文翻译第 5 章和第 6 章，孙翠羽、林慧翻译第 7 章和第 8 章，孙翠羽、胡科林翻译第 9 章和第 10 章，孙翠羽、崔媛媛翻译第 11 章和第 12 章。王淑晴和孙翠羽分别负责全书的前后期审校工作，郑新奇负责全书的统筹工作。本书能够顺利出版，得到了电子工业出版社的大力支持，在此表示衷心的感谢。

GIS 本身的内容纷繁庞杂，涉及的学科和应用领域跨度巨大，这无疑增大了翻译工作的难度。由于时间仓促，译者水平有限，难免存在疏漏和不当之处，恳请广大读者批评指正。译者联系方式：010-82321807，电子邮件：w_sq_2002@163.com。

译 者

前　言

地理信息系统（GIS）用于输入、显示和分析空间数据，进而求解空间问题。地理信息系统与测地学、测量学、制图学和遥感共同组成了测绘科学。由于地理空间数据质量、空间分析算法和计算机硬件的提升，使用地理信息系统来求解重要地理空间问题正日益增长。

基于上述改进，地理信息系统已广泛应用于各个领域，如网络分析、环境研究、土地利用和交通规划、地形可视化、海平面抬升预测、社会经济和人口分析、业务定位/分配建模等。美国劳工部和其他机构已认识到，地理信息系统的利用将成具有良好发展前景的重要职业。

本书主要适用于地理科学的学生和教师。本书简要介绍与 GIS 相关的基本原理，主要为 GIS 和空间分析的初学者撰写。相对复杂的 GIS 科学原理的叙述会尽可能简单，基本不涉及数学公式。需要使用数学公式时，也只给出简单的代数或三角函数形式。每章的章末提供有复习题和术语表。书中的所有插图和表格均可以 Microcoft PowerPoint 文件格式获取。教师可从 www.pearsonhighered.com/irc 处下载这些 PPT 文件，进而将这些插图和表格添加到自己的教学资源中。

本书的测验、网络链接、RSS 反馈、线条图和其他资源，可从 www.mygeoscienceplace.com 处下载。

第 1 章：GIS 简介

本章介绍空间数据的特点和地理信息系统在空间数据分析中的角色与重要性。首先简要介绍矢量和栅格数据结构之间的区别，给出地理信息系统的几种正式和非正式定义；然后澄清关于 GIS 的几个重要误解；再后介绍地理信息系统的基本组成，包括硬件、软件、人件和数据；最后回顾地理信息系统的发展趋势，包括 GIS 的商业应用和 GIS 领域的各种职业。

第 2 章：参照系

高品质地理信息系统分析要求空间数据相对某个坐标系是准确的。本章首先介绍大地基准、椭球、大地水准面和通用坐标系的基本知识；然后介绍基于经纬度的世界（球面）坐标系；再后介绍几种投影坐标系，如通用横轴墨卡托、阿尔伯斯等积、兰伯特等角圆锥和州平面坐标系，以及创建自定义地图图影和坐标系的方式；最后介绍与各种地图投影失真相关的天梭指标及其用途。

第 3 章：GIS 数据

本章回顾获取 GIS 分析所用地理空间数据的几种基本技术。首先介绍几种现场采集数据的方法，包括使用全球导航卫星系统（GNSS）如美国的 NAVSTAR 全球定位系统（GPS）、陆地测量、地面取样、人口普查和硬拷贝地图与图像数字化；然后介绍如何使用航空器和航天器上的遥感设备来采集地理空间数据；再后讨论遥感过程、术语和分辨率因素（空间、光谱、时间和辐射）；接着探讨几种遥感数据采集系统，包括航空摄影、多光谱、高光谱、热红外、LiDAR 和 RADAR；最后简要介绍模拟和数字图像的处理过程。

第 4 章：数据质量

数据质量评估是 GIS 分析的一个重要方面。本章首先介绍元数据的概念以及如何使用它来确定特定项目的数据集的有用性；然后介绍准确度和精度的差别；再后介绍常见的属性误差和定位（空间）误差，以及如何测量误差和校正误差；接着介绍几家机构提供的地图准确度，误差可视化的重要性和误差传播；最后介绍生态学谬论和可更改的面积单元问题。

第 5 章：空间数据模型和数据库

本章回顾矢量和栅格数据模型的详细特性。首先介绍矢量数据拓扑和空间相关矢量模型与基于对象的矢量模型；然后介绍栅格文件格式和地理参考；再后介绍一些需要转换为不同数据结构的矢量或栅格数据，包括矢量-栅格数据转换和栅格-矢量数据转换；最后介绍如何使用地理信息系统来存储、关联、连接和查询与矢量及栅格数据模型相关的属性。

第 6 章：矢量和栅格数据的空间分析

本章介绍使用矢量和栅格数据进行空间分析的地理信息系统的基本信息。首先介绍点、线和面矢量数据的缓冲方法；然后讨论矢量的叠加操作，包括点与多边形的叠加、线与多边形的叠加、多边形与多边形的叠；再后介绍数据分析，包括物理距离量测、缓冲、应用到单个栅格数据集的本地操作、应用到多个数据集的本地操作、邻域操作（如空间滤波）和区域操作与统计。

第 7 章：网络分析

本章首先简要介绍地理编码和地址匹配，然后讨论两种普通的地理数据库网络（无向网络和有向网络），再后讨论使用 GIS 中存储的地理信息来创建拓扑正确的网络地理数据库的通用过程。此外，本章还将讨论网络信息的来源，网络元素如边、交点和转弯，给出网络成本（如时间或距离阻抗）、障碍（如临时道路封闭或意外）的概念与层次；介绍用于定位设施的各种位置定位模型；最后探讨如何确定流向、追踪边缘和上下游节点，并使用障碍来求解有向水文网络问题。

第 8 章：统计和空间数据测量

本章介绍一些基本的描述性统计和空间统计，以及这些统计如何增进我们对空间关系理解的方式。首先介绍简单的欧氏距离和马氏距离测量；然后介绍常见的多边形测量，如多边形周长测量和面积测量；再后讨论几个有用的描述性统计和空间统计，如空间分析的均值中心和标准距离；接着介绍空间自相关的概念及其莫兰指数 I 的测量；最后介绍使用样方和最近邻分析来进行点模式分析的技术。

第 9 章：三维数据的空间分析

本章介绍如何将控制点观测值(x, y, z)变换为矢量和栅格数据结构，以便进行显示和表面处理。控制点数据可变换为三角不规则网（TIN）。使用空间插值技术如最近邻插值、距离反向加权插值、克里金插值和样条插值，控制点数据也可变换为栅格（矩阵）格式。本章回顾了如何处理 TIN 和栅格数据集，以便提取坡度、方位和等值线，讨论了常用于增强三维表面解释的分析晕渲法和色彩再现法。

第 10 章：使用 GIS 制图

GIS 分析通常会涉及高质量地图产品的创建。本章首先简要介绍几个主要的制图里程碑，然后介绍整个制图过程，以帮助读者了解制图的实际阶段和认知阶段，接着介绍几个基本的地图设计要素（布局、平衡、颜色和符号的使用、图形-地面关系、指北针和罗盘、比例条），然后用几个例子展示点（如渐变圆）、线（如等高线）和面（如等值线图）要素的详细制图信息，最后讨论相片地图和正射影像地图的特点。

第 11 章：GIS 硬件/软件和编程

本章首先介绍典型的 GIS 计算机硬件，包括计算机类型、中央处理单元（CPU）、内存、海量存储、显示、输入/输出设备和备档要求；然后介绍 GIS 软件的几个重要特性，包括常用的 GIS 软件、操作系统、数据采集和数据格式、数据库、制图性能和成本等；接着讨论 GIS 软件客户支持的重要性。标准的 GIS 软件有时并不提供完成某个项目的全部组件。此时，GIS 专业人员应能编写新的地理空间代码并在标准的 GIS 软件中运行；再后回顾执行 GIS 相关计算机编程的基本特点；最后给出使用 Python 语言进行面向对象编程的例子。

第 12 章：未来展望

本章介绍 GIS 职业和教育问题，包括薪酬和雇用趋势，公共和私营部门关于雇用、认识与继续教育的详细信息，强调了专业地理空间组织的重要性；然后介绍各种 GIS 技术要素，包括云计算和 GIS、网络 GIS、移动 GIS 和自发地理信息的收集、数据格式和标准的改进、三维可视化等；接着介绍地理空间数据和法律/隐私问题；最后介绍遥感信息与 GIS 分析的集成。

附录 A：地理空间信息来源

本章首先介绍美国联邦地理空间数据仓库、一个开源数据仓库和一个有代表性的商用地理空间数据仓库；然后列出可自 Internet 下载的部分地理空间数据集，包括数字高程、水文、土地利用/土地覆盖和生物多样性/栖息地、网络（道路）和人口统计数据，以及几种类型的公众遥感数据；接着给出数据集的地图或影像示例；最后小结美国 50 个州的 GIS 数据管理机构。

致 谢

感谢如下人员的帮助：佐治亚州亚特兰大市 ERDAS 公司的 Paul Beaty，加利福尼亚州加州大学圣巴巴拉分校地理系的 Keith Clarke，科罗拉多州斯普林斯市 Sanborn 地图公司 CEO John Copple；南卡罗来纳州哥伦比亚市南卡罗来纳大学地理系的 Dave Cowen，印第安纳州立大学研究生院长兼《应用地理学》编辑 Jay Gatrell，田纳西州克拉克斯维尔奥斯汀州立大学地理科学系的 Chris Gentry，马里兰州哥伦比亚 Bellwether 出版公司《地理科学与遥感》杂志主编 Brian Hayman，南卡罗来纳州哥伦比亚南卡罗来纳大学地理系的 Mike Hodgson，加利福尼亚州雷德兰 Ersi 公司知识产权协调员 Lisa Horn，犹他州盐湖城犹他自动地理参考中心主任 Spencer Jenkins，编辑与校对人员 Marsha Jensen，印第安纳州印第安纳波利斯印第安纳大学文学院地理系的 Dan Johnson，佐治亚州雅典佐治亚大学地理系的 Marguerite Madden，纽约州罗切斯特 PICTOMETRY 国际公司执行副总裁 Charlie Mandello，南卡罗来纳州博福特县信息技术与 GIS 部门主管 Dan Morgan，南卡罗来纳州哥伦比亚南卡罗来纳大学地理系的 Mike Morgan，佛罗里达州塔拉哈西佛罗里达州立大学地理系的 Victor Mesev，南卡罗来纳州哥伦比亚南卡罗来纳大学地理系的 Kevin Remington，南卡罗来纳州哥伦比亚南卡罗来纳大学地理系的 Lynn Shirley，俄亥俄州威尔伯福斯中央州立大学水资源管理国际中心的 Xiaofang Wei，南卡罗来纳州伦比亚南卡罗来纳大学地理系的 Chang Yi。

感谢如下个人、机构和商业公司为书中的插图提供数据：

- Alamy 公司：部分照片。
- 南卡罗来纳州博福特县的 GIS 部门：数字航空照片、LiDAR 数据以及地块和交通网络数据。
- Bellwether 出版公司：发表于《GIS 科学与遥感》上的部分图形。
- Cindy Brewer、Mark Harrower、宾夕法尼亚大学、ColorBrewer：源自 ColorBrewer.org 的顺序和发散配色方案规范。
- Dave Cowen 和 Mike Morgan：三维 GIS 建筑示例。
- DeLorme 公司：世界上最大的地图照片。
- Esri 公司：ArcGIS、ArcMap 和 ArcCatalog 图形用户界面是 ESRI 公司的智能成果，经其许可使用。ArcWorld Supplement 和 ArcGIS Online 的使用同样得到了 Esri 公司的许可。
- 谷歌公司：谷歌地球界面的照片。
- GeoEye 公司：IKONOS 和 GeoEye-1 卫星影像。
- IndianaMap 公司：印第安纳州的航空照片和其他地理空间信息。
- 南卡罗来纳州列克星敦县 GIS 互联网属性、制图和数据服务：航空照片和地块数据。
- 美国国会图书馆地理学与地图分馆：历史地图的照片。
- 美国国家航空航天局和喷气推进实验室：ASTER、AVIRIS、G-Projector 软件、GRACE、陆地卫星专题制图仪、MODIS 和 SRTM。
- 美国国家档案和记录管理局：灰度和彩色卡片。

- 美国国家海洋和大气管理局：AVHRR、海岸变化分析计划、NOAA 地球物理数据系统。
- 美国国家大地测量局：CORS 和测量设备的照片。
- 美国国立橡树岭实验室：LandScan 的说明。
- OpenStreetMap：开源地理空间数据。
- PICTOMETRY 国际公司：数字垂直与倾斜航空照片及使用 PICTOMETRY 数据的人员的照片。
- Sanborn 地图公司：航空照片、LiDAR 数据和几幅专题地图。
- Sensefly 公司：无人机照片。
- 南卡罗来纳州自然资源部门：南卡罗来纳专题数据集。
- 犹他州自动地理参考中心：犹他州的航空照片和专题数据集。
- 美国人口统计局：TIGER/Line Shape 文件、人口密度和年龄数据
- 美国农业部：国家农业影像计划航空照片。
- 美国鱼类及野生动物服务局：国家湿地库存数据。
- 美国地质调查局：解密卫星影像、数字正射影像、Earth Explorer 网站、高程衍生产品国家应用、GAP 分析计划、Geo.Data.gov 网站、GTOPO30、历史地面照片 LiDAR、国家地图、国家高程数据集、国家水文地理数据集、国家土地覆盖数据集、地图投影、美国拓扑数据。
- 大自然保护协会：使用自发研究成果的许可。
- TeleAtlas 公司和 Esri 公司：加利福尼亚州旧金山市经许可使用的网络数据；图 2.10(a)、图 2.11(b)、图 2.12(a)、图 2.15(a)、图 2.16(a)、图 2.18、图 2.19、图 2.20、图 2.21、图 2.22、图 4.1、图 5.16、图 5.17(b)、图 5.18、图 10.9、图 10.10、图 11.3、图 11.5、图 11.6 和图 A.6
- Zev Radovan，Bible Land Pictures/Alamy 公司：经许可使用的世界黏土地图。
- John R. Jensen：图 1.2(c)和(d)、图 1.9(a)和(d)、图 3.4(a)和(c)、图 3.8、图 3.11(a)和(b)、图 3.14(a)和(c)、图 3.18(b)和(d)、图 3.31、图 3.33、图 3.34、图.22(a)和(c)、图 9.12、图 10.11、第 11 章章首图、图 11.2、图 12.2、图 12.4(c)和(e)。
- Ryan R. Jensen：图 3.7(a)和(b)、图 11.1、图 11.4。

感谢《GIS 科学》杂志编辑 Keith Clarke 给出的指导和建议，感谢 Christian Botting 的及时决策和过程管理。感谢项目编辑 Anton Yakovlev 以及 Pearson 教育出版公司的其他成员：Edward Thomas、Gina Cheselka、Kelly Birch、Martha Ghent、Maya Melenchuk 和 Erin Donahue。最后要感谢我们各自的妻子 Marsha 和 Tricia。

John R. Jensen 于南卡罗来纳大学

Ryan R. Jensen 于杨百翰大学

目录

CONTENTS

GIS 简介

许多人或许并未意识到，在地球上居住了一段时间后，实际上已掌握了相当多的地理信息知识。之前，大家可能听说过地理信息系统（GIS）这个名词，但不完全了解它是什么，或者如何使用它来进行科学调查或改进决策。也许公司老板知道地理信息系统的实用性，并希望员工了解 GIS 的基本知识，进而提升员工的价值。或许很多人已经在使用 GIS 并想进一步学习，以使自己更有市场竞争力。本书的目的是用简单直观的方式介绍 GIS 的基本原理。

1.1 什么是空间数据

空间数据具有唯一的地理坐标或其他空间标识，以便在地理空间中定位（Jensen et al., 2005）。年龄或体重等非空间数据不包含地理信息。读者很可能已经通过地图、航拍像片或卫星影像图，特别是下面给出的互联网地图服务，对空间信息有了大致的了解：

- 必应地图（www.microsoft.com/maps/default.aspx）
- 谷歌地球（www.earth.google.com）
- 谷歌地图（www.maps.google.com）
- MapQuest（www.mapquest.com）
- 雅虎地图（www.maps.yahoo.com）

因此，地理信息分析仅仅是许多已有经验的延伸。例如，读者是否曾经想过：

- 遇到紧急事件拨打 911 时会发生什么？调度人员可通过地理数据库立刻定位具体的地址。理想情况下，调度人员可以在地图或空中影像图上看到事件位置并了解该位置附近的所有应急车辆（如消防车、警车、急救车），如图 1.1 所示。如果配置得当，GIS 紧急响应软件会为应急车辆前往住所或工作场所提供最佳路线。因此，高质量的地理数据和有效的 GIS 软件可以挽救生命。

- 当把邮政编码给当地百货公司收银员时，会发生什么？通常情况下，邮政编码及与其相关的地理信息坐标，会连同所购买产品和产品价格等相关信息一起，被传输到电子地理数据库中。经过业务与 GIS 技术培训的人员，每天都会积累数百万名顾客的此类信息，并利用这些信息：①将新店设在社区内可实现最大利润的最佳位置；②在店中储备附近居民最可能购买的特定产品。

- 导航设备、手机和 iPad 如何帮助识别从 A 地到 B 地的最短距离或最快路线？在美国，上述设备任何时刻都可利用全球定位系统（GPS）技术确定地球上的位置。这种空间信息和目的地（位置 B）的坐标都存储在地理空间数据库中。然后使用 GIS 的特殊功能找到到达位置 B

的最优路线，并将该路线显示在屏幕上。车载导航仪可向驾驶员提供详细的行驶指令，如图 1.2(a)所示。同样，启用了 GPS 功能的手机［见图1.2(b)］可在地理空间中定位。图中手机位于南卡罗来纳州哥伦比亚市的 George Rogers 大道［见图 1.2(c)］。用户也可通过搜索数据库来找到该地区附近其他感兴趣的地物（如哥伦比亚市的 Williams-Brice 体育场），并确定它们与手机所在位置的距离。位置信息可以使用传统制图符号［见图 1.2(c)］表示，也可以叠加在高分辨率卫星图像或数字航空影像［见图 1.2(d)］上。

911 调度人员使用 GIS 和遥感技术

图 1.1　911 调度人员接到来电。地理信息数据库中存储的 GIS 数据可自动分析并识别呼叫者的地理位置。调度人员可在数字地图或数字航空影像图上看到呼叫者的位置。GIS 中也可能包含每位应急者（如警察、消防人员、医护人员等）的当前位置信息，调度人员或 GIS 系统可选择能最快到达呼叫者所在地的应急者（图像由 Pictometry International 提供）

- 如何使欠发达地区的湿地等环境敏感区域在环境恶化的趋势下得到保护？通常使用 GIS 中的地理空间信息对这些敏感区域进行研究与建模，例如现存湿地的空间分布、周围土地利用/覆盖情况、分区规则建议、地形坡度和高度、水文站网以及现有交通网络等。GIS 在同一时间对全部空间数据进行分析，并预测所建议的土地利用类型对现存湿地的影响。

上述各种应用都需要空间数据和空间数据分析。空间数据和空间数据分析已出现很长时间，但仅在近 30 年才开始对民众的日常生活产生重要影响。有趣的是，地理信息和分析正变得非常普通，以致社会经常会对它们熟视无睹。例如，大部分人在使用网上地图（如必应地图、谷歌地图、雅虎地图等）或个人导航设备（如 iPhone）时，并不关心他们到特定位置的最快路径是怎样被确定的，而只关心其是否能正常工作。因此，进行 GIS 分析的技术人员在工作中做到精确高效是当务之急。本书介绍了许多地理空间应用和方法，它们可使地理信息系统在改善保护人民生命的决策和环境可持续发展方面做出贡献。本书适用于那些想要恰当使用地理数据和地理信息系统的人们。

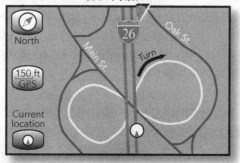

安装在汽车仪表板上的使用
GPS技术的导航设备

(a) 导航设备上显示的典型信息

组合使用GPS、Wi-Fi和蜂窝数据塔三角
定位技术，手机可定位它们的位置(x, y)

(b) 带地图应用
的iPhone

(c) 平面地图显示了iPhone
和Williams-Brice体育
场的位置

(d) 叠加iPhone位置
和地图信息后的
卫星图像

图 1.2　(a)GPS 导航设备通常装在汽车仪表板上。显示的典型信息包括导航设备所在位置、行驶方向
（北、南、东、西）、道路名称和特定位置的方向。(b)自带地图功能的手机。框线标出的 iPhone
地图应用程序利用 GPS、Wi-Fi 和基站等来定位它在地表的位置。(c)使用谷歌地图技术，位于
南卡罗来纳州哥伦比亚市 George Rogers 大道的 iPhone 的位置显示为一个点。用户也可搜索地
理空间数据库来确定该地的其他地物，如 Williams-Brice 体育场，并确定它们与手机所在位置
的远近。位置信息可使用(c)传统制图符号表示，或(d)叠加在卫星影像、航空摄影像片上

1.2　空间问题

　　不同行业的从业人员，每天都会遇到大量
的空间问题。下面给出一些例子：

- 执法者：城市中最大的毒品犯罪拘捕地
是哪里？暴力犯罪最严重的地区是哪

里？这两个变量间是否存在空间关系？

- 开发商：本地区的土地坡度是什么类型？
这种坡度对开发建设来说是否太陡？

- 房地产经纪人：这个小区的房屋均价相
对于周边小区怎样？

- 大学招生负责人：大部分申请人生活在

哪里？贫困地区在哪里？如何吸引更多来自这些地区的申请人？

- 援助工作者：人类遭受苦难和财产损失最严重的地区是哪里？如何提升救助工作的影响力？
- 送货司机：我今天运送 25 件货物的最佳路径是什么？
- 立法委员：我们应该在哪里绘制国会选区边界才会使得各大城市在国会中所占的地位相同？
- 疾病防控中心：目前感染疾病的人群在地理上是如何分布的？在这次紧急事件中有多少附近居民可能会受到影响？

不论他们是否认识到这一点，这些问题都需要用空间数据和空间分析来回答。空间数据分析的结果可能会影响人们的生活（Koch，2005；Green and Pick，2006）。因此，以准确的方式收集、存储和分析数据十分重要。地理信息系统就是基于这一目的开发的。

1.3 GIS 空间数据的组织方式

如上所述，空间数据是一种具有空间相关性的数据（Morrison and Veregin，2010）。这表表人们知道地理要素位于 x、y 甚至 z 空间的何处。位置信息可通过通用球体或球面坐标系统（如纬度/经度）、投影坐标系统（如横轴墨卡托地图投影）、局部坐标系统（如某建筑物的专属空间坐标系）等来描述，也可用街道地址（如第五大道 222 号）等简单方式来表述。这种空间构成可使 GIS 用户将属性要素标注在地图上，并对其进行空间分析。在前面描述的例子中，邮政编码信息可以帮助百货公司总结出购物者的聚居区域。就百货公司而言，商业交易（如所购产品及消费总额）等非空间数据信息只有与购物者的地址结合分析时，才具有较高的利用价值。一旦结合完成，这些数据连同从其他用户处得到的信息，就可用于分析新商场的最佳位置。

对许多其他类型的数据而言，这一原则同样适用。例如，假设当地有一名估税员，他必须确保各项税务评估公正、征收公平。此外，假设该评估员充分了解镇上琼斯一家的家庭

用地，尤其了解这栋房子有 278.7 平方米的使用面积，占地 2025 平方米，上一纳税年度房产估价为 30 万美元。上述信息属于非空间信息。这种非空间信息必须与空间信息结合才能发挥作用。将地理位置（地址）与琼斯家的地块结合起来时，所有非空间信息就变为了空间信息。这种空间信息可使得琼斯家的地块能表示在财产所有权图（地籍图）上。同时可将琼斯家土地的相关信息进行今昔对比，还可将其与周围邻近土地信息进行比较，以保证该土地评估的公正性（Cowen et al.，2007）。

空间数据通常分为离散型数据、连续型数据和面域型数据。下述章节将依次介绍它们。

1.3.1　离散型地理要素

离散型地理要素包括：点、线和面。

离散点要素通常用点符号表示。例如，南卡罗来纳州博福特县私人住房的地理位置显示为圆形点状符号，如图 1.3(a)所示。若有需要，点状符号的大小也可根据每栋住房的价值来调整，这里的价值是指与街道地址相关的额外属性信息。

线要素通常用具有起点、中间点和终点的线条（矢量）来表示。博福特县的部分交通网络在图 1.3(b)中表示为矢量集。道路名称通常作为一个属性来存储。

具有地理区域特征的地表通常由一系列闭合线段（矢量）组成的面要素表示。例如，图 1.3(c)中显示了南卡罗来纳州博福特县所有合法注册的地块。地块交角的精确地理坐标、所有者名称及地块所占平方英尺数都是与之相关的典型属性。由于图 1.3(d)中所有地块的每栋建筑覆盖区都占据地理空间，因此其地理区域也具有面特征。

1.3.2　连续型地理要素

景观中连续存在的一些现象称为连续型地理要素，如高程（Maidment et al.，2007）、温度、相对湿度、太阳辐射量、风速、重力、大气压。科学家、测量人员及其他人员经常收集离散点位的相关变量数值，并利用插值法

将数据填充到栅格图中。例如,博福特县同一地理区域的高程,在图 1.3(e)中用网格(常称为栅格)表示。每个大小为 30m×30m 的单元都仅包含一个具有颜色编码的高程值。颜色越深,表示海拔越高。注意,地表被各单元连续贯穿,即地表覆盖无间隙。图 1.3(d)中的区域信息与图 1.3(e)中的高程数据叠加,可得到如图 1.3(f)所示的一幅合成地图。

离散型的点、线和面地理要素

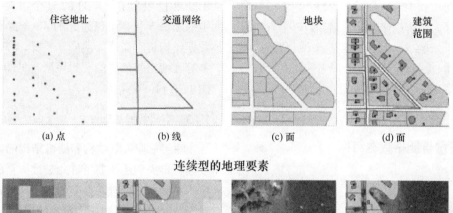

连续型的地理要素

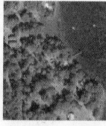

(e) 高程　　(f)(d)和(e)的合成　　(g)彩色红外正交图像　　(h)(d)和(g)的合成

按地理面积汇总的要素

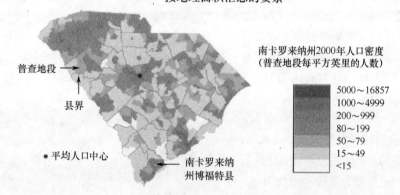

图 1.3　(a)～(d)南卡罗来纳州博福特县部分区域的点、线、面要素;(e)～(h)高程及彩红外正射影像通常为连续型数据;(i)面域型要素可根据人口密度表示,本图为 2000 年南卡罗来纳州人口普查密度图 [(a)～(h)由博福特县 GIS 部门提供,(i)由美国人口统计局提供]

多数遥感数据在性质上是连续的(Warner et al.,2009)。例如,在白天,地形持续反射近红外、红、绿、蓝等光线。图 1.3(g)是由反射的近红外、红光及绿光所构成的彩红外航片。图 1.3(d)所示的区域信息与彩红外正射影像叠加后,结果如图 1.3(h)所示。

1.3.3　面域型地理要素

地理数据的另一种重要形式表现为:在一个地理区域(如一个多边形)内进行一定数量

的离散点测量，然后用与该区域相关的某种单一变量对所得数据进行汇总处理。例如，人口及其他社会、经济数据通常按地理区域汇总。美国人口统计局以街道、社区、县及州的形式进行人口普查，编辑人口数据。若一个地区的人口数据与其土地数量结合处理，则最终数据很可能以人口密度来表示。例如，每平方米或每平方千米的人口数。南卡罗来纳州共有 46 个县。图 1.3(i)所示为南卡罗来纳州人口普查区每平方米的人口密度图。图上高亮显示的是南卡罗来纳州博福特县。

1.4 矢量与栅格数据结构

上述地理信息在计算机中通常使用具有本质区别的两种数据结构来表示，即矢量数据结构与栅格数据结构。

1.4.1 矢量数据结构

根据其固定 x、y 坐标的性质，点要素通常存储在矢量数据结构中。例如，图 1.4(a)中的点 2 在通用横轴墨卡托投影（UTM）坐标系下的坐标为 $x = 530971m$，$y = 3589686m$。矢量结构中的线要素是一系列连接点集（即起点、n 个中间点和终点）。构成线要素的每个点都有固定的 x、y 坐标。例如，图 1.4(b)中的线段 11 包括坐标分别为(530886, 3589858)和(531017, 3589342)的两个点。至少三条线段的起点与终点都在同一坐标系下时，可创建一个面要素。例如，图 1.4(c)中的地块 5 需要由 4 个点表示。若使用者对地图中的点、线、面要素有特殊需求，如需要详细的电线杆、道路和地块信息，则最好以矢量格式收集和分析数据。

1.4.2 栅格数据结构

点、线、面数据也可以存储在栅格（矩阵）格式文件中。坐标为(530971, 3589686)的点 2 的房屋在图 1.4(d)中显示为栅格格式，所在地即其正确的平面位置。然而，栅格化过程会使得点被符号化为方形元素（即像素）。像素在 x、y 方向的尺寸相同，如 10m×10m。除非所得空

间分辨率非常高，通常情况下，栅格化会严重破坏线性要素，降低其空间精度并产生锯齿图，如图 1.4(e)所示。栅格格式的面要素也会出现这种情况［见图 1.4(f)］，但专题信息的线要素和面要素会得以保留。例如，图 1.4(e)所示线段 11 包含了值为 11 的 51 个像素，图 1.4(f)中的地块 5 包含了值为 5 的 42 个像素。栅格数据结构是存储诸如温度、湿度、海拔、反射率等连续空间信息的理想模型［见图 1.3(e)和图 1.3(g)］。

1.4.3 空间数据基础设施

除了掌握矢量结构和栅格结构的各种地理要素外，人们还需要了解此类数据存储与共享的国家和国际标准。在美国，联邦地理数据委员会（FGDC）保障国家数字地理信息的发布、使用、传播和共享。这种全国性数据发布措施称为国家空间数据基础设施（NSDI）。

NSDI 包括 3 个经专利注册的基础空间数据库框架（见图 1.5）：

- 大地测量控制
- 数字地形（高程和水深）
- 数字正射影像图

4 个专题框架数据库：

- 地籍
- 边界或行政区
- 水文
- 交通

其他专题数据库：

- 土地利用/土地覆盖
- 植被
- 土壤
- 地质
- 人口信息等

许多国家利用全球空间数据基础设施（GSDI）所提供的数据来组织本国的空间数据。GSDI 协会是一个包容性的组织，其成员包括世界各地的机构、企业及个人。目的在于促进国际合作，支持地方、国家及国际空间数

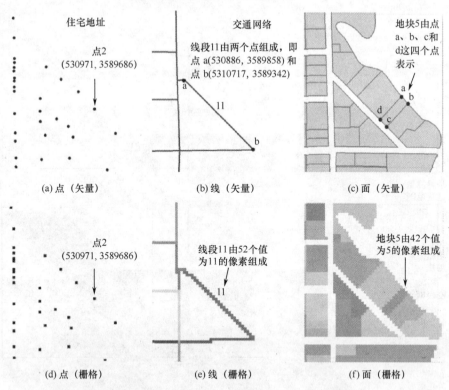

矢量和栅格数据结构（拓扑结构）

住宅地址

点2
(530971, 3589686)

(a) 点（矢量）

交通网络

线段11由两个点组成，即点 a(530886, 3589858) 和点 b(5310717, 3589342)

11

(b) 线（矢量）

地块5由点 a、b、c和 d这四个点表示

(c) 面（矢量）

点2
(530971, 3589686)

(d) 点（栅格）

线段11由52个值为11的像素组成

11

(e) 线（栅格）

地块5由42个值为5的像素组成

(f) 面（栅格）

图 1.4 (a)～(c)使用矢量数据结构表示的南卡罗来纳州博福特县部分地区的点、线、面信息。(d)～(f)使用栅格数据结构表示的相同点、线、面信息（数据由博福特县 GIS 部门提供）

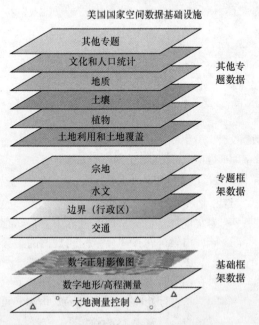

美国国家空间数据基础设施

其他专题

文化和人口统计

地质

土壤

植物

土地利用和土地覆盖

其他专题数据

宗地

水文

边界（行政区）

交通

专题框架数据

数字正射影像图

数字地形/高程测量

大地测量控制

基础框架数据

图 1.5　美国的 NSDI 包括基础框架数据、专题框架数据和其他专题数据

据基础设施的发展，以使各国能够迅速且有效地解决当下的重要社会、经济和环境等问题。（GSDI，2011）。

美国的大部分州政府、县政府依据 FGDC 准则及 NSDI 逻辑理论进行地理信息的设计、组织，并提供 GIS 服务。例如，图 1.6 为南卡罗来纳州博福特县的 7 个专题数据库。

根据 FGDC 准则及 NSDI 规范，这类数据存储在博福特县的 GIS 数据库中。注意，该数据库包含控制测量信息、数字地形、正射影像、道路交通信息及地块、建筑范围等地籍信息。博福特县 GIS 数据库中包含数以百计的专题覆盖地图，工作人员利用此类信息规划该县各领域的工作，包括消防、安全、紧急响应（911）、公共事业管理、防洪等。大部分空间数据通过互联网免费向公众开放。

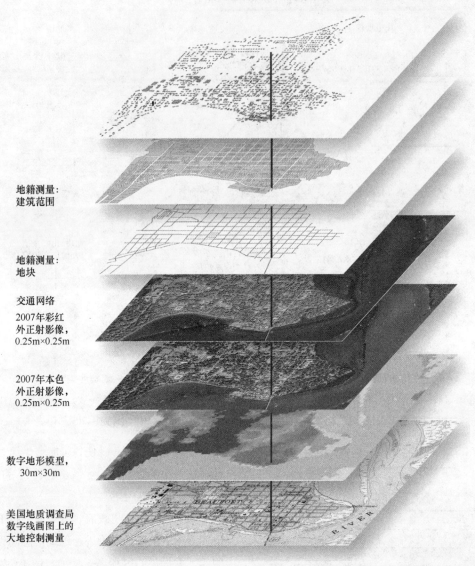

自博福特县的空间数据基础设施中选取的数据库

地籍测量：
建筑范围

地籍测量：
地块

交通网络

2007年彩红
外正射影像，
0.25m×0.25m

2007年本色
外正射影像，
0.25m×0.25m

数字地形模型，
30m×30m

美国地质调查局
数字线画图上的
大地控制测量

图 1.6　博福特县 GIS 部门维护着数百个空间数据文件。其中部分符合 NSDI 规范。包含
三个基础框架文件（大地控制测量、数字地形模型、正射影像）和三个专题框架
文件（交通运输、地籍、建筑范围）（数据由博福特县 GIS 部门提供）

1.5　GIS 标准定义与非标准定义

在初步认识地理要素（离散型要素、连续型要素、面域型要素），了解其数据存储形式分为矢量与栅格结构，并掌握其空间数据结构组成后，就可给出 GIS 的标准定义。GIS 在多学科领域的广泛适用性使其具有多种定义。例如，考虑如下关于 GIS 的几种定义。

GIS 是：

- 为实现特定目标从现实世界中收集、存储、检索、转换和显示空间数据的工具集（Burroughs，1986）。
- 对存储于计算机数据库中的空间与非空间信息进行处理、汇总、查询、编辑和可视化的信息系统（Goodchild，1997）。
- 为规划、管理、监测自然和社会经济环境而进行空间数据采集、管理、分析及可视化的数字系统（Konecny，2003）。

- 获取、存储、检索和分析空间数据的自动化系统（Slocum et al.，2005）。
- 管理和使用地理空间数据来求解空间问题的计算机系统（Lo and Yeung，2007）。

如何定义 GIS 系统通常取决于人们的使用方式。以下各例是经常进行空间分析的专业人员对 GIS 的非标准定义：

- 道路工程师将 GIS 定义为一种用来对交通网络进行维护、更新、建模和成图的空间系统。
- 生物学家将 GIS 定义为一种用来对物种和生态系统的空间动态进行监测与成图的系统。
- 地理学家将 GIS 定义为一种对空间数据进行存储、检索和分析以识别其空间模式的系统。

- 动物学家将 GIS 定义为一种用来对选定生态系统中动植物的迁徙和分布进行成图、建模和追踪的系统。
- 城市规划师将 GIS 定义为一种分区工具。
- 估税员将 GIS 定义为一种用来对不动产价值进行准确成图和监控的系统，以保证税收的公平性与合理性，同时标识非法建筑的开发。
- 电话公司职员将 GIS 定义为一种用来对已有电线杆和地下管线成图的系统，以便维护和改善基础设施。
- 紧急接线员将 GIS 定义为一种工具，可用于：(a)定位事故、紧急事件或犯罪现场；(b)确定最有效路径使合适的资源能及时到达（见图 1.7）。

紧急响应

(a) 消防员评估报警区域的纸质影像图

(b) 使用专用GIS（含有详细的建筑物高程数据和其他属性信息，如街道名称和消防栓位置）显示的倾斜航空照片

图 1.7　紧急车辆调度与引导所花的时间对求援者会有很大的影响。如果自身或至亲急需消防员或救护车，人们希望专家可运用一切方式使救援者尽快达到相关位置。(a)消防员正在检查报警区域的地图。(b)GIS 中的详细数字信息可用于定位 Lynch 巷和 Courtland 街拐角处的建筑物，求出其高度（64 英尺），配备带有合适云梯的消防车到达现场，并在到达前确定最近的消防栓（红色三角形）的位置（图片由 Pictometry International 公司提供）

几乎所有定义都包含有关分析空间数据的内容，但不存在能被人们普遍接受的 GIS 定义。没有标准 GIS 定义的缺点之一是，人们对 GIS 的误解会继续存在下去。

1.6　对 GIS 的误解

以下是人们对地理信息系统性质和用途的一些误解。

1.6.1 GIS 仅是一个图形处理软件或计算机辅助设计（CAD）程序

计算机辅助设计（CAD）和图形处理程序十分有用。例如，建筑师和工程师经常使用 CAD 程序创建和编辑建筑与工程图纸。同样，Adobe Photoshop 和 Adobe Illustrator 之类的图形处理软件能够帮助艺术家和网页设计师创建、编辑照片和数字图形。令人遗憾的是，有些人误将 GIS 仅仅当作一种图形处理软件或 CAD 程序。尽管许多功能相同，但 GIS 的空间分析功能要明显强于上述图形处理软件或 CAD 程序。其中一个最重要的区别在于，所有真正的地理信息系统都包含数据库管理系统（DBMS），而 CAD 和图形处理软件则不含此系统。此外，许多 CAD 和图形处理软件不提供专题图叠加、地理编码和网络分析等 GIS 最重要的功能。大部分高级 GIS 还可提取有用的遥感数据来作为输入。

1.6.2 GIS 仅是一个地图制图程序

制图学（地图制图）已有几千年历史。事实上，与高质量 GIS 相关的许多基本原理都基于经久不衰的制图理论（Slocum et al.，2005）。遗憾的是，有些人错误地认为制图程序等同于 GIS。标准制图程序主要考虑的是制作准确的地图，以便有效地传达空间信息。这种程序无法对地图的内容应用空间分析操作（如网络分析），也无法进行地图间的比较（如图层叠加）。

相反，GIS 可对两幅或多幅地图进行边缘匹配、对比和相关操作。例如，用户可能需要了解某生态系统中土壤和植被间的关系。GIS 出现前，制图员需要：(a)确保土壤地图和植被地图的比例尺与投影相同；(b)创建这些地图的聚酯薄膜（透明塑料）版，以便可手工将一幅地图叠加在另一幅地图上，进而确定两者之间的空间关系（McHarg，1967）。这种手工叠加地图的方法虽然有效，但很难计算两者之间的统计关系。对两张以上的地图进行评价时，会更加困难。GIS 专门设计用于比较 n 幅已配准专题地图的内容。GIS 可按指令迅速提取与多幅专题地图相关的多种地理信息和统计数据。

实际上，高级 GIS 在中期和末期地图产品的制作方面要优于许多商业制图软件。高级 GIS 可以创建标准的和扩展的符号集、改变线宽、变换字体、实时调整颜色。GIS 还可方便地将空间数据变换到不同的坐标系、地图投影、基准和椭球（见第 2 章）下，快速高效地调整地图的比例尺。第 10 章将介绍如何用 GIS 生产高品质地图。

1.6.3 GIS 仅是无理论基础的软件包

Abler（1987）指出："GIS 技术之于地理分析，就如同显微镜、望远镜和计算机之于其他科学。"GIS 完全不只是一个软件包。地理信息系统的开发基于地理信息科学（Goodchild，1992；1997）。地理信息科学力求改善人们对地理数据性质的认识，并帮助人们了解如何利用测绘科学（如制图学、GIS、测量学和环境遥感等）的理论和逻辑，收集、分析和查看地理数据。GIS 还是同行讨论 GIS 应用、发展趋势、现实问题解决方案的职业文化区。利用 GIS 可模拟物理系统（如预测飓风风暴潮的地理范围）和人类环境系统（如预测洪泛区的人口分散度）（Clarke et al.，2002；Maidment et al.，2007）。

与地理信息科学一样，GIS 用户和用户组也已发展多年。在遇到 GIS 难题而需要寻求帮助时，GIS 地方/区域用户组的作用就会显露出来。例如，ESRI 公司发起的东南地区用户组每年都会组织用户大会，并在线答疑。

1.6.4 传统纸质地图与 GIS 一样用途广泛

有人可能会问："在信息分析方面 GIS 为何优于纸质地图？"首先，比较两幅或多幅模拟（硬拷贝）纸质格式的地图十分困难；其次，在硬拷贝纸质地图上进行定量测量通常更为困难；再次，存储纸质地图需要占用大量的办公空间，纸质地图的归档和查阅也存在问题。相反，由已配准数字地图组成的 GIS 数据库可以：①相对轻松地存储为数字格式；②当各个专题图层的属性以元数据（关于数据的数据）格式存储在数据库管理系统（DMBS）中时，易于访问（Onsrud，2007）；③可比较或关联 n 幅地图中的信息内容；④能从单幅或多幅地图中提取定量信息。

　　需要在 GIS 中集成纸质地图上的信息时，应使用适当的投影来数字化纸质地图的信息，进而将这些信息与 GIS 中的当前数字空间信息关联起来。例如，图 1.8 所示为犹他州 Provo 地区的 7.5 分 1:24000 地形图，它由美国地质调查局国家地理信息中心提供。

美国国家拓扑数据地图：犹他州Provo地区7.5分标准地形图

图 1.8　美国地质调查局国家地理信息中心为 GIS 提供量化的地理空间信息。图为 GeoPDF 格式下美国犹他州 Provo 地区的 7.5 分 1:24000 地形图，包含有国家高程数据集（NED）2002 年收集的地形图（轮廓），国家水文数据集（NHD）2009 年收集的水文信息，国家农业影像计划（NAIP）2009 年收集的航空影像图。图中美国地形信息可使用 PDF 阅读器查看。这类空间信息可从国家地图网站上直接下载（数据由美国地质调查局提供）

该图中包含国家高程数据集（NED）2002年收集的地形图（轮廓），国家水文数据集（NHD）2009年收集的水文信息，国家农业影像计划（NAIP）2009年收集的航空影像图。地图中的数据可通过 GeoPDF 格式查看（www.nationalmap.gov/ustopo）。此外，全美地形图中包含的所有数据均可通过美国地质调查局国家地图数据库直接下载并输入 GIS。本书第 3 章将介绍数字化流程。

1.6.5 GIS 与其他系统相比并无区别

信息系统是一种协助用户将数据变换为信息的计算机工具，可帮助人们存储、检索、分析数据来解决问题。GIS 的目标与任何信息系统的目标均相同，但两者间有一个明显的不同：GIS 中的数据具有空间性，可使用特殊的空间分析算法进行分析（Dale，2005）。

1.7 GIS 组成

典型的地理信息系统由 4 部分组成，即硬件、软件、人件和数据。

1.7.1 GIS 硬件

硬件是指与 GIS 相关的计算机平台和外围设备（见图 1.9 和表 1.1）。在普通便携式计算机或稍为昂贵一些的含有一个或多个中央处理器（CPU）的台式计算机上，就可正常运行 GIS。CPU 速度越快，GIS 数据的输入/输出和分析操作的速度就越快。最佳做法是，使计算机的内存大于 6GB，存储空间大于 1TB，以便存储、分析和实时输出大型空间数据集（见表 1.1）。

外围输入设备如扫描仪和数字化仪等，可将纸质地图或图像输入 GIS。专用图形处理器和较大的显存（如大于 1GB）可在计算机屏幕上快速显示矢量和栅格数据。建议购置分辨率较大（如 1900×2000）的显示器。系统至少应能显示 1670 万种颜色（24 位色），以确保高分辨率彩色图像和地图不失真。打印机和绘图仪等外围输出设备可用于创建硬拷贝地图和图像（见表 1.1）。GIS 分析中常用计算机硬件的其他信息，将在第 11 章中介绍。

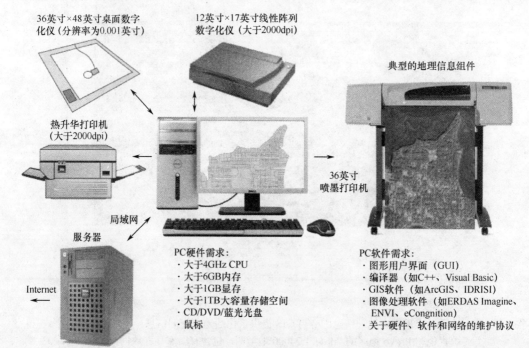

图 1.9　GIS 的典型硬件与软件组成。服务器共享 GIS 数据集并输出产品，不影响 PC 上其他用户正在进行的处理。各单元之间通过局域网（LAN）和互联网连接（地图与航片由博福特县 GIS 部门提供）

表 1.1　典型的计算机硬件和软件特点。关于计算机软/硬件和 GIS 计算机编程的其他信息（见第 11 章）

计算机硬件	特　点	重　要　性
中央处理器（CPU）	单 CPU、多 CPU	多个 CPU 可明显加快 GIS 数据分析和大型数据集处理的速度
算术协处理器	精简指令集代码	提高计算速度
内存	只读存储器（ROM） 随机存取存储器（RAM） 显存	执行系统操作 大于 6GB 显存大于 1TB
大容量存储器	硬盘、CD、DVD、BD	大于 1TB 为理想状态 尽可能采用双层架构
显示器	最低 1900 × 1200 像素 24～32 位颜色查找表	目标是以最高彩色分辨率查看最大的地理空间
外围输入和输出设备	鼠标、扫描仪（≥2000dpi）、平板数字化仪（≥2000dpi）、打印机/绘图仪	需要对硬拷贝地图或硬拷贝遥感数据数字化；用高品质打印机和绘图仪显示 GIS 相关产品
网络	局域网（LAN）、互联网骨干网、云计算	空间数据共享、GIS 处理和 GIS 相关产品传播的基础
操作系统	Windows、UNIX、Linux、Apple	采用使用广泛、信誉好的系统
数据库管理系统	存储和访问属性数据	GIS 至关重要的功能
功能	制图、数据坐标转换、数据互操作性、数据管理、数字图像处理、地理编码/地址匹配、地理统计分析、线性参照、网络分析、软件编程、空间分析、空间统计、三维分析	GIS 软件须能执行特定地理空间应用所需要的任务
网络	本地网络软件、互联网数据访问软件、网络GIS 软件	方便局域网和互联网上各计算机间的数据共享与处理

1.7.2　GIS 软件

　　GIS 分析人员应选取使用最新标准操作系统如 Windows、UNIX、Linux 或 Macintosh OS 的 GIS 软件（见图 1.9 和表 1.1）。虽然多数 GIS 软件都提供相同的基本空间分析功能，但用户应仔细选择符合自身空间数据分析需求的软件。例如，若要使用某种 GIS 来分析市政府的实用矢量数据，那么 GIS 分析人员会希望购买具有强大矢量分析功能[如线性网络（如道路）分析和多边形（如地块）处理]的 GIS 软件（如 ESRI ArcGIS、Bentley MicroStation、Pitney Bowes Business Insight）。相反，如果大部分分析工作都涉及不同类型的栅格数据，则应选择具有栅格分析功能的 GIS 软件（如 Leica Geosystems ERDAS、IDRISI Taiga、GRASS 和 ArcGIS）。

　　另一个要考虑的重要因素是 GIS 的统计功能。运用 GIS 进行的许多空间和数据库分析都依赖于统计学，不同的 GIS 软件具有不同的统计分析性能，特别是空间统计。只有少数几种 GIS 软件能提供复杂的空间分析功能（Price，2008）。表 1.1 总结了主流 GIS 软件的许多功能。

　　GIS 软件的一个重要组成是数据库管理系统（DBMS）。高级 GIS 必须有一个包含足够多工具、规则和程序的强大数据库管理系统，以便进行有效的数据管理、查询、分析和输出。利用这些性质，DMBS 可执行与矢量或栅格空间数据相关的数据输入、存储和检索。例如，通过输入邮政编码来搜索住地附近的商店，人们或许已使用过空间数据库。在此情形下，程序基于已存储在 DBMS 中的邮政编码的坐标来搜索附近的商店。GIS 数据库管理系统的独特之处在于，它允许用户将属性数据（如房屋面积）在空间上关联到某个位置（邮编、地址、纬度/经度、UTM 坐标等）。

　　高级 GIS 还具有出色的联网性能，包括通过互联网高效输入、输出和处理数据的能力，以及使用专用 GIS 功能进行云计算的能力。云计算是指用户临时使用互联网上存储的数据和/或服务的一种计算机模型（见第 12 章）。GIS 还包括互联网地理信息系统功能，这种功能不仅允许不同位置和计算机间共享数据，而且允许使用专用的 GIS 算法和方法（Peng and Tsou，2006），如表 1.1 所示。

1.7.3 人件（活件）

GIS 的一个重要组成是人件（有时也称为活件），它定义为设计、实施和使用 GIS 的人员的特点和能力（Unwin，1997；Schuurman，2000）。实际上，用户是 GIS 组成中最重要的环节，因为 GIS 的适用性取决于开展问题研究、进行分析进而判断从 GIS 中提取的信息是否有价值的人。若缺少能熟练管理并将 GIS 技术应用到现实世界且正确解释结果的操作人员，GIS 技术几乎毫无价值（Satti，2002）。一般来说，高级 GIS 专业技术人员的薪酬正在急剧上升，而 GIS 的硬件成本却在下降。

1.7.4 GIS 数据

地理空间数据是成功进行 GIS 分析的先决条件。本章前几节介绍了 GIS 中所用矢量数据和栅格数据的特点。表 1.2 中列出了几种地理空间数据及它们在美国的来源，具体讨论见第 3 章。附录提供了有关地理空间数据源的其他信息。

表 1.2　几种地理空间数据及它们在美国的来源。第 3 章和附录提供了其他地理空间数据的来源

	地理空间数据	典型公共资源	典型商业资源
地籍信息	地块	估税员	测绘和摄影测量工程公司
	建筑范围	估税员	
人口统计信息	人口密度	美国人口统计局	人口统计咨询公司
	社会经济特点	美国人口统计局	人口统计咨询公司
遥感数据	极高精度空间分辨率，小于 0.25m	美国农业部	摄影测量工程公司
	高精度空间分辨率，1～5m	美国农业部	GeoEye、DigitalGlobe、SPOT
	中等精度空间分辨率，5～100m	NASA TM、ETM、ETM+	SPOT、RADARSAT
	低精度空间分辨率，大于 100m	NASA MODIS、NOAA AVHRR	SPOT
	高光谱分辨率，大于 30 波段	NASA MODIS、NASA HYPERION	HiVista Hymap、CASI
	光探测和测距仪（LiDAR）	美国地质调查局	EarthData、Sanborn、Optech
土壤和地质	土壤	美国自然资源保护服务中心	土壤咨询公司
	地质	美国地质调查局	石油和天然气公司
地形/水深测量	数字高程模型	美国地质调查局	摄影测量和雷达测量工程公司
	数字水深模型	美国地质调查局	
交通网络	道路中线	美国交通部	交通和摄影测量工程咨询公司
	在建工程图纸	美国交通部	
城市基础设施	土地使用/土地覆盖	美国国家地理信息中心 地方、区域、国家规划机构	规划和摄影测量工程咨询公司
应用	电力、排污、水、通信	美国人口统计局	公用事业和摄影测量公司
植被	农田	美国农业部	农业咨询公司
	林地	美国国家林业局	林地咨询公司
	牧场	美国垦务局	牧场咨询公司
	湿地	美国鱼类与野生动物服务局	湿地咨询公司
水	河网	美国地质调查局	水文咨询公司
	排水	美国地质调查局	水文咨询公司
天气	实时	美国 NOAA 气象服务局	气象咨询公司

1.8　GIS 发展趋势

GIS 的发展与计算机技术的发展一直紧密相关。因此，与 GIS 相关的硬件正朝着更高速（更高效）、更廉价和体积更小的方向发展。如今，GIS 使用的是便于操作和理解的图形用户界面（GUI），而不是简单的文本指令。此外，大多数早期 GIS 系统技术相对孤立，无法与其他机器进行通信。计算机网络的发展使得全球地理信息系统得以互相交流，并迅速共享和传播空间与非空间信息。GIS 的大部分数据和算法是通过互联网共享的。为此，开放地理空间联盟（OGC）于 1994 年创立。OGC 是一个包含 100 多所大学、公司和政府机构的团体，其使命是采用最流行的商业和公众 GIS 建立链接，以便准确和高效地传递所获信息。此外，基于 Web 的 GIS 分析功能也发挥着重要作用。

1.9　GIS 产业

最近的研究表明，GIS 是一个跨越多个领域的、有着数十亿美元产值的行业，包括（Mondello et al.，2008；劳工部，2011）：GIS 软件开发行业、GIS 数据采集行业和 GIS 增值服务行业。

1.9.1　GIS 软件开发行业

如人们预期的那样，不同的 GIS，其初始价值并不相同。工作时，首先需要分析和调查自身及团队所需 GIS 软件的类型。GIS 软件各有利弊，以下为一些常用的 GIS 软件，它们的详细信息请参阅第 11 章：

- Environmental Systems Research Institute 公司研发的 ArcGIS（www.esri.com; Price，2008）。
- Autodesk 公司研发的带有 MapGuide 功能的 AutoCAD（www.autodesk.com）。
- Leica-Geosystems 公司研发的 ERDAS Imagine（www.ERDAS.com）。
- 美国陆军工程兵部队美国军队建设工程研究实验室研发的 GRASS。GRASS 现阶段主要由国际开发团队维护。GRASS 可通过互联网免费公开获得

（http://grass.fbk.eu）。
- 克拉克大学实验室研发的 IDRISI Taiga（www.clarklabs.org）。
- Bentley 公司研发的 MircoStation（www.bentley.com/en-US/Products/MicroStation/）。
- Pitney Bowes Business Insight（原名 MapInfo，www.pbinsight.com/welcome/mapinfo/）。

GIS 软件行业的雇员包括程序员、软件设计师，以及拥有地理、计算机科学等诸多学科背景的应用专家。他们研发 GIS 专业人士所需的软件。主要的软件公司为寻求更大的 GIS 软件市场份额，相互之间竞争非常激烈。

1.9.2　GIS 数据采集行业

缺少有价值的空间信息时，GIS 毫无价值。所幸的是，许多空间数据集是公开（免费）的。事实上，美国政府为许多行业提供了大量的空间数据。此外，多数州政府和市政府也会维护、收集和存储相对准确的空间数据。许多州和县提供有可通过互联网访问的 GIS 信息交换中心。这些交换中心允许用户以交互方式通过计算机屏幕实时查看和下载地理空间数据。

国际政府也提供许多 GIS 数据集。政府机构所提供数据的优势在于，这些数据通常遵循 NSDI 精度标准。附带的元数据文件中记录有数据的质量信息，如数据采集、处理和存储的方式。表 1.2 中给出了几种地理空间数据和有代表性的公共资源。私营企业也提供大量地理空间数据，如表 1.2 所示。用户通常需要为此类数据付费。

人们可能会认为，近年来收集的大量公共和私人地理空间数据，足以涵盖世界万物。这种想法是不正确的，因为地理现象是不断变化的（Estes and Mooneyhan，1994；Warner et al.，2009）。例如，图 1.10 显示了 6 年间，犹他州西班牙叉河地区地理景观的快速变化。高质农业用地正迅速蜕变为住宅用地。

同样，交通网络的发展也十分迅猛。对于使用个人导航设备的人们而言，这是十分棘手的问题。遵循导航提示却走入死胡同会让人非常懊恼。所幸大多数导航设备会不断地更新地理空间信息。地理现象不断变化的另一佐证是

海岸线的快速变迁。如同地理要素（如道路、建筑物等）持续变化那样，地理属性的变化也十分迅速，如房产的估值或街道的平均日交通流量。

犹他州西班牙叉河地区的地貌变化

(a) 2000年航片   (b) 2006年航片

图 1.10   2000 年犹他州西班牙叉河地区的黑白航片与 2006 年的彩色航片表明，农业用地正快速转变为住宅用地。监测地理分布和土地覆盖变化率对许多应用而言十分重要［图(a)由美国农业部提供，图(b)由犹他州提供］

当政府资源无法提供所需地理数据时，GIS 用户需要决定如何获取需要的数据。所幸许多不同的 GIS 业务会不断地收集和分析空间数据，这些数据可集成到 GIS 中。获取新的地理空间数据时，GIS 用户需要了解空间数据的详细程度，即需要关心数据的比例尺。例如，假设用户正在对美国的水系分布制图，那么小比例尺水文矢量信息足以满足任务要求。而要对印第安那州特雷·霍特附近的一小段沃巴什河成图，则需要非常详细的大比例尺水文矢量数据（见图 1.11）。

表示印第安那沃巴什河时，比例尺的影响

图 1.11   蓝线表示的是从小比例尺地图上提取的沃巴什河。以合适比例尺进行分析（如大陆研究）时，这条特征线足以满足大多数应用的需求。在进行大比例尺研究时，要用到从 1:24000 地形图上提取的红线所提供的精细信息（数据由 Indiana Map 提供）

1.9.3   GIS 增值服务行业

GIS 增值服务业的从业人数成千上万。这些公司的职员每天都利用 GIS 技术和地理空间数据来回答客户的地理问题。具体例子包括：使用精细农业帮助农民提高农作物的产量，为货运卡车规划最优线路，筛选满足买家需求且可在最短时间内到达的 10 栋房屋。

1.10   GIS 行业就业情况

许多不同学科和职业的人员都需要使用 GIS，本章已讨论过一些这样的人员。公共机构（如国家、州及地方政府，学院和大学）和私人商业公司都提供 GIS 工作。随着空间数据和空间分析变得越来越普遍，GIS 专业人才的需求也不断增加（劳工统计局，2011）。例如，20 年前几乎无人能预见到消费者能以低于 200 美元的价格购买到 GPS 导航设备，且使用时无须服务费。同样，几乎无人能预见到现在可通过互联网（如谷歌地球、谷歌地图、MapQuest、必应地图）自由查看世界上大部分地区的高分辨率卫星影像，而这大大提升了公众对地理空间问题的兴趣。大学和学院会在许多不同的学科开设 GIS 原理课程，如地理学、地质学、土木工程、自然资源管理、林业、农业、海洋科学等。事实上，教育系统目前还无法满足社会对 GIS 科学专业人才的需求。

美国劳工部就业和培训管理机构提供在

线 GIS 职业信息，表 1.3 中汇总了其中的部分
信息。为满足预计需求，与 GIS 相关的大量工

作已从 2008 年排到了 2018 年。DiBiase et al.
（2010）讨论了其他的地理空间劳动力因素。

表 1.3　美国劳工部就业和培训管理机构发布的部分 GIS 职业（数据来自 O*NET Online, http://online.
onetcenter.org/find/quick?s=gis；2011 年 7 月 9 日发布。也可参阅 DiBiase et al.,2010）。就业和增
长估计数据不包含地理空间软件编程人员和应用开发人员。部分此类职业的工资信息见第 12 章

地理空间职业	估计职位数（2008）	预计增长数（2008—2018）	预计增长率（2008—2018）
地理信息科学家和技术专家 GIS 技术人员	209000	72600	平均（7%～13%）
测绘技术人员	77000	29400	远高于平均值（≥20%）
绘图员和摄影测量员	12000	6400	远高于平均值（≥20%）
大地测量员	58000	23300	高于平均值（14%～19%）
遥感科学家和技术专家	27000	10100	平均（7%～13%）
遥感技术人员	65000	36400	平均（7%～13%）
测量师	58000	23300	高于平均值（14%～19%）
测量技术人员	77000	29400	远高于平均值（≥20%）

有许多可查询当前 GIS 空缺职位情况并发布简历的网站，包括 GIS Jobs（www.gisjobs.com）、GIS Jobs Clearinghouse（www.gjc.org）和 GeoJobs（www.geojobs.org）。经常访问此类网站可了解不同 GIS 技能的市场需求情况、起薪情况和 GIS 就业机会。

1.11　GIS 行业投资情况

基于到目前为止给出的内容，读者可以发现每个从事地理空间研究、维护空间信息的组织都需要使用 GIS。GIS 是一种存储、处理和分析空间数据的强大技术，可对空间关系进行研究和建模，但 GIS 也需要大量的人力和财力投入。事实上，GIS 的发展过程中出现了许多失败的例子，这与政府机构、组织和私营企业未意识到持续投资来创建和维护 GIS 有关。设计和完善功能强大的 GIS 通常需要一年多的时间，具体取决于组织的规模及所需地理数据的数量和类型。这个时间看起来有些夸张，但若作为一名收集纳税人支出明细的政府官员或试图向其他人员推广 GIS 的董事会成员，那么所需的时间可能会是几年。此外，成功地维护 GIS，还需要雇佣或培训专业的全职雇员。

成功部署 GIS 后，它就是进行空间决策、制图及监控人类和自然系统的无价工具。然而，GIS 并不是万能的，它无法解决城市扩展

带来的问题、不公平的物业税问题和其他一些空间问题。标准的 GIS 实际上不能做出决策，人们正确使用 GIS 数据和分析结果才能做出正确的决策。需要指出的是，基于提供的数据和规则，地理信息系统可配置为空间决策支持系统（Jensen et al.，2009）。空间决策支持系统（SDSS）是一种基于计算机的、对企业或组织决策活动提供支持的空间信息系统。

GIS 用户需具备使用和分析空间数据的能力。GIS 为许多应用提供了准确分析地理信息的方法。然而，不熟悉 GIS 和地理信息的用户可能会错误地运用它们。因此，在开展 GIS 项目前，一定要深入了解 GIS 和空间数据。例如，在进行任何空间数据分析工作前，用户必须了解 GIS 数据的采集方式，并验证数据的准确度。这种信息通常可在数据集的元数据中找到。

1.12　本书的组织结构

本书的读者对象是那些想要了解 GIS 基本原理的人。本书假定读者不具备关于地理信息系统、空间数据或空间分析的知识，因此会循序渐进地介绍 GIS 的基础知识。

第 2 章介绍与 GIS 技术相关的空间参照系的基本原理，内容包括基准、椭球、大地水准面和地图投影等。第 3 章介绍 GIS 数据的采集，

内容包括大地测量数据采集和遥感数据采集，以及将纸质地图数据数字化，进而输入 GIS 的方式。第 4 章讨论数据质量问题，内容包括元数据、准确度和精度、误差、数据标准和不确定模型。第 5 章详细介绍矢量和栅格数据结构、数据库管理系统和空间数据库。第 6 章介绍如何使用各种算法来分析矢量和栅格数据，包括缓冲区分析和叠加分析。第 7 章介绍如何使用 GIS 进行地理编码/地址匹配、网络分析、空间位置/分配建模。第 8 章介绍如何使用 GIS 进行空间统计描述和空间数据量算。第 9 章介绍如何使用不规则三角网（TIN）表面建模、栅格空间插值和表面处理方法来对三维数据进行空间分析。第 10 章介绍如何使用地理信息系统制作高品质的地图产品。第 11 章详细介绍 GIS 计算机软/硬件需求和 GIS 计算机编程基础知识。第 12 章展望未来 GIS 技术、应用和专业人才需求。

1.13　小结

过去的几十年中，地理信息和 GIS 技术对于改善人类和动植物的生活质量做出了巨大贡献（Jensen et al., 2004, 2009；劳工部，2011）。人们日益认识到了空间数据和空间数据分析在认识世界中所发挥的关键作用（Madden，2009）。笔者希望本书是读者了解地理信息科学的良好起点。

复习题

1. 地理信息系统中，存储信息的两种主要数据结构是什么？
2. 国家空间数据基础设施（NSDI）为何对美国和其他国家都十分重要？
3. 地理信息科学的未来如何？详述原因。
4. 使用手机确定到最近快餐店的路线时，GIS 信息是如何使用的？
5. 描述 GIS 的主要软/硬组成及其技术变迁。
6. 描述典型计算机辅助设计（CAD）程序和真正地理信息系统之间的差异。
7. 详述遥感数据采集系统（如陆地卫星 7 的增强专题制图仪）和 GIS 间的差异。
8. 根据你的初步知识，回答在何地能获得以下地理空间信息：交通网络数据、高程数据、人口密度数据、人均收入数据、财产所有权信息？
9. 请说出经常使用 GIS 的 7 个主要应用。
10. GIS 中存储的所有地理信息为何需要逐个进行几何纠正（配准）？
11. GIS 和空间决策系统有何区别？
12. 哪里能提供 GIS 相关工作和就业趋势的信息？

关键术语

云计算（Cloud Computing）：一种可临时为用户提供互联网数据或服务的计算机模型。

连续型地理要素（Continuous Geographic Features）：景观中持续存在的地理空间数据类型，如高程、气温、气压和坡度。

离散型地理要素（Discrete Geographic Features）：离散型地理空间数据通常由点（如建筑物质心）、线（如交通网络）、面（如建筑范围）组成。

面域型地理要素（Features Summarized by Geographic Area）：根据流域、学区、县、州或国家等详细区域划分的地理数据。

联邦地理数据委员会（Federal Geographic Data Committee, FGDC）：依据美国国家法律成立的促进和协调地理空间数据发展、使用、共享、传播的跨机构委员会。

地理信息系统（Geographic Information System, GIS）：输入、编辑、显示、分析和输出计算机数据库中存储的空间和非空间信息的一种空间信息系统。

地理信息科学（GIScience）：一种知识理论体系，旨在提升人们对地理空间数据的本质认识，讲授如何收集、分析和利用测绘科学（如制图学、GIS、测量和环境遥感）中所获的逻辑知识。

人件（Humanware）：负责设计、实现和使用 GIS 的人员的特征和能力。

信息系统（Information System）：一种帮助人们将数据转换为信息的计算机工具。

国家空间数据基础设施（National Spatial Data Infrastructure, NSDI）：NSDI 包括地理空间基础框架数据（如大地控制测量数据、数字影像数据）、专题框架数据（如地籍信息、交通信息）和其他专题空间数据（如土壤及土地覆盖）。美国和其他国家使用此类数据来管理自然和文化资源。

开放地理空间联盟（Open Geospatial Consortium, OGC）：一个包含 100 多所大学、公司和政府机构的组织。其使命是采用最流行的商业和公众 GIS，建立链接，以便准确和高效地传递所获信息。

栅格数据结构（Raster Data Structures）：地理空间数据存储为栅格（矩阵）形式，其中每个图像元素（像素）均与行和列的栅格数据集相关联。

空间数据（Spatial Data）：具有空间属性的所有数据或信息（如经度/纬度）。

空间决策支持系统（Spatial Decision Support System, SDSS）：辅助企业或组织进行决策的空间信息系统。

矢量数据结构（Vector Data Structures）：按其 x、y 和/或 z 坐标存储的点、线和面（多边形）数据。

参考文献

[1] Abler, R. F., 1987, "The National Science Foundation Center for Geographic Information and Analysis," *International Journal of Geographic Information Systems*, 1(4): 303-326.

[2] Bureau of Labor Statistics, 2011, *Occupational Outlook Handbook, 2010-2011 Edition*, Washington: U. S. Bureau of Labor Statistics (www.bls.gov./oco/ ocos040.htm).

[3] Burroughs, P. A., 1986, *Principles of Geographic Information Systems for Land Resources*, Oxford, UK: Clarendon Press.

[4] Clarke, K. C., Parks, B. O. and M. P. Crane, 2002, *Geographic Information Systems and Environmental Modeling*, Upper Saddle River: Pearson Prentice- Hall, 306 p.

[5] Cowen, D. J., Coleman, D. J., Craig, W. J., Domenico, C., Elhami, S., Johnson, S., Marlow, S., Roberts, F., Swartz, M. T. and N. Von Meyer, 2007, *National Land Parcel Data: A Vision for the Future*, Washington: National Academy Press, 158 p.

[6] Dale, P., 2005, *Introduction to Mathematical Techniques Used in GIS*, Boca Raton: CRC Press, 202 p.

[7] DiBiase, D., Corbin, T., Fox, T., Francica, J., Green, K., Jackson, J., Jeffress, G., Jones, B., Jones, B., Mennis, J., Schuckman, K., Smith, C. and J. Van Sickle, 2010, "The New Geospatial Technology Competency Model: Bringing Workforce Needs into Focus," *URISA Journal*, 22(2): 55-72.

[8] Estes, J. E. and D.W. Mooneyhan, 1994, "Of Maps and Myths," *Photogrammetric Engineering & Remote Sensing*, 60(5): 515-524.

[9] FGDC, 2011, *Federal Geographic Data Committee*, Washington: FGDC, (www.fgdc.gov/).

[10] Foresman, T. W., 1998, *The History of Geographic Information Systems*, Upper Saddle River: Pearson Prentice-Hall, Inc., 397 p.

[11] Goodchild, M. F., 1992, "Geographic Information Science," *International Journal of Geographical Information Systems*, 6(1):31-45.

[12] Goodchild, M. F., 1997, "What is Geographic Information Science?" *NCGIA Core Curriculum in GIScience* (www.ncgia. ucsb.edu/giscc/units/ u002/u002.html).

[13] Green, R. P. and J. B. Pick, 2006, *Exploring the Urban Community: A GIS Approach*, Upper Saddle River: Pearson Prentice-Hall, 495 p.

[14] GSDI, 2011, *Global Spatial Data Infrastructure Association* (www.GSDI.org).

[15] Jensen, J. R., Botchwey, K., Brennan-Galvin, E., Johannsen, C. J., Juma, C., Mabogunje, A. L., Miller, R. B., Price, K. P., Reining, P. A. C., Skole, D. L., Stancioff, A. and D. R. F. Taylor,2002, *Down To Earth: Geographic Information for Sustainable Development in Africa*, Washington: National Academy Press, 155 p.

[16] Jensen, J. R., Hodgson, M. E., Garcia-Quijano, M.,Im, J. and J. Tullis, 2009, "A Remote Sensing and GIS-assisted Spatial Decision Support System for Hazardous Waste Site Monitoring," *Photogrammetric Engineering & Remote Sensing*, 75(2): 169-177.

[17] Jensen, J. R. and J. Im., 2007, "Remote Sensing Change Detection in Urban Environments," in R. R. Jensen, J. D. Gatrell

and D. D. McLean (Eds.), *Geo-Spatial Technologies in Urban Environments Policy, Practice, and Pixels*, 2nd Ed., Berlin: Springer-Verlag, 7–32.

[18]   Jensen, J. R., Im, J., Hardin, P. and R. R. Jensen, 2009, "Chapter 19: Image Classification," in Warner, T. A., Nellis, M. D. and G. M. Foody (Eds.), *The SAGE Handbook of Remote Sensing*, London: SAGE Publications, 269–296.

[19]   Jensen, J. R., Saalfeld, A., Broome, F., Cowen, D., Price, K., Ramsey, D., Lapine, L. and E. L. Usery, 2005, "Chapter 2: Spatial Data Acquisition and Integration," in *A Research Agenda for Geographic Information Science*, Boca Raton: CRC Press, 17–60.

[20]   Jensen, R. R., Gatrell, J. D., Boulton, J. and B. Harper, 2004, "Using Remote Sensing and Geographic Information Systems to Study Urban Quality of Life and Urban Forest Amenities," *Ecology & Society*, 9(5):5, (www.ecologyand society.org/vol9/iss5/art5/).

[21]   Koch, T., 2005, *Cartographies of Disease: Maps, Mapping, and Medicine*, Redlands: ESRI Press,   388 p.

[22]   Konecny, G., 2003, *Geoinformation: Remote Sensing, Photogrammetry and Geographic Information Systems*, New York: Taylor & Francis, 248 p.

[23]   Lo, C. P. and A. K. W. Yeung, 2007, *Concepts and Techniques in Geographic Information Systems*, Upper Saddle River: Pearson Prentice-Hall, Inc., 532 p.

[24]   Madden, M. (Ed.), 2009, *Manual of Geographic Information Systems*, Bethesda: American Society for Photogrammetry & Remote Sensing, 1352 p.

[25]   Maidment, D. R., Edelman, S., Heiberg, E. R., Jensen, J. R., Maune, D. F., Schuckman, K. and R. Shrestha, 2007, *Elevation Data for Floodplain Mapping*, Washington: National Academy Press, 151 p.

[26]   Maguire, D. J., 1991, "An Overview and Definition of GIS," in Maguire, D. J., Goodchild, M. F., and D. W. Rind, (Eds.), *Geographical Information Systems: Principles & Applications*, New York: John Wiley & Sons, 9–20.

[27]   McHarg, I. L., 1967 (1995: 25th Anniversary Ed.),*Design with Nature*, New Jersey: John Wiley & Sons, 208 p.

[28]   Mondello, C., Hepner, G. and R. M. Medina, 2008, "ASPRS 10 Year Remote Sensing Industry Forecast: Phase V," *Photogrammetric Engineering & Remote Sensing*, 74(11): 1297–1305.

[29]   Morrison, J. and H. Veregin, 2010, "Spatial Data Quality," in *Manual of Geospatial Science & Technology*, J. D. Bossler, Ed., Boca Raton: CRC Press, 593–610.

[30]   Onsrud, H., 2007, *Research and Theory in Advancing Spatial Data Infrastructure Concepts*, Redlands: ESRI Press, 293 p.

[31]   Peng, X. and M. Tsou, 2003, *Internet GIS: Distributed Geographic Information Services for the Internet and Wireless Networks*, New York: John Wiley & Sons, 679 p.

[32]   Price, M., 2008, *Mastering ArcGIS* , 3rd Ed., New York: McGraw Hill, Inc., 607 p.

[33]   Satti, S. R., 2002, *GWRAPPS: A GIS-based Decision Support System for Agricultural Water Resources Management*, Masters Thesis, Gainesville:University of Florida, 116 p.

[34]   Schuurman, N., 2000, "Trouble in the Heartland: GIS and its Critics in the 1990s," *Progress in Human Geography*, 24(4):569–590.

[35]   Slocum, T., McMaster, R. B., Kessler, F. C. and H. H. Howard, 2005, *Thematic Cartography and Geographic Visualization*, 2nd Ed., Upper Saddle River: Pearson Prentice-Hall, Inc., 475 p.

[36]   Unwin, D. J., 1997, "Unit 160 - Teaching and Learning GIS in Laboratories," in *NCGIA Core Curriculum in GIScience*, Santa Barbara: NationalCenter for Geographic Information and Analysis(www.ncgia.ucsb.deu/giscc/units/u160/ u160.html).

[37]   Warner, T. A., Nellis, M. D. and G. M. Foody, 2009, *Handbook of Remote Sensing*, London: SAGE Publications Ltd., 504 p.

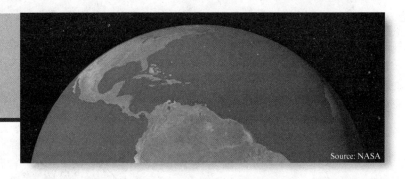

Source: NASA

空间参照系

地理信息系统（GIS）地理数据库中的所有地物，如电线杆、建筑范围或路段，都须有与之相关的精确地理位置与范围等信息。在地理空间中进行准确定位的能力称为空间参照系。也许人们会迷惑："我想做的是使用 GIS 工具存储和分析实验区的空间数据，为何需要学习空间参照系的相关知识，如基准、椭球、大地水准面和坐标系等？"如果不了解这些基本概念，利用 GIS 所获得的结果通常是不符合要求的，甚至不准确或具有误导性，故理解参照系的基本概念十分重要。

2.1 概述

本章介绍大地基准面、椭球、大地水准面和常用坐标系。基于经度与纬度的全球（球形）坐标系投影通常有以下几种表现形式：通用横轴墨卡托投影（UTM）、等积阿尔伯斯投影、等角圆锥投影及国家平面坐标系。此外，还将介绍天梭指标及其在不同地图投影间变形的差异。读者在阅读本章后，应具有为特定 GIS 项目选择合适地图投影的能力。

2.2 基准面

地球是一个难以模型化的不规则球体。精确的 x、y 和 z 坐标在许多应用领域发挥着重要作用，如制图学（专题图、地形图）、海图绘制、洪灾预警、交通、土地利用、生态管理

等。基准面一词是指在准确测量的基础上给出的参考面或基础表面。依据测量规则，基准面的高程为"零"(Maidment et al., 2007)。

美国主要用两种基准面来导航。这些基准面（水平基准面和垂直基准面）组成了国家空间参考系（NSRS）。大地测量学者、测量员、制图员及对精确定位感兴趣的人，均要使用 NSRS 作为地理参考基准。要确定水平和垂直基准面，首先需要定义地球的形状，这是大地测量学的任务。美国国家大地测量局（NGS）将大地测量学定义为："与确定地球形状大小及其表面点的方位有关的科学"（NGS，2011c）。测量学从椭球、大地水准面和重力方面描述了地球的形状。

2.3 椭球

通常，人们认为地球是一个完美的三维球体［见图 1.2(a)］。但大地测量学者经过仔细测量后，发现地球并不是标准的球体。事实上，沿地表环绕北极到南极的距离（39939593.9m）与环绕赤道的距离（40075452.7m）存在很小但很重要的差别。地心到北极或南极的距离为6356752.3142m，而地心到赤道的距离为6378137m。地球是一个扁椭球体（也称为球体），南极和北极稍扁（Maidment et al., 2007）。

地球扁率是由地球绕其短轴自转引起的［见图 2.1(b)］。两极的扁率使用以下公式计算（ESRI，2004）：

$$f = \frac{a-b}{a} \qquad (2.1)$$

式中：a 和 b 分别是代表地球赤道与极半径长度的椭球半长轴和半短轴[见图 2.1(b)]。因此，

扁率 f 的值近似于 $1/300$：

$$f = \frac{6378137 - 6352752}{6378137} = 0.00335 = \frac{1}{300}$$

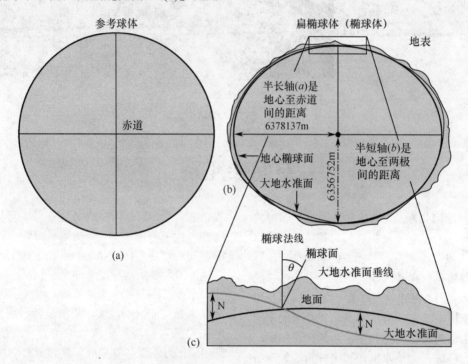

图 2.1   (a)地球并非标准球体；(b)地球是扁椭球体（即椭球体），地心与赤道间的距离（半长轴）略大于地心距两极的距离（半短轴）；(c)地表、大地水准面及 WGS84 地心椭球间的关系。大地水准面和椭球面间的高度差（N）称为大地水准面差距。椭球法线和大地水准面垂线间的夹角称为垂直偏差（θ）

表 2.1   区域、国家和国际制图工作及 GIS 中常见的椭球（Lo and Yeung，2007；Leica Geosystems，2008）

椭　球	半长轴 a/m	半短轴 b/m	使用范围
1966 澳大利亚国家椭球	6378160.0	6356774.7190	澳大利亚
1866 克拉克椭球	6378206.4	6356584.4670	北美
1924 国际椭球	6378388.0	6356911.9460	其他区域
GRS80	6378137.0	6356752.3141	北美 1983 地心坐标系
WGS84	6378137.0	6356752.3142	GPS 和 NASA
地球标准半径	6370997.0	6370997.000	标准数据

椭球通常用做大地测量网络中的水平（经度和纬度）基准面。1984 世界大地测量系统（WGS84）由美国国防制图局（现为美国国家地理空间情报局）发布。这是美国全球定位系统（GPS）使用的参考椭球。现今全世界地图制图工作中采用了约 25 种不同的椭球。表 2.1 总结了 GIS 应用程序和制图学中使用的 6 个椭球。

2.4   大地水准面

人们也许知道地形图上的等高线是由参考平均海平面高度确定的，但可能不知道大地水准面是平均海平面的最佳表现形式。NGS（2007）将大地水准面定义为：一个最符合全球平均海平面的地球重力场等势面。简单地说，它是各大洋在各洲间自由流动所建立的一个覆

盖地球的平静海平面，此时，大地水准面［见图 2.1(c)］代表了地球的形状（Lo and Yeung，2007）。因此，垂直参考系由重力场决定。

地心引力使所有物体均向下朝向地心。人们可能认为地球各处的重力场一致，而且平均海平面（如大地水准面）应为常数。但事实并非如此。地球的形状及重力场十分复杂，且随时间和空间发生变化。例如，由于日、月引力的影响，地表起伏日均变化达 30cm（NGS，2011c）。

由美国国家航空航天局（NASA）重力恢复与气候实验（GRACE）卫星测量得到的全球重力场图如图 2.2 所示（NASA，2007）。经过 111 天的总结，得到了含有重力信息的示意图。该图显示了在地壳较厚的大陆及山脉地区引力作用较大，而地壳较薄的海洋中引力作用较小。例如，111 天中安第斯山脉、洛基山脉和喜马拉雅山脉的重力场作用平均值，高于同期亚马逊流域和太平洋大部分地区。

NASA重力恢复与气候实验（GRACE）
卫星测量的地球策略图

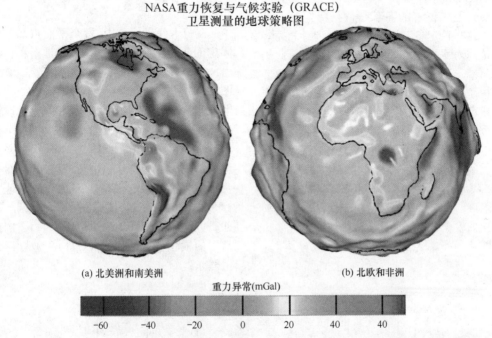

(a) 北美洲和南美洲　　　　　　　　(b) 北欧和非洲

重力异常(mGal)

-60　　-40　　-20　　0　　20　　40　　40

图 2.2　地球重力场模型 01 由美国国家航天航空局 GRACE 卫星通过 111 天量测所得。毫伽是描述
地表重力变化的单位。与地表重力加速度大小 9.8m/s^2 相比，1 毫伽（mGal）= 0.00001m/s^2，
约为地表标准加速度的百万分之一（图片由 NASA/JPL/得克萨斯州大学空间研究中心提供）

地球上的同一位置，依据大地水准面的标准高程可能为零，而依据椭球面的标准高程可能不为零（Maidment et al.，2007）。二者间的差值称为大地水准面差距 N，如图 2.1(c)所示。

2.4.1　水平基准面

水平基准面是地球上具有精确南北方位（纬度）和东西方位（经度）的特殊点集（NGS，2011a）。测量员使用黄铜、青铜或铝质标识来记录地球上已确定的点位，进而建立一个水平基准面（一个真正的水平分布点位集合网）。通过 GPS 技术可获得各标识点的精确方位，在此基础上建立相连的统一测量网络，即基准面。

美国海岸和大地测量局在 1927 年使用平面三角测量技术对所有水平标识点进行了联测，并发布了 1927 北美基准（NAD27）。美国国家大地测量局随后发布的 1983 北美基准（NAD83）是目前美国最常用的水平控制基准面。

2.4.2　高程基准面

高程基准面是指空间上具有已知高程的（高于或低于海平面均可）地球点位的集合。近海地区，平均海拔高度由验潮站确定。远离海岸的区域，平均海拔高度由大地水准面确定（NGS，2011b）。与确定水平基准面的方法相同，需要用圆形黄铜片标记高程基准位置。

1929 年，NGS 收集和编译了全部高程点位基准并发布了 1929 国家大地测量高程基准（NGVD29）。此后，地壳运动改变了许多点位的高程。1988 年，NGVD29 对不精确处和扭曲部分做了调整。新发布的基准面称为 1988 北美高程基准（NAVD88），是目前美国最常用的高程基准。例如，美国联邦紧急事务管理局（FEMA）绘制的数字洪水保险率图（DFIRMS）即以 NAVD88 为基准。

某一地理位置的高程是依据特定参考而定的，这一特定参考通常指参考大地水准面，它是地球海平面的一种数学模型。例如，此刻读者可能正处于海拔 500m 以上的位置。数字高程模型（DEM）通常用于描述海平面上的连续数字高程表面。数字表面模型（DSM）包含了地面上所有地物的高程，如裸露地表、建筑物、树木等。数字地形模型（DTM）仅含裸露地表的高程，而不包括建筑物、树木等地物。

测深是指对湖泊、海洋水下深度的研究技术。水深图（水文图）通常用于保证水上或水下导航的安全，并用于显示海底地形或地形等高线（称为等深线）及特定的水深位置。

2.5 坐标系

地理信息系统中常用的两种坐标系为：①基于经度与纬度的全球或球面坐标系；②基于某种投影的坐标系，如等角圆锥投影（ESRI，2011）。地图投影可辅助地表三维位置转换至平面图位置，继而将坐标系叠加在平面图上，为特定位置的量测和计算提供参考框架（Lo and Yeung，2007）。

2.5.1 笛卡儿坐标系

在笛卡儿坐标系中，每个平面点都分配有固定的两个坐标 x 和 y。该坐标是指所在点位沿 x、y 两个方向与原点(0, 0)的距离。例如，图 2.3 中的 1 号点坐标为$(x, y) = (20, 10)$。笛卡儿坐标系是一种相对简单的构想和设计。但需注意的是，笛卡儿坐标系中的 x、y 坐标均具有正值与负值，如图 2.3 所示 [2 号点的坐标为$(x, y) = (-20, -10)$]。投影时，此类正负坐标可能会引起混淆。因此，某些地图坐标系采用假东（x）或假北（y）坐标，以保证研究区域的坐标均为正值($+x$, $+y$)。例如，常用的横轴墨卡托投影（UTM）坐标系即采用假东逻辑。

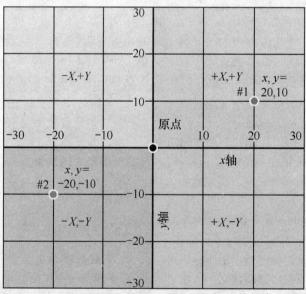

图 2.3　笛卡儿坐标系的一个简例。注意随着点位相对于原点的改变，x、y 坐标出现正负值变化。以左下角为原点(0, 0)的假东、假北坐标可保证坐标系中所有点位的坐标均为正值($+x$, $+y$)

2.5.2 经度和纬度

经度与纬度坐标系是最基本的坐标系之一，是形成地球唯一"全球"坐标系的基础。纬线始于赤道并与赤道平行，向东西方向延伸[见图 2.4(a)]。从赤道到南北两极的空间位置，纬度从 90°到-90°。一些著名的纬线包括赤道（0°）、北回归线（23.5°N）和南回归线（23.5°S）。

经线连接南北两极，它以本初子午线（0°）为中心，将东西方向各划为 0°～180°[见图 2.4(b)]。一些著名的经线包括本初子午线（0°）和西经 180°，这与国际日期变更线相关。经度、纬度坐标系的原点于本初子午线与赤道的相交处，交点的经度与纬度均为 0°。交点东部的经度为正值，西部的经度为负值，北部纬度为正值，南部纬度为负值。

许多数据集并无投影坐标系（经度，纬度）。通常情况下，GIS 的首要任务是将所得数据集纳入同一投影中并进行讨论。

纬线和经线

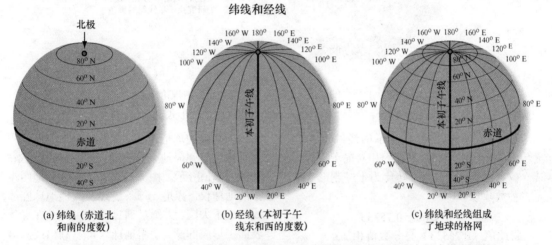

(a) 纬线（赤道北和南的度数）　(b) 经线（本初子午线东和西的度数）　(c) 纬线和经线组成了地球的格网

图 2.4　(a)纬线于东西方向互相平行，永不相交。纬度是衡量南北方向距赤道远近的测度；(b)经线连接且相交于南北两极。经度是衡量贯穿英国格林尼治本初子午线东西两方向远近的测度；(c)地球上的所有经线与纬线

使用纬线和经线测距

地表某一位置的纬度（ϕ）和经度（λ）是从理论上的地心点测量得到的。坐标可以度、分、秒或十进制表示（见图 2.5）。纬度是赤道线与地心和研究点连线间的夹角，经度是研究点子午线和本初子午线间的夹角。

纬度 1°间的曲线距离通常为 111km。但由于经线在两极收敛，经度曲率不为常数。因此，地球上的经度曲率无法使用距离表示。赤道上，经度 1°间的曲线距离约等于 111km。随着南北纬度的增加，经度曲率逐渐减小。可用以下公式计算经纬度间的变换：

$$经度\ 1° = 111 \times \cos（纬度）\qquad (2.2)$$

北纬或南纬 60°，由于 cos60° = 0.5，经度 1°间的曲线距离等于 55.5km（即 111×0.5 = 55.5）。北纬或南纬 90°，由于 cos90° = 0.0，经度 1°间的曲线距离等于 0km。

经度和纬度以度、分、秒或小数度表示。此外，部分研究人员更喜欢用小数度来表示。每度 60 分，每分 60 秒。意识到这一点，就能轻易完成十进制与度分秒间的转换。例如，若有一个十进制的空间数据集，应先选取小数部分乘以 60 来计算分，然后重复上述操作以确定秒。

以下为十进制 111.2358°转换为度、分、秒的实例：

111°保持不变，将 0.2358 乘以 60 得

$$0.2358 \times 60 = 14.148$$

14 为分，将 0.148 乘以 60 得

$$0.148 \times 60 = 8.88$$

8.88 为秒，故 111.2358°可化为 111°14′8.88″。

求某点的纬度和经度

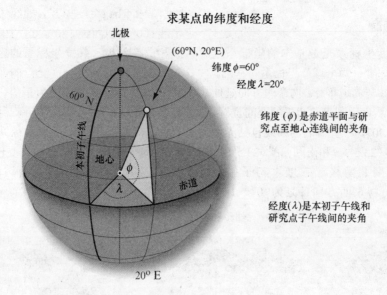

图 2.5　地球上某点的经度（λ）与纬度（φ）坐标由理论地心确定。坐标可采用度、分、秒或十进制的形式表示

有时也需将以度分秒表示的经纬度数据集转化为十进制形式。该过程相对简单。假设某一位置为 35°25′45.2″，转化为十进制形式应先将秒数除以 60：

$$45.2/60 = 0.75333$$

将此值（0.75333）与分数值相加：

$$0.75333 + 25 = 5.75333$$

然后将所得分数值除以 60：

$$25.75333/60 = 0.429222$$

最后，将所得值与度数相加：

$$0.429222 + 35 = 35.429222°$$

由于两极间的经度存在收敛问题，当所测区域或两点间的距离横跨南北极时，进行精确的距离和面积测量十分困难。为解决该问题，可根据地理网格来自定义地图投影和坐标系。为 GIS 项目所创建的所有投影均采取此方法。

2.6　地球仪

不存在能像地球仪一样展现整个地表［见图 2.6(a)］的地图。精确的三维地球仪可真实地描绘形状、方向、距离和区域等信息。世界上最大的自由式旋转地球仪位于总部设在缅因州雅茅斯的 DeLorme 公司，其直径为 12.65m，如图 2.6(b)所示（DeLorme 公司，2011）。

地球仪上通常标注有网格线，并包含以经纬线为基础的球形坐标系。地球仪上的纬线相互平行且等间隔地划分经线（经度），如图 2.4(a)和图 2.6(a)所示。图 2.7(b)显示了谷歌地图模拟的地球仪。赤道、每条经线及其他地球圆周线组成了大圆。大圆是通过球体中心并在球体表面上形成的圆。使用地球仪可以画出或测量出数量无限的大圆。大圆上的某段圆弧可用于测量地表任意两点间的最短距离（USGS，2011）。赤道是唯一的大圆纬线。

所有经线均收敛于南北两极的某一点处，并向赤道均匀发散［见图 2.4(b)和图 2.7(b)］。地球仪上的刻度并不因区域而变化；所有地球仪的刻度均一致。例如，直径为 12 英寸的地球仪的比例尺约为 1:42000000（1 英寸 = 660 英尺）。地表被任意两条经线分割的区域，若纬线不变而经线变化，则分割区域的面积相同。例如，由北纬 30°、40°和东经 60°、70°分割所得区域的面积与北纬 30°、40°和东经 90°、100°分割所得区域的面积相同。

传统地球仪（如计算机生成的虚拟地球仪）由于存在以下缺点并不适用于大多数 GIS 项目：

- 大型地球仪（直径为 41.5 英尺）的比例尺依然较小（如 1:100 万），所提供的地表细节相对较少。
- 地球仪的制造、更新、运输和存储耗损较大。

太空中看到的地球 使用格网模拟的地球

(a) NASA 阿波罗 17 号飞船宇航员拍摄的地球照片　　　(b) 叠置有格网的仿真球体

图 2.7　(a)地球是一个三维扁椭球体（球体）。照片由阿波罗 17 号飞船的宇航员在月球漫步时透过特质窗户拍摄（NASA 提供）；(b)叠加经纬度格网的模拟三维数字地球。本初子午线、赤道、南北回归线均叠加到了该模型上（数据由 SIO、NOAA、美国海军、NGA、GEBCO 提供；图像由 NASA、IBCAO 提供；版权归谷歌地球所有）

- 地球仪每次只能使用半面。

这是大多数 GIS 分析功能使用特定投影地理空间信息的原因。

2.7　地图投影

地图投影可系统地将三维地球转化为二维平面地图（Iliffe，2008；Garnett，2009）。投影形式有多种，但原理均是将中央经线与相互平行的纬线所构成的网格转化到可展曲面（如平面、圆柱或圆锥面）上（Bugayevskiy and Snyder，1995），如图 2.8 所示。但此类转换均存在变形现象，因而每种地图投影都具有特定的优势和劣势，如表 2.2 所示（Grafarend and Krumm，2006；Kanters，2007；Krygier，2011），并不存在适合所有应用的"最佳"地图投影（USGS，2011）。相反，GIS 专业人员必须按照自身的需求来选择投影，以最大限度地降低重要地物特征在投影时的变形。

制图学家及数学家设计了不同的地图投影来完成全球三维影像至二维图像的转换（Robinson and Snyder，1991；Maher，2010）。约翰·斯奈德在美国地质调查局专业论文集上发表的两篇文章《地图投影：工作手册》（1987）

和《展平地球》（1995）中，总结了大多数的常用地图投影。以下内容总结了 GIS 专业最重要的几种地图投影的主要性能和特点。

任意一幅二维平面地图均对三维地表有一定程度的变形（扭曲）。平面投影地图或地图的某部分存在以下特点（见表 2.2）：

- 真实方向
- 真实距离（如等距投影）
- 真实面积
- 真实形状（如等形投影）

若图上各点在各方向的比例相同，则称这种地图投影为等角投影（USGS，2011）。因此，在等角地图投影上，边长较短、角度较小区域上由经纬线相交所形成的角均为直角且无变形，但大多数面积仍存在变形。

若图上的每部分或整个区域均是地球上相应地物的同比例缩小影像，则称这种投影为等积投影。不存在既等角又等积的地图投影（USGS，2011）。

等距投影可显示地球投影中心至各点的真实距离或一组特殊线的距离（USGS，2011）。这种投影可正确表示切点（即地图与地球相交处）的方向，但不能正确表示面积。例如，

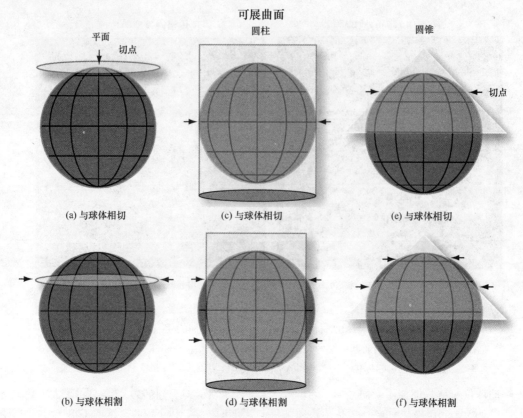

图 2.8　常用于创建地图投影的三种可展曲面：平面、圆柱及圆锥：(a)和(b)平面可展曲面
与球体相切或相割（如割线）；(c)和(d)圆柱可展曲面与球体相切或相割；(e)和(f)
圆锥可展曲面与球体相切或相割（摘自 Slocum et al.，2005 和 Krygier，2011）

表 2.2　与圆柱、方位和圆锥可展曲面相关的地图投影的部分性能，P 代表部分（USGS，2011）

曲面类型	投影	等角	等积	等距	真方向	透视	直恒向线
球状	地球						
圆柱	墨卡托				P		
	横轴墨卡托						
	斜墨卡托						
方位	球心				P		
	球面				P		
	正射				P		
	等距方位			P	P		
	兰伯特等积方位				P		
圆锥	阿尔伯斯等积						
	兰勃特等角				P		
	等距			P			
	多圆锥			P			

以华盛顿特区为中心的等距方位投影图可显示图上任何点至华盛顿的投影距离，包括华盛顿特区与宾夕法尼亚州费城市间的距离，以及华盛顿特区与弗吉尼亚州里士满市间的距离。由于投影中心并不在费城市，故此图无法显示宾夕法尼亚州费城市与弗吉尼亚州里士满市

间的距离。不存在既等距又等积的地图投影。

方位地图投影正确展现了所选角度间的关系。方位投影的投影面与球面相切（接触）于一点。随着距离增加，一幅地图无法展示全部角度关系，但可正确代表某点的所有角度。

掌握基础投影的特点，对选择满足特殊任务的投影十分有益。

2.7.1　地图投影中使用的可展曲面

制图员已开发出多种将地表特定信息投影为简单几何形式（称为可展曲面）的方法，包括（见图 2.8）：

- 平面
- 圆柱面
- 圆锥面

可展曲面是一种无须压缩或拉伸即可展为平面的简单几何曲面（Slocum et al.，2005）。平面本身就是平展的，而圆柱面或圆锥面可在无压缩或拉伸变形的情况下切割展开成平面。

地图投影通常分为三种形式：圆柱投影、圆锥投影和方位投影（平面投影）。

地图投影的一个重要特点是，可展曲面仅与球体相割或相切。例如，球面仅与可展曲面相交于一点，称其与表面相切 [见图 2.8(a)、(c)和(e)]。球体与可展曲面相交，称其与表面相割 [见图 2.8(b)、(d)和(f)]。球面与可展曲面相交（相切或相割）处为投影无变形处。

目前无法举例描述或显示所有地图投影形式（ESRI，2004；Leica Geosystems，2008；Furuti，2011）。以下各节将简要介绍 GIS 专业与制图专业中常用的投影，然后介绍天梭指标，以便理解或模拟投影中存在的几何变形。

2.7.2　圆柱地图投影

标准圆柱投影是指将地球影像投影至圆柱面上：①刚好接触球体（即与球体相切），②与球体相交（即与球体相割），如图 2.9 所示。

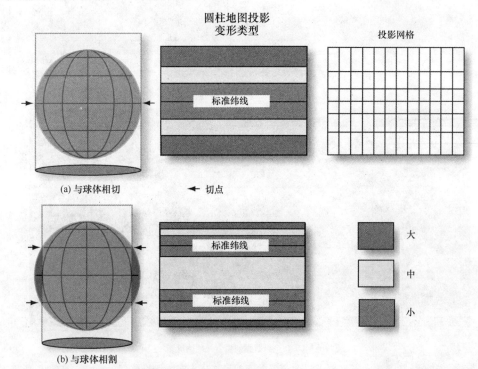

图 2.9　圆柱地图投影中存在的变形：(a)圆柱面与球体相切时的变形；(b)圆柱面与球体相割时的变形。距标准纬线越远，变形程度越大（摘自 Slocum et al.，2005；Krygier，2011）

1．墨卡托投影

墨卡托投影由佛兰德制图学家杰拉德·墨卡托（1512—1294）于 1569 年基于导航目的提出。

经线和纬线均为直线且两两正交。这种投影中的角度关系不变。但为保证等形，随着距赤道距离的增加，等间隔纬线间的距离也增加 [见图

2.10(a)]。墨卡托投影图上，任一直线均为定向航线（具有固定角度的直线），但该线并不表示两点间的最短距离。赤道上的投影纬线长度为真实距离（即标准纬线），在赤道南北12°～15°内，投影纬线也是准确的［见图2.9(a)]。如果可展曲面与球面相割，那么两标准纬线所夹区域而非赤道周围的变形是合理的，如图2.9(b)所示（Slocum

et al.，2005；Krygier，2011）。

在墨卡托投影中，诸如各大洲之类的面积与形状较大的区域通常存在变形现象。远离赤道的地区变形会加剧，而两极地区的变形最大，故墨卡托投影中通常并不显示两极的区域。图2.10(b)所示为MODIS卫星遥感影像数据的墨卡托地图投影。

圆柱地图投影

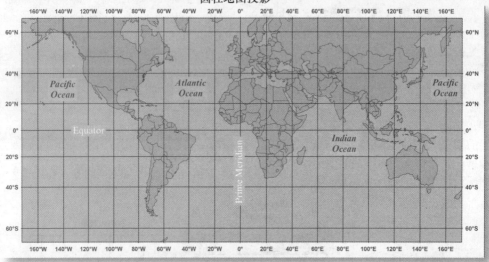

(a) 墨卡托等角地图投影

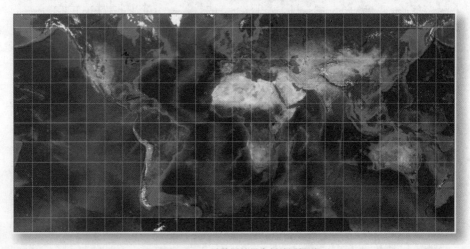

(b) MODIS卫星数据的墨卡托地图投影

图2.10　(a)等角墨卡托投影是基于圆柱可展曲面的投影。赤道为标准纬线。注意，高纬度地区的变形极大。该图是使用ESRI ArcMap制作的投影地图（Arc-World Supplement和ESRI等提供）；(b)NASA中等分辨率成像光谱仪卫星数据的墨卡托地图投影（数据来自NASA的MODIS），投影由NASA的G. Projrcter软件创建（NASA，2011）

墨卡托地图投影可完美映射赤道周围的区域。此外，墨卡托投影是一种最适用于导

航的特殊地图投影。相割墨卡托投影适用于大范围沿海区域的图表制作。实际上，墨卡

托地图投影常用于航海图制作，如美国国家海洋调查局、美国商务部发布的海图（Leica Geosystems，2008）。

墨卡托地图投影在微小区域内本质上属于等角投影（如美国典型的 7.5 分地形图）（USGS，2011）。与球体相切或相割的圆柱地图投影的变形见图 2.9（Slocum et al.，2005；Krygier，2011）。

2. 通用横轴墨卡托投影

遥感数据处理及大比尺地形图测绘工作中应用最广泛的是横轴墨卡托投影。它由普通墨卡托投影的圆柱（可展曲面）旋转 90°所得，故其与地球的切线沿子午线（经线）而非纬线。

通用横轴墨卡托（UTM）坐标系是根据直角坐标系设定的，可分为 60 个区，每个区宽约经度 6°，自西经 177°起每隔 6 条子午线可设一条中央子午线。1 区是西经 180°到 174°间的区域，2 区是西经 174°到 168°间的区域，以此类推。每个 UTM 区均可分为南北两区［见图 2.11(a)］。北区为赤道至北纬 84°N 区域，南区为赤道至 80°S 区域。UTM 地图投影并不适用于两极地区。

UTM 区的中央子午线与赤道的交点即为该区的原点［见图 2.11(a)］。中央比例系数为 0.9996。中央子午线、赤道及中央子午线外的每条 90°线都为直线［见图 2.11(a)］。中央子午线比例一致。中央子午线的任何平行线均有固定的比例系数。当位于以同一中央子午线为中心的区域时，UTM 地图可进行边缘匹配。

每个 UTM 区均有一条贯穿南北且与南部边界垂直的中央子午线。每个区也有一个距中央子午线以西 500km 的假东方向。这保证了区域内所有东部及北部的值均为正值，否则中央子午线以西的区域可能存在负值。

UTM 投影通常用于横跨南北区域的大面积测绘。例如，美国地质调查局通常使用 UTM 投影进行比例尺 1:24000～1:25000 地形图的测绘项目。17N UTM 区可用于投影中央经线为 81°W 的南卡罗来纳州地区［见图 2.11(b)］。16N UTM 区可用于投影中央经线为 87°W 的阿拉巴马地区［见图 2.11(b)］。

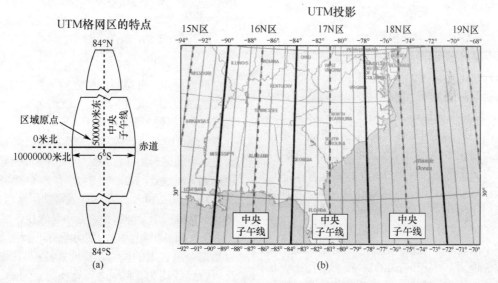

图 2.11　(a)UTM 格网区的特点。共 60 个区，每个区的大小为地球上的 6°；(b)中央子午线为 81°W 的 17N UTM 区可用于南卡罗来纳州的 GIS 测绘项目，中央子午线为 87°W 的 16N UTM 区可用于阿拉巴马州的 GIS 测绘项目（数据由 ArcWorld Supplement 和 ESRI 等公司提供）

由制图者所选的沿中央子午线的线段或与之平行的两条线的距离为真值，但在中央经线 15°的区域内，所有距离、方向、形状及面积的值较为精确。大于 15°的范围内，距离、方向及面积的变形会迅速加剧。由于地图为等角投影，故所有小区域内的角度与形状基本真实（如 1:24000 比例尺 USGS 地形图上的区域）。

UTM 坐标系以米为单位，且根据 x（东向）

和 y（北向）值为参考。横坐标指原点以东的区域，纵坐标指原点以北的区域。在北半球，北方向指赤道以北的区域。例如，UTM 坐标

12N   444782E   4455672N

表示该位置位于赤道以北的 12 区，距 UTM 原点以东 444782m，以北 4455672m。当然，也可将此位置表示为其他形式。例如，可将此类值除以 1000，将单位转换为千米。此时，表示该位置位于 UTM 原点以东 444.782km，以北 4455.672km。

UTM 坐标系便于使用，几乎所有 GPS 定位设备均采用此坐标系。此外，UTM 投影覆盖了世界上的大多数国家（两极除外）。由于系统以米作为基本单位，因此进行平方米、公顷和平方千米单位间的转换计算十分简便。互联网地图应用程序（如谷歌地球）也具有 UTM 坐标下的查询与显示功能。

注意，UTM 坐标系也有一些缺点。使用 UTM 地图坐标系研究由东到西横跨多个 UTM 区的区域十分困难。因此，若所研究区域位于两个 UTM 区之间，那么 UTM 坐标系并不适用。这就使得 UTM 很难用于较大的地区，如美国本土或整个亚马逊流域。

3．空间斜墨卡托投影

空间斜墨卡托投影（SOM）是一种根据卫星运行轨道而修改的圆柱地图投影。美国地质调查局的科学家于 20 世纪 70 年代设计出此投影，以减少椭圆地球卫星图像展示在平面上时产生的变形。最初设计空间斜墨卡托投影的目的是为绘制由陆地卫星多光谱扫描器（MSS）所获得的图像。该投影可表示卫星遥感系统在每条轨道上收集到的连续影像数据。在地面轨道上的比例尺是正确的（Snyder，1987；1995）。

SOM 投影主要应用于沿卫星地面轨道相对狭小的地域。SOM 地图与由遥感轨道定义而成的地图基本相同。SOM 投影适用于全部卫星绕地轨道，轨道可为圆形或椭圆形且倾斜程度任意。

4．摩尔魏特投影

摩尔魏特投影由卡尔·摩尔魏特于 1805 年创立。这是一种伪圆柱投影，其赤道为一条垂直于中央子午线且长度为中央子午线一半的水平直线。其他经线为等距圆弧，向两极延伸的纬线长度均被压缩。

这种等积投影可将世界展示于一个比例为 2:1 的椭球上，可在等积的基础上保证纬线为直线（非标准纬线，见图 2.12）。任意纬线（如北纬 20°）与赤道间所夹区域面积与地球上同区域面积相等，但这会使区域产生变形，尤其是在投影的角点处。因此，摩尔魏特投影为等积不等角投影。MODIS 卫星影像数据的摩尔魏特投影图见图 2.12(b)。摩尔魏特投影也称等积投影或椭圆投影（Furuti，2011）。摩尔魏特投影常用于制作世界地图。

2.7.3 方位（平面）地图投影

方位地图投影数学上可精确地把地球上的任何一点投影到与其相切的平面上，如与北极点（90°N, 0°W）相切的平面 [见图 2.13(a)]。让球体与一个平面相割，如在 40°N 处相割，也可建立方位地图投影 [见图 2.13(b)]。相切方位投影或相割方位投影所致的变形，如图 2.13(a) 和(b)所示（Slocum et al.，2005；Krygier，2011）。方位地图投影中心点可位于极点（称为极方位）、赤道（称为侧方位）或其他任何理想位置（称为斜方位）。

1．透视方位地图投影

将光源放置于刻有经线与纬线的透明球体内部或外部，可得到几何上较为精确的透视方位地图投影（见图 2.14）。光源发出的光线将经线与纬线投影于平面上。

光源可位于球体内部（简称球心投影）、球面切点处的另一侧（对侧）（简称球面投影）或距切点无限远处，此时光线为平行光（称为正射投影）（见图 2.14）。现实中，通常使用网格（栅格）图精确投影全球影像，而不是光投影法。

公元前 6 世纪就提出的方位球心投影被认为是迄今最古老的投影，其最大特点为：赤道及所有经线均为直线，这为寻找两点间的最短距离提供了帮助。

方位立体投影通常用于显示背离光源点的半球。不可能完全显示两个半球。这是唯一保留真实角度与局部形状的方位投影，可用于投影较大陆地区域的全方位等比例地图（USGS，2011）。

从遥远的外太空观测时，通常采用正射方位投影来表示地球、月球或其他星体。影像可

显示为近似球体的三维视图。这是最常用的方位地图投影形式（Leica Geosystems，2008）。

2. 兰伯特等积方位投影

最适合使用兰伯特等积方位投影（见图2.15）的地区具有从切点向各方向等程度延伸的特性。切点可位于两极［见图2.15(a)和(b)］或用户所需的任何位置，如40°N，0°W处［见图 2.15(c)］或 40°N，80°W 处，就如地球的MODIS 影像所示的那样［见图2.15(d)］。

图中所示各格网面积与地球上相应面积成比例。因此，在同纬度处，只有两条经线与两条纬线所夹四边形面积相等，标准切点处的方向才不存在变形。远离标准切点处，方向变形逐渐减小，形状变形逐渐增大。通过标准点的任何直线段均位于一个大圆上。投影图属于等积图但不属于等角或等距图（USGS，2011）。

3. 等距方位投影

在等距方位投影地图上，只有标准切点处投影的距离和方向不存在变形。通过标准（中心）点的直线距离为真实值。其余距离均变形。所有通过中心点的直线均位于某个大圆上。距标准点越远，形状与面积变形越大（USGS，2011）。等距方位投影可有效表示从投影中心点出发的航线距离。极投影（见图2.16）通常用于世界地图和极半球地图的制作。斜方位投影则用于陆地和世界航空地图集的制作。

圆柱地图投影

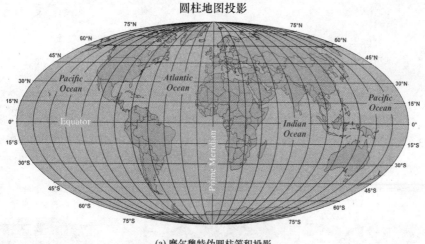

(a) 摩尔魏特伪圆柱等积投影

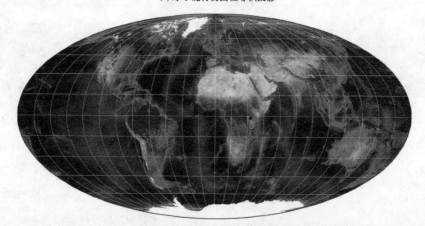

(b) MODIS卫星数据的摩尔魏特投影

图 2.12　(a)摩尔魏特伪圆柱等积投影以圆柱可展曲面为基础。投影以本初子午线为中心，但用户可以根据需要将投影应用于任何子午线上（ArcWorld Supplement 和 ESRI 等提供）；(b)MODIS 卫星影像数据的摩尔魏特投影（NASA 的 MODIS 提供影像）。投影由 NASA 的 G. Projector 软件创建（NASA，2011）

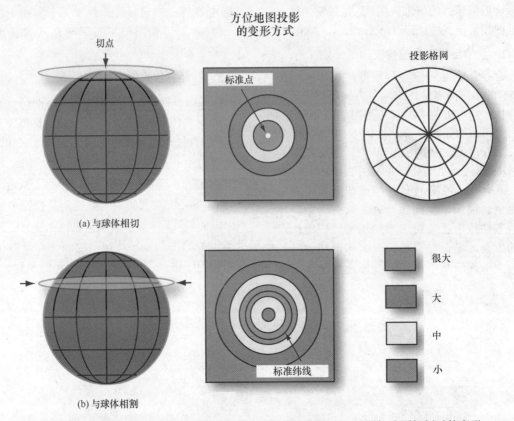

图 2.13   方位地图投影的变形：(a)平面与球体相切时的变形；(b)平面与球面相割时的变形。
距中心点或标准纬线越远，变形程度越大（Slocum et al.，2005；Krygier，2011）

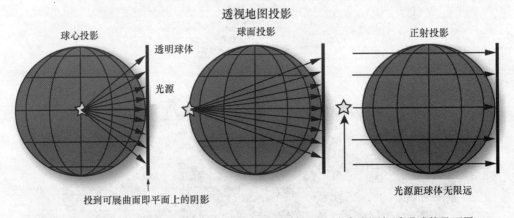

图 2.14   地图投影形式：球心投影、球面投影和正射投影。注意光源与透明球体及可展
曲面（此例中为平面）的位置关系。同时注意角度在可展曲面上的投影变化

2.7.4   圆锥投影

将地球上的影像投影于可展锥面上即得到圆锥投影地图。圆锥可与球体相切或相割，若相切则只有一条标准纬线；若相割则有两条（见图2.17）。与切点或割点的距离越远，变形

越大（Slocum et al.，2005；Krygier，2011）。

1. 阿尔伯斯等积圆锥投影

美国地质调查局通常使用阿尔伯斯等积圆锥地图投影，以展示美国本土（即48个主要州）或美国的大部分区域［见图2.18(a)］。

方位地图投影

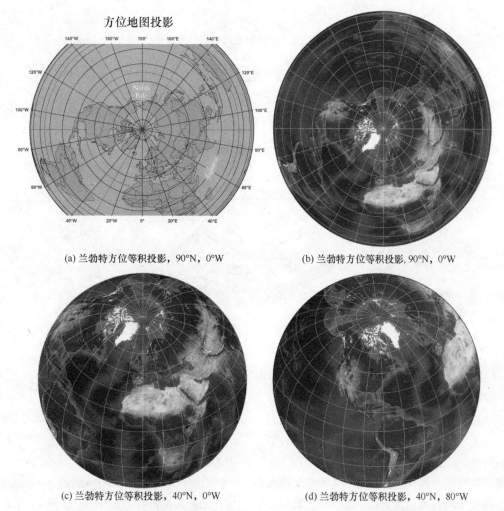

(a) 兰勃特方位等积投影，90°N，0°W

(b) 兰伯特方位等积投影，90°N，0°W

(c) 兰勃特方位等积投影，40°N，0°W

(d) 兰勃特方位等积投影，40°N，80°W

图 2.15　兰伯特等积方位地图投影：(a)标准点位于 90°N，0°W 的兰伯特等积方位投影（ArcWorld Supplement 和 ESRI 提供）；(b)MODIS 数据的兰伯特等积投影，切点为 90°N，0°W；(c)切点为 40°N，0°W；(d)切点为 40°N，80°W（MODIS 影像由 NASA 提供；投影由软件 G. Projector 创建）

等距地图投影

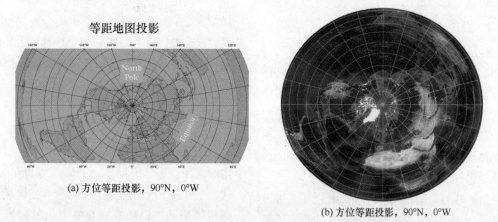

(a) 方位等距投影，90°N，0°W

(b) 方位等距投影，90°N，0°W

图 2.16　(a)标准切点位于 90°N，0°W 的等距方位投影地图（数据来自 ArcWorld Supplement 和 ESRI 等）；(b)标准点位于 90°N，0°W 的 MODIS 图像等距方位投影地图（MODIS 图像由 NASA 提供；投影由软件 G. Projector 创建）

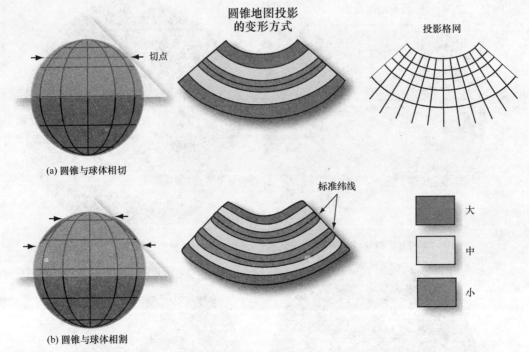

图 2.17　与圆锥地图投影相关的变形：(a)圆锥与球体相切时的变形；(b)圆锥与球体相割时的
变形。距标准纬线越远，变形越大（数据来自 Slocum et al.，2005；Krygier，2011）

投影地图在两条标准纬线处相割。展示东西延伸的较大区域或保持等积关系时，使用该投影最为理想。该投影并不等角、透视或等距。在有限的地理区域内，定向测量相当准确。两条标准纬线上的距离值为真值，此特征只对标准纬线适用。由阿尔伯斯等积圆锥投影所建立的地图，当其具有相同的标准纬线且比例相同时，可进行边缘匹配。

2. 兰伯特等角圆锥投影

等角圆锥地图投影［见图 2.18(b)］是目前使用最广泛的地图投影之一，它在两标准纬线处相割。该投影与阿尔伯斯等积圆锥投影相似，但刻度间距不同［见图 2.18(a)］，用于美国地质调查局制作7.5 分和15 分地形图或国家基础地图系列，也用于映射东西方向延伸的国家或地区图（USGS，2011）。

兰伯特等角圆锥投影并非透视投影，亦非等积或等距投影。两条标准纬线上的距离值及特定区域内的距离为真值。方向测量相对准确，尤其是在接近标准纬线处。标准纬线周边

区域的形状与面积失真程度最小，离标准纬线越远，失真程度越大。小地域的大比例尺地图上的区域形状基本真实。

美国 48 个州的美国地质调查局基础系列地图的两条标准纬线位于 33°N 和 45°N 处。美国地质调查局系列地形图的两条纬线位置会不断变化（7.5～15 分）（USGS，2011）。

不同地形区域应采取的不同地图投影形式如表 2.3 所示。全球投影最适合表述整个世界。方位投影可有效映射整个半球、大陆或地区。横轴墨卡托圆柱投影及部分圆锥投影可用于大比例尺、中比例尺地形图的制作。

2.7.5　其他投影和坐标系

由于政治或其他因素的影响，有时需要特定的地图投影或坐标系。例如，20 世纪 30 年代，美国各州均同意基于横轴墨卡托投影或兰伯特等角圆锥投影开发自身专用的投影和坐标系。这类投影和坐标系称为州平面坐标系（SPCS）。

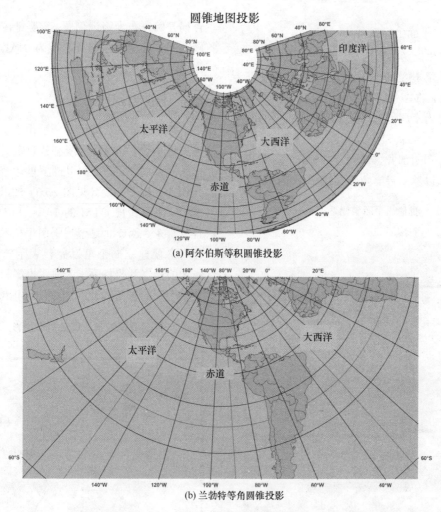

图 2.18　圆锥地图投影实例（数据由 ArcWorld Supplement 和 ESRI 提供）：
(a)阿尔伯斯等积圆锥投影；(b)兰伯特等角圆锥投影

表 2.3　适用于不同类型地域的圆柱、方位、圆锥地图投影。P 表示部分（USGS，2011）

可展曲面类型	投影类型	全球	半球	大陆/大洋	区域/海洋	中比例尺	大比例尺
球面	全球						
圆柱面	墨卡托	P					
	横轴墨卡托						
	空间斜墨卡托						
方位	球心				P		
	球面						
	正射		P				
	等距方位	P					P
	兰伯特等积方位						
圆锥	阿尔伯斯等积						
	兰伯特等角						
	等距						
	多圆锥						

1．州平面坐标系

选取州投影可降低变形程度并减少错误。需要依据各州的形状及地理位置选取投影类型。此外，许多州将其平面坐标系依据不同的区域划分为不同类型。例如，犹他州平的面坐标系依据其形状和位置包含了三种区域（北部、中部和南部），如图 2.19 所示。犹他州平面坐标系以兰伯特等角圆锥投影为基础。

犹他州平面坐标系

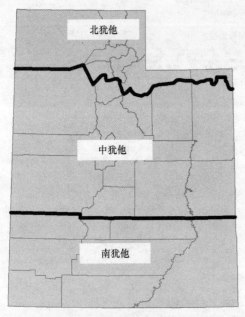

图 2.19　各州均有专属的平面坐标系。各州的形状与大小决定了分区的数量。犹他州有三个州平面坐标系（北部、中部和南部）（数据由 ArcWorld Supplement 和 ESRI 提供）

大部分地方政府的专题数据图层是基于州平面坐标系而设的。政府使用的大多数官方定义包含了州平面坐标系的细节。因此，若想在城市或地方政府机构工作，就必须学会使用州平面坐标系。

类似于 UTM，州平面坐标系也存在许多缺点，若研究区域横跨某州的多个地域，则很难使用一种州平面坐标系来表示。此外，州平面坐标系会在州的边缘结束。因此，若想量测不同的区域，需另选坐标系。州平面坐标系测量的原始基准是 NAD27。近期，美国地质调查局开始发布米级地形图。这类地图基于一种新的州平面坐标系，其基准为 NAD83，单位为米。

2.7.6　自定义地图投影

上述地图投影类型并不适用于所有 GIS 相关项目，因此可以使用或创建自定义投影和坐标系来完成项目。下面以佛罗里达地理数据库（FGDL）投影为例（见图 2.20）加以说明。由于佛罗里达州被 UTM 的 16 区、17 区分割，且具有东、西、北三个州平面坐标系分区，因此有必要建立一个可以完整表示佛罗里达州影像的投影和坐标系。该地图投影和坐标系可使整个州的东向和北向坐标均为正值。

佛罗里达州地理数据库投影

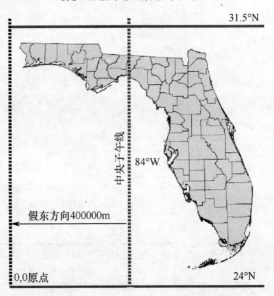

图2.20　美国佛罗里达州地理数据库的自定义地图投影和坐标系的特点（数据由 ArcWorld Supplement 和 ESRI 等提供）。该投影采用双标准纬线（24°N 和 31.5°N）和中央子午线（84°W）创建。需定义一个假东 400km 方向以建立佛罗里达州加勒比西南海岸的原点(0, 0)，这保证了所有东部和北部坐标均为正值

佛罗里达地理数据库地图投影的基础是阿尔伯斯等积圆锥投影，标准纬线位于 24°N 和

31.5°N 处，中央子午线投影为 84°W。坐标系假东方向为 400km，以保证地图投影区域均为正值。图 2.20 展示了带有两条标准纬线（24°N 和 31.5°N）和中央子午线（84°W）的投影图像。单位为米，零点为原点在西南部的投影。

GIS 中的应用

功能健全的 GIS 可有效地将空间数据转换至不同的基准、坐标系及地图投影下。与图形处理软件（如 Freehand、Adobe Illustrator、Adobe Photoshop 等）相比，上述特性即为 GIS

的优势。

因此，不论需要何种地图投影和坐标系，分析人员都能依据项目的特定需求来转换数据格式。例如，某一项目需要将佛罗里达地理数据库投影精确地转换为 UTM 投影格式。通过输入佛罗里达数据库投影［见图 2.21(a)］及 UTM 地图投影［见图 2.21(b)］的各项参数，GIS 能轻松完成此项任务。需要时还可使用 ArcGIS 的用户界面（见图 2.22）来创建新的投影坐标系。

更改地图投影

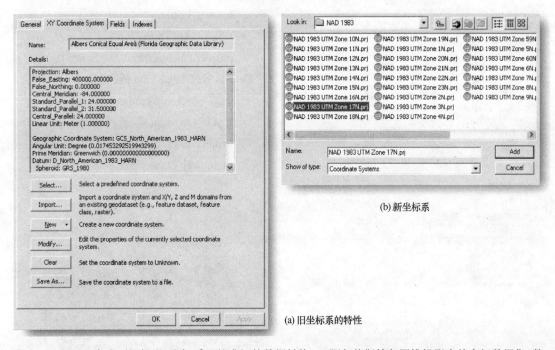

(b) 新坐标系

(a) 旧坐标系的特性

图 2.21　GIS 可完成不同投影、坐标系及基准间的数据转换：(a)阿尔伯斯等积圆锥投影中的空间数据集（数据由佛罗里达州地理数据库提供）使用 ESRI ArcGIS 软件可被转换为(b)北美基准 1983 UTM 的 17N 区投影图。注意在(a)中，中央子午线位于 84°W 处，假东方向为 400km 且两条标准纬线分别为 24°N 和 31.5°N。输入的地图投影基于 1983 北美基准和 GRS 1980 椭球（用户界面为 ESRI）

2.8　天梭指标

法国数学家尼古拉斯·奥古斯特·天梭设计了天梭指标来衡量和描述不同地图投影的几何畸变。该指标是一个几何变形指标，用于描述地球上某个无限小的圆以椭圆形式投影于平面时产生的变形。这种椭圆代表了本

地和附近无限小的椭圆的特征。

天梭指标通常用于表示地图上线段、角度及面积的变形（Laskowski，1989）。天梭指标的特点如图 2.23 所示。*ABCD* 是在地球的球形模型或椭球模型上定义的一个单位圆，虚线 *A′B′C′D′* 则是通过投影所得的天梭指标。根据地图投影的特性，线段 *OA* 可转化为 *OA′*，同理可得 *OB′*。由于 *OA′*、*OB′* 的长度与 *OA*、*OB* 并不

相等，故该方向存在线性变形。单位圆上的角 *MOA* 可转换为变形椭圆上的角 *M'O'A'*。由于 *MOA* > *M'O'A'*，存在角度变形。据定义，圆 *ABCD* 的面积等于1，但曲线 *A'B'* < 1，故存在面积变形。

等角地图投影中，任何位置的角度均可用天梭指标中不同大小的圆来表示。等积地图投影中，目标间单位区域的面积无变形，但不同位置具有不同的形状和方向。

创建自定义地图投影

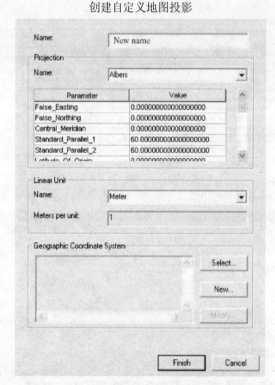

图 2.22 使用 ArcGIS 用户界面创建新投影坐标系（ESRI 提供）。注意，须提供中央经线、标准纬线及假东、假北方向信息。可以创建一个能处理多种数据集的投影坐标系

如预想的那样，与正射投影相关的球体指标均为圆形且大小相同，如图 2.24(a) 所示。需注意等角投影时单位圆的大小变化（如墨卡托、摩尔魏特、兰伯特等角圆锥投影）。等积投影中，如阿尔伯斯等积圆锥投影，椭圆的大小和形状存在变化，说明满足等面积要求时角度存在变形。使用天梭指标评价各种投影的特

点可学到很多知识。

以下为某些提供地图投影和天梭指标信息的网站：

- Flex Projector (www.flexprojector.com)
- Furuti Map Projections (www.progonos. com/ furuti)
- Gallery of Map Projections (http://www. csiss.org/ map-projections/ index.html)
- Mapthematics GeoCart 3 (www. mapthematics.com)
- Generic Mapping Tools (http://gmt.soest. hawaii. Edu)
- MicroCAM (http://www.csiss.org/map projections/microcam/index.html)
- NASA Global Map Projector (www.giss. nasa. gov/tools/gprojector)
- USGS Decision Support System for Map Projections of Small Scale Data (http:// mcmcweb.er.usgs.gov/DSS/)

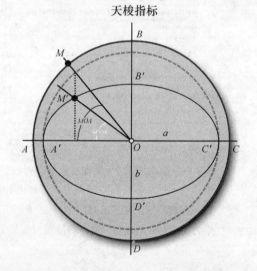

图 2.23 天梭指标的特点。*ABCD* 是在地球的球形模型或椭球模型上定义的一个单位圆。虚线 *A'B'C'D'* 是通过投影所得的天梭指标。等角地图投影中，任何位置的角度均可以天梭指标中不同大小的圆表示。等积地图投影中，目标间单位区域面积无变形，但不同位置具有不同的形状和方向

与所选地图投影相关的天梭指标图

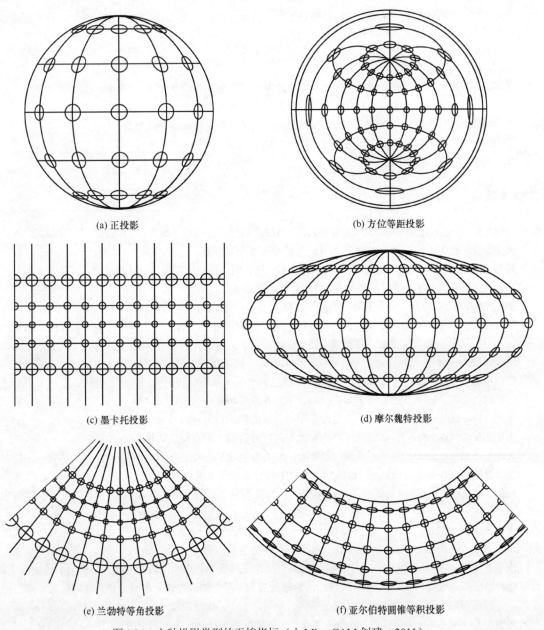

(a) 正投影　　　　　　　　　　　　　　　　(b) 方位等距投影

(c) 墨卡托投影　　　　　　　　　　　　　　(d) 摩尔魏特投影

(e) 兰勃特等角投影　　　　　　　　　　　　(f) 亚尔伯特圆锥等积投影

图 2.24　六种投影类型的天梭指标（由 MicroCAM 创建，2011）

2.9　小结

GIS 用户需要基本了解基准、椭球、地图投影及坐标系的特点。各种类型的基准、坐标系和地图投影都具有不同的优势和劣势，完成 GIS 项目时需慎重选用。某些情况下需要在两个基准或两个坐标系间进行地理信息的转换。GIS 具有强大的转换功能。

复习题

1. 地图投影中使用的主要可展曲面分为哪几类？

2. 若从外太空观测地球，最适合选择何种投影表示？此类投影具有哪些特点？

3. 使用地球仪显示地理特征有哪些优点与缺点？

4. 详细说明天梭指标及其重要性。

5. 参考椭球与真正球体间的区别是什么？解释其重要性。

6. 地形高程与水深深度间的区别是什么？

7. 美国的各州最广泛使用何种坐标系？详述此类坐标系对各州的重要性。

8. 现有一个制作西欧地形图的 GIS 项目。选择哪种投影最合适？解释原因。

9. 为阿亚尔伯斯等积圆锥投影的天梭指标图中，大多数参考椭圆均存在变形？

10. 详述可展曲面与球体相切或相割时的特征。

11. 详述投影中标准经纬线的重要性。

关键术语

方位投影（Azimuthal）：球面上的一点投影至与球面相交于一点的平面上。

测深学（Bathymetry）：研究湖泊、海洋或大洋底部水深的学科。

等角（Conformal）：若投影点在所有方向的投影比例相同，则该地图投影为等角投影。但此时大部分区域的面积会发生变形。不存在同时等积与等角的投影图。

基准（Datum）：待测量位置所对应的参考表面。

可展曲面（Developable Surface）：一种无须依靠拉伸力即可展平的简单几何形式。依据圆柱、圆锥或平面等形式的可展曲面，可形成不同的地图投影。

海拔（Elevation）：一种特定类型的高度，亦称正高，代表高于平均海平面的高度。

等积投影（Equal-area Projection）：若整个地图上的全部区域均以相同比例缩小，且代表地球上相对区域的面积，该地图投影即为等积投影。不存在既等积又等角的地图。

等距（Equidistant）：地图上，只有沿投影中心量测的距离或某些特殊线上的距离为真实值。

大地测量学（Geodesy）：研究地球形状和大小，同时量测地表点位置的学科。

大地水准面（Geoid）：地球重力场的等势面，最吻合全球平均海平面。

空间参照系（Georeferencing）：精确标注地理空间对象或区域的能力。

格网（Graticule）：格网通常叠加在地球仪上，且具有包含经线（垂线）与纬线（平行线）的球面坐标系。

大圆（Great Circle）：过球心的平面与球体相交即形成一个大圆。赤道、子午线及地球上的其他圆周均形成一个大圆。大圆上的圆弧即为地表两点间的最短距离。

水平基准（Horizontal Datum）：依据确切的南北位置（纬度）和东西位置（经度）所确定的地面点集。

指标（Indicatrix）：一种几何变形的指标，地球上某个无限小的圆投影于平面时变为椭圆形式。该指标用于量测和图示各种投影的几何变形。

地图投影（Map Projection）：三维地球（或其他球体）系统地转化至平面图的过程。

国家空间参考系统（National Spatial Reference System, NSRS）：包含了美国国家大地测量局使用的水平基准与垂直基准。

扁椭球或扁球（Oblate Ellipsoid or Oblate Spheroid）：极轴比赤道轴短的球体。

恒向线（Rhumb Line）：位于地表且以相同角度横穿所有经线的线段。恒向线方向即为真实方向。

高程基准（Vertical Datums）：具有已知高程（高于或低于平均海平面）的地球点位的空间集合。

参考文献

[1] Bugayevskiy, L. M. and J. P. Snyder, 1995, *Map Projections: A Reference Manual*, London: Taylor & Francis, 352 p.

[2] DeLorme, 2011, "DeLorme - Eartha, the World's Largest Revolving and Rotating Globe" (http://www.delorme.com/ about/

eartha.aspx).

[3] ESRI, 2011, *ARCGIS 9.3: Map Projection Templates*, Redlands: ESRI, Inc.

[4] ESRI, 2004, *Understanding Map Projections*, Redlands: ESRI, Inc., 120 p.

[5] Furuti, C. A., 2011, *Map Projections* (http://www. progonos.com/furuti).

[6] Garnett, W., 2009, *A Little Book on Map Projection*, London: General Books, 62 p.

[7] Grafarend, E. W. and Krumm, F. W., 2006, *Map Projections: Cartographic Information Systems*, London: Springer, Inc., 714 p.

[8] Iliffe, J.C., 2008, *Datums and Map Projections for Remote Sensing, GIS, and Surveying*, 2nd Ed., New York: Whittles Publishing, 208 p.

[9] Kanters, F., 2007, *Small-scale Map Projection Design*, London: Taylor & Francis, 352 p.

[10] Krygier, J. B., 2011, Course on *Cartography and Visualization*, Delaware, OH: Department of Geology & Geography, Ohio Wesleyan University (http://krygier.owu.edu/krygier_html/geog_353/geog_ 353_lo/geog_353_lo05.html).

[11] Laskowski, P. H., 1989, "The Traditional and Modern Look at Tissot's Indicatrix," Chapter 14 in *Accuracy of Spatial Databases*, M. Goodchild and S. Gopal (Eds.), Bristol, PA: Taylor and Francis, 155-174 p.

[12] Leica Geosystems, 2008, *ERDAS Field Guide*, Volume 1, Atlanta: Leica Geosystems Geospatial Imaging, 444 p.

[13] Lo, C. P. and A. K. W. Yeung, 2007, *Concepts and Techniques in Geographic Information Systems*, Upper Saddle River: Pearson Prentice-Hall, Inc., 532 p.

[14] Maher, M. M., 2010, *Lining Up Data in ArcGIS: A Guide to Map Projections*, Redlands: ESRI Press, 200 p.

[15] Maidment, D. R., Edelman, S., Heiberg, E. R., Jensen, J. R., Maune, D. F., Schuckman, K. and R. Shrestha, 2007, *Elevation Data for Floodplain Mapping*, Washington: National Academy Press, 151 p.

[16] MicroCAM, 2011, *MicroCAM for Windows* (www. csiss.org/map-projections/microcam/index.html).

[17] NASA, 2007, *GRACE - Gravity Recovery and Climate Experiment*, (http://www.csr.utexas.edu/grace/).

[18] NASA, 2011, *G.Projector*, New York: NASA Goddard Institute for Space Studies. *G.Projector* was written by R. B.

[19] Schmunk. Software can be downloaded from www.giss.nasa.gov/tools/gprojector.

[20] NGS, 2007, *What is a Geoid?* (http://www.ngs. noaa.gov/GEOID/geoid_def.html).

[21] NGS, 2011a, *The Horizontal Datum* (http:// oceanservice.noaa.gov/education/tutorial_geodesy/geo05_horiz.html).

[22] NGS, 2011b, *The Vertical Datum* (http://oceanservice. noaa.gov/education/tutorial_geodesy/geo06_vert.html).

[23] NGS, 2011c, *What is Geodesy?* (http://www.ngs. noaa.gov/INFO/WhatWeDo.shtml).

[24] Robinson, A. and J. P. Snyder, 1991, *Matching the Map Projection to the Need,* Bethseda: American Congress on Surveying and Mapping, 30 p.

[25] Slocum, T. A., McMaster, R. B., Kessler, F. C. and H. H. Howard, 2005, "Chapter 8: Elements of Map Projections," *Thematic Cartography and Geographic Visualization*, Upper Saddle River: Pearson Prentice-Hall, Inc., 137-159p.

[26] Snyder, J. P., 1987, *Map Projections: A Working Manual*, U.S.

[27] Geological Survey Professional Paper #1395, Washington: U.S. Government Printing Office.

[28] Snyder, J. P., 1995, *Flattening the Earth: Two Thousand Years of Map Projections*, Chicago: University of Chicago Press.

[29] USGS, 2011, *Map Projections*, Washington: U.S. Geological Survey (http://egsc.usgs.gov/isb/pubs/MapProjections/ projections. html).

第 3 章

GIS 数据

地 理信息系统（GIS）可对空间数据进行分析，但空间数据从何而来？在 GIS 中，大部分用于存储和分析的空间数据主要采用以下两种采集方式获得：地面数据采集和环境遥感。

3.1 概述

本章介绍采集 GIS 空间地理数据的基本技术：地面数据采集和遥感数据采集。首先介绍地面空间数据采集的方式，主要包括：

- 使用 NAVSTAR 全球定位系统（GPS）。
- 大地测量。
- 地面采样或普查。
- 数字化纸质地图和其他形式的地理空间数据。

接下来介绍如何通过航空、航天飞行器上的不同类型传感器来获取地理空间信息，探讨遥感的过程及分辨率，并介绍几种不同类型的遥感数据采集系统，包括：

- 航空像片（垂直与倾斜）
- 多光谱
- 高光谱
- 热红外
- LiDAR（光探测与测距）
- RADAR（无线电探测与测距）

附录中将介绍其他用于 GIS 分析的地理空间数据。

3.2 地面数据采集

地面数据采集可通过人力完成，或由空间数据采集仪器获取。例如，使用温度计、风速表或雨量计分别对温度、风力和降雨量数据进行测量，通过挨家挨户地采访来获得社会、经济、人口数据。这些地面数据采集的主要特征之一是，通过人为判断在地理空间中采用哪种测量方式，而全球定位系统则是定位地面数据最重要的设备之一。

3.2.1 全球定位系统（GPS）

大家也许听说过美国的全球定位系统（GPS），如图 3.1 所示。实际上，几乎人人都拥有手持 GPS 或在车中装有导航仪。截至 2011 年，美国的 GPS 是全球唯一运营并公开使用的全球导航卫星系统（GNSS）。GPS 由在 6 个不同轨道平面上运行的 32 颗卫星组成，如今的卫星数量因新卫星取代退役卫星而有所变化。1995 年，GPS 向全球用户开放，美国的 GPS 成为了被公众熟知的全球导航卫星系统之一。

1. GPS 在 GIS 中的应用

GPS 数据采集技术的重要应用包括以下几个方面：

- 在地表，无论是在陆地上还是在海上，只要可以观测到 GPS 卫星，便能实时定位出确切的 x、y 和 z 坐标。

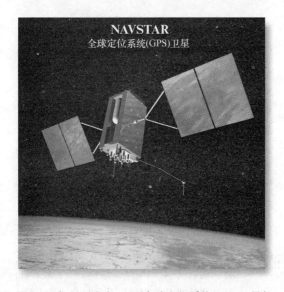

图 3.1　每天至少有 24 颗全球定位系统（GPS）导航卫星在 20200km 的高空围绕地球运行。地面 GPS 接收机至少需要接收 4 颗 GPS 卫星的信号并计算出与每颗卫星的距离。由这些信息可以精确获取 GPS 接收机的经纬度和高程。GPS 单点定位的精度在民用（SPS）和军用（PPS）方面相同，但 SPS 只在一个频率上进行广播，PPS 则采用双频广播，因此 PPS 可以进行电离层改正，与 SPS 相比拥有更高的精度（www.gps.gov）

- 使用 GPS 锁定当前位置并运用 GIS 网络分析软件确定到达目的地的最佳路线。
- 使用航空飞行器上的 GPS 为航空摄影、激光雷达或其他类型的遥感数据提供支持。GPS 可以确定航片获取瞬间或激光雷达发射/接收激光脉冲瞬间的 x、y、z 坐标。
- 机载 GPS 接收机接收的信息一般会传输到航空交通控制器上，从而持续监控商业飞机的位置，并帮助飞行员降落。
- 在某个区域中进行导航时，通过采集 GPS 点来记录行驶路线中的确切位置或计算行驶速度。
- 导航到达预先在某处测定的 GPS 点，如喜爱的钓鱼地点、水准点、地界线或藏宝处。
- 确定重要物体的位置（如电线杆、水表、电表）后输入物体的属性，例如杆的高度或电线杆上变压器的类型与数量。
- 在精细农业中，运用 GPS 测量的位置信息控制特殊拖拉机等用于土地平整、种植、施肥、收获的农业器具。
- 地理标记，可以为地面像片、录像等各种媒体工具增加地理识别的元数据。地理标记信息通常由经纬度组成，还可包含海拔、方位、距离的精确数据及地名（Sorrell，2008）。地理标记的辅助信息将在第 12 章中介绍。
- 众包，指雇员或承包商的一种传统外包行为，对于一个不明确的大群体或集体（人群）来说，通常通过网络来提出要求。当对某个特定地理位置（如一个地标或特定的商店）发出信息或当使用者作出回应时，要求中通常都会带有地理标记信息。
- 精确的地面地形测量。

2．GPS 的历史

众所周知，最初的 GNSS 技术只应用于军事领域（美国国防部）。无论是白天还是黑夜，军方通常都需要掌握人员和仪器在战区中的确切位置。GPS 实时获取的地理信息可以使指令传达的位置更加精确，大大提升了致命能力，同时也降低了指令传达失误所造成的伤亡。卫星导航使得军方定位更加快速准确，减少了"战争迷雾"和被友军误伤的概率。1990 年至 1991 年的海湾战争中首次广泛使用了 GPS 技术。

不精确的地理位置可能会导致不幸事件的发生。例如，1983 年韩国航空公司 007 航班不幸被前苏联的喷气机击落，导致 269 人死亡。此次事件后，美国总统罗纳德·里根提出 GPS 系统一旦完成便实行民用政策。1989 年，第一颗 GPS 工作卫星发射升空，第 24 颗卫星也在 1994 年发射完成。

GPS 提供的精确位置信息为全世界提供了导航、精确的地面测量和专题制图等服务，它创造了全新的地理空间相关行业，成为科学研究不可或缺的组成部分。GPS 还为地震研究、各种电信网络的同步化应用等提供了精确的时间参考。

3. GPS 系统组成

授时和测距导航卫星（NAVSTAR）全球定位系统（GPS）是美国的国有公共设施，主要为用户提供位置、导航和授时（PNT）服务（见图 3.1）。它由三部分组成：空间部分、控制部分和用户部分（GPSgov, 2011）。

（1）空间部分

GPS 的基础设计是由平均分布在相距 60°的 6 个轨道平面上的 24 颗绕球运行的卫星组成的。图 3.2 是 24 颗卫星星座示意图。每条轨道分布有 4 颗卫星，因此在地表随时随地都会观测到至少 4 颗卫星。没有树木、山丘、高层建筑等的阻挡时，可以从地面上任意一点观测到 9 颗卫星。地面接收机观测到的 GPS 卫星数目越多，获得的地理坐标信息就越精确。

GPS 卫星的轨道高度约为 20200km，每颗卫星每天环绕地球运行两周。2011 年 6 月，美国空军将 GPS 卫星的数量增至 27 颗（GPSgov, 2011），如表 3.1 所示。

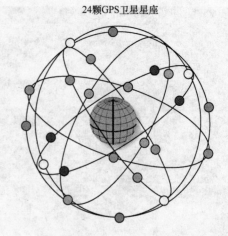

24颗GPS卫星星座

图 3.2　共有 24 颗卫星绕地运行，6 条轨道中的每条轨道含有 4 颗卫星。这样的安排使得在地球上随时随地都可以看到至少 4 颗卫星。没有树木、建筑物或高山等障碍物遮挡的理想情况下，GPS 接收机可以接收 4 颗或更多卫星的信号

表 3.1　几种全球导航卫星系统（GNSS）的特征

全球导航卫星系统（GNSS）	国　家	创建日期	状　态	卫星数量
GPS	美国	1978	1994 年投入使用	31～32 颗
全球导航定位系统（GLONASS）	俄罗斯（前苏联）	1976	改进阶段	共 24 颗，已发射 23 颗（2011 年）
伽利略定位系统（Galileo）	欧盟和欧洲航天局	2005	部署阶段	共 24 颗，已发射 18 颗（2015 年）
印度区域导航卫星系统（IRNSS）	印度	2006	部署阶段	2011 年发射第一颗卫星
准天顶卫星系统（QZSS）	日本	2002	部署阶段	2010 年发射第一颗卫星
COMPASS（北斗二号）	中国	2000	部署阶段	35 颗（2020 年）

（2）控制部分

美国空军耗费巨资来发射、维护 GPS 卫星，并不断更新 GPS 卫星在空间中的具体位置。GPS 卫星上载有一个非常精确的原子钟，以保证传递消息时处于当前时刻，进而计算出卫星的确切位置、确定系统的健康程度。GPS 单点定位的精度在民用（SPS）和军用（PPS）方面相同。但 SPS 只在一个频率上进行广播，PPS 则采用双频广播，因此 PPS 可以进行电离层改正，与 SPS 相比拥有更高的精度。

我们可认为 GPS 地面接收机处于以 GPS 卫星为中心、以测量距离为半径（R_1）的球体上，如图 3.3(a)所示，GPS 地面接收机位于 A 位置，如果只使用一颗 GPS 卫星，A 点可以在三维球体的任何位置；如果使用两颗 GPS 卫星，将产生两个三维球体，A 的位置便在它们的相交区域 [见图 3.3(b)]；如果使用三颗 GPS 卫星，A 的定位信息将更精确地反映在三个球体的交会处 [见图 3.3(c)]。理论上，仅需三次测量便可通过地面基站的 GPS 接收机获得精确的(x, y)位置信息，但由于地面接收机的钟差问题使得这一点无法实现。

所有 GPS 卫星上的原子钟精度都非常高（达 10^{-9}s），且彼此相位相同。地面基站 GPS 接收机上的时钟则相对廉价和不准确，而多余（第四颗）的卫星观测可以消除地面基站 GPS 接收机的钟差。换言之，GPS 地面接收机需要测量 4 颗卫星来解算 4 个变量：x、y、z 和 t。

使用GPS和三角测量原理定位地面上的点

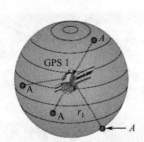

(a) 仅使用一颗GPS卫星时，位置
A可位于球体的任何圆周上

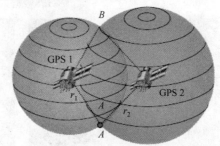

(b) 使用两颗GPS卫星可将A的范围缩小
至两个球体从A到B相交的任何位置

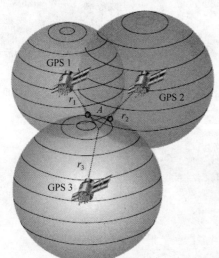

(c) 使用三颗GPS卫星可将A
的范围缩小至两个不同点

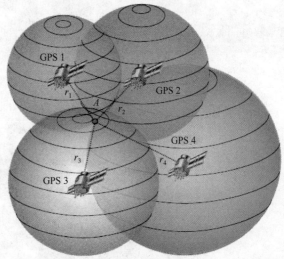

(d) 使用四颗GPS卫星可测量A的
准确 x、y 和 z（高程）值

图 3.3　假设一颗 GPS 卫星位于一个假想的球体中心，希望定位出地面点 A 的 x、y、z 坐标。(a)只使
　　　　用一颗 GPS 卫星，可求出与卫星间的距离 r_1，但这并不能精确地定位 A，因为 A 可以位于半
　　　　径为 r_1 的三维球体的任意位置上；(b)分别测量两颗 GPS 卫星与 A 点间的距离可明显缩小定位
　　　　范围。但 A 仍然可以位于两个球体相交范围的任意位置；(c)计算三颗 GPS 卫星与 A 点的距离，
　　　　使三个球体的相交区域缩小至确定的两个点，从而确定 A 的位置；(d)观测四颗 GPS 卫星来消
　　　　除地面基站 GPS 接收机的相对廉价的时钟间的钟差，可使 A 点的 x、y 和 z（高程）更加精确

　　地面基站 GPS 接收机的一个重要特点是，可以在任意时刻锁定卫星数量，目前 GPS 接收机可以锁定 10～20 颗卫星（即频道）。在任何时刻 GPS 卫星可以跟踪 4 颗以上的卫星(如 8 颗)，但一般只使用 4 颗处于最佳位置的卫星来估算 x、y 和 z 坐标。测量值将被转换成更加有用的空间信息，如精确的经度、纬度和高程。

　　（3）用户部分

　　人们使用 GPS 接收机与 GPS 卫星进行交流的方式来获得持续、精确、全球、全天候的 x、y、z 位置（经度、纬度、高程）信息。GPS 接收机由一个天线单元（由 GPS 卫星精确调频后传输信号）、一个中央处理单元和一个相对廉价的时钟组成。使用者通过小型彩色显示器来控制 GPS 单元并获取位置信息。人们将研究区的数字地图或数字遥感图像导入 GPS 接收机后，GPS 接收机的 x、y 坐标可以叠加到地图或图像上。GPS 接收机形态各异，例如手持 GPS 接收机和安装在拖拉机上用于精细农业的 GPS 接收机（见图 3.4）。

GPS数据采集

(a) 使用手持式接收机采集数据

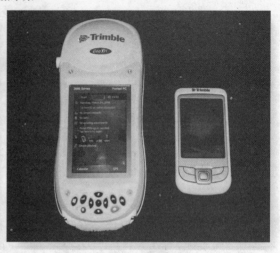

(b) 两种手持式GPS接收机

(c) 安装于拖拉机上的用于精细农业的GPS接收机

图 3.4   地面基站 GPS 接收机形态各异，功能和价格也不相同：(a)手持 GPS 接收机；(b)两
种不同的手持 GPS 接收机，左侧的更加昂贵，功能更为强大；(c)在加利福尼亚州南
部，安装于拖拉机上的用于精细农业的 GPS 接收机，可进行土地平整、种植、施肥

地面基站 GPS 接收机获得的 x、y、z 位置信息的精度受到多种因素的影响，而 GPS 接收机的质量是最主要的因素。一些 GPS 接收机拥有更精确的时钟，可以追踪更多的卫星，能够存储更多的位置信息，并且拥有强大的软件（固件）。总之，地面基站 GPS 接收机性能越强大，价格就越昂贵。

用户使用 GPS 接收机时的观测模式同样会影响到测量精度。一台 GPS 接收机可以自行运作或自主连接其他地面接收机。例如，一台单独的静态（不移动）GPS 接收机可以通过与多于 4 颗的 GPS 卫星进行交流，以 5～10m 的精度获取 x、y 坐标。然而，测量人员更希望得到地面上一些特殊点的精确位置和它们之间的精确距离（如确定产权界线），这些可以通过在不同地点（如产权界线的两端）的两台 GPS 接收机完成，并通过 GPS 演算出两点间的距离。以上便是静态相对定位。

获取更高水平和垂直精度最重要的方法是，对 GPS 接收机记录的时间信号进行差分改正。GPS 差分基于两台接收机（USA，2008），其中一台 GPS 接收机位于已知 x、y、z 坐标的位置（如美国地质调查局或国家大地测量局的水平/垂直基点），称为基准或参考 GPS 接收机；另一台移动 GPS 接收机用于在研究区内进行逐点测量。它们可以同时测量大于等于 4 颗可见 GPS 卫星的伪距测距码，通过移动 GPS 接收机与基准站进行信息交流，基准站计算出观测的伪距测距码的正确时间，并将信息发送回 GPS 移动接收机。移动接收机使用正确的时间信息便可实时获得精测的位置信息。如果需要，在当天工作结束时，可以以批处理的模式存储来自 GPS 基站的信息并处理来自 GPS 移动站获得的信息。

现在很多地方使用政府长期资助的 GPS 基站接收机进行 GPS 差分应用。例如，连续运行卫星定位服务综合系统（CORS）遍布美国和加拿大，尤其是在港口、航道和机场附近（NGS，2011）。任何一台 GPS 接收机都可以在 CORS 的 200km 范围内进行时间改正，使得 GPS 测量的水平精度相对于国家空间参考系达到±3cm，垂直精度达到±5cm，这是 GPS 差分技术的一个明显进步。图 3.5(a)显示的 CORS 站主要位于南卡罗来纳州、北卡罗来纳州、佐治亚州和田纳西州（见图 3.5(a)）。为了每周 7×24 小时无障碍观测 GPS 卫星，CORS 站通常置于离地面约 10m 高的塔上[见图 3.5(b)]。高精度 GPS 接收机放在 CORS 塔的顶部［见图 3.5(c)]。

连续运行卫星定位服务综合系统（CORS）

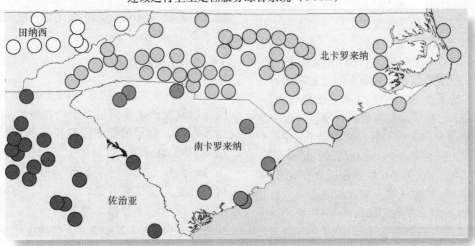

(a)南卡罗来纳州、北卡罗来纳州和部分佐治亚州、田纳西州的CORS

(b)南卡罗来纳州哥伦比亚市的CORS

(c)塔顶的GPS接收机天线

图 3.5 (a)CORS 在南卡罗来纳州、北卡罗来纳州、佐治亚州和田纳西州的分布，其中南卡罗来纳州已有 9 个 CORS；(b)位于南卡罗来纳州哥伦比亚市的 10m 高的 CORS 塔；(c)位于南卡罗来纳州哥伦比亚市的 CORS 塔的全天候运行的精密 GPS 接收机天线，图中所示为地面校准过程（美国国家大地测量局提供）

（4）GPS 的选择可用性（SA）

20 世纪 90 年代，美军在公众得到的时间码中引入了误差，使得定位误差达到 100m，这就是大家熟知的 SA。克林顿总统指出将于 2000 年 5 月 1 日关闭 SA，这将大大增加民用 GPS 的精度。美国并不打算再次实施 SA，而是致力于通过区域服务拒绝，以防止恶意使用 GPS，使其对和平用户的影响降到最低。

4．其他全球导航卫星系统

表 3.1 中还介绍了几种其他正在部署阶段的全球卫星导航系统。

前苏联研发的 GLONASS 全球卫星导航系统曾处于运行中（见表 3.1）。前苏联解体后，GLONASS 一度处于覆盖面空白及仅部分可用的失修状态。在过去的 10 年中，俄罗斯开始重建 GLONASS。2011 年，GLONASS 已拥有了可以 100%覆盖俄罗斯领土的 23 颗运行卫星，该系统需要 24 颗卫星才能提供全球服务。GLONASS 占用了俄罗斯航天局预算的三分之一，是目前最昂贵的项目。这说明了 GPS 对世界上一些有影响力的国家的重要性。GLONASS 于 2007 年对俄罗斯民众开放。

2002 年，欧盟及欧洲航天局同意引入替代美国 GPS 导航卫星的 Galileo 定位系统，这个名字是以意大利著名天文学家伽利略命名的（见表 3.1）。欧盟启用 Galileo 系统的主要目的是独立于美国的 GPS 和俄罗斯的 GLONASS。Galileo 计划于 2015 年发射完成 18 颗卫星并投入运行，其最终目标是发射包括 3 颗备用卫星在内的 27 颗卫星，首颗试验卫星于 2005 年 12 月 28 日成功发射。用户可以通过接收到的 Galileo 信号和美国的 GPS 信号提高定位精度。

中国也在发展自己的全球卫星导航系统——COMPASS（又称北斗二号），如表 3.1 所示，这个全新的系统将由 35 个卫星星座组成。与其他的 GNSS 相似，COMPASS 将提供两个层面的定位服务：开放式与限制式（军方）。公众服务部分面向全球范围的用户。

印度空间研究组织也在发展印度区域导航卫星系统（IRNSS），它将是下一代 GNSS，并于 2014 年运营。

3.2.2　地面数据测量

地面测量是有史以来（约 5000 年前）人类文明发展的重要测量方法。在现代 GIS 中用于存储、分析的信息主要采用传统地面测量或 GPS 地面测量仪器的方式采集。在发达国家，测量工作由注册测绘师来管理，购置房产，建造房屋或建筑，铺路、建桥或开凿隧道，建造地下管网，修筑大坝等，都会存在测量工作。表 3.2 总结了一些地面测量的主要类型和特征。

表 3.2　使用传统 GPS 辅助测量仪器进行地面数据测量，大多数测量信息用于大规模的 GIS 应用分析

测量类型	特　征
考古/人类学调查	测量人类遗址考古所发现文物的地理位置(x, y, z)，文物也许在相同的 x、y 坐标但不同的高程 z 位置被发现
竣工测量	按照最初计划设计的建筑资料，将结构、用途、绿化带、人行道、道路的位置与实地进行比较
水深测量	测量河流、湖泊、大海或大洋下某点的高程（深度），高程信息用等深线（相同基准下高程相等的点所连成的线，如海平面基准）在地图上表示
边界测量	根据法律说明找出土地分配界限，包括对转角或界限上记号（如金属棒）的定位、调整和修复。图 3.9 给出了南卡罗来纳州查宾的边界测量信息
施工测量	确定道路、人行道和待建建筑物的地理位置（x、y 和 z）
形变测量	测量建筑物的构造是否变化、形状是否改变。建筑物上特殊点的三维坐标是确定的，一段时间以后，重新测量这些点的位置，通过对比便可知道建筑的形状或位置是否发生了改变
工程测量	一般与详细的工程设计有关（如地形测量、验收测量），通常需要非常精确的大地测量
侵蚀与沉积控制计划	研究地面径流或沉积如何影响建筑物的结构。该计划记录了建造者如何根据地形起伏、坡度等来控制相邻区域的径流与沉积
地基测量	检查地基是否建在核准施工平面图的对应位置，仅当地基的位置经检查合格后，才可继续施工
航道测量	测量地图和海图上标注的海岸线、等深线和重要的海洋标志（如浮标、港口、船难发生地）

（续表）

测量类型	特　征
抵押调查	根据建筑条例，确定已有土地界线并核查建筑是否存在侵犯他人产权的现象，确定建筑的位置处于其所在县的地域内（如单亲家庭住房、商业区）。冠名企业和抵押机构在建造前通常需要进行抵押调查
总平面图	建筑平面图包含给定地点已有或设计的所有条件，包括结构、公共管线、栅栏、道路、人行道、地形、绿化带和湿地等的划定。平面图还要包含自然植被分布的地理数据、水文信息、排水量、濒危物种栖息地、美国 FEMA 洪水保险费率图、交通布局等
分区规划图	基于地块所绘制的地图（Cowen et al., 2008）。绘制出所有边界线以确定独立的线路或道路，并在地块转角或曲线的终点用铁棒等进行标记。这些平面图将附在地籍测量（USA）或土地登记（UK）文件中。最终的图件将作为开发商开发土地的合同，用于确定在不同条件下建何种建筑。细分完成后，通常需要向当地政府提交竣工图，用以确定开发商与当地政府签订的合同中，开发商拥有和利用的所有土地的所有权，在这一进程中政府不改变土地
地形测量	在地形测量中，对特定土地上的点的高程进行量测，这些高程信息通常利用地形等高线（同一基准面，如海平面上相同高程的点连接成的线）绘制出来
湿地划定和位置测量	当工程位于或邻近湿地时所进行的详细环境测量。根据地方、国家或联邦法律，湿地通常指在生长季节完全被水淹没两周以上的地域

1．测量仪器和技术

数百年来，测量的基本原理只发生了很小的变化，但测量人员所使用的仪器却得到了长足的发展。

（1）传统地面测量

简单的平板测量仪和测量程序已使用并传承了一千年，据说人们使用平板测量的方式来量测埃及尼罗河流域洪水泛滥的范围，确定金字塔的位置，并进行了英国巨石阵的位置排布。在 1729 年出版的第一部描述艺术和科学的百科全书中，对平板测量仪也进行了描述。人们还使用这些仪器绘制了具有一定精度的世界地图。例如，20 世纪初，Claude Birdseye 和 Herbert Clarke 使用简单的平板测量仪为美国地质调查局测绘出了美国西部的位置［见图 3.6(a)和(b)］。测量人员通过特殊的望远镜（照准部）观测地形地貌特征，例如单棵树或岩石。照准部放在水平的平板仪上，将穿过平板仪中心（测站 1 的位置）的视线绘制为朝向特征地物（如裸露岩石）的确切方向（方位）。指向特征地形的方向线均以测站 1 为起点绘制，如指向裸露岩石或地形特征点的方向线［见图 3.6(c)］。理想情况下，平板仪可直接架设在已知 x、y、z 坐标并埋设了永久标石的地面控制点（GCP）上。图 3.7(b)是在威斯康星州密尔沃基埋设的永久测量标石（标志）。

绘完从测站 1 观测的所有特征地物的射线

后，测量人员便收好仪器并搬至测站 2，测站 2 尽可能是测站 1 所观察的特征点之一，以保证两个测站间的通视性。迁站后，测量人员将测站 1 作为后视来对平板仪定向。理想情况下，测量人员可以用稳定的链绳或尺子测量出测站 1 与 2 之间的确切距离，它们之间的距离便成为了基准线［见图 3.6(d)］。所有在测站 1 观测的地物将在测站 2 用照准部重新观测，平板仪上，通过测站 1 和 2 绘制出的两条线的交点可以确定地物的大体位置。之后，测量人员收好所有仪器搬至测站 3，并重复上述所有工作［见图 3.6(e)］。如果地物在三个测站都可见，则可在地图上绘出三个测站所绘的三条射线的交点，通过从三个或更多位置观测相同地物所确定的交点的位置，要比从两个测站观测的结果更加精确。

与此同时，测量人员中的另外一人还需要在测站（如 3）立直水准尺。水准尺（也称为视距尺）就像一个带有米或英尺刻度的长尺。测站测量人员通过照准部观测视距尺，并确定测站与视距尺所在测站间的高度差。通过这种方法，测量人员可以获得两个测站间高度差的精确信息。如果测量人员拥有精确的绝对高程信息（如测站 1 处于海平面上 100m），那么可以通过平板仪、照准部和视距尺来确定所有其他测站的绝对高程。

通过这些技术和仪器进行传统的人工地

面测量十分耗时，同时也很难获得从已知测站到其他测站清晰的视线交线或确切位置。所幸的是，在电子测距与测角方面有了很大的发展，测量人员使用经纬仪可以测得精确的水平角和竖角；与此同时，水准测量也更加精确。所有的这些发展最终导致了全站仪的诞生。

（2）全站仪测量

全站仪是带有电子测距仪（通常是激光测距仪）的经纬仪，把它放置在水平面上时，还可以作为水准仪使用。全站仪通过机载计算机和特殊功能的软件来实现其功能。激光测距可达每 1000 米仅几毫米误差的精度。进行导线或三角网测量时，普通的全站仪需要架设在当地或国家控制点（见图 3.7）上。

平板仪测量法

(a) 1923年Claude Bridseye正在测量科罗拉多河

(b) 使用经纬仪和平板进行测量的Herbert Clark

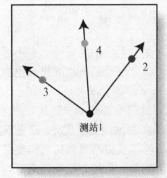

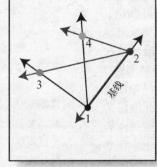

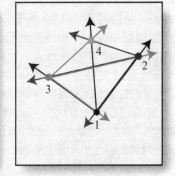

(c) 测站1发出的光线

(d) 测站2发出的光线

(e) 测站3发出的光线

图 3.6   (a)和(b)19 世纪和 20 世纪，美国地质调查局的测量人员使用平板仪测绘了大部分美国土地；(c)从测站 1 架设的平板仪照准部向三个不同地物发出光线的示例；(d)从测站 2 向地物发出光线；(e)从测站 3 向地物发出光线（历史照片由美国地质调查局提供）

水平/垂直控制测量标石

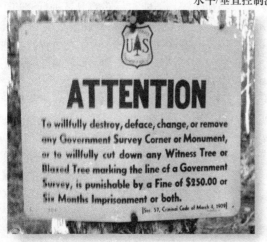

(a)犹他州犹他山上的参考控制点，
北纬40°49′44.4″，西经110°52′1.2″

(b)美国陆军工程兵在威斯康星州密尔沃基建立的
标石，北纬43°02′50.4″，西经87°52′46.8″

图 3.7　(a)犹他州犹他山上的参考控制点，根据 1909 年的法律，公众不得破坏政府的永久测量标石；(b)美国陆军工程兵在威斯康星州密尔沃基用水泥固定的水平/垂直地面控制点标记

（3）超站仪测量

超站仪（SmartStation）将 GPS 完全嵌入全站仪，使用双频 GNSS 接收机进行实时动态（RTK）测量（见图 3.8）。镜站仪（SmartPole）是嵌入 GPS 的视距尺。

地面测量

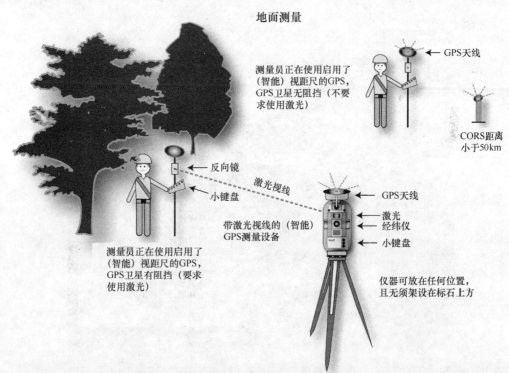

GPS天线

测量员正在使用启用了
（智能）视距尺的GPS，
GPS卫星无阻挡（不要
求使用激光）

CORS距离
小于50km

反向镜

激光视线

GPS天线

小键盘

激光
经纬仪
小键盘

带激光视线的（智能）
GPS测量设备

测量员正在使用启用了
（智能）视距尺的GPS，
GPS卫星有阻挡（要求
使用激光）

仪器可放在任何位置，
且无须架设在标石上方

图 3.8　持续与 GPS 卫星、CORS 进行交流的嵌入 GPS 的智能测量仪器和可移动的嵌入 GPS 的智能视距尺。当嵌入 GPS 的智能视距尺天线锁定足够数量的卫星时，便可获得精确的 x、y 和 z 坐标测量值。当视距尺观测卫星有遮挡时，测量人员可通过嵌入 GPS 中的激光测量仪获得精确的测量值。在研究区域某些重要位置上进行这两种技术的转换时，要求在测量过程中不能频繁地移动基准站

超站仪和镜站仪是对测量界的革新（Leica，2009），测量人员可使用它们通过多种方法指挥地面测量。首先，在必要情况下，超站仪和镜站仪均可独立获得精确的 x、y 和 z 坐标，唯一要求的是它们能够与 50km（最远）之内的连续运行卫星定位服务综合系统（CORS）进行联系，同时还需锁定至少 5 颗卫星。需要指出的是，超站仪可位于任何位置，不需要架设在地面控制点上，它可以在几秒内确定自身的位置，且在与 CORS 的距离小于 50km 时，精度可以达厘米级。

通常，测量人员将超站仪架设在空旷的位置后，便可携带镜站仪到重要的地物处获取测量数据。当地物处于室外且镜站仪可清晰地观测到所需数量的卫星时，可通过与 GPS 卫星的交流进行测量。图 3.8 中描述了 CORS 和超站仪的工作流程。这种测量方式的最大优势是可以节约时间，因为在每个位置只进行一次测量，不需要像传统平板测量那样重复观测测量点。

有时在测量点的位置，镜站仪 GPS 天线会被遮挡，不能与足够的卫星进行交流，这种情况在高楼林立的城市或植被覆盖区极易发生。出现这种情况时，测量人员有时会通过超站仪和镜站仪（见图 3.8）上的激光测距功能来获取需要的信息。

为什么了解嵌入式 GPS 的测量如此重要呢？因为在 GIS 中，多数大规模公共事业、建筑、水文和交通运输设施的信息存储与分析，是由地面测量人员采用这种技术来完成的。例如，准确的产权界线往往是通过地面测量人员的量测与识别完成的（Cowen et al.，2008）。有关在南卡罗来纳州查宾进行土地测量的具体信息见图 3.9。

嵌入 GPS 的超站仪和镜站仪使测量人员能够更加方便与精确地获取地形信息。全站仪和超站仪技术可进行无限范围的土地登记。许多公共雇员和地理学家、护林员、考古学家、自然学家等，通常都会使用装载有 GPS 的测量仪器来获取与其研究领域相关的精确地理信息。

产权界线

税务地图号：001217-03-017
产权地址：Trl岛238号
城市：查宾市
邮政编码：29036
使用者：John Doe
建造年份：1987
居住面积：2987平方英尺
带洗手间房屋数：2
上地价值评估：218500
建筑价值评估：250090
总评估价值：468590
房契页码：294
供热系统：中央空调
土地利用：改良湖畔
税收分配区：5
地契编号：3016

图 3.9   在 2011 年的真彩色垂直航空相片上对南卡罗来纳州查宾的 2338 Island Trail 区进行的产权界线测量（地图号为 001217-03-017）。在发展中国家，合法的产权界线如住宅区、商业区和公共财产区的划分，通常由土地登记测量人员进行土地测量来完成，划分的成果通常存储在相关的数据库中（摘自莱克星顿市 GIS 网络产权、地图、数据服务中心）

3.2.3　地面数据采样或人口调查

科学家通常采用采样或人口调查的方式来收集文化、生物物理地理空间数据。

1. 采样

事实上，由于经费、时间和研究对象持续改变的原因（如流动的河水），有时收集所需研究区的整个地理空间数据是不可能的。此时，数据可通过一个好的采样方案进行收集。采样是从整体中选择个体进而通过统计推理预测整体特点的过程。

在这种情况下，应特别注意在逻辑框架中通过合理的概率采样获得每个研究类别的具有代表性的无偏样本。最普通的采样方式包括（Lunetta and Lyon，2005；Congalton and Green，2009）：

- 简单随机采样
- 系统采样
- 分层采样
- 群组采样

无偏样本数据可通过统计分析技术进行分析。典型的生物物理测量方法要在特定的位置进行采样，获取温度、相对湿度、生物量等信息。典型的人文调查需要随机采集年龄、性别、宗教及收入等信息。关于采样的其他信息将在第 5 章中介绍。

2. 人口调查

拥有充足的资金和人力资源时，可对整个民族进行人口调查。人口调查是对给定所有人口的信息进行系统性的采集过程，这表明事实上会调查研究区域中的每个人、每个地方和每件事情。首个人口调查是在古罗马进行的，其目的是确定男性是否适合服役。

在发展中国家，最普通的人口调查为人口普查或房产调查。但最需明确的一点是，在时间和资金充足的条件下，对任何重要课题进行人口调查都是可能的，如关于农业、森林、商业、交通、水牛等的调查。

（1）美国 2010 年人口调查

美国人口统计局每隔 10 年就会进行一次人口普查。2010 年的美国人口普查采用仅有 10 个基础问题的简短形式完成，共花费了 70 亿美元。需要指出的是，过去的人口普查（如 1990 年和 2000 年的人口普查）所采集的社会经济信息细节会继续通过美国的社区调查来采集。美国社区调查所采集数据的更新周期为 1 年或 3 年，而不是 10 年，具体的周期取决于社区的规模。每年一小部分人将轮流接受美国社区调查，没有家庭的人每 5 年将多接受一次调查。

2010 年人口普查统计资料的汇总文件已向全国公开，其主要内容包括姓名、性别、年龄、人种、西班牙裔或拉丁美洲人种、家庭关系、生活类型、集体居住人口数量、住房占有率和住房占有期等。该文件是根据 50 个州和哥伦比亚、波多黎各地区的数据基础发布的（http://2010.census.gov/2010census/data/）。

以下是有关人口统计文件的引述：

- 人口分布与变化：2000—2010 年（Makun and Wilson，2011）。"美国常驻人口包括 50 个州和哥伦比亚地区的人口总数。截至 2010 年 4 月 1 日，美国常驻人口共有 3.087 亿，比 2000 年人口普查的 2.814 亿人增长了 9.7%。通过比较发现，过去十年 9.7% 的人口增长率低于 20 世纪 90 年代 13.2% 的增长率，而与 20 世纪 80 年代 9.8% 的增长率类似。"图 3.10(a) 是 2010 年美国各州的人口密度图。

- 年龄和性别组成：2010 年（Howden and Meyer，2011）。"2000 年至 2010 年间，18 岁以下的美国人口在以 2.6% 的速率增长，18~44 岁的人口增长率处于减缓趋势（0.6%）。这与老龄人口的快速增长率形成了本质上的反差，45~64 岁的人口在以 31.5% 的速率增长，这一年龄段人口的快速增加主要是由婴儿潮时期造成的。65 岁以上的人口也在以比 45 岁以下人口增长率更快的速率增长。"图 3.10(b) 是 2010 年各州年龄均值的分布图。犹他州是唯一一个中位数年龄小于 30 的州，缅因州则以 42.7 岁成为中位数年龄最高的州。与 2000 年人口普查年相比，所有州的中位数年龄都有所增长，这是人口老龄化的重要迹象。

美国人口普查局地理信息示例
2010年美国各县的人员密度

每平方英里土地
面积平均人口数

300.0以上
200.0~299.9
100.0~199.9
50.0~99.9
10.0~49.9
<100

美国人口密度：87.4

(a)

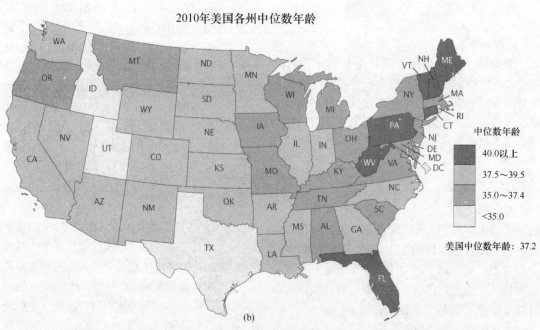

2010年美国各州中位数年龄

中位数年龄

40.0以上
37.5~39.5
35.0~37.4
<35.0

美国中位数年龄：37.2

(b)

图3.10　美国人口统计局有关美国（除阿拉斯加、夏威夷和波多黎各岛外）地理空间信息的两个
　　　　例子：(a)2010年美国各州的人口密度图；(b)2010年美国各州的中位数年龄分布图。图
　　　　片摘自美国人口统计局的人口普查统计资料汇总文件《人口、分布和变化：2000—2010》
　　　　（Makun and Wilson，2011）和《年龄和性别组成：2010》（Howden and Meyer，2011）

　　美国人口统计局会提供一定数量的关于人口统计学和社会经济学空间分配的重要地理信息。此外，一些增值公司在取得人口统计局的信息后，会通过数据调整使其与GIS应用的主要类型兼容。例如，除了人口统计局提供的有关州、国家、人口调查统计区和街区的标准地理信息外，Esri（2011）还向用户提供了报告生成功能，以及通过邮政编码、运行时间、

自定义多边形、贸易地区生成彩色编码图的功能。一些有关人口调查信息的重要资源可以在附录中找到。

3.2.4 传统空间信息的数字化

大量历史和当前的有关地理空间信息的地图、航片、图表和其他类型的地理空间信息仅以模拟（硬拷贝）形式保存（即不存在数字版本）。由于这些资源通常是原始的、独一无二的、易损的，所以它们拥有很大的价值，必须仔细处理。因此，它们通常需要进行独立分析，而不能与其他类型的地理空间数据关联起来进行分析。在 GIS 中，为使历史数据与其他地理空间信息兼容，需要在将历史模拟地图和相片转换为数字数据的技术方面做出很大的努力，这一过程便称为数字化。

数字化通常采用以下三种主要设备之一：

- 利用光标仪或电子笔进行数字化的数字化平台或数字化平板。
- 利用光标仪或电子笔的智能数字化屏幕。
- 使用扫描光密度计的光栅扫描。

了解如何选择以上的哪一种数字化方式十分重要。

1．数字化平台和数字化平板

数字化平台和平板由一个表面不透明或半透明的平板和背光显示器组成，通过连接计算机的电子显示器，可使地面上所有 x、y 坐标的测量精度达 0.001～0.005 英寸，典型的大型基座的幅面可达到 36 英寸×48 英寸。图 3.11(a)即背光数字化平台，它可记录平板与 x 轴和 y 轴的关系。通常，硬拷贝地图或航片会放在平台表面上，数字化人员的工作是用光标对硬拷贝地图或航片上的点、线、面要素进行识别与确认。所需信息将通过 16 键光标仪 [见图 3.11(b)] 从 USGS 7.5 分 1:24000 的地形图中提取。在需要数字化的信息很少时，一般使用小型数字化平板。

获取新 x, y 坐标信息的数字化平台

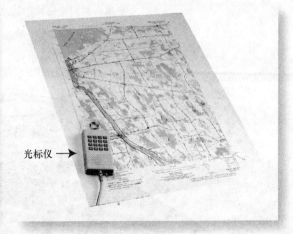

(a) 36×48英寸背光数字化平台

(b) 采用16键光标仪提取坐标信息

图 3.11　(a)36 英寸×48 英寸背光数字化平台，空间分辨率可达 0.001 英寸，标记了原点和 x、y 坐标轴；(b)放在平台表面上的硬拷贝地图或航空相片。例中，分析人员采用手持 16 键光标仪从 USGS 7.5 分 1:24000 的方形地形图上获取点、线和面要素的 x, y 坐标

使用数字化软件时，需要量取数字化平台或平板的大小，以便在数字化进程的限制下，获得精确的点、线、面要素的 x、y 坐标。通常，在数字化进程中需要使用 GIS 软件中的几何校正算法对提取的信息进行处理。理想情况下，得到的地理空间数据能够同其他几何精度

的地理空间信息相关联。

2．利用扫描地图或图像的智能屏幕数字化

智能屏幕数字化是通过专门的 GIS 软件实现的。首先，需要通过下一章介绍的技术对地图或图像进行扫描，提取点、线、面要素的 x、

y 坐标，此时扫描地图或图像便可通过计算机屏幕显示出来。理想情况下，扫描地图或图像已经过几何校正而成为标准的地图投影。随后，工作人员运用鼠标或笔在屏幕上对研究区域中特殊的点、线、面进行识别。数字化软件会记录这些要素的 x、y 坐标，并转换为 GIS 兼容的格式，同时可与其他地理空间信息关联以进行分析。

3．光栅扫描

光栅扫描系统普遍用于数字化硬拷贝地图和历史航片。测光密度术是对相片或地图中地物的发射或反射特征进行测量的技术。透明正片或负片的密度（D）特征能通过光密度计进行测量。下面给出几种光密度计，包括平面和筒状测微密度计、线阵或面阵电荷耦合器件光密度计。

（1）测微密度计数字化

图 3.12 显示了典型平板测微密度计的一般特点。这种仪器能够测量微小区域的透明或不透明的密度特征，大小可达几毫米，因此它被称为测微密度计。基本上，数量已知的光线会从光源处投影到接收光学器件上，如果投影光线在底片上交会的位置比较集中，一束光线将会被传送到接收机；如果光线在底片上交会的位置十分清晰，将会有更多的光线传送到接收机。在地图或相片的每个位置 i, j，光密度计能够输出其特征值，这个值被称为透光率、不透明度或密度。光线的数量则会被接收机记录下来，并转换为数字灰度值，即在相片或地图上，每行 i、每列 j 和每波段 k 上特定的 $BV_{i,j,k}$。在每条扫描线的结尾，光源在 y 方向上会以间隔 Δy 连续扫描，并保证平行于之前的扫描线。当光源沿图片扫描完成后，持续从接收机输出的数值会被转换成一系列以像素为基础的离散数值。模数转换的进程中，矩阵中的数值会以 8 比特即 1 字节（数值范围为 0～255）或更多比特（如 12 比特数据）记录下来，这些数据随后会被存储在磁盘上，以便进行后续的数据分析。

平板式测微密度计的特点

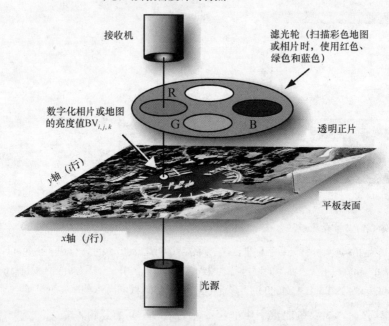

图 3.12　测微密度计的平台示意图。它将黑白透明正片/负片的模拟地图或相片，转换为有数字灰度值的单一矩阵 $BV_{i,j,k}$，彩色透明正片/负片则根据相片或地图上每个位置的三种颜色的密度转换为三个相应的矩阵。点的大小将通过数字化进程进行分析，也许会达到几微米，因此这一工具被称为测微密度计

扫描影像中小于 12μm 大小的点会产生噪声，因为这时点的大小已经接近底片卤化银颗

粒的大小。表 3.3 总结了数字化仪扫描点大小（IFOV）（用点数每英寸即 DPI 或微米表示）和不同比例像元地面分辨率之间的关系，同时给出了 DPI 和微米间的换算关系。

表 3.3　以每英寸点数（DPI）或微米（μm）表示的数字化仪检测器的瞬时视场（IFOV）与不同比例像元地面分辨率间的关系

数字化仪检测器 IFOV		不同比例尺像元的地面分辨率/m					
每英寸点数（DPI）	微米	1:40000	1:20000	1:9600	1:4800	1:2400	1:1200
100	254.00	10.16	5.08	2.44	1.22	0.61	0.30
200	127.00	5.08	2.54	1.22	0.61	0.30	0.15
300	84.67	3.39	1.69	0.81	0.41	0.20	0.10
400	63.50	2.54	1.27	0.61	0.30	0.15	0.08
500	50.80	2.03	1.02	0.49	0.24	0.12	0.06
600	42.34	1.69	0.85	0.41	0.20	0.10	0.05
700	36.29	1.45	0.73	0.35	0.17	0.09	0.04
800	31.75	1.27	0.64	0.30	0.15	0.08	0.04
900	28.23	1.13	0.56	0.27	0.14	0.07	0.03
1000	25.40	1.02	0.51	0.24	0.12	0.06	0.03
1200	21.17	0.85	0.42	0.20	0.10	0.05	0.03
1500	16.94	0.67	0.34	0.16	0.08	0.04	0.02
2000	12.70	0.51	0.25	0.12	0.06	0.03	0.02
3000	8.47	0.33	0.17	0.08	0.04	0.02	0.01
4000	6.35	0.25	0.13	0.06	0.03	0.02	0.008

有用的扫描转换：

DPI = 每英寸点数；μm = 微米；I = 英寸；M = 米

DPI 转换为微米：μm = (2.54/DPI)×10000

微米转换为 DPI：DPI = (2.54/μm)×10000

英寸转换为米：M = I×0.0254

米转换为英寸：I = M×39.37

像元地面分辨率的计算：

PM = 以米为单位的像元大小；PF = 以英尺为单位的像元大小；S = 相片或地图的比例因子

使用 DPI：PM = (S/DPI)/39.37　　　　　PF = (S/DPI)/12

使用微米：PM = (S×μm)×0.000001　　　PF = (S×μm)×0.00000328

例如，若以 500DPI 的分辨率扫描比例尺为 1:6000 的航片，则像元大小为每像元(6000/500)/39.37 = 0.3048 米，或每像元(6000/500)/12 = 1.00 英尺。

若以 50.8μm 的分辨率扫描比例尺为 1:9600 的航片，像元大小将为(9600×50.8)×0.000001 = 0.49 米或每像元(9600×50.8)×0.00000328 = 1.6 英尺。

简单黑白相片或地图仅有一个波段，即 $k = 1$。但有时需要对彩色相片或地图进行数字化。此时，使用三个专门设计的滤光片来确定底片上每个染色层传输光线的数量（见图 3.12）。透明正片或负片会被扫描三次（$k = 1, 2, 3$），而每次扫描都要使用不同的滤光片，从各个染色层中取得的彩色和彩红外航片或地图的光谱信息便记录下了三个波段的数字数据，以供后续的图像处理。

典型的滚筒式测微密度计的特点如图 3.13 所示。一幅地图或相片的透明底片被安装在一个玻璃滚筒上，成为滚筒圆周的一部分。光源位于滚筒的内部，y 坐标轴是筒的旋转轴，每旋转一周，x 坐标则会通过增加的光源接收机解算获得。

一些滚筒式测微密度计在硬拷贝地图或

相片表面的微小区域上反射光线，并记录下与每个像素相关的蓝、绿、红光的反射特征。

平板式和转筒式测微密度计可以生产出最精确的光栅数字化地图和图像。在实验室中，测微密度计比较常见，一般用于高精度（如软拷贝摄影测量）的产品研究，或者专门为用户提供高精度光栅数字化服务。

（2）线阵或面阵电耦合器件（CCD）数字化

个人计算机的发展，推动了数字化硬拷贝底片、纸质复印或50～6000像素每英寸幻灯片［见图3.14(a)和(b)］的基于线阵CCD的平板、台式扫描仪的研发。硬拷贝相片或地图通常放在玻璃板上，数字化光学系统一次性地使用定量光线对硬拷贝相片或地图的所有行进行照明。线性探测器记录沿阵列通过地图或相片接收或传播的反射光线量，并进行模数转换。线阵CCD的像素数大于20000。线阵在 y 方向上步进，就数字化了下一行数据。

滚筒式光学机械测微密度计的特点

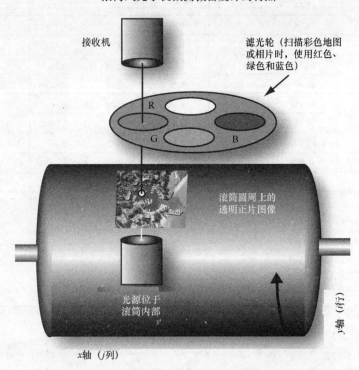

图 3.13　滚筒式光学机械测微密度计的工作原理与与平板测微密度计的相同，特殊之处是透明地图或图像安装在旋转筒上，成为滚筒圆周的一部分。光源位于筒的内部，筒在 y 方向上持续旋转，每旋转一周，x 坐标会通过增加的光源接收机解算获得

台式彩色扫描仪的价格近 200 美元，许多数字化图像处理实验室都使用这些昂贵的台式数字化仪将硬拷贝遥感数据和地图转换为数字格式。台式扫描仪能够提供极高的空间精度。光学透照器可作为任何需要扫描底片的背景照明。多数台式扫描仪的幅面为 8.5 英寸×14 英寸，而很多航片的幅面为 9 英寸×9 英寸。同样，多数硬拷贝地图的幅大于8.5 英寸×14 英寸。此

时，工作人员在数字化9 英寸×9 英寸的相片或地图时，须将其分为两个部分（如将 9 英寸×9 英寸航片分为 8.5 英寸×9 英寸和 0.5 英寸×9 英寸），数字化后再拼接这两部分，拼接过程中会引入几何畸变和辐射畸变。因此，最好的方法是使用高精度且尺寸足够大的数字化仪，使需要拼接的数量最小化。图 3.14(b)所示为高精度的 12 英寸×16 英寸扫描仪。

一些数字化系统采用面阵 CCD 技术 [见图 3.14(c)]，这种系统按照一系列矩形图像片段进行底片（原始的透明正片或负片）扫描，然后使用辐射校正算法对相片上任何照度不均的区域进行补偿。扫描彩色相片时，扫描仪会在矩形图像部分停止，并使用各种颜色的滤光片（蓝、绿、红）连续地捕获矩形图像上的信息，这一进程结束后再移至下一区域。

线阵CCD

3000像素

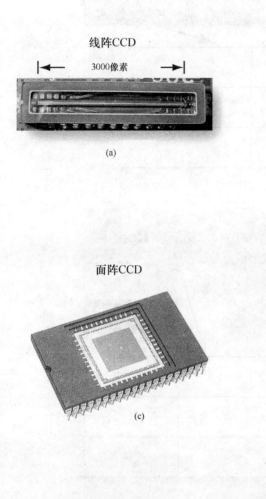

(a)

面阵CCD

(c)

线阵CCD平板扫描仪

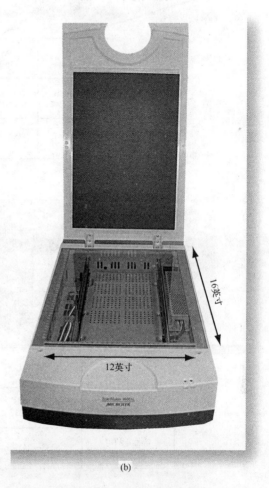

16英寸

12英寸

(b)

图 3.14　(a)包含 3000 个像素的线阵 CCD；(b)基于线阵 CCD 技术的大型平板扫描仪能够数字化大于 12 英寸×16 英寸的硬拷贝地图和航片，适用于 9 英寸×9 英寸航空影像的数字化；(c)面阵 CCD 用于面阵扫描仪的例子

扫描黑白或彩色图像和地图时，最好练习使用图 3.15(a)和(b)中显示的特殊灰度卡和色标。美国国家档案文件管理局（NARA）建议将这些卡片置于待数字化的地图或图像旁边（Puglia et al.，2004）。数字化结束后，工作人员会在计算机屏幕上通过白色、灰色、黑色灰度卡和色标，对比查看红色、绿色和蓝色值的质量。若白色、灰色、黑色检测区域的 RGB 值都处于"目标点"的范围内，说明数字化很成功；若 RGB 值落在目标范围外，则须进行平差，重新数字化图像和地图，直到全部达到目标值。

置于待扫描相片或地图旁的灰度卡和色标

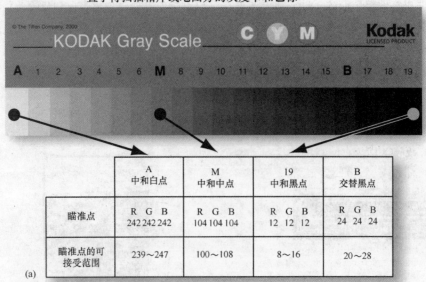

	A 中和白点	M 中和中点	19 中和黑点	B 交替黑点
瞄准点	R G B 242 242 242	R G B 104 104 104	R G B 12 12 12	R G B 24 24 24
瞄准点的可 接受范围	239～247	100～108	8～16	20～28

(a)

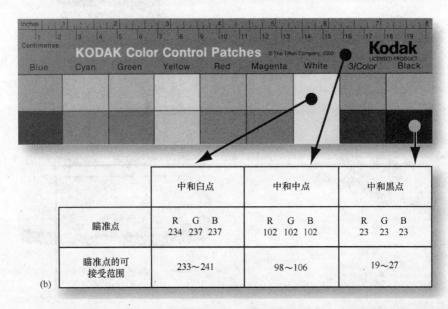

	中和白点	中和中点	中和黑点
瞄准点	R G B 234 237 237	R G B 102 102 102	R G B 23 23 23
瞄准点的可 接受范围	233～241	98～106	19～27

(b)

图 3.15　(a)放在待扫描黑白航片或地图旁的灰度卡，其目的是通过表中的白色、灰色和黑色
点，在数字化输出文件中使其 RGB 值与指定目标点的 RGB 值最接近；(b)置于待扫
描彩色地图或彩色航片旁的色标（摘自美国国家档案文件管理局；Puglia et al.，2004）

3.3　遥感数据采集

利用 GIS 进行空间分析的地理空间信息中，很大一部分是通过遥感数据获取的，如土地利用、土地覆盖、工程建筑、交通和公共网络、数字地面模型（地形测量和海洋测深）、斜坡测量等（见图 3.16）。许多 GIS 开发者通常认为空间信息来自其他途径,而当知道诸多地理空间信息

都源于遥感数据时倍感惊讶(Miller et al., 2003)。

美国摄影测量与遥感学会将遥感定义为：通过非接触的记录装置对物体或某些现象的属性进行记录、量测、解译的技术。

遥感仪器可分为车载仪器和亚轨道飞行器，其中车载仪器包括照相机、多光谱和高光谱扫描仪、热红外探测仪、无线电探测与测距传感器（RADAR）和光探测与测距传感器

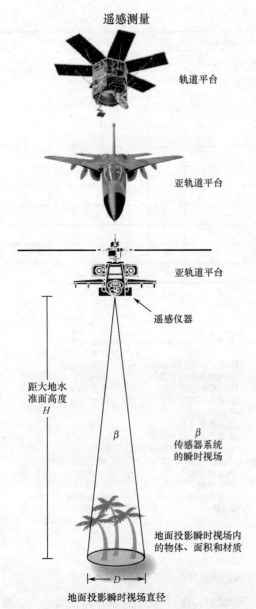

遥感测量

轨道平台

亚轨道平台

亚轨道平台

遥感仪器

距大地水
准面高度
H

β

β
传感器系统
的瞬时视场

地面投影瞬时视场内
的物体、面积和材质

D

地面投影瞬时视场直径

图 3.16　通过非直接接触的遥感仪器对瞬时视场内的有关物体或某些现象的信息进行采集，这些仪器通常搭载在飞行器或卫星平台上

（LIDAR）；亚轨道飞行器包括飞机、直升机和无人机（UAV），如图 3.16 所示。除此之外，在船只和潜艇上会使用声音导航及测距传感器（SONAR）进行水下地形测量。表 3.4 总结了 GIS 工作者获取重要信息所用的遥感系统。

本节仅简要介绍几种重要的遥感系统和通过遥感数据获取的信息类型，有关遥感系统的运行方式和运用模拟/数字图像进行图像解译的更多技术可参考 Jensen（2005；2007）。

3.3.1　遥感信息处理

遥感并非一门新兴技术。1858 年，Gaspard Felix Tournachon 使用飞过法国巴黎的系留气球，获取了第一张航空相片。从那时起，科学家便开始对遥感数据进行搜集与分析。通常，遥感处理定义为对用于地球资源和城市应用的遥感数据进行采集和分析的系统化过程。遥感处理的流程包括（见图 3.17）：

- 辨别待采集的数据或提出假设。
- 收集地面采集的数据和遥感数据（McCoy，2005）。
- 使用模拟或数字图像处理技术对地面数据和遥感数据进行处理，必要时进行假设检验。
- 提供元数据、数字图像处理和生成的地理空间信息的精度，处理结果可以制作成图像、地图、GIS 数据库、动画、仿真模拟、统计和图表形式。

3.3.2　分辨率要求

遥感系统收集模拟（如硬拷贝航空摄影）和数字数据（如用扫描仪、线阵或面阵获取

表 3.4　用于获取典型信息的地理空间信息和遥感系统

地理空间信息	可用遥感系统						
	紫外线	航空摄影（模拟或数字）	多光谱/高光谱	红外	LiDAR	RADAR	SONAR
土地利用与土地覆盖		√	√	√	√	√	
数字地面模型							
-地形测量		√			√	√	√
-海洋测深							
运输设施		√		√		√	√

（续表）

地理空间信息	紫外线	航空摄影（模拟或数字）	多光谱/高光谱	红外	LiDAR	RADAR	SONAR
地籍							
-界线测定		√	√		√		
-建筑物位置							
水文学		√	√	√	√	√	√
公共基础设施		√	√	√	√		
水	√	√	√	√	√	√	√
植被	√	√	√	√	√	√	√
土壤和岩石	√	√	√	√	√	√	√
大气	√		√	√	√	√	√
雪和冰		√	√	√	√	√	√
火山效应			√	√	√	√	√

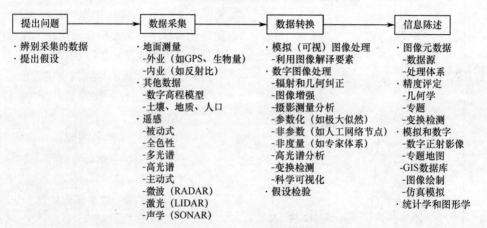

图 3.17　从遥感传感器获得的数据中提取地理空间信息时，GIS 工作者主要使用遥感处理方法，目的是将遥感传感器的数据转换为精确且有用的信息

的亮度值）。光学遥感系统记录瞬时视场（IFOV）内（如数字图像中的像素或像元）的辐射量 L（单位为 Wm^{-2}sr^{-1}，瓦特每平方米每球面度），即函数

$$L = f(\lambda, s_{x,y,z}, t, \theta, P, \Omega) \quad (3.1)$$

式中：λ 表示波长（在不同波段的电磁波谱中测量出的波谱响应值）。对 RADAR、LiDAR 和 SONAR 等主动式系统而言，辐射量是它们各自反向散射的微波、激光或声能的大小；$s_{x,y,z}$ 表示像元的 x, y, z 位置和大小(x, y)；t 表示时间分辨率，即遥感传感器采集数据的时间和频率；θ 表示辐射源（如太阳）、目标地形（如玉米地）与遥感系统之间的几何关系所形成的角度；P 表示被传感器记录的反向散射能的极化特点；Ω 表示遥感传感器系统所记录的数据（如反射、发射、反向辐射散射）的辐射分辨率（精确）。

使用遥感数据的 GIS 工作者应熟知与式（3.1）相关的参数，及这些参数对所采集遥感数据属性的影响。

1. 波谱分辨率

大多数遥感调查都基于所建立电磁能量反射或特殊波段反向散射电磁波谱频率（如红光）与所调查区域（如玉米地）化学、生物、物理特性之间的确定关系（如模型）。遥感仪器对于电磁波谱很敏感，波谱分辨率是指特定波长间隔（波段或通道）的数量和大小。

多光谱遥感系统记录了电磁波谱多波段的能量。例如，图 3.18(a)显示了与数字相机有关的 4 个多波段带宽，其中相机记录了电磁波谱的 4 个特殊区域（波段 1 = 450～515nm；波段 2 = 525～605nm；波段 3 = 640～690nm；波段 4 = 750～900nm）的信息。不同探测器的光谱敏感性是不同的。

典型多光谱数字帧相机的波谱分辨率

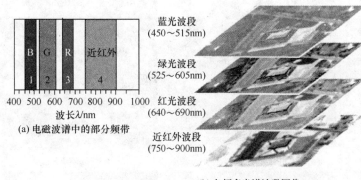

蓝光波段
(450～515nm)

绿光波段
(525～605nm)

红光波段
(640～690nm)

近红外波段
(750～900nm)

(a) 电磁波谱中的部分频带

(b) 各幅多光谱波段图像

(c) 由蓝光、绿光和红光波段合成的真彩色图像

(d) 由绿光、红光和近红外波段合成的彩红外图像

图 3.18　(a)典型数字相机 4 个波段的光谱带宽（蓝、绿、红和近红外波段）；(b)由多光谱数字相机获取的单波段图像；(c)由蓝、绿、红波段真彩色合成的图像；(d)由绿、红和近红外波段彩红外合成的图像

高光谱遥感设备可获取几十至几百个光谱波段的数据，超光谱遥感则包括成百上千个波段的数据。

特定地区或电磁波谱的波段最适宜进行生物物理学参数信息的获取，选择的波段需要最大限度地使目标物体与背景区分开（即物体与背景的比较）。仔细选择光谱波段和光谱频率可提高从遥感传感器中获取所需信息的概率。

2. 空间分辨率

遥感系统记录了地表物体的空间特性，例如模拟航片上的每种卤化银颗粒和数字遥感图像上的每种相片像素都位于图像的特殊位置，并与地面上特定的(x, y)坐标相关联。由于在 GIS 中可将遥感衍生信息用于其他空间数据，因此一旦调整为标准的地图投影形式，与每种卤化银颗粒或像素相关联的空间信息便成为了有效值。

需要识别的物体的大小或面积与遥感系统的空间分辨率相关。空间分辨率是指能够被遥感系统识别的两个物体间的最小角度或线性距离。航片的空间分辨率可通过以下方式测定：1）图像校准，使区域中黑色和白色的线条平行，2）获取研究区域的航空影像，3）输出相片中每毫米可分辨的线对数量。

许多卫星遥感系统使用恒定瞬时视场角（IFOV）的光学系统（见图 3.16），因此遥感系统空间分辨率的单位为米（或英尺）。IFOV 地面投影的半径 D，等于瞬时视场（β）乘以传感器相对于地面的高度 H（见图 3.16）：

$$D = \beta H \tag{3.2}$$

像素是计算机屏幕上和硬拷贝图像中具有相同长度与宽度的矩形，因此传感器的标称空间分辨率可描述为 10m×10m 或 30m×30m 等。例如，DigitalGlobe 公司的 QuickBird 卫星拥有全色波段 61cm×61cm 和 4 个多光谱波段 2.44m×2.44m 的标称空间分辨率，陆地卫星 7 的 ETM+拥有全色波段 15m×15m 和多光谱波段 30m×30m 的标称空间分辨率。一般来说，标称空间分辨率越小，遥感系统的空间解析能力便越强。

图 3.19 显示了数字相机在南卡罗来纳州海港镇拍摄的相片，其分辨率为 0.5m×0.5m 至 80m×80m，注意分辨率为 0.5m×0.5m、1m×1m

和 2.5m×2.5m 的数据在解译能力上并无明显不同。但在使用 5m×5m 的图像时，城市空间信息的内容则会迅速减少，但当空间分辨率远大于 10m×10m 时，图像对城市分析没有太多用处，这也是陆地卫星 MSS 数据（79m×79m）极少用于多数城市的原因（Jensen and Cowen，1999）。

不同空间分辨率下南卡罗来纳州海港镇的影像

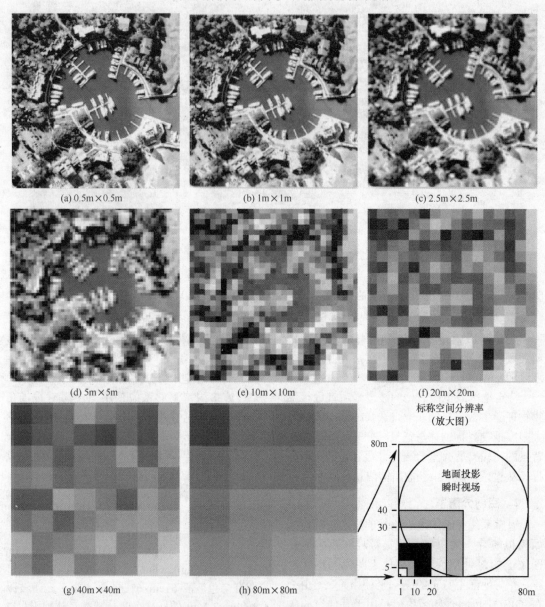

图 3.19　南卡罗来纳州海港镇的原始图像是使用数字相机以 0.3m×0.3m 的标称空间分辨率采集的，原始图像需要通过重采样生成模拟空间分辨率图像

　　一个十分有用的经验法则是：为对目标进行探测，传感器的最小空间分辨率须小于目标尺寸的二分之一。例如，若需要测定公园中的所有橡树，可接受的空间分辨率应约为最小橡树树冠直径的一半。如果橡树（物体）的波谱响应和其周边的土壤或草坪（即背景）没有差别，那么即使该空间分辨率也不能保证成功。

　　有些传感器系统（如 LiDAR）并不能完全绘制出表面地形。相反，表面是通过飞行器在标定的时间间隔中发射的激光脉冲进行采样的（Raber et al.，2002）。地面投影激光脉冲可能很小（如直径为 10～15cm），采样空间约为地面上的 1～6m。空间分辨率可大致描述地面投影的激光脉冲（如 15cm），而采样密度则可描述每平方米返回的激光量（Hodgson et al.，2003；2005）。

3．时间信息和时间分辨率

遥感图像是在某个特定时刻记录下来的，同一地点获取的数据具有多重记录，可用于确定工作进程、变化检测和预测。遥感系统的时间分辨率主要指传感器记录特定地区图像的频率。图 3.20 所示传感器系统的时间分辨率为 16 天。理想情况下，传感器通过重复获取数据来捕捉所调查地物特性的变化（Jensen，2007）。例如，在不同的地域，农作物具有独特的物候周期，为测定这一特殊的农业变量，获取物候周期中关键日期的图像便十分重要，通过变化的信息可以了解农作物生长的进程（Jensen et al.，2002）。所幸的是，SPOT、IKONOS、ImageSat 和 QuickBird 等卫星传感器系统可以获取天底的图像。天底是指飞行器正下方的点，因此增加了在生长期或紧急情况下获取相片的可能性。

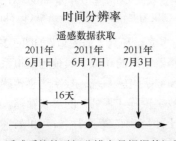

图 3.20　遥感系统的时间分辨率是根据其记录特定区域图像的频率确定的。本例中，遥感传感器数据每隔 16 天，约在同一时间自动采集一次数据。NASA 的陆地卫星 TM 4 和 TM 5 数据的采集周期为 16 天；NOAA 地球同步环境观测卫星（GOES）的图像采集周期为 0.5 小时，这对于实时暴风雨监测有很大用处

4．辐射分辨率

有些遥感系统记录的电磁辐射与其他辐射相比具有更高的精度。辐射分辨率是指遥感探测器在记录从地物反射、发射或反向散射的辐射通量时，区分信号强度的敏感程度。它规定了可辨别的最小信号电平。1972 年发射的陆地卫星 1 多光谱扫描仪以 6 比特（取值 0～63）的精度记录反射能量值；1982 年和 1984 年发射的陆地卫星 4 和 5 专题制图仪均以 8 比特（取值 0～255）的精度对数据进行记录（见图 3.21）。因此，与原始的陆地卫星 MSS 相比，陆地卫星 TM 传感器提高了辐射分辨率（敏感性）。QuickBird 和 IKONOS 传感器则以 11 比特（取值 0～2047）的精度记录数据。高辐射分辨率可提高遥感分析的精度。

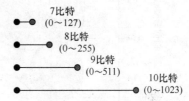

图 3.21　遥感系统的辐射分辨率是指探测器记录从地形反射、发射或反向散射的辐射通量时，区分不同信号强度的敏感程度。该能量通常会在模数转换进程中量化，量化比特通常为 8 比特、9 比特、10 比特或更大

5．空间分辨率与时间分辨率的权衡

通常，不同分辨率的折中必须根据所采集的遥感数据来决定（见图 3.22）。一般来说，时间分辨率的要求越高（如每半小时进行一次飓风监测），空间分辨率的要求则越低（如 NOAA GOES 气象卫星记录的图像像元大小为 4km×4km 至 8km×8km）。相反，空间分辨率要求越高（如采用 1m×1m 的数据监测城市的土地利用），时间分辨率的要求则越低（如每 1～5 年）。一些应用如农作物类型或估产则需要高时间分辨率（如在生长期获取多重图像）和中等空间分辨率（如每像元 80m×80m）的数据；交通和紧急响应研究则需要极高的空间分辨率（如 0.5m×0.5m）和高时间分辨率（如每天）的数据，因此产生的数据量非常大。

6．极化信息

遥感系统记录的电磁能的极化特性十分重要，这些资料可用于地球资源调查。太阳光具有弱极化特性，当遇到非金属物体（如草、森林或混凝土）时，便可以去极化，入射能也

具有差异。通常，表面越光滑，极化越大。在航空摄影机上一般使用极化滤光片来记录不同方向的极化光，也使用 RADAR 等动态传感器系统选择性发送和接收极化能［如水平发送，垂直接收（HV）；垂直发送，水平接收（VH）；垂直发送，垂直接收（VV）；水平发送，水平接收（HH）］。多极化 RADAR 图像对极化能的应用十分重要。

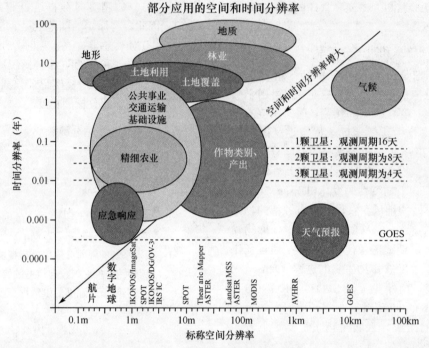

图 3.22   利用遥感数据进行分析时，须在空间分辨率和时间分辨率间进行折中。例如，土地利用图等应用需要较高的空间分辨率图像（如 1～5m）和较低的时间分辨率较低（如 1～10 年）。相反，对于天气预报来说，若能频繁地进行采集（如每半个小时采集一次），则仅需要较低的空间分辨率（如 5km×5km）

7. 角度信息

遥感传感器记录的特殊角度特征与每个暴露的卤化银颗粒或像元有关，角度特征与以下特征相关：

- 光源的位置（如太阳相对于被动系统或 DADAR、LiDAR 和 SONAR 的传感器的位置）。
- 所调查地形平面（像元）的方向或地形覆盖（如植被）。

入射角与光照的入射能及从地形反射回传感器系统的出射角有关，这种遥感数据的双向采集会影响被遥感系统记录的光谱和辐射量的极化特性 L。从两个不同角度观测相同的地形时，会引入立体视差，这是所有立体摄影测量和交会分析的基础。

3.3.3   遥感术语

基础遥感系统常用于获取模拟和数字航空摄影、多光谱和高光谱图像，如图 3.23 所示。遥感传感器数据的获取一般使用模拟系统（如底片）和数字遥感系统。数字遥感传感器数据通常以数字矩阵（阵列）的形式存储，每个数字值位于矩阵中的特殊行（i）和列（j），如图 3.24 所示。像元定义为数字图像中不可分割的最小二维像素。图像中位于某行（i）和某列（j）的像元都有一个最初的亮度值（BV）与之相关，有些科学家称其为波段亮度（DN）值，该数据由 n 个独立的波段组成，每个波段（k）都用于多光谱或高光谱图像。因此可以指定特定像元的行（i）、列（j）和波段（k）坐标，如 $BV_{i, j, k}$，进而确定数据中特定像元的亮度值（BV）。明确 n 个波段全部进行了几何记录十分重要，因此在 1 波段、第 4 行、第 4 列（即 $BV_{4,4,1}$）的道路交叉处，应位于 4 波段中相同的行和列坐标的位置处（即 $BV_{4,4,1}$）。理想情况下，不同位置的亮度值是不同的；相反，两幅图像中同一位置的信息是冗余的。传感器系统上的模数转换通常会产生 8～12 比特的像元，这称为遥感数据的辐射分辨率或量化电平。如前所述，亮度值的范围越大，传感器记录的辐射率的数量就越精确。若将量化视为一把尺子，那么使用有 1024 个刻度（如 10 比特数据）的尺子，与使用有 256 个刻度（如 8 字节数据）的尺子相比，测量物体的精度会更高。

3.3.4 航空摄影测量

模拟（底片）和数字航片是使用高质量量测摄影机沿航线获取的［见图 3.23(a)和(b)］。航片通常应具有 60%的航向重叠与 30%的旁向重叠，即在一张航片中覆盖了所研究的目标区域。60%的航向重叠引入了进行立体分析的立体视差，视差是摄影测量中提取信息的基础。GIS 中，大面积土地利用和土地覆盖信息是从模拟或数字航片中提取的。

多集航片、多光谱和高光谱影像的遥感系统

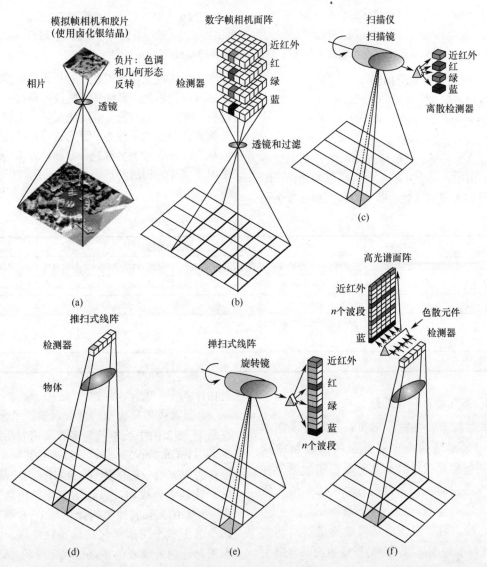

图 3.23 六种用于多光谱和高光谱数据采集的遥感系统：(a)传统模拟（底片）航空摄影；(b)面阵数字相机航空摄影；(c)扫描镜和离散探测器成像；(d)线阵多光谱成像（通常称为"推扫式"技术）；(e)扫描镜和线阵成像（通常称为"掸扫式"技术）；(f)线阵和面阵光谱测定成像

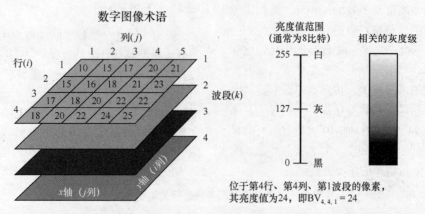

图 3.24   数字遥感传感器数据以矩阵形式存储。像素的亮度值（BV）位于多光谱和高光谱数据
中的 i 行、j 列和 k 波段，数字遥感传感器的亮度值一般以 8 比特（取值 0～255）存
储。有些遥感系统通常采集 10、11 或 12 比特的数据

1. 模拟垂直航空摄影

模拟垂直航空摄影采用多种感光剂和特殊的滤光片，主要的三种底片类型是：1）黑白全色底片；2）标准彩色底片；3）彩红外底片。表 3.5 总结了几种标准彩色航片和彩红外航片。例如，一个在现实中为红色的物体（即物体反射大量的红光、很少的蓝光和绿光）在标准彩色底片上将呈红色。相反，同样的红色物体将在假彩色、彩红外（假设不反射近红外能量）底片上呈绿色。植被能反射大量的近红外能量和较少的红绿光，因此健康植被在假彩色和彩红外底片上呈红色。目前，许多传统的模拟（底片）相机都已被数字相机所取代。

表 3.5   真彩色和彩红外航片的光谱敏感性特征

航片类型	光谱敏感性			
	蓝光 400～500nm	绿光 500～600nm	红光 600～700nm	近红外 700～1100nm
真彩色底片	√	√	√	不敏感
图像的颜色	蓝	绿	红	无记录
彩红外底片 -被黄色（减蓝）滤光片过滤	使用黄色滤光片时对蓝光不敏感	√	√	√
图像的颜色		蓝	绿	红

2. 数字垂直航空摄影

多数城市、乡村、州和联邦政府现在都需要可轻易转换为正射投影的数字航空摄影。正射影像是指具有几何变形和地形位移的特殊垂直航片，具有所有平面地图的几何特性，还具有垂直航片的光谱特征。

通过正射投影，可精确地测量距离和角度，在标准地图投影中正射投影也能够轻易用于 GIS 中。正射投影是第 1 章中提到的国家空间数据基础设施的数据框架。图 3.25 是南卡罗来纳州博福特县的大范围真彩色和彩红外正射相片。

美国农业部与摄影测量公司签订了合约，在每 1～2 年的生长季节为多数美国农用地收集 1m×1m 或 2m×2m 空间分辨率的数字航片，以作为国家农业影像计划（NAIP）的一部分。这一计划十分成功，以致国家地理信息委员会（NSGIC）和其他机构计划每 1～3 年在叶落季节于整个国家（包括城市化地区）为国家影像计划采集 6 英寸×6 英寸、1 英寸×1 英尺和 1m×1m 的数字航片。表 3.6 总结了国家影像计划的详细特征。多数航片将被转换为正射影像。

2007年南卡罗来纳州博福特地区的数字正射影像

(a) 真彩色(0.25m×0.25m)　　　　　　　　　　(b) 彩红外(0.25m×0.25m)

图 3.25 (a)2007 年获取的真彩色垂直航空正射影像，其空间分辨率为 0.25m×0.25m（RGB = 红、绿、蓝波段）；(b)彩红外航空正射影像（RGB = 近红外、红、绿波段）（相片由博福特县 GIS 部门提供）

表 3.6 亚轨道垂直数字航空摄影国家影像计划的特征

国家影像计划			
联邦项目管理局	美国地质调查局	美国地质调查局	美国农业部（除属于 USGS 的阿拉斯加州外）
标称空间分辨率	6 英寸	1 英尺	1 米
图像类型	真彩色	真彩色	真彩色
树叶条件	落叶	落叶	非落叶
云层覆盖条件	0%	0%	10%
正射影像水平精度	2.5 英尺 @ 95% NSSDA	5 英尺 @ 95% NSSDA	25 英尺 @ 95% NSSDA
位置和阈值	美国人口普查局城市化区域每平方英里人口数大于 50000 和大于 1000	密西西比河以东地区和所有密西西比河以西各县每平方英里人口数量大于 25	整个国家，包括所有岛屿和地区，现有的 USDA NAIP 增强计划
频率	每 3 年	每 3 年	-48 个州每年 -阿拉斯加州每 5 年 -夏威夷岛屿和地区每 3 年
当地费用支配	50%	无	无
购置选择 通过选择当地、国家、地区和部落，可以对标准产品进行改进。购置时，组织可根据需要为购买的产品标准支付不同的费用	1）CIR 或 4 波段数据为 100% 2）超频率为 100% 3）超范围为 100% 4）超 x, y 精度为 100% 5）3 英寸分辨率为 100% 6）提升的高程数据产品为 100% 7）倾斜建筑（真正射影像）为 100%	1）CIR 或 4 波段数字产品为 100% 2）超频率为 100% 3）超范围为 100% 4）超 x, y 精度为 100% 5）3 英寸分辨率为 100% 6）提升的高程数据产品为 100% 7）倾斜建筑（即真正射影像）为 100%	1）CIR 或 4 波段数字产品为 100% 2）超频率为 100% 3）超范围为 100%

3．数字倾斜航空摄影

与垂直航片相比，人们有时更愿意查看和分析倾斜航片（见图 3.26）。一些销售商提供垂直和倾斜航片，以供用户选择。例如 Pictometry 国际有限公司使用具有 5 个摄像头的相机来采集垂直航片，以及位于东、西、南、北方向的 4 张倾斜航片（Pictometry，2011）。

由于摄影航线的重叠度为 20%～30%，因此要求从不同角度记录景物中诸如建筑物等的每个特征，使得图像分析人员能够简单地选择最合适的图像并提供最有用的专题信息。图 3.26 描述了南卡罗来纳州哥伦比亚市的部分 Pictometry 航片。数字图像处理新技术使得 GIS 在观察倾斜航片时，可进行结构和地形的水平与垂直形态处理。

Pictometry 公司
提供的南卡罗来
纳州哥伦比亚市
数字航片

相片获取自多条航线

图 3.26　在 4 个基本方向（东、西、南、北）和天底（即垂直）获取的南卡罗来纳州哥伦比亚 Strom Thurmond 健康中心的真彩色垂直和倾斜航片，标称空间分辨率为 6 英寸×6 英寸（相片由 Pictometry 国际公司提供）

3.3.5　多光谱遥感

多光谱遥感是指遥感传感器数据在电磁波谱的多光谱波段进行数据采集。因此，从技术上讲，所有彩色和彩红外相片都是真正的多光谱遥感产品。多数多光谱遥感系统都努力采集光谱的可见光（如蓝、绿、红和近红外）、中红外及一些热红外区域中多个波段的图像。四个最重要的多光谱卫星遥感系统如下所示：

- NASA 的陆地卫星 MSS 和专题制图仪传感器系统。
- 法国的 SPOT 系统。
- GeoEye 公司的 IKONOS-2 和 GeoEye-1 系统。
- DigitalGlobe 公司的 QuickBird 和 World View-2。

多光谱遥感系统的特点如表 3.7 所示。

1．陆地卫星

美国实现了从多光谱扫描系统（1972 年发射的陆地卫星 MSS）到更多先进扫描系统（1999 年发射的陆地卫星 7 ETM+）的革新。图 3.23(c)

表 3.7　几种广泛应用的卫星多光谱遥感系统的特点

传感器	分辨率			
	空间分辨率（米）	光谱分辨率（微米）	时间分辨率（天）	辐射分辨率（比特）
陆地卫星（NASA）				
-多光谱扫描仪 1, 2, 3	79×79	0.50～0.60	18	6
	79×79	0.60～0.70		
	79×79	0.70～0.80		
	79×79	0.80～1.10		
	240×240 (3)	10.4～12.6		
-专题制图仪 4, 5 和 ETM+7	15×15PAN (7)	0.52～0.90	16	8
	30×30	0.45～0.52		
	30×30	0.52～0.60		
	30×30	0.63～0.69		
	30×30	0.76～0.90		
	30×30	1.55～1.75		
	120 (4, 5)，60 (7)	10.4～12.5		
	30×30	2.08～2.35		
SPOT 影像公司				
-HRV1, 2, 3 和 HRVIR 4, 5	10×10PAN	0.51～0.73	特定时刻	8
	10×10PAN (4)	0.61～0.68		
	2.5×2.5PAN (5)	0.48～0.71		
	20×20 (4)；10×10 (5)	0.50～0.59		
	20×20 (4)；10×10 (5)	0.61～0.68		
	20×20 (4)；10×10 (5)	0.79～0.89		
	20×20 (4, 5)	1.58～1.75		
-植被传感器 4 和 5	1150×1150	0.50～0.59	1	8
	1150×1150	0.61～0.68		
	1150×1150	0.79～0.89		
	1150×1150	1.58～1.75		
GeoEye 公司				
-IKONOS-2（1999）	1×1PAN	0.526～0.929	特定时刻	11
	3.28×3.28	0.445～0.516		
	3.28×3.28	0.506～0.595		
	3.28×3.28	0.632～0.698		
	3.28×3.28	0.757～0.853		
-GeoEye-1（2008）	0.5×0.5PAN	0.450～0.800		
	1.65×1.65	0.450～0.510		
	1.65×1.65	0.510～0.580		
	1.65×1.65	0.655～0.690		
	1.65×1.65	0.780～0.920		
DigitalGlobe 公司				
-QuickBird（2011）	0.61×0.61PAN	0.405～1.503	特定时刻	11
	2.44×2.44	0.430～0.545		
	2.44×2.44	0.466～0.620		
	2.44×2.44	0.590～0.710		
	2.44×2.44	0.715～0.918		
-WorldView 1（2007）	0.50×0.50PAN	0.40～0.90		
-WorldView 2（2009）	0.46×0.46PAN	0.45～0.80		
	1.85×1.85	0.40～0.45		
	1.85×1.85	0.45～0.51		
	1.85×1.85	0.51～0.58		
	1.85×1.85	0.585～0.625		
	1.85×1.85	0.630～0.690		
	1.85×1.85	0.705～0.745		
	1.85×1.85	0.770～0.895		
	1.85×1.85	0.860～1.040		

是扫描系统功能的图解。扫描镜扫描地形时应与航线方向垂直。从传感器系统的 IFOV 反射或发射的电磁能都被投影到检测器上。模数转换可使电子测量变换为辐射率（Wm^{-2}sr^{-1}）。

土地遥感政策法案（1992）指明了美国陆地遥感的未来发展方向。遗憾的是，1993 年 10 月 5 日发射的陆地卫星 6 ETM 并未正常运行。1999 年 4 月 15 日发射的陆地卫星 7 则用于缓解美国陆地遥感数据的空白，但陆地卫星 7 现在仍然存在扫描线校正问题。陆地卫星数据持续任务已安排了未来的发射日期。

2．SPOT 图像公司的 HRV

法国于 1986 年、1990 年、1993 年、1998 年和 2002 年发射了 SPOT 1 至 SPOT 5 卫星，其所倡导的线阵多光谱遥感技术逐步得到了发展。表 3.7 总结了 SPOT 卫星的特点。注意高空间分辨率（如 2.5m×2.5m）和中波谱分辨

率。线阵"推扫式"遥感系统的功能如图 3.23(d) 所示。线阵中包含有许多探测器元件（如 3000），它们都指向垂直于航线方向的地形。线阵中的各个探测元件记录每个 IFOV 反射或发射的电磁能量。注意，不存在像扫描镜那样的移动部分，因此可收集几何精度更高的遥感传感器数据。

3．GeoEye 公司的 IKONOS-2 和 GeoEye-1

Space Imaging 公司（现为 GeoEye 公司）于 1999 年 9 月 24 月发射了 IKONOS-2，IKONOS-2 的传感器系统有 1 个 1m×1m 的全色波段和 4 个 3.28m×3.28m 的多光谱波段（见表 3.7）。图 3.27 是 2001 年 6 月 30 日和 9 月 15 日获取的世贸中心的 IKONOS-2 图像。GeoEye-1 于 2008 年 9 月 6 日发射，它有 1 个 41cm×41cm 的全色波段和 4 个 1.65m×1.65m 空间分辨率的多光谱波段，如表 3.7 所示（GeoEye，2011）。

世贸大厦的IKONOS影像

(a) 2000.6.30　　　　　　　　　　　(b) 2001.9.15

图 3.27　IKONOS-2 卫星拍摄的世贸大厦被袭前后的两张影像。空间细节来自 1m×1m 的全色数据，波谱（彩色）信息来自 4m×4m 的多光谱数据（卫星影像来自 GeoEye 公司）

4．DigitalGlobe 公司的 QuickBird 和 WorldView-2

DigitalGlobe 公司于 2001 年 10 月 18 日发射了 QuickBird 卫星，它拥有 1 个 61cm×61cm 的全色波段和 4 个 2.44m×2.44m 的多光谱波段

（见表 3.7）。2007 年 9 月 18 日，DigitalGlobe 公司成功发射了有 1 个 0.5m×0.5m 全色波段的 WorldView-1。WorldView-2 于 2009 年 10 月 8 日发射升空，它有 1 个 46cm×46cm 的全色波段和 8 个 1.85m×1.85m 空间分辨率的多光谱波段（DigitalGlobe，2011）。

5. NASA 的 Terra 和 Aqua 多光谱传感器

NASA 地球观测系统（EOS）的 Terra 卫星于 1999 年 12 月 18 日发射升空，它包含 5 台遥感仪器（MODIS、ASTER、MISR、CERES 和 MOPITT）。EOS 的 Aqua 卫星于 2002 年 5 月发射，最令人关注的星载多光谱传感器是由 9 个单独的电耦合器件（CCD）推扫式相机形成的多视角成像分光辐射计（MISR），其用途是用 4 个光谱波段从 9 个视角来观察地球，提供有关云层、大气溶胶及多视角地球沙漠、植被和冰层覆盖的信息。

3.3.6　高光谱遥感

高光谱遥感系统通常采用"掸扫式"技术采集电磁波谱从几十至几百个波段的数据，如图 3.23(e)所示。NASA 喷气推进实验室（JPL）的红外成像光谱仪（AVIRIS），运用这种方法采集了 224 个波段的高光谱数据（NASA，2011），图 3.28 是南卡罗来纳州沙利文岛的 AVIRIS 高光谱数据立方体。

南卡罗来纳州沙利文岛AVIRIS数据立方体

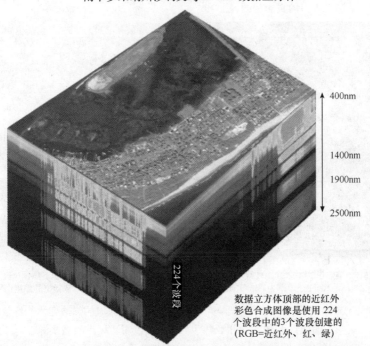

400nm
1400nm
1900nm
2500nm

224个波段

数据立方体顶部的近红外彩色合成图像是使用 224 个波段中的3个波段创建的（RGB=近红外、红、绿）

图3.28　1998 年 10 月 26 日获取的南卡罗来纳州沙利文岛的 AVIRIS 高光谱图像。其空间分辨率为 3m×3m，大气吸收了 1400nm 和 1900nm 附近的大部分电磁能，导致了高光谱数据立方体的暗带

EOS 的 Terra 和 Aqua 卫星上搭载有 NASA 的中分辨率成像光谱仪（MODIS），它拥有从 0.405～14.385μm 的 36 个波段，所采集数据的标称分辨率为 250m×250m、500m×500m 和 1km×1km。MODIS 每隔一两天便可观测一次整个地球表面，观测 36 个光谱波段获取土地普查和海洋表面温度、土地覆盖、云层、气溶胶、水蒸气、温度属性和火源等信息。

新的高光谱遥感系统通常使用线阵和面阵相结合的技术，如图 3.23(f)所示。使用棱镜在检测器的面阵上探测每个 IFOV（如像元）的能量是沿着线阵分散的，沿线阵分布的每个探测器能在地球表面上的每个特定 IFOV（如像元）处，得到低几何畸变（因为没有扫描镜）和高辐射畸变的高光谱影像。加拿大航空图像分光仪（CASI-2）和澳大利亚成像光谱仪系统采用了这种技术。

安装在飞行器上的高光谱遥感系统可以提供高空间分辨率和光谱分辨率的遥感数据。在云层条件允许的情况下，这些传感器能够在灾难（如漏油或洪水）发生时采集急需的数据（Karaska et al.，2004）。

3.3.7 热红外遥感

物体的温度通常是最具诊断性的生物物理学特征。例如，人类的体温具有诊断特性，当人体的体温超过 98.6℉时，通常就需要送医。水、植被、土壤和岩石、雪、冰和与人类构造都展示出了可预测的温度，当这些物体的温度发生改变时，通常预示着某些重要的事情正在发生。

使用温度计对地形中的物体进行温度测定既耗时又单调乏味。所幸的是，可以使用热红外遥感系统测定地形的温度。事实上，多数

GIS 数据库都包含地理空间温度信息，可用于多种应用，包括城市热岛的识别（见图 3.29）、森林火灾时火源的定位、住宅区与商业区热损耗隔离研究、失踪人口寻找或犯罪活动研究等。许多政府机构（如警察局、药品执法局、边境移民局）现在通常使用手持式热红外传感器或搭载于飞行器上的前视热红外传感器（FLIR）。热红外遥感在未来将变得更加重要，因为它可通过附加轨道和亚轨道传感器获取热数据，从而降低费用。

佐治亚州亚特兰大市的真彩色图像

(a) Landsat 7 ETM+传感器于2000年9月28日获取的
图像（RGB = 波段3、2、1，分辨率为30m×30m）

城市热岛

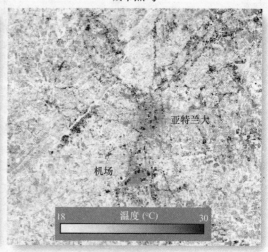

(b) 由Landsat ETM+热红
外图像导出的温度图

图 3.29　(a)陆地卫星 7 ETM+传感器于 2000 年 9 月 28 日获取的佐治亚州亚特兰大市的
真彩色图像；(b)佐治亚州亚特兰大市的温度图，城市热岛来源于对陆地卫星
ETM+热红外图像的分析（来自 NASA 地球天文台）

1. 热红外能量

所有的物体都拥有一个高于热力学零度（0K，−273.16℃，−459.69℉）的温度，因此我们可揭示物理的无规则运动。在无规则运动中，分子微粒的能量被称为动力热（也称为内能）。当这些微粒相互碰撞时，它们的能量状态便发生了改变，并发出电磁辐射。使用温度计可量测真动力温度（T_{kin}）或集中的热量。在地面温度测量时，一般让温度计与植被、土壤、岩石或水体直接接触来获取温度。

所幸的是，利用遥感数据，人们发现物体的内部动力热与物体的辐射能有关。物体发射

的电磁辐射称为辐射通量（$\varPhi$），其单位为瓦特。离开物体（从物体发射）的辐射通量的数量即为辐射温度（T_{rad}）。对于多数物体（除玻璃和金属外），它通常都与物体的真动力温度（T_{kin}）和从物体发射的辐射通量（T_{rad}）有关，这些关系可以使热红外探测器在离物体一定距离时测量其辐射温度，与物体的真实运动温度具有很好的相关性。以上内容是遥感温度测量的基础。

2. 遥感热特性

可见光的电磁波谱区域为 0.4～0.7μm，该区域还有 0.7～3μm 的红外反射区和 3～14μm

的热红外区（见图 3.30）。利用遥感仪器来检测 3～14μm 区域的红外能的唯一原因是，大气将一部分红外能从地表传输到探测器，传输能量的区域被称为大气窗口。相反，图 3.30 中的黑色区域是大气吸收了几乎全部红外能的电磁波谱区域，这些区域称为吸收带。水蒸气（H_2O）、二氧化碳（CO_2）和臭氧（O_3）都能吸收能量。若大气窗口"关闭"，就不能在

这些区域进行环境遥感。例如，大气水蒸气（H_2O）吸收了多数地形发射的 5～7μm 区域的能量，阻碍了热红外遥感的进程。但遥感仪器设计时都增强了其在大气窗口中对红外能的敏感性，3～5μm 区域用于测量像森林火源等热点目标的温度，8～14μm 区域用于测量土壤、岩石、水源和城市郊区现象的典型温度。

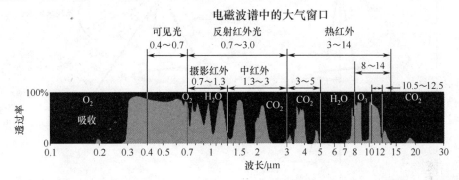

图 3.30 电磁波谱的大气窗口对于遥感反射能和热红外能具有重要价值。摄影底片制作时可使其对 0.4～1.3μm 区域的反射能更加敏感，光电感应系统能够记录 0.4～14μm 区域的红外能，3～5μm 区域对于监测诸如森林火源和地热活动等热点十分有用，8～14μm 区域的亚轨道数据可以很好地监测植被、土壤和岩石的热特性，10.5～12.5μm 区域则用于地球臭氧层以上的轨道传感器采集的热图像

图 3.31 是热红外垂直航迹扫描系统的基本操作原理和组成，传感器探测的圆形地面区域的直径 D，是扫描仪测定的瞬时弧度视角 β 和扫描仪相对于地面的高度 H 的函数[见式(3.1)]。

扫描镜以相对于航线正确的角度（垂直）扫描地形，同时观测每次扫描中校准源（目标）的内部冷热，就可测出这些校准源的准确温度。

地形发射的热红外光子的辐射通量 Φ，通过镜面将光子聚焦到探测器上，探测器将输入的辐射能转换为模拟电信号。撞击探测器的光子数量越多，信号就越强。红外探测器最普遍的用法如下：

- In:Sb（锑化铟）的敏感性峰值接近 5μm，用于在 3～5μm 区域测定热点。
- Ge:Hg（汞化锗）的敏感性峰值接近 10μm，Hg:Cd:Te（碲化汞）的敏感区域为 8～14μm。

许多代理商使用前视红外雷达（FLIR）传感器，它可将地形发射的热红外辐射集中至一个热敏感探测器阵列（矩阵）上。

NASA 的 EOS 星载热量发射和反射辐射仪（ASTER）是最有帮助的热红外卫星遥感系

统之一，它在热红外 8～12μm 区域拥有 5 个波段，空间分辨率为 90m×90m，此外还拥有 3 个分辨率为 15m×15m 像素的 0.5～0.9μm 宽带，以及短波红外区域（1.6～2.5μm）的 6 个波段，空间分辨率为 30m×30m。ASTER 是 EOS Terra 平台上具有最高空间分辨率的传感器系统，它能提供表面温度的详细信息。

第一台高光谱热传感器是加拿大的星载热光谱成像仪 600（TASI），它采用线阵推扫式技术来采集电磁波谱中 8～11.5μm 的 32 个波段（ITRES，2006）。

热红外图像不能像航片或多光谱图像那样解译，相机和多光谱传感器记录的是从地形反射的短波能量，而热红外图像记录的是从地形发射的长波辐射能量。要解译热红外图像，必须利用热方法进行思考，即为什么此物体能够比周边物体发射更多的能量？利用热方法进行思考时，必须了解本书范围内的多数热辐射原则，如发射率、斯忒藩-波尔兹曼定律、维恩位移定律和物质的昼夜温度特性，详见 Jensen（2007）中的热红外遥感章节。

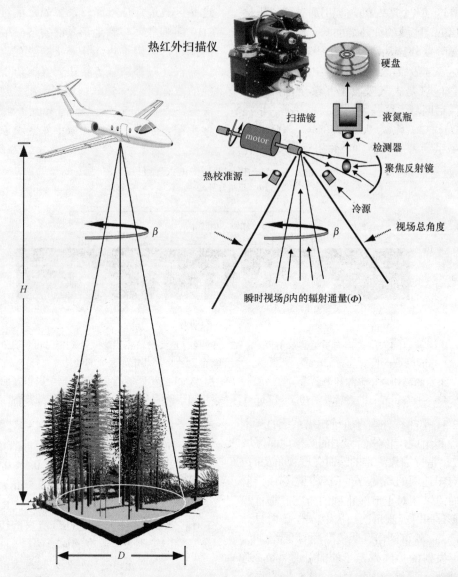

图 3.31   热红外空载跨径扫描仪的特性。数据采集时，圆形地面区域的直径 D 是扫描仪测定的瞬时弧度视角 β 和飞行器高于水平地面的高度（AGL）H 的函数。被传感器记录的热红外辐射通量是所有地形发射的辐射能的函数，其中须包含来自健康松树、死亡树木、裸地能量和任何来自大气中的辐射能量。传感器在行扫描时也会进行冷暖温度校正源的观测

3.3.8   LiDAR 遥感

遥感领域最重大的进展是日益发展的 LiDAR（光探测与测距）技术。LiDAR 革新了获取建筑、植被（树木、灌木、草地）、电线杆等详细 x、y 和 z 位置信息的精确数字表面模型（DSM）的方法。此外，革新的植被移去演算法经过发展，可以生成裸露地表的数字地形模型（DTM）。据国家研究委员会，LiDAR 采用可制作高分辨率 DTM 的传感器，尤其适用于 FEMA 相关的泛滥平原制图（Maidment et al.，2007）。许多 GIS 数据库都包含来自 LiDAR 的裸露地表 DTM。

1.   激光遥感

LiDAR 遥感仪器包含一个控制器、一个激光发射器和一个接收机。当飞行器沿航线移动时，扫描镜会使得激光脉冲的跨径垂直于航线

［见图 3.23(a)］。

采用对人眼安全的近红外激光（1040～1060nm）进行地形测图的 LiDAR 系统，由于能穿透水体，可使用集中在 532nm 左右的蓝绿激光进行水下测量。LiDAR 不仅可在日光下使用，需要时也可在夜间采集数据。LiDAR 系统能够以每秒大于 200000 的比率发射激光，这相当于每秒运送 200000 名调查员进入调查区去获取精确的 x、y、z 位置。

激光脉冲的传播速度与光速 c（3×10^8m/s）相同。LiDAR 技术利用激光脉冲从发射器传输至地形，再返回接收机的传输时间来进行精确测量。测距过程会在通过航线时及时对高程数据点（称为质点）进行机械化采集［见图 3.23(a)］。激光足迹在地面上近似为一个圆形，并随扫描角度和地形交会的变化而变化。LiDAR 数据可根据以下方式进行采集：(a)从机载 GPS 单元获取的飞行器位置信息；(b)从惯性测量单元（IMU）获取的飞行器飞行瞬间每个激光脉冲发射和接收的滚动、倾斜和偏航信息。

每个激光脉冲照射在地面上的一个近圆形区域称为瞬时激光足迹，如直径为 30cm 的圆形［见图 3.32(a)］。单束激光可以产生一个或多个反射光，图 3.32(b)中描述了单束激光是如何形成多束激光的。当激光脉冲 A 的能量传输到地面时，可假设它会返回单束反射光，若在瞬时激光足迹的局部地形起伏中存在物体（如草地、小石块、小树枝），则会产生多重反射。最先返回的光将来自这些局部地形起伏（即使仅为 3～5cm）中的物体，第二束返回光和最后的反射光来自裸露的地表。最初和最后反射光的范围（距离）十分相似，尽管并不完全相同。

相反，激光脉冲 B 先后遇到树的不同高度的两部分，之后到达裸露地表。在示例中，激光 B 的一部分遇到了处于 AGL 为 3m 处的树枝，导致一些入射激光脉冲反向散射至 LiDAR 接收机，这部分作为最初的反射光记录下来［见图 3.32(b)］。其余的激光继续传播，直到遇到处于 AGL 为 2m 处的另一个树枝，再将部分能量散射至 LiDAR 接收机，该部分被 LiDAR 接收机当做第二束反射光记录下来。在

此例中，大约二分之一的激光最终会到达地面，而其中的一部分会反向散射至 LiDAR 接收机，成为最后的反射光。要想获取树木的高度和其结构特征信息，必须获得激光 B 的最初反射光和第二束反射光。如果仅需要创建裸露地表的数字地形模型，那么需要获得激光 A 和激光 B 的最终反射光。

因此，从飞行器传输的每束激光脉冲会产生多重反射，由此产生多重反射 LiDAR 数据。原始数据经处理后将几种 LiDAR 数据文件分为：

- 第一束反射光。
- 中间反射光。
- 最终反射光。
- 强度。

这些文件中的每个独立质点信息组成如下：时间、x 坐标、y 坐标、z 坐标和强度。

与每个返回文件（如第一束反射光）有关的质点，根据扫描角、每秒传输的激光数量（如 200000pps）、飞行速度和激光脉冲遇到的物质材料而被不同密度的地物分散开来（Young,2011）。地面上不产生任何 LiDAR 反射数据的区域被称为数据空隙。

2. 提取数字表面模型（DSM）

图 3.32(c)展示了 2004 年 10 月 10 日在萨凡纳河上空获取的 LiDAR 采集的最后一束反射光的质点信息。每个质点都拥有独立的 x、y 和 z 位置。独立质点通常使用空间插值（IDW）的处理方法来建立高程值的光栅（栅格），或者利用质点建立不规则三角网（TIN）。插值处理可以生成含有所有树木、灌木和人造建筑高程特征的数字表面模型（DSM），DSM 中的像素越亮，高程值越大。例如，图 3.33(a)中建筑物最先返回的 LiDAR 数据要比周边的高，因此建筑物要比地面更亮。

LiDAR 数据形成的空间插值 DSM 可通过渲染地貌算法来简单说明，渲染地貌强调太阳光从某个特定角度（如从西北方向）照射地形，参见图 3.33(d)中的示例。相同地区最后返回的数字表面模型可参考图 3.33(b)和图 3.33(e)中的渲染地貌格式。

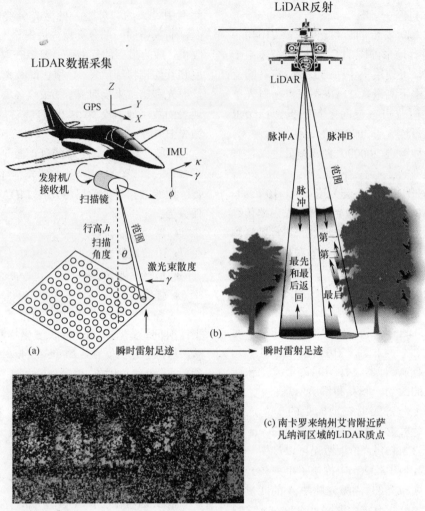

图 3.32   (a)LiDAR 遥感仪器使用扫描镜将激光脉冲传输至地面。部分能量反向散射至飞行器并被电子接收
机记录。机载 GPS 和惯性测量单元（IMU）记录飞行器在激光脉冲发射与接收瞬间的确切位置及
滚动、倾斜、偏航信息；(b)单一激光脉冲可生成多重反射。例中，最初和最末返回的脉冲 A 描述
了裸露地表。其中有三个来自脉冲 B，两个来自树枝反射，一个来自裸露地表。每个返回脉冲的
强度是向 LiDAR 反向散射能量的函数；(c)在萨凡纳河上空的多条航线上得到的各个 LiDAR 质点

3．提取地表 DTM

对于提取植物高度与生物量、建筑物高度
信息等应用来说，数字表面模型（DSM）具
有重要价值。然而，如果目标是产生数字地
面模型（DTM），那么植被（和其他表面特征）
的存在将是一个威胁，在植被覆盖稠密的地
区，多数 LiDAR 回波来自林冠，仅有少数激
光脉冲会到达地面。

裸露地表 DTM 的生成方法如下：从地表
向上延伸之树木、灌木、草地的最初、中间和
/或最终返回 LiDAR 数据中，系统地删除质点。

这可由滤波算法实现，滤波算法遍历 LiDAR
数据集，检测每个质点和与其 n 个最近邻相关
的高程特征。滤波识别的点包括：(a)裸露地面；
(b)灌木丛；(c)树木；(d)人造建筑。仅有裸露
地表的质点用于生成裸露地表 DTM，图 3.33(c)
和(f)显示了裸露地表 DTM，图 3.34(a)为小面
积研究区域的细节测试，图 3.34(b)则是覆盖了
25cm 等高线的裸露地表 DTM。

LiDAR 遥感技术正在迅速发展。例如，
LiDAR 系统每秒可传输激光脉冲的数量每年
都在迅速增加，因此增大了相同飞行高度的
LiDAR 质点强度。

2004年10月10日得到的萨凡纳河的LiDAR数据

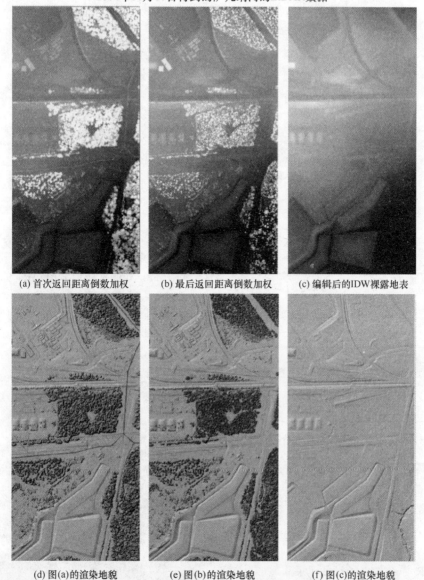

(a) 首次返回距离倒数加权　　　(b) 最后返回距离倒数加权　　　(c) 编辑后的IDW裸露地表

(d) 图(a)的渲染地貌　　　　　　(e) 图(b)的渲染地貌　　　　　　(f) 图(c)的渲染地貌

图 3.33　(a)对最先返回的 LiDAR 数据应用空间插值（IDW）所生成的 DSM；
(b)对最后返回的 LiDAR 数据应用 IDW 生成的 DSM；(c)对编辑后的
质点应用 IDW 所生成的裸露地表 DTM；(d)～(f)图(a)～(c)的渲染地貌

3.3.9　RADAR 遥感

RADAR（无线电探测与测距）图像作为地理空间信息源具有十分重要的价值。由于 RADAR 遥感并不依靠太阳辐射，因此在白天和黑夜都可以进行。RADAR 传感器主动传输的微波电磁能脉冲与地形相互影响，反向散射能被电子系统记录下来，处理后生成 RADAR 图像数据集。RADAR 系统对于地形表面粗糙度的变化及植被和/或土壤中的含水量十分敏感。长波能穿透云层，因此 RADAR 传感器通常是热带永久覆盖云层地区的首选。

1．RADAR 传感器的特征

与 LiDAR 传感器相比，RADAR 传感器能够传输更长波长的能量（见表 3.8）。波段的选择基于战争时期需要准确的波长特性或机密性的频率时 RADAR 的使用。

最后返回的LiDAR数据与裸露地表的数字地面模型对比

(a) 渲染地貌中显示的最后返回LiDAR数据

(b) LiDAR衍生的裸露数字地面模，
其上叠加了25cm间隔的等高线

图 3.34　(a)对最后返回的 LiDAR 数据应用 IDW 所生成的 DSM 渲染地貌；(b)对
编辑过的质点应用 IDW 所生成的覆盖有 25cm 等高线的裸露地表 DTM

表 3.8　部分 RADAR 的波长和频率

RADAR 波段名称 （括号中为常见波长）	波长 λ/cm	频率 v/GHz
K_a（0.86cm）	0.75～1.18	40.0～26.5
K	1.19～1.66	26.5～18.0
K_u	1.67～2.39	18.0～12.5
X（3.0cm 和 3.2cm）	2.40～3.89	12.5～8.0
C（7.5cm, 6.0cm）	3.90～7.49	8.0～4.0
S（8.0cm, 9.6cm, 12.6cm）	7.5～14.99	4.0～2.0
L（23.5cm, 24.0cm, 25.0cm）	15.0～29.99	2.0～1.0
P（68.0cm）	30.0～100	1.0～0.3

图 3.35 中给出了典型主动式微波遥感系统的特点。垂直于飞行航线（称为视线方向）的微波能量脉冲以特定俯角（γ）传输到地面。能量脉冲可照射到飞行器两侧的地面条带，因此称为侧视机载雷达（SLAR）。微波能在地理区域中与地形进行近距离与远距离的相互作用。

RADAR 系统的电子设备记录从地形反向散射至飞行器或航天器上搭载的 RADAR 天线中的能量大小，可以持续追踪记录微波能量脉冲的振幅和相位，并且能够合成很窄的波束宽度，所生成的产品通常称为合成孔径雷达（SAR）数据，可发射和接收极化微波能量［垂直发射，垂直接收（VV）；水平发射，水平接收（HH）］或发射和接收横向极化能（即 VH 和 HV）。

表 3.9 中总结了 SAR 卫星的特点。欧洲遥感卫星 ERS-1 和 ERS-2 采集了地球上大部分地区的 26m×30m 空间分辨率 C 波段（5.6cm）的 RADAR 影像。同样，加拿大国家航天局的 RADARSAT-1 和 RADARSAT-2 采集了主动微

波多个空间分辨率的 C 波段影像，其中最佳分辨率为 3m×3m。亚轨道 RADAR，如 Intermapr 的 Star-3i，能够在白天和黑夜飞行，即使在恶劣天气环境下也能获取高空间分辨率的 RADAR 影像。

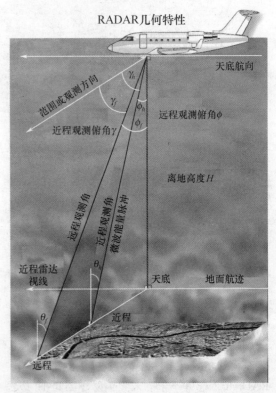

图 3.35　侧视机载雷达（SLAR）穿透云层获取
RADAR 影像时的几何特性

2. RADAR 环境研究

RADAR 影像不能像航片或多光谱影像一

样进行解译，黑白 RADAR 影像与物体反射的蓝光、绿光、红光和近红外能量无关。相反，黑白 RADAR 影像中的灰色阴影揭示了三个主要方面：(a)地形表面粗糙度；(b)水含量；(c)如何地形极化或去极化入射微波能量。

根据入射微波能量的波长和俯角，凭借几厘米的差别能够相对简单地辨识表面的粗糙度（如草原、包含小鹅卵石的区域、沥青混凝土路面）。通常表面越粗糙，雷达回波越强烈（明亮），因此小鹅卵石区域通常比沥青混凝土路面能产生更加强烈（明亮）的回波。大型地物如建筑物和山丘作为角形反射器，能够朝向 RADAR 传感器反向散射大量能量，并产生十分强烈（明亮）的回波。

表 3.9　部分卫星合成孔径雷达的特点

合成孔径雷达	发射时间	产地	波长 λ/cm	俯角γ（远近距离）[入射角]	极化	方位分辨率/m	距离分辨率/m	扫描带宽	高度	覆盖范围	持续时间
ERS-1, 2	1991 1995	ESA	C-(5.6)	67° [23°]	VV	30	26	100	785	极轨道	—
JERS-1	1992	日本	L-(23.5)	51° [39°]	HH	18	18	75	568	极轨道	6.5 年
RADARSAT-1	1995	加拿大	C-(5.6)	70°～30° [10°～60°]	HH	8～100	8～100	50～500	798	极轨道	—
SRTM	2000	美国	X-(9.6) C-(5.3)	—	HH VV, HH	30 30	30 30	X-50 C-225	225	60°N～56°S	11 天
Envisat ASAR	2002	欧洲航天局	C-(5.3)	[15°～45°]	四方向	30～1000	30～1000	5～150	786	极轨道 98°	
RADARSAT-2	2007	加拿大	C-(5.4)	70°～30° [10°～60°]	四方向	3～100	2.4～100	20～500	798	极轨道	

RADAR 传感器发射的微波电磁能脉冲与地形交会，与其他方式相比，不同的地形能够更好地控制这种能量。测量不同材料电特性的一种方法是使用复杂的介电常数，介电常数是材料（如草地、土壤、岩石、水、冰）传导电能性能的量度。表面干燥的材料如土壤、岩石和植被，在光谱微波部分的介电常数为 3～8。相反，水的介电常数则接近 80，正如预期的那样，水的导电性能非常好。影响材料介电常数的因素主要为含水量。因此，土壤、岩石表面或植被组织中的含水量，对反向散射雷达能量有很大的影响。

与干燥土壤相比，潮湿土壤能够反射更多的雷达能量，吸收更多的雷达波，但这一切都取决于土壤的介电常数。因此，当地形缺少植被和岩石等其他物质，且具有一致的表面粗糙度时，雷达影像多用于估算地面土壤湿度常数。土壤湿度的大小也会影响入射电磁能量穿透物质的深度，如果土壤具有很高的表面土壤湿度值，那么入射能量仅能穿透土壤几厘米，产生更多的表面散射和强烈的明亮回波。

植被冠层（森林、农业、草原等）是由叶片和木质物体（茎、干、枝）组成的含水体。

陆地卫星 TM、SPOT 或航空摄影等遥感系统能够反射来自健康冠层最初几层枝叶反射、散射、发射和/或吸收的微米级光波能量。目前，可获取的冠层内部特征很少，而冠层下的地表特征更少。相反，根据雷达系统的频率、极化和入射角，主动微波能够穿透不同厚度的植被冠层。微波能量有时能以厘米级精度响应植被组织。

若雷达向森林发送垂直或水平极化微波脉冲，则它将与某些物质交互并将一些能量散射回传感器。接收能量的大小与传送（其频率和极化）到自然界的能量正比，且取决于冠层组织是否能对信号去极化、信号穿透树冠的距离，以及最终是否能到达地面上的土壤表面。

水体就像镜子那样，能使所有的入射能量远离雷达发射器，导致水体在雷达影像上呈黑色。与航片不同，雷达影像上所有阴影区域都不存在任何信息，因此在对 RADAR 影像进行解译时需要加以注意。其他信息建议读者阅读 Jensen（2007）中的主动微波遥感章节。

3. RADAR 干涉地形测绘

RADAR 干涉仪凭借地面相同位置的雷达

影像记录内容并进行处理，它主要依靠(a)相同平台的两个雷达天线或(b)两种不同情况下飞行器或航天器上的单独天线记录影像。分析生成的两幅干涉图，可精确求得到干涉对中每幅图像上任何特定像素点(x, y, z)的距离。

从同一平台上相隔几米的两部雷达获取影像的方法称为单程干涉测量。第一个单程干涉测量 SAR 是航天飞机雷达地形任务（SRTM），它于 2000 年 2 月 11 日发射，在 60m

的桅杆底端装有一个 C 波段天线和一个 X 波段天线。在 11 天的任务中，SRTM 数据生成了 60°N 至 56°S 间世界上最精确的数字表面模型。例如，图 3.36 显示了非洲坦桑尼亚乞力马扎罗山的 SRTM 数字高程信息。使用单一雷达也可进行干涉测量，方法是在两个不同的轨道进行测量，两个轨道的空间位置很接近，但测量时间相差一天或多天。这是 ERS-1 和 2 干涉测量所使用的方法，称为多程或重复轨道干涉测量。

乞力马扎罗山SRTM数据

(a) 乞力马扎罗山STRM衍生高程数据彩色编码显示　　(b) SRTM衍生高程数据经处理后生成的Landsat
TM图像，观测方向为由南至北

图 3.36　(a)非洲坦桑尼亚乞力马扎罗山的 STRM 衍生高程数据（30m×30m）；(b)SRTM 衍生高程数据经处理后生成的陆地卫星 TM 数据（RGB＝7, 4, 2 波段）（图像由 NASA 喷气推进实验室提供）

多数情况下，干涉测量的 SAR 数据能够提供地形测量信息(x, y, z)，其精度与传统光学摄影测量获得的数字高程模型的精度相同。此外，干涉测量法能够穿透云层全天候工作，对于被云雾笼罩的热带或北极地区，或者当灾难来临而不可能等待大气窗口来获取光学（摄影）数据时，干涉测量法更为重要。

3.4　遥感数据分析

遥感数据是通过图像处理技术来进行分析的，图像处理技术包括模拟（可视）图像处理和数字图像处理。

3.4.1　模拟（可视）图像处理

图像解译的基本要素包括灰度、色彩、高度（深度）、尺寸、形状、阴影、质地、位置、联系和布局。人们擅长于识别并联系图像或相片中的复杂要素，因为人们会不断地处理：(a)地球上地物每天的剖面图；(b)书籍、杂志、电视和网络上出现的图像。此外，人们还擅长于找寻背景信息和附属信息，然后通过所有证据来识别图像中的现象并判断它们的重要性。使用适用于单视场（单像）或立体（重叠）图像的摄影测量技术，可精确测量物体（长度、面积、周长、体积等）。

由于数字传感器系统可提供更高的空间分辨率，视觉图像解译已然开始复苏。例如，多数人会在计算机屏幕上显示 IKONOS-2 的 82cm×82cm 和 QuickBird 的 61cm×61cm 全色图像，并对数据进行视觉解译，此类或其他类型的高分辨率图像数据通常也作为 GIS 工程的底图。Jensen（2007）中介绍了如何用视觉解译遥感图像的详细信息。

3.4.2　数字图像处理

科学家在遥感数据的数字图像处理方面取得了重大进展，数字图像处理现在利用了许多图像解译要素。数字图像处理的主要类型包括图像预处理（辐射和几何校正）、图像增强、图像识别、立体像对的摄影测量图像处理、专家系统（决策树）和神经网络图像分析、高光谱数据分析和变化检测（Im and Jensen，2005）。

这些方法的讨论超出了本书的范围，关于数字图像处理技术的详细信息，可参考 Jensen（2005）和 Jensen et al.（2009）。

3.5 小结

高质量地面和遥感地理空间数据对于 GIS 分析至关重要。本章介绍了如何使用遥感系统来获取地理空间信息的技术，包括使用 GPS、传统地面测量和 GPS 辅助地面测量、地面采样、传统纸质地图和相片数字化。

随后，本章介绍了如何选择遥感系统来获取地理空间信息，包括航空摄影，多光谱、高光谱和热红外成像，以及 LiDAR 和 RADAR 成像。使用 GIS 分析的地理空间数据的质量，对输出产品的质量有着巨大的影响。

复习题

1. 采集 GPS 衍生地理坐标信息时为何要锁定尽可能多的 GPS 卫星？
2. 描述三种最重要全球定位卫星系统（GNSS）的特点。哪种系统对你的日常生活影响最大？
3. 采集 GPS 衍生地理坐标信息时，为何连续运行卫星定位服务综合系统（CORS）十分重要？
4. 如何获取产权界线的坐标信息？为何获取的建筑物边界信息通常与产权信息有关？
5. 描述地面测量时典型 SmartStation 和 SmartPole 的工作原理。
6. 将 1864 年手绘的彩色地图转换为数字信息时，要采用哪种类型的数字化技术？如何将美国农业部 1932 年得到的 1:20000 黑白航片转换为 1m×1m 像元大小的数字数据？
7. 说明多光谱遥感和高光谱遥感的区别。
8. 在 21 世纪除了数字图像处理技术外，为何发展模拟（可视）图像处理技术仍有必要？
9. 比较 LiDAR 和 RADAR 遥感数据采集的异同。
10. 描述热红外遥感系统的功能和从中提取的地理空间信息类型。
11. LiDAR 数据生成的数字表面模型（DSM）和 LiDAR 数据生成的数字地面模型（DTM）有何不同？描述 GIS 环境中几种数字表面模型和数字地面模型的用途。
12. 描述 4 种可导入到 GIS 中来获取精确高程信息的技术。
13. 描述 2010 年人口普查中易于获取的几种地理空间信息类型。
14. 为何掌握地面数据采集、数字化和遥感数据采集对于学习 GIS 十分重要？

关键术语

模数转换（Analog-to-Digital Conversion）：模拟（硬拷贝）数据如历史地图或航空相片至数字信息的变换。

人口普查（Census）：人口中每位成员信息的系统性采集。研究区中的每个人、地方或感兴趣的事物都会被调查。

众包（Crowd Sourcing）：指雇员或承包商的一种传统外包行为，该行为针对一个不明确的大群体或集体（即人群），通常通过网络来提出要求。

数字图像处理（Digital Image Processing）：使用特殊软件对遥感数据进行的分析，包括预处理（辐射和几何）、增强、分类和变化检测。

数字化（Digitization）：将硬拷贝（模拟）地图、影像和图表信息转换为数字信息的处理。使用 GIS 及其他地理空间数据，可对数字化信息进行调整和分析。

地理标记（Geotagging）：对地面摄影相片、录像等众多媒体添加地理标识元数据的处理。

全球导航卫星系统（Global Navigation Satellite System, GNSS）：用于确定地球表面特征地理位置的多种卫星星座的总称。主要的 GNSS 包括美国的 GPS、欧洲的伽利略系统、俄罗斯的 GLONASS 和中国的 COMPASS。

全球定位系统（Global Positioning System，GPS）：使用授时和测距（NAVSTAR）的全球导航定位系统，它是美国提供给用户的用于定位、导航和授时服务的公用设施，由在 6 个不同轨道上运行的 24～32 颗卫星组成。

高光谱遥感（Hyperspectral Remote Sensing）：在电磁波谱的几十或几百个波段上采集光谱数据。NASA 的 AVIRIS 和 MODIS 都属于高光谱遥感系统。

LiDAR：使用光探测与测距技术的遥感，它将近红外激光能发射到地面或将蓝绿激光能发射到水体，然后记录并处理反向散射能量的特性。

质点（Masspoints）：LiDAR 数据系统生成的航线上的高程数据点。

多光谱遥感（Multispectral Remote Sensing）：传感器在电磁波谱的几个波段中采集数据。陆地卫星 ETM+、QuickBird 和 GeoEye-1 都属于多光谱传感器系统。

使用授时和测距导航系统的全球定位系统（NAVigation System using Timing And Ranging Global Positioning System）：美国政府的主要导航系统。NAVSTAR GPS 由 24～32 颗卫星组成。

正射影像（Orthophotograph）：具有几何畸变和地形位移的特殊垂直航片。

像素（Pixel）：二维图像元素，是数字图像不可分割的最小元素。

RADAR：使用无线电探测与测距技术的遥感技术，它向地面发射微波，并记录和处理地物反向散射的能量。

RADAR 干涉测量（RADAR Interferometry）：借助(a)相同平台上的两部雷达天线，(b)同一平台上不同位置的两部单独天线来记录地面相同位置雷达影像的过程。

辐射分辨率（Radiometric Resolution）：记录地形反射、散射或反向散射的辐射通量时，遥感检测器对不同信号强度差异的敏感性。

遥感（Remote Sensing）：通过不与待测物体直接物理接触的记录设备，来测量和获取物体属性信息的过程。

遥感处理（Remote Sensing Process）：通过下述方式从遥感信息中提取有用信息的处理：1）识别待采集的地面和遥感数据，2）采集数据，3）从数据中提取信息，4）信息展示。

采样（Sampling）：从群体中选择个体进而统计预测群体整体特点的过程。

空间分辨率（Spatial Resolution）：遥感系统求解的两个物体间的最小角度和线性距离的度量。

光谱分辨率（Spectral Resolution）：电磁波谱中，遥感仪器对特定波长间隔（波段和频道）的数量和大小的敏感性。

热红外遥感（Thermal-infrared Remote Sensing）：测量从地面发射的能量的遥感技术，主要对电磁波谱的两个区域进行测量：对于热目标采用 3～5μm 的区域，对于普通地形和水体采用 8～14μm 的区域。

时间分辨率（Temporal Resolution）：对特定区域采集地面或遥感数据的频率。

超光谱遥感（Ultraspectral Remote Sensing）：在电磁波谱成百上千个波段中进行数据采集的遥感技术。

参考文献

[1] Congalton, R. G. and K. Green, 2009, Assessing the Accuracy of Remotely Sensed Data: Principles and Practices, Boca Raton: CRC Press, 180p.

[2] Cowen, D., Coleman, J., Craig, W., Domenico, C., Elhami, S., Johnson, S., Marlow, S., Roberts, F., Swartz, M. and N.Von Meyer, 2008, National Land Parcel Data:A Vision for the Future, Washington: National Academy Press, 158p.

[3] Digital Globe, 2011, QuickBird Specifications (www.digital-globe.com).

[4] Esri, 2011, "Census 2010 Data is Instantly Usable in Maps and Easy-to-Read Reports," Esri News, Redlands:Esri, Inc., May 23, 2011.

[5] GeoEye, 2011, GeoEye Home Page, (http://www. geoeye.com).

[6] GPSgov, 2011, Official U.S. Government Information about the Global Positioning System (GPS)and Related Topics, (http://www.gps.gove/ systems/gps/).

[7] Hodgson, M. E., Jensen, J. R., Raber, G., Tullis, J., Davis, B., Thompson, G. and K. Schuckman, 2005, "An Evaluation of

LiDAR derived Elevation and Terrain Slope in Leaf-off Conditions, " Photogrammetric Engineering & Remote Sensing, 71(7):817–823.

[8] Hodgson, M. E., Jensen, J. R., Schmidt, L., Schill, S. and B. A. Davis, 2003, "An Evaluation of LiDAR-and IFSAR-derived Digital Elevation Models in Leaf-on Conditions with USGS Level 1 and Level 2 DEMS, " Remote Sensing of Environment, 84(2003): 295–308.

[9] Howden, L. M. and J. A. Meyer, 2011, Age and Sex Composition: 2010, Census Briefs #C2010BR-3, Washington: U.S. Census Bureau, 15p.

[10] Howe, J., 2006, "The Rise of Crowd Sourcing, " Wired (http://www.wired.com/wired /archive/14.06/ crowds.html).

[11] Im, J. and J. R. Jensen, 2005, "Change Detection Using Correlation Analysis and Decision Tree Classification, " Remote Sensing of Environment, 99: 326–340.

[12] Itres, 2006, Thermal Airborne Spectrographic Imager (TASI), Alberta, CN:Itres Research(http:// www.itres.com).

[13] Jensen, J. R., 2005, Introductory Digital Image Processing: A Remote Sensing Perspective, Upper Saddle River:Pearson Prentice-Hall, 525p.

[14] Jensen, J. R., 2007, Remote Sensing of the Environment:An Earth Resource Perspective, Upper Saddle River:Pearson Prentice-Hall, Inc., 592p.

[15] Jensen, J. R. and D. C. Cowen, 1999, "Remote Sensing of Urban/Suburban Infrastructure and Socioeconomic Attributes, "Photogrammetric Engineering & Remote Sensing, 65(5):611–622.

[16] Jensen, J. R., Botchway, K., Brennan-Galvin, E., Johannsen, C., Juma, C., Mabogunje, A., Miller, R., Price, K., Reining, P., Skole, D., Stancioff, A.and D.R.F.Taylor, 2002, Downto Earth: Geographic Information for Sustainable Development in Africa, Washington: National Academy Press, 155p.

[17] Jensen, J. R., Im, J., Hardin, P., and R. R. Jensen, 2009, "Chapter 19:Image Classification, "in The SAGE Handbook of Remote Sensing, Warner, T. A., Nellis, M.D. and G.M.Foody(Eds.), Los Angeles: SAGE Publications, 269–296.

[18] Karaska, M. A., Huguenin, R. L., Beacham, J. L., Wang, M., Jensen, J. R., and R. S. Kaufman, 2004, "AVIRIS Measurements of Chlorophyll, Suspended Minerals, Dissolved Organic Carbon, and Turbidity in the Neuse River, N.C., " Photogrammetric Engineering & Remote Sensing, 70(1):125–133.

[19] Leica, 2009, Combining TPS and GPS: SmartStation and SmartPole High Performance GNSS Systems, Switzerland:Leica Geosystems AG, 44p.

[20] Liverman, D., Moran, E. F., Rindfuss, R. R. and P. C. Stern, 1998, People and Pixels: Linking Remote Sensing and Social Science, Washington: NRC, 244p.

[21] Lunetta, R. and J. G. Lyon, 2005, Remote Sensing and GIS Accuracy Assessment, Boca Raton: CRC Press, 380p.

[22] Maidment, D. R., Edelman, Heiberg, E. R., Jensen, J. R., Maune, D. F., Schuckman, K. and R. Shrestha, 2007, Elevation Data for Floodplain Mapping, Washington:National

[23] Academy Press, 151p.

[24] Makun, P. and S. Wilson, 2011, Population Distribution and Change:2000 to 2010, 2010 Census Briefs #C2010BR-01, Washington:U.S. Census Bureau, 11p.

[25] McCoy, R. , 2005, Field Methods in Remote Sensing, New York: Guilford, 159p.

[26] Miller, R. B., Abbott, M. R., Harding, L. W., Jensen, J. R., Johannsen, C. J., Macauley, M. , MacDonald, J. S. and J. S. Pearlman, 2003, Using Remote Sensing in State and Local

[27] Government:Information for Management and Decision Making, Washington:National Academy Press, 97p.

[28] NASA, 2011, Airborne Visible/Infrared Imaging Spectrometer(AVIRIS)home page, (http://aviris.jpl. nasa.gov/).

[29] NGS, 2011, Continuously Operating Reference Stations(CORS), Washington:National Geodetic Survey(http://www.ngs. noaa.gov/CORS/).

[30] Pictometry, 2011, Pictometry Data Products (http://www.pictometry.com).

[31] Puglia, S. , Reed, J. and E. Rhodes, 2004, Technical Guidelines for Digitizing Archival Materials for Electronic Access:Creation of Production Master Files–Raster Images: For the Following Record Types–Textual, Graphic Illustrations/ Artwork/Originals, Maps, Plans, Oversized, Photographs, Aerial Photographs, and Objects/Artifacts, Washington:U.S. National Archives and Records Administration(NARA), 87p. (available at http://www.archives.gov/preservation/ technical/ guidance.pdf).

[32] Raber, G. T., Jensen, J. R., Schill, S. R. and K. Schuckman, 2002, "Creation of Digital Terrain Models using an Adaptive LiDAR Vegetation Point Removal Process, " Photogrammetric Engineering & Remote Sensing, 68(12):1307–1315.

[33] Sorrell, C., 2008, "How to GeoTag Your Photos, "Wired, May 12, 2008 (http://www.wired. com/gadgetlab/2008/05/ how-to-geotag-y/).

[34] USA, 2008, "Chapter 11:Satellite Navigation, "in The American Practical Navigator, Washington: U.S. Government (http: //en.wikisource.org/wiki/The_American_Practical_Navigator/Chapter 11).

[35] Young, J., 2011, LiDAR for Dummies, New York:Wiley Publishing, 24p.

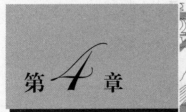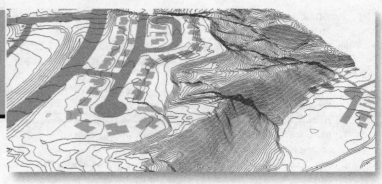

数据质量

地理信息系统（GIS）依靠空间数据来进行分析。真实世界的数据被采集和存储在地理空间数据库后，数据库中可能会产生一些错误和不确定性。数据集中存在的分类错误和/或潜在误差，对某些特殊项目而言可能不适合或不能使用。因此，在 GIS 项目的前期，评定数据的属性和潜在质量就显示得十分重要，尤其是在互联网分享免费地理空间数据时期。

几十年前，多数 GIS 分析是由少数受过地理信息科学良好训练的人员完成的。随着地理信息科学知识的快速普及，人们利用有限的地理空间知识来引入未经 GIS 应用评估的空间数据文件已十分普遍（Devillerset al.，2005）。

4.1 概述

数据质量评定在 GIS 分析中十分重要。本章首先介绍地理空间数据中的几种常见分类错误和空间误差，以及校正这些误差的实例；然后介绍元数据的概念、属性、定位精度和拓扑错误；最后介绍区群谬误和可塑性面积单元的概念。

4.2 元数据

元数据是关于数据的数据，是评估地理空间数据质量的重要特性。元数据描述了数据集的特性，并能通过评估来确定地理空间数据是否适合于某项研究。元数据描述了：

- 谁收集了数据
- 采集了什么数据
- 在哪里采集的数据
- 什么时候采集的数据
- 为什么采集这些数据
- 怎样采集的数据
- 数据的比例尺
- 用于数据的算法或变换

任何从互联网下载或来自熟悉外部来源（尤其是朋友）的数据源都需要提供元数据。如果没有元数据，GIS 用户就会缺乏有关数据来源和其历史的信息。元数据文件通常由可扩展标记语言（XML）创建。XML 可使用户轻易地创建和修改文件，并传送到互联网上。

4.2.1 元数据的要素

元数据的标准一般是通过使用者来定义的。然而，多数元数据需要包含以下要素：

- 空间数据结构（如栅格或矢量）
- 投影
- 坐标系
- 基准转换（如 NAD27 至 NAD83）
- 原始数据的比例尺
- 数据产生的时间
- 数据采集的方式
- 数据字段名和特性（如值和值域、数据类型、格式）
- 数据质量/误差和任何错误报告

- 采集数据的仪器的精度和准确度

当元数据中包含以上要素时，就可确定 GIS 项目的数据质量和用途。

4.2.2 FGDC 的元数据标准

如上所述，不同组织具有不同的元数据标准。所幸美国联邦地理数据委员会（FGDC）在 1998 年发布的《数字地理空间元数据内容标准》中，统一了元数据的术语、定义和协议（FGDC，1998a），响应了对元数据的各种准备方法。FGDC 描述了十个方面的内容：

1. 标识信息：描述其他部分的信息。
2. 数据质量信息：提供数据集的质量评定，详细说明评估数据集精度的多种方法。
3. 空间数据组织信息：说明数据集中各类空间数据的特点。
4. 空间参考信息：包含关于坐标系、投影、基准面、高程和其他地理信息的数据。例如，包含关于地图投影标准纬线和标准经线的信息。

5. 实体和属性信息：描述数据集中的属性。为数据集中每种属性提供诸如数据类型、精度和字段长度等信息。
6. 分发信息：说明数据获取、分发的方式和版权政策。
7. 元数据参考信息：有关元数据的说明及更新方式。
8. 引用信息：说明引用地理空间数据集的方式。
9. 时期信息：列出数据采集和分析的时期。
10. 联系信息：说明与数据拥有者或管理者进行联系的方式。

4.2.3 元数据和 GIS 软件

多数高质量的 GIS 软件包都包含有允许用户创建、编辑元数据的元数据模块。此外，元数据模块可导入元数据文件并帮助 GIS 用户记住应维护哪些元数据。例如，图 4.1 显示了 ArcGIS 元数据的用户界面。每个选项卡对应于一种主体元数据信息。在与他人分享地理空间数据时，完整的元数据信息应是整个地理数据库的一部分。

元数据用户界面

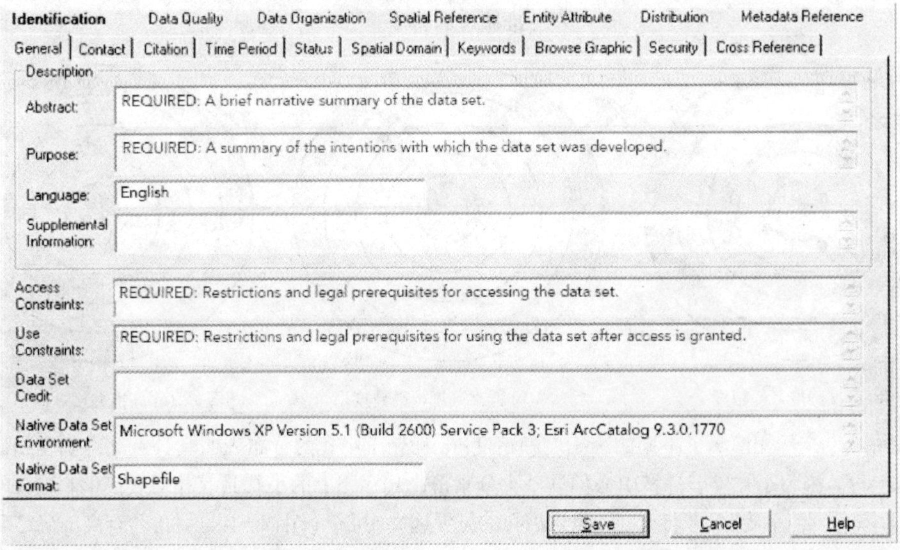

图 4.1　Esri ArcGIS 元数据用户界面允许分析人员有效地进入有关空间数据层的元数据。注意界面顶部所有不同类别的元数据。还要注意有些元数据信息是强制使用的。多数复杂的 GIS 软件包都提供元数据模型（界面由 Esri 公司提供）

4.2.4 其他元数据问题

个人、公司和/或组织可针对某个特定项目，向标准元数据中加入相关的其他条目。当某家公司的元数据并不包含另一家公司所需的所有信息时，有时会出现问题。此时，第二家公司也许会因为并不完全了解数据而无法确定该数据是否适合特定的项目。总之，元数据中包含的信息应越多越好。因此，必须对元数据的质量进行检查，以确保其中所含的任何信息都是精确的。

4.3　准确度和精度

准确度和精度是 GIS 分析者和用户需要理解的两个概念。准确度指属性数据和位置(x, y)数据与现实世界相应物体的对应程度。例如，假设有一个网络数据集，该数据集中道路中心线与其真实平面(x, y)位置的误差在±0.25m 内，那么我们说该数据集有很好的位置准确度。如果该网络数据集中所有道路都有准确的地名（如"北京大街"、"苹果大街"等），则认为该数据集的属性准确度很高。

精度是指测量的"精确性"。有时人们认为精度是测量仪器所能记录的小数位数。例如，用两个不同的温度计测量城市中心商业区的大气温度，一个温度计测量的大气温度间隔为 2°（如 94°F、96°F 和 98°F 等），另一个温度计测量的大气温度间隔为 0.5°（如 94°F、94.5°F 和 95°F 等），哪种温度计更精确？当然，间隔为 0.5°的温度计更为精确。

高准确度并不代表高精度，高精度也不表示高准确度，因为具有高精度的仪器并不意味着更为准确。例如，在上述温度计的例子中，假设温度计测量大气温度时，间隔为 0.5°的温度计有 3°的系统误差，而另一温度计则不存在系统误差，那么在这种情况下，与高精度温度计相比，低精度的温度计实际上更加准确。同样，考虑一台定位误差为±25cm 的 GPS。我们可能认为这是一台十分精确的仪器。但对于具有±2.5m 系统误差的同一台 GPS，我们还这样认为吗？

在图 4.2(a)中，标靶上小孔的空间分布表明其具有较高的准确度和相对较低的精度，小孔位于标靶中心但并不紧密。相反，在图 4.2(b)中，小孔的分布具有相对较低的准确度和较高的精度，小孔的位置距离中心较远但分布十分紧密。在图 4.2(c)中，小孔的位置则表明其具有高准确度和高精度，因为小孔十分紧密地处于标靶中心。

准确度和精度

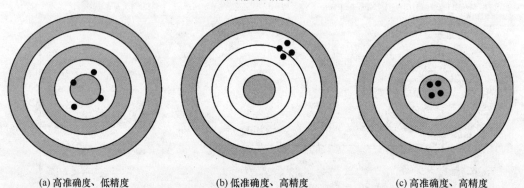

(a) 高准确度、低精度　　　　　(b) 低准确度、高精度　　　　　(c) 高准确度、高精度

图 4.2　这三个标靶演示了不同的准确度和精度：(a)标靶上小孔的分布表明其具有高准确度和低精度，因为小孔位于标靶中心但并不十分紧密；(b)标靶上的小孔具有相对较高的精度（即分布紧密）和较低的准确度，因为小孔的位置远离中心；(c)标靶上的小孔具有高准确度和高精度，因为小孔十分紧密地处于标靶中心（摘自 NOOA，2007）

在分析数据和报告结果时，地理空间数据的准确度和精度能够帮助 GIS 用户增强信心。通常，GIS 用户假设他们的地理空间数据比实际情况更加精确或更加准确。使用不准确或不精确的地理空间数据，通常会导致不精确或不准确的结果。未经证实的结果（如地图）会导致不明智的或不合适的决定。

4.4　地理空间数据的误差类型

在现实世界中，采集数据时不引入误差几

乎不可能。常见的误差类型包括：

- 属性错误（包括逻辑一致性和完整性）
- 定位误差(x, y, z)
- 拓扑几何误差
- 时间误差
- 区群谬误所致的解译误差
- 可塑性面积单元所致的误差

每种类型的误差都能对 GIS 研究结果产生负面影响。因此，识别数据中可能出现的误差类型并使误差最小，对 GIS 项目而言非常重要。

4.4.1 属性错误

交通运输网中的每段道路都会包含属性信息，如段名、日平均交通流量、人行道的建设时长、车道数量、行进方向等。属性信息可能是准确的，也可能是不准确的。遗憾的是，属性错误通常不能像其他类型的误差那样进行检查，因为在大型空间数据库中检查属性错误非常乏味。然而，属性错误会带来很大的麻烦。例如，假设政府估税员的地理数据库中有一个名为"姓"的字段。假设姓为 Smith 的家庭拥有一块土地，但估税员错误地在"姓"这一字段中输入了 James，导致 James "拥有"了这块土地。任何使用"姓"字段对这块土地的查询都会产生不准确的信息。Smith 先生将不能接受信封上写着 James 先生名字的赋税评估。

1. 合理的准确度标准

GIS 用户在 GIS 分析中，必须对每层地理空间信息有一个准确度标准。政府机构通常会标识所选数据集准确度的某种最低标准。GIS 用户也可设置自己的准确度标准。

例如，美国地质调查局多年来利用遥感数据进行土地利用和土地覆盖分析时，使用了以下最低准确度技术参数（Andersonet al., 1976）：

- 每个类别的最低属性准确度为 85%。
- 地图上土地利用或土地覆盖类别需要有相似的准确度标准［即当多数其他类别的准确度为 85%时，没有哪个类别是十分准确的（如 99%）］。
- 有时，不同的图像解译人员只负责提取

不同部分的土地利用或土地覆盖信息。此时，所有解译结果应该满足最低属性准确度标准。

为保证将空间数据中的属性准确度控制在某个严格的等级，必须确定并报告属性准确度。确定属性准确度的两种常见方法是数据库随机采样和空间采样。

2. 随机采样

当数据库中包含大量的记录时（如某个县中农田的成百上千的作物属性），确定属性准确度十分困难。因此，有时需要通过随机采样来确定属性准确度。在大型数据库中，可能仅有 2%或更少的记录需要进行属性准确度采样。这些记录通常是随机选择的，以保证属性准确度评估的无偏性。

3. 空间采样

采样的目的是采集无偏的典型人口样本（Jensen and Shumway, 2010）。在 GIS 地理数据库中，无偏空间样本的采集可通过几种不同的方法来完成。当每个观测值具有相同的被选机会时，可采用随机采样方法。这是最简单的采样方法之一，通常可确保采样的无偏性。例如，考虑图 4.3(a)中的农田，农田中生长了两种作物，其中玉米占农田面积的 2/3，大豆则农田面积的 1/3。如果农民想要测量整个农田的 pH 值来了解土壤的酸碱度，那么随机分布采用点足以测量得到土壤的平均 pH 值。

某些情况下应使用分层采样的方法。当 GIS 分析人员知道数据集包含不同的亚群，且努力在每个亚群（即分层）中采样时，应采用分层随机采样方法。这种方法可保证解释空间数据集中出现的所有变化（Jensen and Shumway, 2010）。在图 4.3(b)中，样本点随机散布于玉米或大豆作物中。在这个农业示例中，1/3 的点（3 个）随机地位于大豆地中，2/3 的点（6 个）随机地位于玉米地中。

最后，根据预定计划，可进行系统采样。在图 4.3(c)中，在 x、y 方向每隔 40m 分布了 9 个点，进而确保整个农田得到了系统采样。

通过随机采样或空间采样获取的信息，通常要输入到误差矩阵中进行统计评估。

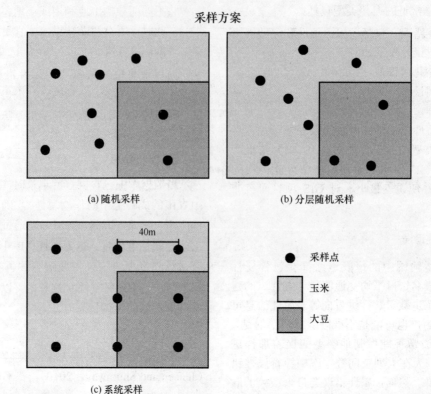

采样方案

(a) 随机采样 (b) 分层随机采样

(c) 系统采样

采样点
玉米
大豆

图 4.3 三种采样方案：随机采样、分层随机采样和系统采样。每种情形下，假想农田上均叠置了 9 个点，1/3 的农田种植大豆，2/3 的农田种植玉米。采样的目的是准确地测定农田土壤的 pH 值，进而了解土壤的酸碱度。(a)随机分布 9 个点的地图。遗憾的是，仅有 2 个点落在大豆地中，属于欠采样区域。(b)采用分层随机采样方法分配 9 个点的地图。因为大豆仅占研究区的 1/3，9 个点中的 3 个分配到了大豆地中，而由于玉米占研究区的 2/3，有 6 个点随机分配到了玉米地中。(c)采用系统采样方法分配 9 个点的地图。在 x 和 y 方向每隔 40m 分配一个点，其中有 2 个点位于玉米地和大豆地的边界。需要调整这两个采样点的位置

4. 误差矩阵的生成，总体准确度、生产者准确度、用户准确度和 Kappa 一致性系数的计算

确定命名量表和顺序量表数据属性准确度的有效方式是，对误差矩阵（有时称混淆矩阵或列联表）进行结构和统计分析（Congalton and Green，2009）。检查命名量表数据属性准确度的实例包括土地利用或土地覆盖、土壤类型等。低收入、中收入和高收入等顺序数据，也可使用误差矩阵进行准确度检查。有关测量水平（如命名量表、顺序量表、间隔量表、比率量表）的其他信息，将在第 8 章和第 10 章中介绍。

误差矩阵由前述随机采样或空间采样得到的信息计算（见表 4.1）。在土地覆盖实例中，

每个观测的检查点由两种类型的信息组成：被分配的类型（如森林）和基于地面参考信息的实际类型（如城市）。例如，表 4.1 中所示的误差矩阵描述了三类土地覆盖地图的属性准确度。在分类地图中随机选择 76 个观测点，然后将这 76 个位置的土地覆盖分类信息与获取的地面参考信息进行比较。其中 27 个点分类为城市。在这 27 个点中，22 个点分类正确，2 个点误分类为森林，3 个点误分为农业用地。因此，简单地检查误差矩阵的各列，可确定有多少个点分类正确，多少个点被错误分为土地覆盖类型。相反，检测误差矩阵的各行，可确定点被错误分类到的各个类别。例如，两个应被分类为城市的点被错误地分类为森林（见表 4.1）。

表 4.1　利用误差矩阵确定包含三个土地覆盖类型的名义量表土地覆盖地图的属性准确度类型

	城 市	森 林	农 业	总 行 数
城市	**22**	2	2	26
森林	2	**19**	2	23
农业	3	4	**20**	27
总列数	27	25	24	**76**
总体准确度	$=\sum_{i=1}^{k} x_{ii}/N = \dfrac{22+19+20}{76}=80.2\%$			
生产者准确度	城市 $=22/27=81\%$，森林 $=19/25=76\%$，农业 $=20/24=83\%$			
用户准确度	城市 $=22/26=85\%$，森林 $=19/23=83\%$，农业 $=20/27=74\%$			
Kappa 一致性系数（K）	$\kappa=\dfrac{N\sum\limits_{i=1}^{k}x_{ii}-\sum\limits_{i=1}^{k}(x_{i+}x_{+i})}{N^2-\sum\limits_{i=1}^{k}(x_{i+}x_{+i})}=\dfrac{76\times61-1925}{5776-1925}=70\%$			

误差矩阵中置入所有值后，可计算总体准确度。总体准确度的计算方式如下：累加正确分类到每个类别的观测点数量（即矩阵对角线中的 x_{ii}），然后除以误差矩阵中的总观测点数（N）（Jensen，2005；Congalton and Green，2009）：

$$总体准确度=\sum_{i=1}^{k}x_{ii}/N \qquad (4.1)$$

在表 4.1 中，正确分类的点数共有 61 个（22 + 19 + 20 = 61），计算的总点数为 76 个。因此，该专题地图的总体百分比准确度为 61/76 = 80.2%。用户必须确认该值是否可接受。例如，假设我们需要的总体准确度大于等于 85%，而此例中的总体准确度小于 85%，不满足要求，因此土地覆盖数据无效，需准备新的土地覆盖地图并重新检测。

由误差矩阵可引出其他几个准确度指标，包括生产者准确度、用户准确度和 Kappa 一致性系数。分析误差矩阵中的各列，可为每个类别计算生产者准确度。计算方法是，使用某个类别中的总正确观测点数除以分配到该类别的总观测点数（即总列数）。这一统计指标表示的是参考观测点被正确分类的概率，它是对疏漏所致错误的度量。表 4.1 中总结了三类生产者准确度。

分析误差矩阵的各行，可计算用户准确度。计算方法是，将某个类别中的总正确观测点数除以分配到该类别的总观测点数（即总行数）。这一统计指标是对执行错误的度量。用户准确度或可靠性是观测实际表示现实该类别的概率。表 4.1 中总结了三类用户准确度。

Kappa 一致性系数是对已分类观测值和参考数据间的一致性或准确度的度量，它由主对角线和机会一致性表示，可通过计算误差矩阵中的总行数和总列数得到（也称边缘信息）（Congalton and Green，2009）。表 4.1 中提供了这一算法。例中，边缘信息包括 26×27、23×25 和 27×24，这些值的总和为 1925。

上面这个简单土地覆盖数据的 Kappa 一致性系数为 70%（见表 4.1）。0.40 和 0.80 间的 Kappa 值（即 40%～80%）代表中等的一致性，小于 0.4 的 Kappa 值（即小于 40%）代表轻差的一致性（Jensen，2005）。

5. 属性的均方根误差（RMSE）

检查间隔量表和比率量表属性数据的准确度时，可使用 RMSE。此时，分析人员选择数据集中的若干观测值，并将其与真实地面参考信息进行比较。RMSE 用如下公式计算：

$$RMSE=\sqrt{\dfrac{\sum_{i=1}^{n}(X_{\text{Act}_i}-X_{\text{Obs}_i})}{N}} \qquad (4.2)$$

式中，X_{Act_i} 为真实值，X_{Obs_i} 为观测值。可接受 RMSE 值会因项目开始时设置的误差范围变化。例如，考虑表 4.2 中给出的 6 个叶面积指数（LAI）。该表由遥感衍生的 LAI 测量值（即观测值）和在地面运用手持式植物冠层分析仪测量的 LAI 值组成。诸如 LAI 这样的生物物理测量精度通常为一位或两位小数。

表 4.2 使用真实地面参考信息和观测的遥感衍生叶面积指数（LAI）测量值计算的 RMSE

真实地面参考 LAI	遥感衍生 LAI
3.65	3.52
4.25	4.00
2.37	3.40
1.64	1.62
2.89	3.01
4.12	4.08
RMSE = 0.44	

在 LAI 的例子中，求 RMSE 的方法如下。先计算遥感衍生 LAI（即观测值）和真实 LAI 地面参考值间的差，然后计算差值的平方：

$$(3.65-3.52)^2 = 0.0169$$
$$(4.25-4.00)^2 = 0.0625$$
$$(2.37-3.40)^2 = 1.0609$$
$$(1.64-1.62)^2 = 0.0004$$
$$(2.89-3.01)^2 = 0.0144$$
$$(4.12-4.08)^2 = 0.0016$$

再将上面这些值的总和（1.1567）除以观测数 N，即 $1.1567/6 = 0.1928$。RMSE 即为该值的平方根：

$$RMSE = \sqrt{0.1928} = 0.44$$

因此，该数据集之 LAI 的 RMSE 等于 0.44 个 LAI 单位。根据项目最初规定的误差范围，这个值可能会被接受，也可能会被舍弃。

6. 属性逻辑一致性

逻辑一致性是指在整个数据集中应用相同的规则和逻辑。若一个人采集了一半数据，而另一个人采集了另一半数据，那么此时就需要确保采集数据的逻辑在整个数据集中是一致的，而不管是谁采集了该数据。在某些情形下，空间数据集的某些部分可能比其他部分的精度更高。

7. 属性和空间完整性

完整性是指数据适用于所有可能项目的程度（Brassel al.，1995）。完整性由两部分组成：空间完整性和专题（即属性）完整性。如果一个数据集在空间上是完整的，它就应使用相同级别的细节覆盖所有目标区域。遗憾的是，有时在易于获取信息的区域（如道路附近）会采集较高标准的属性细节，而在难以到达的地区（如崎岖的水源地）则采集较低标准的属性细节。仅当地图子集需要更多细节时，才允许采用这种不一致的采集方式。

专题（属性）完整性确保数据中包含某个项目所需的所有专题信息，并确保数据是使用相同精度采集的。不完整区域、部分记录或丢失记录会使 GIS 分析陷入混乱，在进行统计分析时尤其如此。

4.4.2 定位误差

定位准确度表示的是空间数据层中各个特征的地理坐标与真实地理坐标（水平和竖直）的接近程度。这是一个十分重要的测度，因为如果空间数据层的定位准确度很低，那么 GIS 分析得到的结果就会很差或不准确。

检查空间数据库（即数据地图）中各特征的 x、y、z 位置，并将这些位置与使用更为准确的测量仪器（如测量级 GPS 设备）测量得到的真实位置进行比较，可求出定位准确度。定位准确度取决于获取数据时的比例尺。通常，大比例尺空间数据库（如比例尺大于 1:20000）比小比例尺空间数据库（如 1:50000 或 1:100000）拥有更好的定位准确度。

遗憾的是，许多 GIS 用户会错误地合并两个或多个具有完全不同比例尺和不同定位误差的空间数据库。不准确的空间数据库会导致整个项目的最终结果不准确。实际上，GIS 分析的几何准确度与项目中所用最小准确度的地图相同。后面的误差传播一节中会详细探讨这种现象。

多家非盈利组织和政府机构为纸质和/或数字地图制定了定位准确度标准。这些标准作为用户指南，可使用户确信所用空间数据是准确的空间数据。下面给出三种不同的数据标准，以帮助大家理解纸质地图和数字地图定位误差的特性。

地图准确度标准

在过去 70 年中，人们采用的三个主要定位准确度标准为：美国地质调查局的《美国国家地图准确度标准》、美国摄影测量和遥感协会的《大比例尺地图准确度标准》和 FGDC 的

《空间数据准确度国家标准》。

美国国家地图准确度标准（NMAS）：美国地质调查局（USGS）发布的《美国国家地图准确度标准》，可帮助制图员、地理学者、地图用户和其他人员了解地图中的空间误差。USGS 于 1941 年发布这些准确度标准，并于 1947 年进行了修订（美国统计局，1947），这些标准可确保地图满足最小定位准确度准则。NMAS 基于地图比例尺，它们的容差分为水平准确度和垂直准确度。

满足 NMAS 的地图，会在图例中印刷如下说明文字：此地图遵从《国家地图准确度标准》。

GIS 地理数据库中的许多历史地图数据集，都遵从 NMAS 规范。因此，掌握这种准确度标准十分重要。

ASPRS 大比例尺地图准确度标准：美国摄影测量与遥感协会（ASPRS）于 1989 年发布了《ASPRS 大比例尺地图准确度标准》（比例尺大于 1:20000）。这些标准有效取代了之前美国地质调查局的标准。ASPRS 标准根据计算的 RMSE 值，设置了水平准确度和垂直准确度范围。计算 RMSE 时包含了检查点的 X 和 Y 信息：

$$RMSE = \sqrt{\dfrac{\sum\limits_{i=1}^{n}[(X_{Act_i} - X_{Obs_i})^2 + (Y_{Act_i} - Y_{Obs_i})^2]}{N}} \quad (4.3)$$

式中，RMSE 是实际（真实）位置和地图上或空间数据库中观测位置间差值的平方的均方根（ASPRS，1989）。表 4.3 中列出了此标准下不同比例尺地图的允许水平误差范围。如果地图依照的是《ASPRS 大比例尺地图准确度标准》，则地图上将印有以下文字：此地图经检查符合 ASPRS 标准的 1 类地图准确度。

表 4.3　ASPRS 的《大比例尺地图准确度标准》中几种不同地图比例尺的允许水平误差（ASPRS，1989）

比例尺	误差±英尺	误差±米
1:1200	1	0.305
1:2400	2	0.601
1:4800	4	1.22
1:6000	5	1.52
1:9600	8	2.44
1:20000	16.7	5.09

FGDC 空间数据准确度国家标准（NSSDA）：1998 年，联邦地理数据委员会发布《空间数据准确度国家标准》，它取代了《国家地图准确度标准》（FGDC，1988b）。NSSDA 采用《ASPRS 大比例尺地图准确度标准》，并将该标准扩展到了比例尺小于 1:20000 的地图。NSSDA 采用 RMSE 的计算公式（4.3）来计算与真实位置相关的准确度。报告的地面距离准确度的置信度是 95%，即数据集中 95% 的数据的误差小于等于任何特定比例尺的误差标准（FGDC，1998b）。将 RMSE 转换为 95% 置信度的方法是，将 RMSE 乘以 1.7308（95% 置信度的均值标准差）。然后可在地图上或元数据中报告该值。

与确定数据库采样准确度一样，同样有许多确定水平准确度和垂直准确度的不同采样方法。如上所述，这些方法包括对整个标定区域的随机采样、确保覆盖了地图上所有区域的系统采样，以及确保有着较大方差的区域（即具有极端局部地形起伏的区域）包含在误差评估中的分层采样。

4.4.3　拓扑错误

在地理数据库中还存在其他类型的错误，这些错误通常会在地理数据库"建立"时产生。例如，分析人员在矢量地理数据库中创建直线和多边形时，可能会引入几种类型的拓扑错误。数据集中的直线可能会过冲［见图 4.4(a)］或欠冲［见图 4.4(b)］，它们都会导致几何错误。多边形不闭合会导致多边形错误［见图 4.4(c)］。当多边形不闭合时，系统会将它们识别为直线而非多边形。

使用 GIS 编辑工具创建新的点、线或面时，通常会引入此类错误。要改正这些错误，GIS 用户可以：(a)采用合适的模糊容差值，(b)删除这些点、线、面数据并重新创建它们。模糊容差是指在编辑期间，各离散点对齐以形成单个点的某个距离范围（Lo and Yeung，2007）。建立地理空间矢量数据库时，设置正确的模糊容差值十分重要。如果模糊容差值过大，会导致不应合并到一起的各个特征合并（对齐）到一起。反之，如果模糊容差值过小，会导致应合并到一起的重要特征不能合并到一起。正确运用模糊容差，会形成图 4.4(d)、(f)中改正后的过冲、欠冲和闭合多边形。

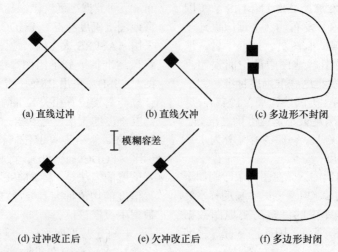

空间数据库创建期间引入的拓扑错误

(a) 直线过冲   (b) 直线欠冲   (c) 多边形不封闭

模糊容差

(d) 过冲改正后   (e) 欠冲改正后   (f) 多边形封闭

图 4.4　典型 GIS 数据库中的拓扑错误示例：(a)过冲直线导致过冲错误，此类错误可使用模糊容差值来改正；(b)直线应连而未连导致次冲错误，此类错误可应用模糊容差值来改正；(c)多边形不封闭。此时不能将其视为多边形，除非两个端点合二为一。此类错误可使用模糊容差值来修复；(d)～(f)使用模糊容差值改正的过冲、欠冲和封面多边形

多边形的公共边界通常会共享相同的 x、y 坐标。遗憾的是，有时创建和/或编辑过程会导致包含几何错误的共享多边形边界。这会引入称为碎屑的伪多边形，如图 4.5(a)所示。仔细选择的模糊容差值可使相邻多边形产生非重叠线状边界［见图 4.5(b)］。有关多边形的其他信息将在第 5 章中介绍。

4.4.4　时间准确度

地理空间数据库使用一段时期后就会过时。时间准确度是指地理空间数据库的新旧程度。某些地理空间数据需要每隔半小时或更短的时间更新。例如，假设某人要从工作地点乘公交车回家，并试图避开交通高峰时间。公交车上的一位乘客拥有交通信息导航设备。交通信息需要频繁地进行更新（如每隔 1～2 分钟）才可用。另一个例子是使用多普勒雷达图像来预测风暴路径和降雨量。如果动画地图是几小时前生成的，那么它们就没什么效用了。而在其他情形下，已采集几年的数据仍可能适用于某个特殊项目。例如，人们通常使用 5～10 年前采集的遥感数据来监测某县的土地覆盖变化情况。

两个相邻多边形间的几何误差

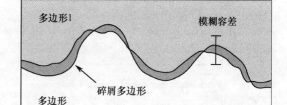

多边形1
模糊容差
多边形
碎屑多边形

(a) 沿两个相邻多边形公共边界的几何误差

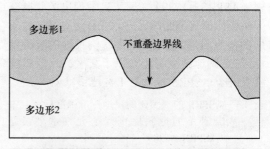

多边形1
不重叠边界线
多边形2

(b) 使用模糊容差后两个多边形共享不重叠边界线

图 4.5　(a)假设多边形 1 和 2 沿公共边界拥有相同的 x、y 坐标。遗憾的是，这两个多边形沿公共边界存在几何误差。该误差导致了 5 个全新的碎屑多边形；(b)选择能将两条线合并到一起的合适模糊容差值，修正了与两条边界相关的地理空间误差，形成了一条黑线，多边形 1 和 2 共享该黑色线上的 x、y 坐标

4.4.5　误差可视化

如前所述，我们通常会使用标准化的准确度来报告地理空间数据库中的误差。然而，如果不能可视化这些误差，那么我们就很难了解误差大小及其空间分布与模式。因此，科学家开发了几种方法来可视化误差。可视化空间数据中的误差的一种方法是创建一张误差地图。例如，图 4.6 显示了与 20 个检查点相关的水平误差的方向和大小。

可视化误差的另一种有效方式是创建地图某些部分的阴影图。例如，图 4.7(a)显示了由农田和落叶林组成的土地覆盖地图，图 4.7(b)显示了与落叶林多边形相关的准确度。注意，与邻近多边形边界的区域相比，多边形的内部区域更为准确。在描述并不熟悉的空间数据误差时，阴影图非常有用。

20个检查点的水平误差方向和大小图

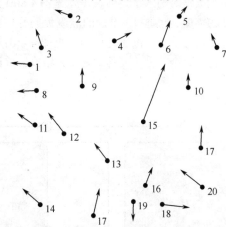

图 4.6　这幅误差图描述了地图中 20 个检查点的水平误差大小（线段长度）和方向。绘制误差图后，通常要对误差进行检查，以确保这些误差是随机的，而不是整个地图中的系统误差。西半幅地图貌似在西–西北方向存在系统偏差。若误差是系统性的，则意味着存在数据采集或仪器校准问题

使用阴影图可视化准确度

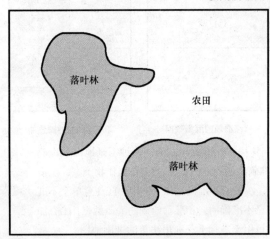

(a) 土地覆盖分类图

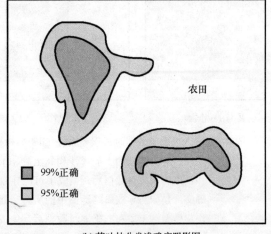

(b) 落叶林分类准确度阴影图

图 4.7　(a)由农田和两块落叶林组成的土地覆盖分类地图；(b)描述落叶林地块准确度的阴影图。注意，靠近落叶林地块边缘的几个区域的准确度要比这些地块内部区域的准确度低

4.4.6　误差传播

如果不知道属性或定位误差，且在 GIS 项目开始时未更正或考虑这些误差，那么误差将在整个研究过程中传播，并在中间产品或最终产品中累积。例如，假设某 GIS 数据图层存在某些属性或定位误差，当该图层与其他数据图层一起处理生成新数据后，误差便会在整个后续数据集中传播。

图 4.8 给出了 GIS 分析中误差传播的一个例子。图 4.8(a)显示了准确绘制的同一种玉米地，图 4.8(b)显示了准确绘制的同一区域的土质（沙和黏土）。遗憾的是，在绘制同一区域

的灌溉数据时引入了几何误差［见图4.8(c)］。将作物类型、土质和不准确的灌溉数据叠加在一起后，导致了不准确的地图［见图4.8(d)］。注意使用单个不准确文件（灌溉）导致最终地图上的所有空间信息不准确的原因。图 4.8(e)中准确地绘制了灌溉数据。图 4.8(f)表明正确叠加作物类型、土质和灌溉数据后，生成了可用于进行土地利用决定的准确地图。

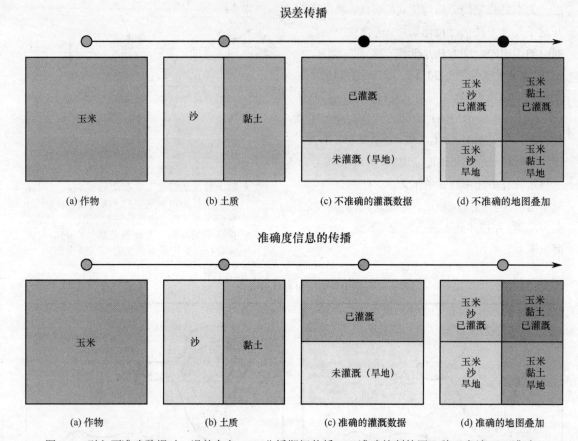

图 4.8　引入不准确数据时，误差会在 GIS 分析期间传播：(a)准确绘制的同一种玉米地；(b)准确绘制的同一区域的土质（沙和黏土）；(c)未准确绘制的灌溉数据；(d)叠加作物类型、土质和不准确的灌溉数据后，生成了可能导致错误决策的不准确地图。例中，应注意单个不准确文件是如何导致最终地图中的所有空间信息不准确的；(e)准确绘制的灌溉数据；(f)叠加作物类型、土质和准确灌溉数据后，生成了可用于进行土利利用决策的准确地图

4.4.7　区群谬误

区群谬误是指一个区域内所有观测值对某个特性展示相同或相似值的置信度。换言之，区群谬误认为一组特性或关系对该组特性内的各个特性或关系都是相同的（Freedman，1999）。例如，假设某人所在学校中学生的平均测试成绩为 75 分（满分为 100），而其朋友所在学校中相同测试的平均成绩为 65 分。此

时，区群谬误指的是这样一种趋势，即该人所在学校中参加测试学生的成绩要比其同学所在学校参加测试学生的成绩高。

类似地，在检测毗邻人口普查区块时，人们可能会不正确地假设具有高中位数收入的某个区块中的各个家庭，要比具有低中位数收入的另一个区块中的各个家庭富裕。例如，图4.9 显示了加利福尼亚州各县的中位数收入。旧金山附近的圣克拉拉县（A）与位于该州东北角的莫多克

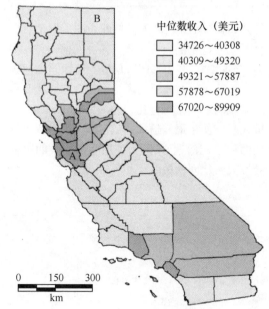

注意不要出现区群谬误

中位数收入（美元）

- 34726~40308
- 40309~49320
- 49321~57887
- 57878~67019
- 67020~89909

0   150   300
km

图 4.9 假设某个特定区域或组的特性与该区域或组中的每个人或事相关时，会出现区群谬误。例如，考虑两个人，一人住在靠近旧金山的圣克拉拉县（A），另一人住在莫多克县郊区（B）。能机械地认为住在圣克拉拉县的那个人拥有更高的收入吗？这一假设是区群谬误的一个例子（数据来自美国人口统计局）

县郊区（B）相比，具有更高的中位数收入。若假设圣克拉拉县中的任意一个区块都比莫多克县中的任意一个区块更为富裕，此时就出现了区群谬误，因为事实可能并非如此。

4.4.8 可塑性面积单元问题

使用区域单元或大小不同的区域，包括国家、州、县、市、人口普查区块、警察分局、校区、邮政边界等，可报告空间数据、对空间数据成图及分析空间数据。当较小的各个面积单元合并为较大的几个单元时，较小单元中出现的变化将会减少（Dark and Bram，2007）。这种尺度效应会因不同级别的集合导致统计结果的变化。因此，变化间的关联或相关程度取决于正被分析面积单元的大小。通常，变化间的相关会随面积单元大小的增大而增强。因此，研究人员可"修改"正在成图的面积单元，为项目引入偏差。这通常称为可塑性面积单元问题（Openshaw，1984）。

例如，在以人口普查区块级别而非人口普查地段级别分析变化时，研究人员会发现这两个变化间存在"更好"或"更高"的相关性。图 4.10 显示了伊利诺依州芝加哥市的普查地段和普查区块。取决于研究的内容，区域单元可能是合适的。应仔细考虑这样的可塑性面积单元，进而为某个特殊项目应用正确级别的空间集合。

伊利诺伊州芝加哥市人口普查地段和区块边界

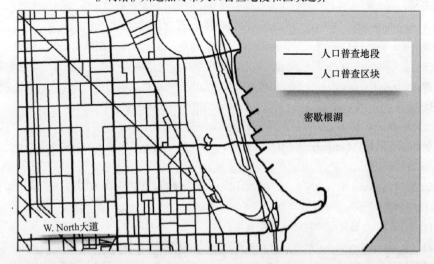

人口普查地段

人口普查区块

密歇根湖

W. North大道

图 4.10 图中蓝色代表美国伊利诺伊州芝加哥市的人口普查地段，红色代表普查区块。取决于所研究的内容，区域单元可能是合适的。通常，可塑性面积单元问题表明区域单元尺寸越大，变化之间的相关性就越大（数据来自美国人口统计局）

4.5　小结

　　本章介绍了几个有关空间数据质量的概念。空间元数据是一种最重要的信息类型，可用于评估空间数据的质量。在购买空间数据或从某人或组织处接收空间数据时，应首先获取空间元数据信息。在以任何实质性的方式修改或改变空间数据集时，必须保持元数据的最新状态。

　　任何属性错误与水平和/或垂直定位误差

的知识，都能够帮助人们判断空间数据是否适合于某个特定的研究工作。拓扑几何误差（如欠冲、过冲、多边形闭合问题、边缘匹配问题等）必须在数据分析前进行校正。有时绘制误差图或阴影图来可视化误差非常有用。GIS 分析人员应使用最合适大小的区域（即避免可塑性面积单元问题），因为使用逐渐变大的区域会增大变化间的关联或相关性。

复习题

1. 描述可塑性面积单元问题并举例。
2. 描述区群谬误并举例。
3. 描述能够通过误差矩阵提取并评估名义量表比例尺数据准确度的各个统计指标。
4. 最常见的拓扑错误有哪些？
5. 简单回顾美国空间数据标准的历史。
6. 在 GIS 研究中，属性和定位误差是如何传播的？
7. 如何在地理空间数据集中可视化误差？
8. 使用(a)比率数据如温度或生物量及(b 定位数据)x、y 和 z 时，如何计算均方根误差？
9. 准确度和精度有何相同之处和不同之处？
10. 元数据真的十分重要吗？为何在创建和维护元数据要花费大量的时间和精力？

关键术语

准确度（Accuracy）：属性和位置数据与其现实世界相应物体的对应程度。

完整性（Completeness）：数据详细描述所有可能项目的程度。

区群谬误（Ecological Fallacy）：一个区域内所有观测值对某个特性展示相同或相似值的置信度。

误差矩阵（Error Matrix）：计算生产者准确度、用户准确度、总体准确度和 Kappa 一致性系数的表格。

模糊容差（Fuzzy Tolerance）：在进行地理编辑时，各离散点被抓取以形成一个单点的某个距离范围。

逻辑一致性（Logical Consistency）：对整个数据集谨慎应用相同的规则和逻辑。

元数据（Metadata）：描述 GIS 分析所用空间数据集的基本特性。

可塑性面积单元问题（Modifiable Areal Unit Problem）：使用不适合研究内容的区域单元分析空间区域时，所出现的问题。

定位准确度（Positional Accuracy）：空间数据层中各个特征的地理坐标与真实地理坐标（水平和竖直）的接近程度。

精度（Precision）：对测量值"精确性"的量度。

随机采样（Random Sample）：每个观测点都有相同机会被选中的采样。

分层随机采样（Stratified Random Sample）：对观测点分层以统计总体中的已知变化的采样。

系统采样（Systematic Sample）：根据预定计划进行的采样。

时间准确度（Temporal Accuracy）：数据集的新旧程度。

参考文献

[1]　Anderson, J. R., Hardy, E. E., Roach, J. T. and R. E. Witmer, 1976, "A Land Use and Land Cover Classification System for Use with Remote Sensor Data," *Professional Paper #964,* Reston: U.S. Geological Survey, 60 p.

[2]　ASPRS, 1989, "ASPRS Accuracy Standards for Large-Scale Maps," *Photogrammetric Engin- eering & Remote Sensing*, 55:1068–1070.

[3]　Brassel, K., Bucher, F., Stephan, E. and A. Vchovski, 1995, "Completeness," in *Elements of Spatial Data Quality*, by Guptill, S. C. and J. L. Morrison (Eds.), New York: Oxford Elsevier Science, 81–108.

[4]　Congalton, R. G. and K. Green, 2009, *Assessing the Accuracy of Remotely Sensed Data: Principles & Practices,* Boca Raton: CRC Press, 183 p.

[5]　Dark, S. J. and D. Bram, 2007, "The Modifiable Areal Unit Problem (MAUP) in Physical Geography," *Progress in Physical Geography*, 31:471–479.

[6]　Devillers, R., Bedard, Y. and R. Jeansoulin, 2005, "Multidimensional Management of Geospatial Data Quality Information for its Dynamic Use within GIS," *Photogrammetric Engineering & Remote Sensing*,17:205–215.

[7]　Freedman, D. A., 1999, "Ecological Inference and the Ecological Fallacy," *International Encyclopedia for the Social & Behavioral Sciences,* Technical Report No. 549.

[8]　FGDC, 1998a, *Content Standard for Digital Geospatial Metadata*, Washington: Federal Geographic Data Committee, Publication FGDC- STD-001-1998.

[9]　FGDC, 1998b, *Geospatial Positioning Accuracy Standards Part 3: National Standard for Spatial Data Accuracy,* Washington: Federal Geographic Data Committee, Publication FGDC-STD-007.3-1998.

[10]　Jensen, J. R., 2005, *Introductory Digital Image Processing: A Remote Sensing Perspective*, New Jersey: Pearson Prentice-Hall, 526 p.

[11]　Jensen, J. R. and J. M. Shumway, 2010, "Sampling Our World," in B. Gomez and J. P. Jones III (Eds.), *Research Methods in Geography,* New York: Wiley Blackwell, 77-90.

[12]　Lo, C. P. and A. K. W. Yeung, 2007. *Concepts and Techniques of Geographic Information Systems,* 2nd Ed., New Jersey: Pearson Prentice-Hall, 532 p.

[13]　NOAA, 2007, "Accuracy Versus Precision," in *NOAA Celebrates 200 Years of Science, Service, and Stewardship,*

[14]　Washington: National Oceanic and Atmospheric Administration (http://celebrating200years.noaa.gov/ magazine/tct/ tct_side1.html).

[15]　Openshaw, S., 1984, *The Modifiable Areal Unit Problem*, Norwich: Geo Books, 41 p.

[16]　United States Bureau of the Budget, 1947, *United States National Map Accuracy Standards*, Washington: United States Bureau of the Budget.

第 5 章

空间数据模型和数据库

地理信息系统通常以两种格式之一来存储空间数据：矢量格式或栅格格式。这两种格式是实用且有效的。数据库通常用来存储与这两种数据结构有关的属性数据。

库将属性数据关联到这些数据结构的方法。要有效地组织、编辑和分析空间数据，就必须掌握这些概念。

5.1 概述

本章首先回顾用于表示空间数据的两个主要模型的特征和一些通用的文件格式，然后阐述地理信息系统存储、查询，以及使用数据

5.2 GIS 数据模型

数据模型是现实世界空间要素在 GIS 中的表现（Bolstand and Smith，1992）。地理空间数据常用的两种主要数据模型（又称数据结构）是矢量模型和栅格模型。图 5.1 显示了两种格式所描述的现实世界的空间信息。矢量图

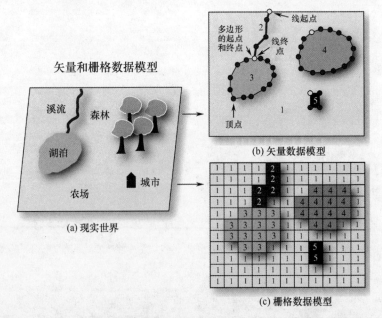

图 5.1 现实世界中的要素可通过矢量和栅格数据模型来表示：(a)现实世界；(b)矢量格式描述的现实世界；(c)栅格格式描述的现实世界

形由点、线和多边形组成，多边形由 x, y 坐标定义的起点、终点和中间节点构成。栅格图形通过用户自定义的格网来存储空间信息，格网中的每个单元格（像元或像素）都有唯一的地理位置和属性。矢量数据模型可进一步划分为地理关系数据模型和基于对象的数据模型。

5.3　矢量数据

矢量地图是最常用的地图形式。例如，几乎所有的交通地图集、GPS 导航设备和互联网地图引擎都采用矢量地图。矢量数据结构通过点、线和多边形来表达空间要素。第 2 章曾提到，投影点通过 x, y 坐标来定位，线由具有 $x,$ y 坐标的连续节点或顶点组成，多边形（面）可以简单地认为是闭合线，线的起点和终点的坐标值相等［见图 5.1(b)］。

5.3.1　点要素

点要素是最基本的矢量要素，它具有位置特征（如 x, y 坐标）。点要素的实例包括油井或水井、历史标志、平面或高程基准点、检修井盖、电话亭、消防栓、自动取款机（ATM）、邮筒、警察局和消防站等。例如，图 5.2 所示犹他州的所有气象站都是以点要素来表示的，其中 x, y 坐标采用经纬度标注。在州平面坐标系中，坐标的单位也可用英尺或米来表示；在横轴墨卡托（UTM）地图投影中，坐标的单位用米来表示。存储 x, y 坐标位置的单位由用户决定。

5.3.2　线要素

线要素是具有位置和长度特征的一维要素。线要素至少含有两个点——起点和终点，也可称之为顶点。两条或更多条线的交点也是顶点。位于起点和终点中间的附加点决定了线的形状，这些点常被称为节点（见图 5.1和图 5.3）。起点和终点间的线的形状也可通过数学公式来存储，如样条函数。直线常用来表示人工（人造）要素，如道路、产权边界和行政边界。自然形成的景观常由曲线组成，如河流、溪水和海岸线。在图 5.3 中，犹他州的主要道路通过线要素来表示，包括突出显示的州际公路 I-70 和 I-80。

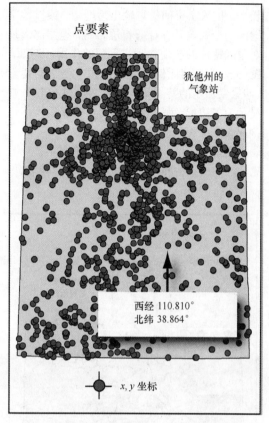

图 5.2　图中的点代表犹他州所有气象站的位置。每个气象站都有唯一的 x（经度）、y（纬度）坐标，图中所示的地理坐标值是埃默里县的"鬼石"气象站（数据由犹他州提供）

5.3.3　面（多边形）要素

面要素是由连续的线所围成的二维对象，对于独立的面（多边形），起点和终点是同一个点，如图 5.1(b)和图 5.4 所示。共边的多边形也有公共顶点，这些顶点是两条或多条直线的交点（见图 5.4）。

面既有大小，又有长度，可以表示各种各样的空间现象，如县、州、宗地、地表覆盖、土壤类型等。图 5.4 所示为犹他州所有县的边界，每个县都有唯一的长度和面积特征。

5.3.4　比例尺要素

地图比例尺是地图上的距离与地球上真实距离的比值，常见的地图比例尺是 1:24000，它表示在地图上量取的一个单位长度（厘米、米、英寸等）相当于地球表面的 24000 个单位长度。把数字空间信息输出为地图，或以数字地图的形式显示在计算机屏幕时，地图比例尺对空间特征的表现起到了重要的作用。例如，图 5.5 以不同比例尺显示了同一个空间要素（印第安那州的特雷霍特市），在大比例尺下它显示为多边形，而在小比例尺下则显示为不包含周长或面积信息的一个点。

地图比例尺常用以下三种方法表示：

- 数字比例尺（用分数或比例来表示），如 1/24000 或 1:24000。

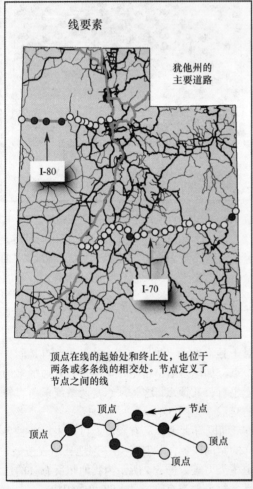

图 5.3　图中的线表示犹他州的主要道路，每条线段都由一个起点、一个终点和若干决定线的形状的中间点（节点）组成。顶点也位于两条或多条线段的相交处，线上的每个节点都有唯一的 x, y 坐标。图中突出显示的是与 I-70 和 I-80 州际公路关联的节点与顶点（数据由犹他州提供）

图 5.4　图中的多边形表示了犹他州的 29 个县，每个县的多边形都具有唯一的周长和面积。共边的多边形也共节点，独立多边形只有一个节点（数据由犹他州提供）

- 文字比例尺，如图上的 1 英寸 = 实地的 24000 英寸，或图上的 1 英寸 = 实地 2000 英尺等。
- 图解比例尺，如条形比例尺。

GIS 分析人员应该意识到原始地图或影像上的数字、文字比例尺会随地图的缩放而随时发生变化。这是因为地图在缩放显示过程中，实际比例尺已发生了变化，而其上的数字或文字比例尺却不会随之改变。与此相反，地图上或显示在计算机屏幕上的条形比例尺是一条线，这条线通过用户定义的一段一段的距离间隔来标记，如图 5.5 所示的 0km、5km、10km。条形比例尺在地图缩放显示中非常有用，因为条形比例尺的尺寸与缩放后的比例保持一致。

因此，根据数字地理空间数据制作地图时，在地图上放置条形比例尺是个很好的习惯，这样能帮助用图者理解地理空间信息的比例尺。关于条形比例尺在地图中的应用，详见第 10 章。

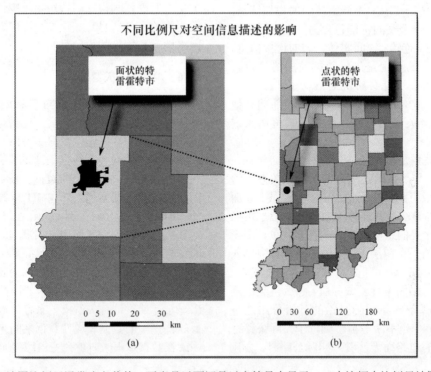

图 5.5　地图比例尺通常决定着某一要素是以面还是以点符号来显示：(a)在这幅大比例尺地图中，特雷霍特市的空间范围是以面（多边形）来表示的；(b)在这幅小比例尺地图中，特雷霍特市是以点符号来表示的。图中显示了印第安那州的所有县，不管地图放大或缩小多少，每幅地图中的条形比例尺都很准确（数据来自印第安那州地图中心）

分析多种地图时，要充分考虑每张地图的比例尺。一般来说，不建议把比例尺相差较大的地图放在一起分析。例如，假设要调查美国中西部各县相邻小农场地块的土壤类型，那么土壤信息的比例尺最好能和地籍信息的比例尺大致相同。

5.3.5　拓扑属性

拓扑学是几何学的分支之一，其研究的对象是在拓扑变化（连续变形）下仍能保持不变的几何属性（Longley et al.，2011）。在 GIS 中，具有拓扑属性的几何特征不管数据如何变化（如投影或数据转换），都能保持不变（Shellito，2012）。具有拓扑属性的空间数据需要额外的数据文件来定义其拓扑属性。拓扑信息也被用来检测空间数据的一些错误。例如，当想得到拓扑属性正确的 GIS 数据时，就

要求线与线相连，多边形完全闭合，且相邻多边形之间没有缝隙。拓扑属性能表达要素之间的关系，描述空间数据如何共享几何特征（Hoel et al.，2003）。

大多数 GIS 都能检测并自动校正拓扑错误，这一功能非常重要，因为空间数据层在创建或输入时很少能保证完全正确的拓扑属性。因此，GIS 要能查出未闭合的多边形，需要捕捉在一起的点，需要找出相交的线和其他一些拓扑错误等，如第 4 章讨论的悬挂线和多边形闭合等问题。此外，GIS 还应从数字信息中创建新的拓扑属性。正确的拓扑关系可保证数据层之间的合并，以便进行空间分析。

美国人口统计局的 TIGER（拓扑统一地理编码格式）线文件是最常用的具有正确拓扑关系的矢量数据文件。这些矢量文件可以从美国人口普查网站（www.census.gov）免费获取。

邻接、包含、连接关系

GIS 中的拓扑属性是相关的，它包含三种基本要素：(1) 邻接：不同实体间的相邻信息；(2) 包含：一个空间特征包含另一个空间特征的信息；(3) 连接：空间实体之间的连接信息。这三种要素的运用是矢量数据结构的重点。例如，估税员可能会对决定一块在过去 5 年里增值了 25%的宗地和与其紧密相邻的其他宗地的邻接关系感兴趣。包含关系可用来定义湖心岛。

连接关系是所有网络分析的重点。例如，通用 GPS 导航仪通过道路网的连接关系来给定从一个地点到另一个地点的导航路线。表面上看，这种导航及其连接关系的方案似乎很简单，但它比人们想象的要复杂得多。在一个无拓扑关系的矢量图层上，县级公路和有限制入口的高速公路（如州际公路）有很多的交叉点。如果参考这张图来行驶或导航，那么将无法确定到底是哪条横穿州际公路的县级公路能进入州际公路。当不断地被带到位于州际公路之上或之下的道路而无法驶入州际公路时，会让人很烦恼。

有正确拓扑结构的矢量线状数据还包含了让人们能找到街道的特定地址编码，甚至街道两侧的重要信息。更多关于具有拓扑关系的网络地理数据库的内容见第 7 章。

5.3.6 地理关系矢量模型

地理关系矢量模型通过单独的文件分别存储空间数据和属性数据。空间数据（地理）以图形文件保存，属性数据（关系）用关系数据库管理。地理关系数据集通过要素 ID 或标签来关联属性数据与空间数据。在数据库中，图层中的空间要素通过对象 ID 与数据库关联的（Chang，2010a）。例如，在图 5.6 所示的地理关系数据模型实例中，关联 48 个州的空间信息存储在一个文件中，而每个州的属性信息可通过一个单独的属性文件来查询。在该实例中，44 号州（德克萨斯州）的属性信息被突出显示。通过这种矢量模型来存储数据时，需要软件在空间数据和属性数据之间来回运行，因此在数据量很大时就会变得缓慢而低效。

图 5.6　地理关系矢量模型实例。图层中的空间要素通过 ObjectID 字段和数据库相连，所选得克萨斯州的属性信息在数据库中被突出显示，地图中则标记了
"Texas 44"（数据来自美国人口统计局，界面由 Esri 公司提供）

地理关系矢量模型已在 GIS 中运用了几十年，Esri 公司的 ArcINFO 中的 coverage 格式和 ArcGIS 中的 shapefile 格式，都属于矢量地理关系模型。尽管存在地理关系矢量模型将逐渐被对象矢量模型替代的说法，但目前地理关系数据模型仍然很流行。

Arc Coverage

Arc coverage 是 Esri 公司于 20 世纪 80 年代提出的基于拓扑关系的数字化矢量框架（USGS，2011）。coverage 不仅是一个可以通过如 Windows 的"资源管理器"或 Macintosh OS 的 Finder 这样的文件管理工具来进行复制

和粘贴的普通文件，而且也是一个框架。这个框架由一系列链接在一起的文件和目录组成，用于创建完整的矢量图层。因此，coverage 的维护操作（如复制、移动等）通常由某个专门的 GIS 程序提供（如 ArcCatalog）。在需要发布时，coverage 通常要转换成一种简单的交换格式文件。

Coverage 可以表示点、线和面三种要素（Chang，2011a）。点图层就是简单地把要素 ID 码和成对的 x, y 坐标与点要素属性表关联起来。要素的属性表包含了描述各个点的各种信息息，如图 5.7 所示。

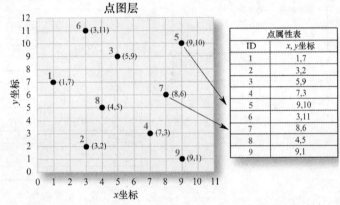

图 5.7 点图层的属性表包括了每个点的 ID 和 x, y 坐标（引自 Chang，2010a）

在 coverage 图层中，线被称为弧段。弧段（线）的信息都存储在弧段-节点列表中，表中列出了每条弧段的起点和终点。在图 5.8 中，弧段 2 以节点 22 为起始节点，以节点 23 为终止节点。从弧段-节点列表中可以发现，其中没有包含决定弧段形状的节点。这些信息被保

存在弧段-坐标列表中，它包括了可以定义这条弧段的起始节点和终止节点（起点和终点）以及所有的节点。在图 5.8 中，弧段 2 是通过 5 个坐标对来定义的，包括一个起始节点、一个终止节点和三个中间节点。

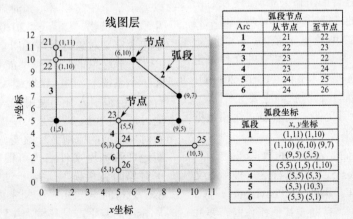

图 5.8 线图层包含一个弧段-节点列表，它描述了每个弧段的起点和终点。定义弧段的所有点（节点和顶点）可在弧段-坐标列表中找到（引自 Chang，2010a）

多边形图层（见图 5.9）包含了左右多边形列表等信息，其中左右多边形列表中记录了沿着每条弧段（线）的方向定义的左多边形和右多边形信息。此外，多边形-弧段列表记录了组成每个多边形的所有弧段。在多边形 151 这个特例中，列出的 0 值弧段是为了表明多边形 151 中包含了另一个多边形（154），"0" 值用于区分内部和外部边界。

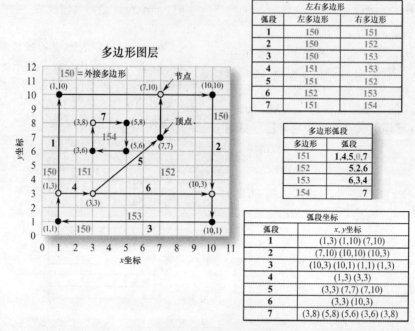

左右多边形		
弧段	左多边形	右多边形
1	150	151
2	150	152
3	150	153
4	151	153
5	151	152
6	152	153
7	151	154

多边形弧段	
多边形	弧段
151	1,4,5,0,7
152	5,2,6
153	6,3,4
154	7

弧段坐标	
弧段	x, y 坐标
1	(1,3) (1,10) (7,10)
2	(7,10) (10,10) (10,3)
3	(10,3) (10,1) (1,1) (1,3)
4	(1,3) (3,3)
5	(3,3) (7,7) (7,10)
6	(3,3) (10,3)
7	(3,8) (5,8) (5,6) (3,6) (3,8)

图 5.9　多边形图层包含了每个弧段的左右多边形列表，这种拓扑信息可以支持邻接分析。组成多边形的弧段列在多边形-弧段列表中，定义弧段的所有点（节点和顶点）列在弧段-坐标列表中（引自 Chang，2010a）

Shapefiles

Shapefiles 数据集中包含了非拓扑关系的矢量数据和属性信息。要素的几何性质由一系列矢量坐标构建的形状来存储。Shapefiles 缺少 coverage 中所包含的拓扑关系信息，没有拓扑关系数据集的处理能力，但其读取、显示和分析速度更快，并且更节省磁盘空间。Shapefiles 实际上是通过几个独立的文件来定义的，包括以下三种基本文件（Esri，2011a）：

1. *.shp：存储几何形状的主要文件。
2. *.shx：索引文件，把主要文件和数据表关联起来。
3. *.dbf：存储要素属性的数据表。

有些 shapefiles 还可能包含这三种基本文件之外的其他文件。因此，和 coverage 一样，在对数据进行复制、移动或其他操作时，要非常小心，因为和一个 shapefile 关联的所有文件，都必须同时进行复制或移动。

5.3.7　基于对象的矢量模型

随着计算机技术的发展，人们可把空间数据和属性数据存储到基于对象的矢量模型中。在这种模型中，空间数据被视为对象。对象可以表示某个空间要素，如河流、公园、道路等几乎一切事物（Chang，2010a）。这些对象有望包含定义对象时所需的所有信息与特征。

基于对象的矢量模型能把所有对象存储在一个系统中，因此比地理关系矢量模型更加有效，但很多人并不使用它，原因在于这些人更习惯于使用地理关系矢量模型，而不愿意为新对象模型的应用做出改变。所幸 ArcGIS 的新地理数据库文件格式可很容易地转换成基于对象的矢量模型。基于对象的数据模型与 Esri 公司的 ArcObjects 紧密相连，ArcObjects 是 Esri 的专用产品环境，由上千个类和对象组成。ArcObjects 为 Esri 公司的产品提供了一个交互式环境，供用户修改或编辑自己的代码。

类

类是具有相同属性的对象的集合（Lo and Yeung，2007）。类既可聚合成超类，也可被细分为亚类。例如，如果想用地图表示美国所有县的信息，则可按照以下逻辑来进行：整个美国是一个超类，每个单独的州是类，每个州中的各个县就是亚类。之后，就可以为每个县赋予多种属性，如位置（经纬度坐标）、人口和面积等。

地理空间数据库模型

地理空间数据库模型（Geodatabase）是一种能够维持空间数据集之间拓扑关系的基于对象的矢量模型。也可以把 Geodatabase 视为地理数据集（如矢量数据、表格数据等）。Geodatabase 支持复杂网络、要素类型之间的关系和面向对象的特征，拓展了 coverage 模型的功能（MacDonald，2001）。Geodatabase 是 ArcObjects 的一部分。

在 Geodatabase 中，矢量数据可以通过点、线和多边形来存储。Geodatabase 将矢量数据组织成要素类或要素集。尽管 ArcGIS 能够编辑和兼容多种类型的文件格式（如 coverage 和 shapefile），但 Geodatabase 才是 ArcGIS 的原始数据格式，也正因为如此，ArcGIS 处理 Geodatabase 数据的效率更高。最后，Geodatabase 还允许用户为特定的数据集定义特殊的拓扑关系规则。

ArcGIS 支持三种 Geodatabase（Esri，2011b）：

1. File Geodatabase：在文件系统中以文件夹的形式存储，适用于单个用户或小型工作组。
2. Personal Geodatabase：以 Access 数据文件存储，适用于单个数据编辑者和少量用户。
3. ArcSDE Geodatabase：利用 ORACLE、Microsoft SQL Server、IBM DB2 或 IBM Informix 等数据库进行存储。这种方式不限定用户的数量和规模（或者说仅由数据库管理系统的约束大小来限制）。

Geodatabase 种类的选择取决于数据文件的大小、用户的数量和编辑因素。File Geodatabase 和 Personal Geodatabase 对所有的 ArcGIS 用户都是免费的。ArcSDE Geodatabase 需要额外的数据库管理系统软件和许可。

5.4 栅格数据

与第 1 章和第 3 章讨论过的矢量数据相比，栅格数据结构较为简单。栅格数据通过单元阵列（格网）来描述空间信息［见图 5.1(c)］。栅格图层包含了按行和列来排列的单元格，每个单元含有一个所描述现象的值。这些格网中的单元通常被称为像元或像素，一般呈方形（即像元各边的边长相等）。与矢量数据模型不同，栅格数据模型在定义之初就保持了一种固定的相对关系。

栅格数据常用来描述地表连续变化的空间现象，包括海平面的高程、降雨量、温度等。例如，在图 5.10 所示犹他州瓦萨奇山前区的栅格数字高程模型（DEM）中，像元的大小为 30m×30m。

5.4.1 栅格单元值

栅格图层上的每个单元格与地图上特定位置的现象通过唯一的命名量表、顺序量表或间隔/比率量表的缩放值关联。栅格单元通常包含整型或浮点型数据。整型数据常用来表现土地利用类型或土地覆盖类型这种命名量表的数据。通过这种逻辑，不同的数字可以表示不同的土地覆盖类型，如在美国地质调查局通过遥感数据得到的土地利用和覆盖分类系统（Anderson et al.，1976）中，1 代表城市或建设用地，2 代表农业用地，3 代表牧场用地等。

栅格单元值还可包含表示连续数据的浮点型数据。例如，记录温度的栅格文件可将以度数为单位的温度值存储在相应的单元格中（如 27.2℃）。若栅格数据以浮点型数据存储，那么存储、查询和分析操作需要更多的运行空间和计算能力。

5.4.2 单元格大小

栅格图层中的单元格大小是指每个像元的 x, y 大小。大小为 30m×30m 的单元格意味着该像元对应于 900m² 的地表面积，大小为

栅格数字高程模型

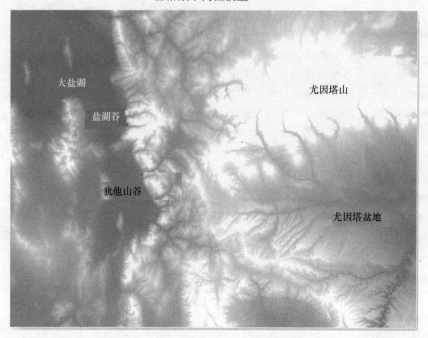

图 5.10 犹他州瓦萨奇山前区南部的数字高程模型。在此栅格数据集中，每个单元格（像元）都具有以米为单位的高程值。高海拔区域（如尤因塔山）呈亮白色，低海拔区（如大盐湖）呈暗灰色。栅格数据格式能有效地存储这种连续数据。若高程数据以矢量格式存储，则其一般以等高线的形式显示（数据由美国地质调查局提供）

5m×5m 的单元格意味着该像元对应于 25m² 的实地面积。大小为 5m×5m 的像元与大小为 30m×30m 的单元格相比，具有更高的空间分辨率。

由于栅格图层中的每个像元只对应于一个值，因此单元格大小尤为重要。在单元格大小为 30m×30m 的数字高程模型（DEM）中，每个像元对应的值代表了 900m² 面积内的高程平均值。处理单元格大小为 30m×30m 的土地覆盖信息栅格数据时，每个像元的值代表了其中占优势的土地覆盖类型。

5.4.3 栅格地理参照系

栅格数据需要通过地理参考变换来与其他空间数据集进行关联。显然，栅格图层是通过图层中的行号与列号作为参考坐标系的。例如，在 UTM Zone 12 North 中，栅格图层具有以下空间特征［见图 5.11(a)］：

左上角东向 $X = 405135$
左上角北向 $Y = 4425560$

行号 $= 11$
列号 $= 11$
单元大小 $= 30$

由这些空间信息可以确定整个图层的空间维度。该数据右下角的 UTM 坐标是 405465（X）和 4425230（Y）。右下角的 X 值是通过列号与 30m 相乘后，加上左上角的 X 值计算得到的：

$$405135 + (11×30) = 405465$$

右下角的 Y 值是把左上角的 Y 值减去行号乘以 30m 得到的：

$$4425560 - (11×30) = 4425230$$

采用这种方法，图层中每个单元左上角的坐标值都能通过插值算出。

最后，各点的地理坐标也可在像元内通过插值得到。例如，图 5.11(b) 显示了图 5.11(a) 中栅格网格中心像元中心点的地理坐标值。中心点的坐标值是(450300, 4425395)。该中心点是通过左上角的坐标($X = 405285$, $Y = 4425410$) 确定的。

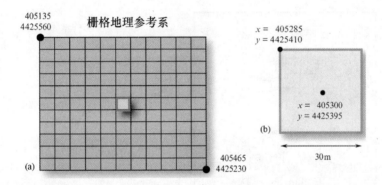

图 5.11　(a)该栅格图层包含了 11 行和 11 列，每个单元的大小是 30m×30m。由这一信息可估算出栅格内独立像元的空间参考值；(b)放大后的栅格中间的黄色像元。这个大小为 30m×30m 的栅格像元的左上角(x, y)坐标为(405285, 4425410)。地理坐标值可以在像元内进行插值，像元中心点的(x, y)坐标为(405300, 4425395)

5.4.4　栅格文件格式

GIS 中可以使用多种不同的栅格文件格式，最常用的两种格式是 ARC GRID 和 Geo TIFF。

5.5　矢量与栅格数据模型的转换

在 GIS 项目中，经常会同时使用矢量数据和栅格数据。例如，经常需要在基于 DEM 的地貌晕渲图或数字航空影像上叠加矢量信息（社区所有的建筑物与宗地）。有些情况下还需要把矢量数据转换成栅格数据，或把栅格数据转换成矢量数据。

5.5.1　矢量-栅格转换

存储在矢量数据格式中的点、线和多边形数据，可通过矢量-栅格的转换变换为栅格数据结构。新的栅格数据是基于矢量图层中的某个属性生成的，因此对于矢量数据中的复杂属性，需要创建复杂的栅格图层。例如，图 5.12(a)所示为犹他州盐湖城市区部分交通运输网的矢量数据，矢量数据按照与矢量属性表中三种不同道路类型相对应的编码转换为栅格数据。矢量属性数据转换成了图 5.12(b)所示的大小为 250m×250m 的单元和图 5.12(c)所示的大小为 500m×500m 的单元的栅格格网。

在原始矢量数据中，可通过线宽和颜色来区分这三种不同类型的道路，而在栅格数据中，则只能通过其颜色来区分。此外，还应注意到单元格尺寸更大的 500m×500m 栅格数据

呈明显的"锯齿"状（称为像素化），这是对原始道路网的一种概括性呈现。

Congalton（1997）指出，在矢量-栅格转换时存在两个难点：多边形填充和单元格大小的选择。多边形填充是指用正确的值来填充每个新建的栅格像元，需要谨慎地选择空间插值算法，如将在第 9 章中讨论的近邻取样和双线性插值。单元格大小（如 1m×1m、5m×5m）是非常重要的因素，因此在新栅格文件的大小和用户需求的细节程度之间要找到平衡。适当的单元格大小能保证多边形成功地转换为栅格数据。

5.5.2　栅格-矢量转换

栅格数据可通过栅格-矢量转换变换成点、线和多边形的矢量数据。原始栅格图层的分辨率（如 10m×10m、100m×100m 和 1000m×1000m）决定了新生成矢量数据的可用性（和精度）。例如，考虑把包含某个县所有水井信息的栅格数据转换成矢量的点图层时，矢量图层中的点位应基于栅格图层上包含水井信息的像元。水井很少正好位于栅格单元的中心，例如，如果这个栅格图层的单元大小是 30m×30m，那么水井所在的像元就包含了 900m² 的面积；如果单元的大小是 5m×5m，那么这个水井的面积就只有 25m²。同样，当把栅格图层转换成线图层时，线矢量文件中存储的是栅格单元的中心线。如果原始栅格数据的单元格大小较大，则转换后的矢量图层就不够精确且可能会有"锯齿"。

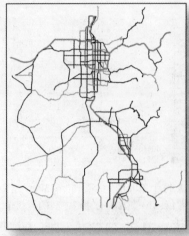

矢量-栅格转换
—— 州际高速公路
—— 州内高速公路
—— 地方公路

(a) 矢量道路网信息

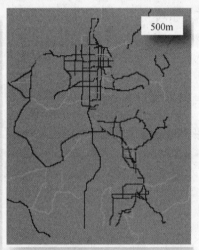

(b) 使用250m×250m像
元的矢量-栅格转换

(c) 使用500m×500m像
元的矢量-栅格转换

图 5.12　通过矢量-栅格转换可以把矢量数据转换成栅格数据：(a)以矢量格式显示的犹他州盐湖城市中心
的三类道路；(b)经矢量-栅格转换处理后，输出像素分辨率为 250m×250m 的具有相同道路信
息的地图；(c)经矢量-栅格转换处理后，输出像素分辨率为 500m×500m 的具有相同道路信息
的地图。可以看到，500m×500m 的栅格数据不够平滑，有明显的"锯齿"（数据由犹他州提供）

犹他州栅格格式的差异数据集质量很高
［见图 5.13(a)］，对该数据的一部分进行栅格-
矢量转换［见图 5.13(b)］，得到的矢量数据可
以和其他矢量数据一样使用。遗憾的是，在进
行栅格-矢量转换时，可能包含了一些不符合
要求的人为因素。

通过一些处理步骤可以减少栅格-矢量转
换的问题。栅格数据中，很多独立像元的值与
其周围像元的值完全不同。这在土地覆盖栅格
数据中比较普遍，某种类型的独立像元就像岛

屿一样。每个这样的"岛"像元会使得矢量数
据图层中出现独立而明显的岛，而这会影响到
美观性［见图 5.13(b)］。因此，处理这种栅格
数据时就需要去除这些孤立的单元，这时可以
在转换之前对栅格数据进行滤波处理，以去除
这些孤立的像素点。例如，一个 3×3 的最大值
滤波 GIS 函数可以通过查找一个点的 8 个相邻
像元，并把其中的最大值赋给该像素的方法来
处理栅格数据。

矢量-栅格转换

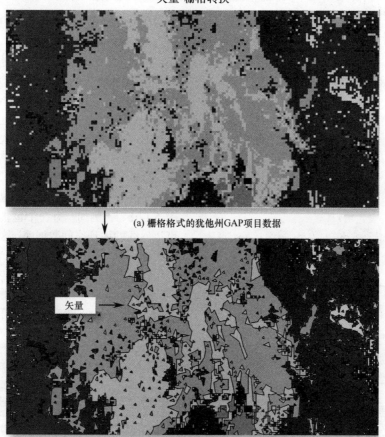

(a) 栅格格式的犹他州GAP项目数据

(b) 矢量化的犹他州GAP项目数据

图 5.13 栅格–矢量转换可把栅格数据转换成矢量数据：(a)该栅格数据是犹他州差异分
析计划中的一部分；(b)注意，单个单元的栅格区域被转换成三角形的矢量多边
形，大片区域则被转换成各种不同的形状。这是在进行栅格–矢量转换时选择
了"简化多边形"造成的。若不使用"简化多边形"，则矢量多边形与栅格单
元的原始面积一致（数据由犹他州提供）

对栅格数据中最重要的部分进行增强处
理，可以保证这些要素能精确地转换成矢量文
件。例如，一位研究人员想提取栅格文件中的
道路，为了保证提取道路的精度，他可以在转
换前先对栅格图层进行边缘增强处理。转换后
的数据可经过进一步的处理，以去除锯齿或阶
梯特征（Congalton，1997）。

5.6 数据库

在 GIS 中，数据库主要存储与空间数据相
关联的属性数据。属性数据库使得通过属性进
行空间数据查询成为可能，因此被称为 GIS 的
心脏。数据库管理系统（DBMS）能对数据库

中的属性数据进行输入、编辑、查询、分析，
并生成报告。

数据库管理系统已有几十年的历史，其基
础是计算机科学。数据库管理系统的用户群非
常多样化，DBMS 在 GIS 中的应用仅属于数据
库管理系统的应用之一。数据库管理系统的使
用群体和机构包括会计、银行、连锁零售企业、
经纪公司等。这些组织或群体有一个共同点，
即他们需要存储、查询和分析信息。例如，银
行可能拥有一个包含银行所有顾客姓名、地址
和其他一些信息的数据库，这些信息可以根据
需求由银行职员进行访问。

在 GIS 中，可以通过分析与空间实体（如

县）关联的数据库管理系统中的属性数据（如人口密度）来解决一些重要问题，大多数常规的计算机辅助设计（CAD）程序是不具备这种功能的。

5.6.1　平面文件

平面文件使用单个文件存储数据库中的所有信息。一个平面文件数据库的实例是，用行和列的形式存储所有信息的电子表格（见表5.1）。列对应于字段，行对应于记录。这种数据库对分析速度和存储空间都要求不高的小数据集很有效。

表 5.1　典型平面文件数据库的内容，其中所有数据记录都包含在可被查询、分析和报告的单个文件中。列称为字段，行称为记录

块号	名　称	地　址	财产价值评估
750123	James W.Smith	123 Davenport Boulevard	$150000
750125	Paul K.Wells	125 Davenport Boulevard	$165000
750127	Howard M.Boggs	127 Davenport Boulevard	$155000
750129	Samuel F.fraser	129 Davenport Boulevard	$158000

5.6.2　关系数据库

超大数据库需要大量的存储空间和快速的计算机处理能力，而实际上并非各个部门中的所有人都需要访问数据库中的所有数据。一种有效的解决方法是引入关系数据库。关系数据库通过唯一的标识符与其他数据库或表关联。例如，县政府可能拥有该县的所有宗地信息数据库、纳税评估数据库和拖欠税款信息数据库，而公众可能允许访问宗地信息数据库和纳税评估数据库，但不能访问拖欠税款信息数据库。

关联数据库的唯一标识符称为主键，连接数据库中的相同字段称为外键。如果主键和外键在数据库中具有同样的字段名，则通常称之为公共键。

要素数据集及其数据库包含了用来与其他数据库关联的字段，常见的一个例子是使用多边形要素数据（地图）的统计数据来关联包含社会经济数据的数据库。例如，Jensen et al.（2004a）曾通过唯一的街区标识符关联了城市街区的多边形数据与其相应的社会经济数据。

5.6.3　不同的数据库关系

数据库可使用几种不同类型的关系将多个数据库关联起来：一对一、一对多、多对一和多对多（见图5.14）。在一对一关系中，一个数据库中的一条记录与另一数据库中的一条记录对应［见图5.14(a)］（Chang，2012b）。这种关系的例子有，当希望通过街区的统计数据标出一个城市的犯罪率时，就需要一个包含空间信息与空间要素的图层以及一个包含犯罪信息的图层。

另外一种是一对多的数据库关系［见图5.14(b)］。例如，有一个包含给定县域内城市边界线的地理空间数据库，这些城市都有唯一的标识符（见图5.15中的City_ID）；还有一个包含当年第一季度每个城市道路养护费用的数据库，这个数据库也使用唯一的城市标识符City_ID。这两个数据库可以基于公共键City_ID来建立一对多的关系。

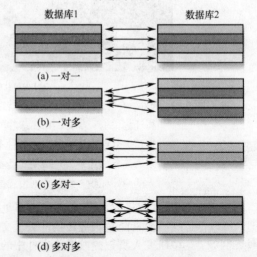

数据库关系

数据库1　　　　　　　　数据库2

(a) 一对一

(b) 一对多

(c) 多对一

(d) 多对多

图 5.14　两个数据库之间也存在不同的关系类型（Chang，2010b）。各种关系类型都是由标识符字段把两个数据库关联起来的：(a)两个数据库之间具有一对一的关系，一个数据库中的一条记录对应着另一个数据库中的唯一一条记录；(b)第一个数据库中的一条记录对应于第二个数据库中的多条记录；(c)第一个数据库中的多条记录对应于第二个数据库中的一条记录；(d)两个数据库中的记录都可能相互对应着多条记录

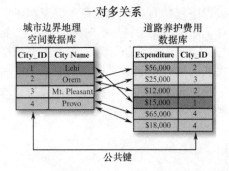

图 5.15　一对多数据库关系图示。城市边界地理空间数据库（Geodatabase）包含了一个县的所有城市的唯一标识符（City_ID），通过该唯一标识符把这个数据库和道路养护费用数据库关联起来。因此，City_ID 是这两个数据库的公共键。例中，Provo 市有两条道路，总费用为 83000 美元

数据库还可通过多对一关系关联。在这种形式中，一个表或数据库中的多条记录与另一个数据库中的一条记录对应［见图 5.14(c)］（Chang，2010b）。图 5.16 显示了多对一关系是如何配置的。在左图中，土地覆盖多边形数据用数字进行编码（LUCODE），这些数字编码则通过 USGS_Code 字段与第二个数据库中的类型描述关联。这种关系提供了不同土地覆盖类型的定性描述，因而可用来进行地图图例的渲染。

最后，多对多关系是指一个数据库中的多条（或一条以上）记录和其他数据库中的多条（或一条以上）记录相关联［见图 5.14(d)］（Chang，2010b）。例如，不同的土壤类型可以长出不止一种品种的玉米，而一种玉米也可以在多种土壤类型上生长。

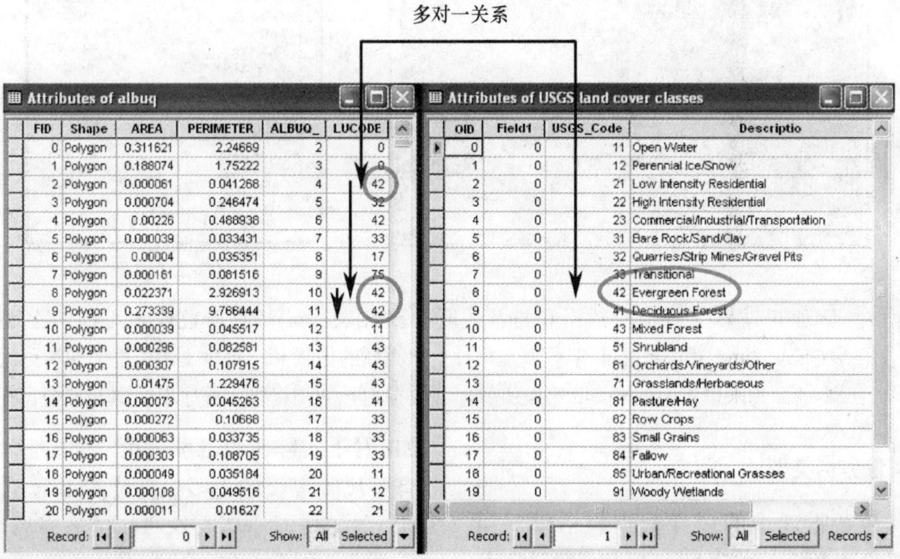

图 5.16　多对一关系图示。土地覆盖多边形数据在左边的数据库中按数字（LUCODE）进行编码，这些数字编码通过 USGS_Code 字段和第二个数据库中的相应描述链接。这种关系为地图中的关键字或图例提供了不同土壤类型的定性描述，例如，LUCODE 42 = 常绿林。在另一个数据库中存储定性描述，可以减少原始数据库所需的存储空间（程序界面由 Esri 公司提供）

5.6.4　关联与连接

在应用 GIS 时，数据库通过"关联"或"连接"命令合并。关联操作暂时连接两个基于相同主键的表，这些表仍保持独立的物理属性。关联操作允许用户同时合并两个或多个表，关联适合于图 5.14 中的所有 4 种关系。在数据库互相关联时，可用一个临时数据库来保存从原始数据库中选取的所有属性。

连接操作在利用公共关键字合并两个表时非常有用，经常用于处理一对一关系或多对一关系。因此，关联为两个及以上的数据库提供了一种临时的合并，而连接是数据库在物理层面上的合并。

5.6.5　栅格数据库

栅格数据图层和矢量数据图层的数据库不同。栅格数据集具有与直方图类似的属性值表，因为它们能够描述数据集单元属性值发生变化的时间。例如，大部分州都有栅格格式的土地覆盖数据，这些数据中的栅格属性值表中包括有每种土地覆盖类型和图层中每种土地覆盖类型持续的时间。图 5.17 显示了与犹他州差异分析计划的土地类型栅格数据关联的属性值表。土地类型面积可以由属性值表中每个单元的面积乘以该类型持续的时间来计算。

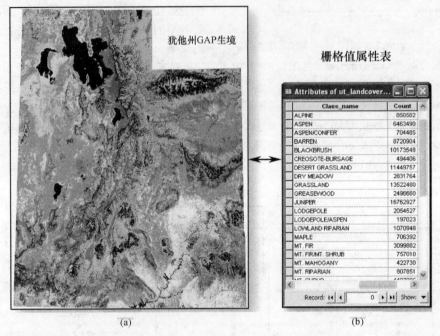

图 5.17　犹他州差异生境空间数据和与其关联的属性表：(a)每种颜色代表不同的土地类型（Class_name）；(b)Count 字段表示每种土地类型的像素和，每种土地类型的面积可通过像素的面积乘以表中的 Count 字段值算出（数据由犹他州提供，程序界面由 Esri 公司提供）

5.6.6　属性数据类型

能输入数据库中的属性数据包括以下 4 种：命名量表数据、顺序量表数据、间隔量表数据和比率量表数据，这些数据可以数字或文本的形式输入。命名量表数据代表了数据的不同种类或类型，这些数据是类名，它没有任何顺序或与顺序有关的其他信息，例如，土地覆盖类型、种族、性别等。顺序量表数据是有层次的（可以排序），例如，低、中、高收入或低、中、高病毒感染率。间隔量表数据是不包括绝对零值的数值数据，这些数据之间的间隔是已知的。华氏温度是一个很好的例子，30℉比 40℉低 10℉，但 0℉和其他值无关。比率量表数据是包括绝对零值在内的数值数据，例如，对于实际年收入和房价，零值是有意义的。有关尺度等级的更多信息请参阅第 8 章。

在 GIS 中，所有这些数据类型都可以进行输入、查询和分析，但只有特定的统计方法可以用来描述每种属性数据类型。唯一可用于命名量表数据的描述统计方法是众数，它是出现次数最多的观测值。顺序量表数据可以通过众数和中值来描述，中值是分等级数据的中间点。间隔量表数据和比率量表数据可通过众数、中值、平均值、标准差和方差来描述，这些统计方法将在第 8 章讲述。

5.6.7　添加和删除属性字段

数据库管理系统允许快速添加或删除数据库中的字段，在输入分类或计算结果时必须添加字段。添加字段时需要定义字段的数据类型（如数字、文本）和字段长度。这些都是数据库的重要特征，因为文本这种数据类型并不支持数值操作。另外，如果指定字段为 30 个字长，那么就分配了这个文件的存储空间，当有成千上万条记录时，文件就会变得很大。因此，在数据库中增加字段时，应选择最适合的数据类型和字段长度。

当数据库的字段失效或有冗余时，就需要删除整个字段，从其他数据源获取数据库时常会碰到这样的情况。此时需要删除所有不必要的字段，因为它们会占用存储空间并增加处理与查询的时间。在与他人共享数据库时，可能也需要删除一些字段。注意只共享必要的数据。

5.6.8　数据输入

数据可以通过多种方式输入到 GIS 数据库中。单一的属性数据可以简单地通过选择一条记录中的特定字段并赋值来进行输入。此外，多值问题可以在字段内通过计算命令进行输入，首先选择一条记录，然后计算出一个特定的值。所有被选择的记录都会在操作字段上计算出一个特定的值。

数据库中的数据输入非常耗时。例如，一个包括 10000 个多边形和 30 个属性数据字段的数据库，就意味着总共有 300000 个属性值。因此，首先需要判定这些数据是否可靠并可用。政府数据库如 www.census.gov，包括能简单集成到 GIS 数据库的数据库和表数据。寻找现有数据可以大大缩减数据建库的时间和成本。

使用计算命令可以快速输入或修改某一特定字段的数据。计算命令可以处理数据库中每条记录或已选记录的字段。例如，假设在以英寸为单位的大量气象站降雨量的数据库中有一个 Inches 字段，使用计算命令把英寸转换成厘米等其他单位非常简单。以此为例，可以为厘米创建一个称为 CM 的新字段，然后通过公式计算：

$$CM = Inches \times 2.54$$

即可将以厘米为单位的值放在数据库的 CM 字段中。计算命令的另一种用法是，基于生活

成本对数据库中的每条记录计算调整后的收入值。

新输入数据的精度检查非常重要，可以逐条记录进行检查。如果数据库中的记录较多时，也可以随机抽取几条记录进行检查。

5.6.9　外部数据库集成

有时需要把 GIS 要素和数据库数据与 Oracle 或 Access 等外部数据库结合起来。例如，Jensen et al.（2004b）通过把矢量数据和栅格数据与 Oracle 数据库引擎集成，建立了一个具有矢量和栅格性质的综合 GIS 分析引擎。最终的产品称为亚马逊信息系统，它作为知识库和分析引擎，对亚马逊森林研究计划中采集的数据进行分析。当多个组织需要对数据进行动态使用、分析、查询和其他管理时，经常需要在 GIS 中进行类似的集成。把空间数据和外部数据库结合起来可以节省很多时间、精力与资源。

5.7　数据查询

GIS 中的常用数据查询方式有两种。第一种是使用结构化查询语言（SQL）查询属性表，第二种是通过空间位置进行数据查询。

5.7.1　属性查询

实质上所有的数据库都可以使用结构化查询语言（SQL）来查询属性。SQL 广泛运用于 Oracle、Access 等商业数据库中。在 GIS 应用中，SQL 常用于如图 5.18 所示的命令行界面。由示例可见，可以基于任何字段值来建立查询。

SQL 的语法需要一个已知字段和一系列已定义的属性。以下是几个 SQL 语句的例子：

```
"Age" = 34
"Income" >= 24000
Last_name = "Adams"
```

SQL 查询语句也可以执行布尔运算：

```
"Income" >= 30000 AND "Income" < 40000
"Income" >= 30000 OR "Income" < 20000
```

还可以在多个字段间进行布尔运算：

```
"Income" >= 30000 AND "County" = "Richland"
"Income" >= 30000 OR "Last_name" = "Adams"
```

基于属性选择

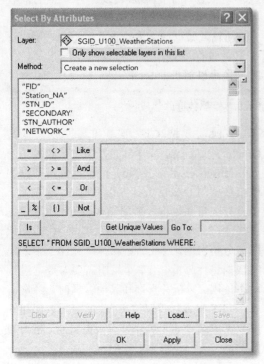

图 5.18　地理空间数据库可通过结构化查询语言的
　　　　运行界面（Esri 公司提供程序界面）进行
　　　　查询，例中的要素数据可以根据含有犹他
　　　　州所有气象站信息的文件进行选择

5.7.2　位置查询

　　数据可以基于空间位置进行选择，一种方法是拉框选择，这在已知感兴趣元素的具体位置时很有用。

　　数据还可以基于数据库中要素之间的相对位置进行选择。通常，还可以通过指定不同的参数来确定应选择哪些要素。Esri 公司的 ArcGIS 系统的位置查询界面如图 5.19 所示。例中，在国家水文数据集内，距 NHD Waterbody 数据图层中 LakePonds 为 0.2km 以内的所有位于 NHDFlowline 图层中的 StreamRiver 弧段数据都被选中，查询结果如图 5.20(b)所示。已选择的 StreamRiver 弧段的对象标识符（OBJECTID）、形状（Shape）和标识符（Identifier）列在图 5.20(c)中。

5.7.3　数据查询的融合

　　属性查询和空间查询经常在一个项目中联合使用。例如，某个城市的估税员也许想查看目前估价大于 250000 美元且居住在某一特定社区的所有家庭，这个操作就需要一条 SQL 语句再加上一个基于空间位置的查询。

基于位置选择

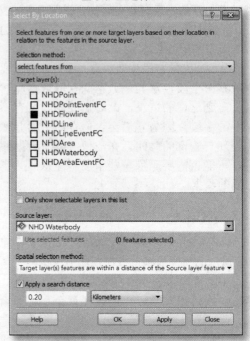

图 5.19　基于位置选择的操作界面允许用户基于要
　　　　素之间的相对位置关系来选择。例中，在
　　　　研究区域内，国家水文数据集中距 NHD
　　　　Waterbody 图层要素（如 LakePonds）0.2
　　　　千米内的所有 NHDFlowline 图层数据（如
　　　　StreamRiver）都被选中。选择的结果显示
　　　　在图 5.20(b)中（程序界面由 Esri 公司提
　　　　供，数据源自国家水文数据集）

5.7.4　新数据层

　　基于属性或空间位置选择要素后，可以把选择的结果要素输出为一个新文件，即从原始数据集中抽取一个子集进行分析。例如，假设有一个包含了俄勒冈州波特兰市全部社会经济信息的财产所有权图层，如果想分析收入大于 200000 美元的家庭，只需执行用以下 SQL 语句：

　　"Income" > 200000 AND "City" = "Portland"

就能选择波特兰市收入大于 200000 美元的所有家庭记录。选择完成后，可以输出为新的空间数据图层，从而可以在新的数据集中进行空间分析。创建一个新数据集的方法能够避免无 意间对原始空间数据集的修改。

基于位置选择

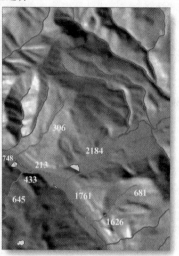

(a) NHDFlowline图层的 StreamRiver
要素和NHDFWaterbody图层的
LakePond要素

(b) 选择距 LakePonds 在 0.2 千米
以内的StreamRiver弧段数据

NHDFlowline

OBJECTID	Shape	Identifier
213	Polyline	83610207
306	Polyline	83610077
433	Polyline	83610157
645	Polyline	83610417
681	Polyline	83610261
748	Polyline	83610079
1626	Polyline	83610309
1761	Polyline	83610311
2184	Polyline	83610201
......	......	......

(c) 距 LakePonds 在 0.2千米以内
区域的9个NHDFlowline图层
的 StreamRiver弧段数据列表

图 5.20 数据库中的要素可基于相对其他要素的空间位置进行选择：(a)研究区域内国家水文
数据集中的所有 NHDFlowline 图层的 StreamRiver 要素和 NHDFWaterbody 图层的
LakePond 要素；(b)使用图 5.19 提供的位置信息进行选择得到的距 LakePonds 在 0.2km
以内的 StreamRiver 弧段数据。从图中可以注意到弧段 748 正北方向的虚线未被选中，
因为在数据库中它被定义为连接线（Connector）而非水系（StreamRiver）；(c)列出了
9 段 StreamRiver 的 OBJECTID、形状和标识符信息（数据源自国家水文数据集）

5.8 小结

本章描述了矢量和栅格空间数据模型，矢量和栅格数据的存储，与地理相关的拓扑关系和基
于对象的矢量模型，矢量与栅格数据结构之间转换的基本原理；介绍了数据库的基本特点，GIS 数
据的核心是属性数据库，GIS 成功运用的关键在于创建、修改与分析数据库的能力；最后，讨论了
数据库之间的关联与连接，以及基于属性或/和位置进行空间数据的查询。

复习题

1. 比较矢量数据结构和栅格数据结构的区别。
2. 城市既可用点表示又可用面表示，试描述比例尺在其中的作用。

3. 试举一空间数据的实例，该数据既适合于矢量数据结构又适合于栅格数据结构。

4. 解释拓扑关系，并说明其重要性。

5. 矢量数据和栅格数据格式转换中的难点有哪些？

6. 比较不同数据库关系之间的区别。

7. 举例说明如何使用不同的数据库关系。

8. 关联操作和连接操作有什么不同？

9. 请描述数据入库的两种方式。

10. 什么是 SQL？举例说明如何利用 SQL 进行基于属性查询的操作。

11. 举例说明何时需要使用基于位置的查询。

关键术语

邻接（Adjacency）：不同实体间的相邻信息。

类（Class）：具有相同属性的对象集，在 Geodatabases 中有重要应用。

公共键（Common Key）：当数据库中主键和外键的字段名相同时，称为公共键。

连通性（Connectivity）：空间对象之间的连接信息。

图层（Coverage）：Esri 公司推出的一种地理矢量数据存储框架，能为地理信息建立拓扑关系。

数据模型（Data Models）：定义现实世界空间要素在 GIS 世界中的描述方式。

数据库管理系统（Database Management System, DBMS）：实现对数据库中的属性数据进行输入、编辑、查询、分析和输出的计算机软件系统。

包含（Enclosure）：某一空间要素中包括其他空间要素的信息。

外键（Foreign key）：第二个数据库中与主键相对应的主字段，以关联两个或多个数据库。

地理空间数据库模型（Geodatabase）：一种基于对象的矢量模型，是具有拓扑集成的空间数据集。

地理关系数据模型（Georelational Data Model）：将空间信息和属性信息分别存储于不同文件中的一种矢量数据模型。

多对多（Many-to-many）：一个数据库中的多条记录与其他数据库中的多条记录相关联的一种数据库关系。

多对一（Many-to-one）：一个数据库中的多条记录与其他数据库中的一条记录相关联的一种数据库关系。

节点（Node）：弧段的起点或终点。

基于对象的矢量模型（Object-Based Vector Model）：在一个系统中用"对象"同时存储空间数据和属性数据的一种矢量数据模型。

一对多（One-to-many）：一个数据库中的一条记录与其他数据库中的多条记录相关联的一种数据库关系。

一对一（One-to-one）：一个数据库中的一条记录与其他数据库中的一条记录相关联的一种数据库关系。

主键，关键字段（Primary Key，Key Field）：关系型数据库中记录的唯一标识符。

栅格数据结构（Raster Data Structure）：由行、列和单元组成的格网来描述空间数据的一种数据结构。

栅格-矢量转换（Raster-to-Vector Conversion）：把栅格格式数据转换成点、线或多边形的操作。

关系数据库（Relational Database）：利用唯一标识符建立两个或多个数据库或表之间联系的一种数据库。

Shapefile：Esri 公司推出的具有无拓扑关系的属性数据和空间数据的地理矢量数据集。

结构化查询语言（Structured Query Language ，SQL）：用于数据查询的一种数据库计算机语言。

拓扑关系（Topology）：指研究对象在拓扑变化（连续变形）下仍能保持不变的几何属性。在 GIS 中，具有拓扑属性的几何特征不管数据如何变化（如投影或数据转换），都能保持不变。

值属性表（Value Attribute Table）：一种与栅格数据相关的表，可以描述数据集中单元值的数值变化。

矢量数据结构（Vector Data Structure）：一种通过点、线和多边形来表示空间要素的数据结构。

矢量-栅格转换（Vector-to-Raster Conversion）：把点、线和多边形转换为栅格数据格式的操作。

节点（Vertices）：起点和终点之间决定线的形状的点。

参考文献

[1] Anderson, J. R., Hardy, E. E., Roach, J. T. and R. E. Witmer, 1976, "A Land Use and Land Cover Classification System for use with Remote Sensor Data," *Professional Paper #964,* Reston: U.S. Geological Survey, 60 p.

[2] Bolstad, P. V. and J. L. Smith, 1992,"Errors in GIS Assessing Spatial Data Accuracy," *Journal of Forestry*, 90:21–29. Chang, K., 2010a, "Chapter 3: Vector Data Model," in *Introduction to Geographic Information Systems*, New York: McGraw Hill, 41–58.

[3] Chang, K., 2010b, "Chapter 8: Attribute Data Manage- ment,"in *Introduction to Geographic Information Systems*, New York: McGraw Hill, 155–157.

[4] Congalton, R. G., 1997, "Exploring and Evaluating Vectorto-Raster and Raster-to-Vector Conversion," *Photogrammetric Engineering & Remote Sensing*, 63:425–434.

[5] Esri, 2011a, *Esri Shapefile Technical Description*, Redlands: Esri (http://www.Esri.com/library/ whitepapers/pdfs/ shapefile.pdf).

[6] Esri, 2011b, *Types of Geodatabases*, Redlands: Esri (http://resources. arcgis.com/content/geodatabases/9.3/ types-of-geodatabases).

[7] Hoel, E., Menon, S. and S. Morehouse, 2003, "Building a Robust Relational Implementation of Topology," *Advances in Spatial and Temporal Databases—Lecture Notes in Computer Science,* 2750:508–524.

[8] Jensen, R. R., Gatrell, J., Boulton, J., and B. Harper, 2004a, "Using Remote Sensing and Geographic Information Systems to Study Urban Quality of Life and Urban Forest Amenities," *Ecology & Society*, 9(5):5 [online at URL: http://www. ecologyandsociety.org/vol9/iss5/art5/].

[9] Jensen, R. R., Yu, G., Mausel, P., Lulla, K., Moran, E. and E. Brondizio, 2004b, "An Integrated Approach to Amazon Research–the Amazon Information System," *Geocarto International*, 19(3):55–59.

[10] Lo, C. P. and A. K. W. Yeung, 2007, *Concepts and Techniques of Geographic Information Systems,* 2nd Ed., Upper Saddle River: Pearson Prentice-Hall.

[11] Longley, P. A., Goodchild, M. F., Maguire, D. J. and D.W. Rhind, 2011, *Geographic Information Systems and Science*, 3rd Ed., Sussex, England.

[12] MacDonald, A., 2001, *Building A Geodatabase*, Redlands, CA: Environmental Systems Research Institute.

[13] Shellito, B. A., 2012, *Introduction to Geospatial Technologies*, New York: W. H. Freeman, 500 p.

[14] USGS, 2011, *Coastal and Marine Geology InfoBank*, U. S.

[15] Geological Survey (http://walrus.wr.usgs.gov/ infobank/ programs/html/definition/arc.html) last accessed October 2011.

第 *6* 章

矢量数据和栅格数据的空间分析

分析人员通过 GIS 对矢量数据和栅格数据进行处理，能够了解重要的空间关系并获得新的知识（Madden，2009）。这种关系可能涉及生物物理数据（如动物群、植被、土壤、水）和/或与人类相关的数据（如人口密度、教育、收入、房价、宗教、分区等），目的是从这些数据中提取尽可能准确的信息，从而获得新的知识并做出明智的决策（Clarke，2011）。

6.1 概述

本章介绍矢量数据和栅格数据的分析。首先，通过重点讲述点、线和面要素的缓冲区分析与矢量叠加原理，来介绍矢量数据分析。然后，介绍栅格数据分析，重点介绍距离量算（含缓冲区），单个栅格的局部运算、多个栅格的局部运算，邻域运算（如空间滤波）和分区（区域）运算等。

6.2 矢量数据分析

缓冲区分析是指在点、线或面（多边形）要素周围特定的距离（如 100m）内，创建一个有特殊目的的多边形。缓冲区分析实际上创建了两个地理区域：（1）位于缓冲区以内的区域；（2）缓冲区以外的区域。点、线和面要素的缓冲区可以通过矢量数据或栅格数据来创建。

6.2.1 矢量数据的缓冲区分析

GIS 研究人员在进行空间分析时，经常需要对矢量数据的点、线和面进行缓冲区分析。GIS 的缓冲区算法可以计算出距点、线或面（多边形）要素 n 个单位距离的线的几何坐标，称之为正缓冲区分析。这样的缓冲区算法能标识出构建缓冲区多边形的起点、中间点（节点）和终点的 x, y 坐标。

1. 点要素的缓冲区分析

现实世界中，存在很多类型的点要素，常见的例子包括住宅楼 [见图 6.1(a)]、公寓、学校、消防站、教堂、公共设施（消防栓、电话亭、电线杆、手机信号塔、邮筒）的中心点，或表示整个中央商务区或城市的一个点。

点要素的缓冲区分析可以创建一个距离点要素 n 个单位的圆形缓冲区。例如，图 6.1(b)显示了根据南卡罗来纳州皇家港数据中的已选民用住宅中心，分别建立的各个 10m 缓冲区。可以注意到，当缓冲区距离为 10m 时，各缓冲区并未出现相交的情况，即每栋建筑物中心 10m 以内都没有其他的建筑。但把缓冲区的范围增大到 20m 时，一些缓冲区就会出现重叠的情况 [见图 6.1(c)]。某些 GIS 研究需要每个独立的点要素都能保持其缓冲区的独特性，而另外一些研究可能需要把所有重叠的缓冲区域合并起来，称之为缓冲区融合。例如，图 6.1(d)表示的是经过融合处理后建筑物中心的 20m 缓冲区。图 6.1(e)所示的是融合后建筑物中心的 30m 缓冲区。

一些空间分析还会用到几个不同缓冲区内的信息。例如，图 6.1(f)所示距离建筑物中心 10m、20m、30m 的缓冲区可以相互叠加在一起。在该例中，为使底层的彩红外正射影像的细节清晰可见，缓冲区使用了透明度为 50%的颜色来表示。

点要素的缓冲区分析

(a) 点要素（建筑物中心）、线要素（道路网）和面要素（建筑用地）

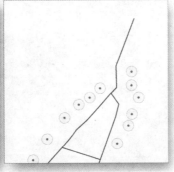

(b) 距建筑物中心10m的缓冲区

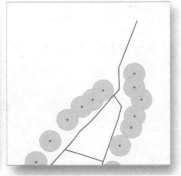

(c) 距建筑物中心20m的未融合缓冲区

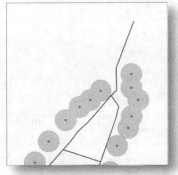

(d) 距建筑物中心20m的已融合缓冲区

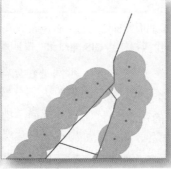

(e) 距建筑物中心30m的已融合缓冲区

(f) 距建筑物中心分别为10m、20m和30m的已融合缓冲区

图 6.1　(a)叠加在南卡罗来纳州皇家岛港部分地区彩红外正射影像上的点要素（居民建筑物中心）、线要素（交通网）和面要素（居民建筑物基础）；(b)距建筑物中心 10m 的缓冲区；(c)距建筑物中心 20m 的未融合缓冲区；(d)距建筑物中心 20m 的已融合缓冲区；(e)距建筑物中心 30m 的已融合缓冲区；(f)距建筑物中心分别为 10m、20m 和 30m 的已融合同心缓冲区（数据由博福特县 GIS 部门和美国地质调查局提供）

为便于说明，图 6.2 放大了图 6.1(e)中最北面几栋建筑物中心的 30 个 1m 缓冲区。

2．线要素的缓冲区分析

常用于缓冲区分析的线状空间要素包括：运输网（如高速公路、铁路、地铁），公共设施网络（如水力、电力、电缆、下水道）和水文网络（如小溪、河流、洪水）等。

线要素的缓冲区分析可以创建一个与原始线要素几乎同样形状的缓冲区，这个缓冲区是由原始线要素向外延伸 n 个距离单位形成的。例如，图 6.3(b)显示了在南卡罗来纳州皇家港选择的部分街道的 10m 缓冲区，可以看到 10m 的街道缓冲区是如何叠加的。与点缓冲区类似，这些独立的 10m 缓冲区边界可以通过融合功能进行消除，如图 6.3(c)所示。图 6.3(d)和(e)分别显示街道网络的 20m 和 30m 缓冲区。若有需要，分析人员也可对线要素的一侧（左侧或右侧）进行缓冲区分析。

有些研究需要用到由同一线要素创建的若干缓冲区的信息，如图 6.3(f)所示街道网络的 10m、20m 和 30m 缓冲区。

点要素（建筑物中心）的矢量缓冲区分析

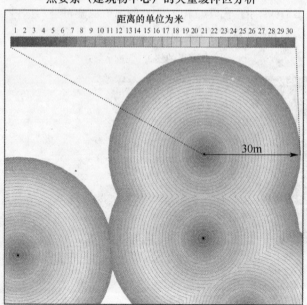

图 6.2　距图 6.1(e)中最北面几栋建筑物中心 30m 的矢量缓冲区的放
大显示（数据由博福特县 GIS 部门和美国地质调查局提供）

3．面要素的缓冲区分析

可进行缓冲区分析的常见面（多边形）要素包括：建筑用地［如图 6.4(a)所示的住宅楼、商业楼和公共建筑］，行政单元（如县、州、国家），土地覆盖或土地利用的多边形（如森林、城区、水域、湿地、国家公园）。

面要素的缓冲区分析可以创建一个与原多边形几乎一样形状的缓冲区，这个缓冲区是由原多边形边界向外延伸 n 个距离单位得到的。例如，图 6.4(b)展示了从南卡罗来纳州皇家港选择的建筑物的 10m 缓冲区。由于该区域的一些建筑物建得较密，因此一些建筑的 10m 缓冲区会相交。这些独立的 10m 缓冲区边界可以通过融合功能去除，如图 6.4(c)所示。图 6.4(d)和(e)分别展示了融合后建筑物的 20m 和 30m 缓冲区。

有些研究可能需要由同一个面要素创建的若干缓冲区的信息，如图 6.4(f)所示建筑用地的 10m、20m 和 30m 缓冲区。

在对面要素进行缓冲区分析时，也可能用到逻辑上的负缓冲区分析。负缓冲区分析（也称为内嵌缓冲区分析）是在原区域多边形要素的内部创建缓冲区。负缓冲区分析的一个优秀

示例是建立与单个宗地关联的收进距离的标识。大部分城市和/或县的建筑部门会要求建成住宅离宗地界线有一定的距离（如 5m）。此时，可以在原宗地内部创建一个 5m 的负缓冲区（内嵌）。这样建筑商在确定建筑物的位置时就能明确遵守市、县的建筑规范。如图 6.5(a)所示（蓝色），从南卡罗来纳州皇家港部分地区选定的住宅用地的地理位置，覆盖在住宅用地范围（黄色）上。每块宗地都定义了一个内嵌的 5m 缓冲区多边形区域（Cowen et al.，2007），如图 6.5(b)所示。从图中可以看到，大部分单个宅院的建筑都位于 5m 的负（内嵌）缓冲区内。图 6.5(c)显示了分别以蓝色和深绿色表示的 5m 和 10m 负缓冲区。

4．缓冲区大小

之前对每个点（建筑物中心）、线（街道）和区域多边形（建筑物用地范围）的缓冲区分析，采用的都是统一的缓冲距离，如 10m、20m 和 30m，但这不是强制性的。例如，在研究区域有两类街道（如主干道和次干道），为了某一特定应用，一般要对更重要的主干道进行 20m 的缓冲区分析，而对不太重要的

次干道进行 10m 的缓冲区分析。空间分析问题的自然属性决定了缓冲区的尺寸及其是否具有一致性。

6.2.2 缓冲区分析的类型

使用栅格数据或矢量数据对点、线和面要素进行缓冲区分析时，最重要的考虑因素是缓冲区的大小。GIS 分析人员应该基于最可靠的信息来选择缓冲区的大小（阈值），以使缓冲区合理且稳定。所幸在确定缓冲距离时，有一些准则可以参考。DeMers（2005）给出了几种缓冲区分析的基本类型，包括任意缓冲区分析、成因缓冲区分析和强制（授权）缓冲区分析。

1. 任意缓冲区分析

任意缓冲区分析是指缓冲区分析是随意的，它基于 GIS 分析人员对缓冲区大小的最优估计或推测，所做的决定可能并不基于科学原则、政治约束或法律法规。例如，制作一幅在建工地的地图时，必须包含工地的围墙信息，围墙的目的是为了保证市民在施工期间的安全。可能会先制作一幅涵盖所有施工区域的多边形地图，然后任意地设定公众要远离施工区域至少 50m。当不好估计时，最好的做法就是谨慎再谨慎。也许在施工场地周围指定一个 100m 的缓冲区更为合适。

线要素的缓冲区分析

(a) 点要素（建筑物中心）、线要素（道路网）和面要素（建筑用地）

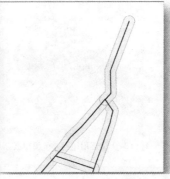
(b) 未融合的街道10m缓冲区

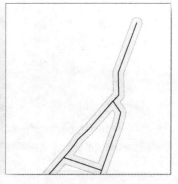
(c) 融合后的街道10m缓冲区

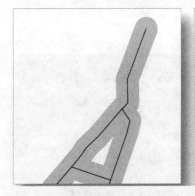
(d) 融合后的街道20m缓冲区

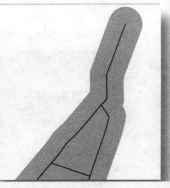
(e) 融合后的街道30m缓冲区

(f) 融合后的街道10m、20m和30m缓冲区

图 6.3 (a)叠加在南卡罗来纳州皇家港部分地区彩红外正射影像上的点要素（居民建筑物中心）、线要素（交通网络）和面要素（居民建筑用地）；(b)未融合的街道 10m 缓冲；(c)融合后的街道 10m 缓冲；(d)融合后的街道 20m 缓冲区；(e)融合后的街道 30m 缓冲区；(f)融合后的街道 10m、20m 和 30m 同心缓冲区（数据由博福特县 GIS 部门和美国地质调查局提供）

面要素的缓冲区分析

(a) 点要素（建筑物中心）、
线要素（道路网）和面
要素（建筑用地）

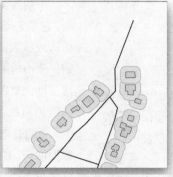

(b) 未融合建筑用地的10m缓冲区

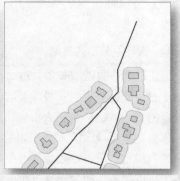

(c) 已融合建筑用地的10m缓冲区

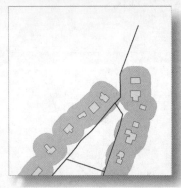

(d) 已融合建筑用地的20m缓冲区

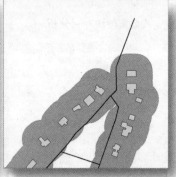

(e) 已融合建筑用地的30m缓冲区

(f) 已融合建筑用地的10m、
20m和30m缓冲区

图 6.4   线要素（交通网络）和面要素（居民建筑用地）；(b)未融合建筑用地的 10m 缓冲区；(c)已融合建筑
用地的 10m 缓冲区；(d)已融合建筑用地的 20m 缓冲区；(e)已融合建筑用地的 30m 缓冲区；(f)已融
合建筑用地的 10m、20m 和 30m 同心缓冲区（数据由博福特县 GIS 部门和美国地质调查局提供）

面要素的负（内嵌）缓冲区分析

(a) 宗地和建筑用地的叠加

(b) 宗地的5m负（内嵌）缓冲区

(c) 宗地的5m和10m负（内嵌）缓冲区

图 6.5   (a)配准后的宗地（蓝色）和南卡罗来纳州皇家港地区的建筑用地范围（黄色）的叠加；
(b)从宗地边界向内的 5m 负（内嵌）缓冲区，用蓝色标识；(c)分别表示为蓝色和深绿色的
宗地 5m 和 10m 负内嵌缓冲区（数据由博福特县 GIS 部门和美国地质调查局提供）

2．成因缓冲区分析

有时，感兴趣的点、线或面周边的结构或条件并不统一（即异质性）。如果这些条件的先验值已知，就可应用成因缓冲区分析的逻辑来确定缓冲距离。例如，假设要制作一幅为了保护原生态湿地免受流域内径流污染的地图。这块湿地当前被森林包围，但很多部门想把部分林地转为农用地，并在部分林地上建一个大型停车场。农业发展和停车场排放的污水都会排入湿地。

由以往的经验可知，不具渗透性的停车场与森林或包含有渗透性土壤的耕地相比，会有更多的径流流入湿地，停车场产生的径流污染还包含石油蒸馏物。因此，停车场区域和湿地之间的缓冲区（如 400m）自然要比湿地和农用地之间的缓冲区（如 200m）大。需要注意的是，农用地排放的径流内也包含了大量对湿地具有严重影响的杀虫剂和除草剂。因此，分析人员必须谨慎研究不同现象的特点，然后确定最合理的缓冲距离。

3．强制缓冲区分析

强制缓冲区分析是最直接的缓冲区分析类型。联邦、州、地方和社区政府机构会定期强制规定特定要素类型的缓冲区大小。例如，联邦应急管理局（FEMA）在数字洪水保险费率图（DFIRM）上标出了 50 年或 100 年一遇的洪水界线，以便那些准备生活在洪泛区或靠近洪泛区的人决定是否购买财产洪水险（Maidment et al.，2007）。类似地，几乎美国的每个沿海州都详细规定了在沿海区域的哪些地方可以建房的建筑收进线。例如，如果在南卡罗来纳州建造的房子超出了由平均高潮水位线定义的收进线 40 英尺，那么该栋建筑可能不允许上风暴潮或洪水损失险。

运输部门、公共设施和环境保护组织要求房地产开发商坚持严格的收进线。例如，建筑物能距高速公路、电力线、电话线、管线等有多近，都有非常严格的规定，有时称之为交通和公用设施的地役权。类似地，几乎每个县都有严格的建筑物地役法规规定建筑物与地界线的最近距离（如 3m）。在分析这类数据时，GIS 操作人员要清楚强制缓冲区分析的距离并将其应用到 GIS 分析中。

6.2.3　矢量数据的叠加

叠加是地理信息系统最重要的功能之一。对两个或多个专题要素（地图）的叠加（比较），既可以使用矢量（拓扑）叠加，又可以使用栅格叠加。被叠加的要素图层必须要在确定的地图投影和坐标系统中进行空间配准。

拓扑叠加需要至少两个具有拓扑结构的矢量要素图层（如 A 和 B）。叠加操作会生成一个具有新拓扑结构的矢量要素图层（如 C），它包含了进行叠加操作的每个输入要素图层的几何和属性特征。

1．拓扑叠加的类型

GIS 的矢量数据图层基本上由三种数据类型组成——点、线和多边形。因此，有如下三种主要的拓扑矢量叠加类型：

1. 在多边形图层上叠加点图层，称为点与多边形叠加。
2. 在多边形图层上叠加线图层，称为线与多边形叠加。
3. 在多边形图层上叠加多边形图层，称为多边形与多边形叠加。

接下来的讨论基于点、线或多边形文件的输入层，基础数据层为多边形图层。首先根据图 6.6 介绍拓扑叠加和关联操作类型的概念，然后以南卡罗来纳州伊尔默的真实数据为例进行说明。

点与多边形的叠加　这类叠加操作使用输入的点文件和作为基础数据层的多边形文件。如图 6.6(a)所示，在输入的点图层中有 14 个点要素，在基础数据层中有两个多边形（A 和 B）。从图中可以看到，基础数据层的多边形文件并不恰好完全覆盖输入的点图层范围，因此在新的输出层中，只包括了位于基础多边形图层内的点，而点 1、2、12、13 和 14 均不包含在内。最重要的是，新输出层中的点要素额外包含了它们所属多边形的属性信息。例如，3～6 号点具有多边形 A 的属性特征，7～11 号点具有多边形 B 的属性特征。

点与多边形叠加的一个实例是，把包含整个县居民住宅楼的中心点的要素图层（输入的

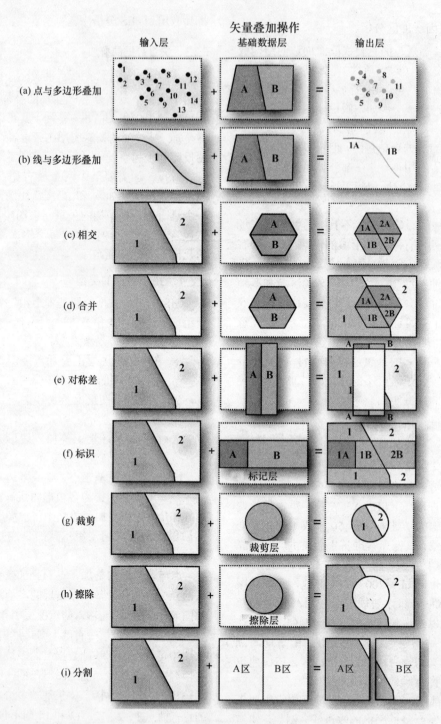

图 6.6　矢量叠加操作的类型

点图层）叠加到整个县的校区多边形要素图层（基础数据层）上。在新输出的数据集中，每个点状居民住宅楼都包含了住宅楼和校区的属性信息，这种信息对家长为孩子选择学校非常重要。

线与多边形的叠加　这种叠加操作适用于在基础数据层上为多边形文件叠加输入的线文件。在图 6.6(b)所示的例子中，输入的线状图层中只有一个线要素（如道路），基础数据层中有两个多边形（A 和 B）。和点与多边形叠加类似，基础数据层的多边形文件并不能恰好覆盖输入的线状图层所表示的地理范围。因此，在新输出的图层中，只包含线 1 位于基础多边形图层内的那部分。最重要的是，在新输出的图层中，有两条分别包含了所属多边形属性信息的线要素，如线的 1A 部分具有多边形 A 的属性特征，线的 1B 部分具有多边形 B 的属性特征。

线与多边形叠加的一个实例是，把包含整个县的电力通信网络的线要素图层（输入的线图层）叠加到包含森林类型（如松木和橡木）信息的基础多边形要素图层上。在输出数据集中，每个细分的电力线部分都具有森林类型的属性信息。在冰暴和暴风雪天气期间，这些信息对于预测这个县的哪些电力线最容易出现问题非常有价值。在严重的冰暴和暴风雪天气期间，落叶林因为没有叶子来聚集冰雪，情况一般较好。而常青松一年四季保留着针叶，在冰暴期间，各个松针会被冰包裹起来而变得极其沉重，甚至会使树枝折断，进而破坏电力线。每年有数百万人因这种情况而停电。

多边形与多边形的叠加　这种类型的叠加操作适用于输入矢量多边形要素文件和基础多边形文件。叠加操作基于 AND（与）、OR（或）和 XOR（非）连接器的布尔运算。作为结果输出的多边形文件中的每个多边形具有两种图层的属性。输出的要素图层包含的多边形数量，通常要比原多边形图层中的多边形数量少 [见图 6.6(c)～(i)]。多边形与多边形叠加是一种复杂且计算量大的地图叠加操作类型。

多边形与多边形叠加的一个实例是，把包含整个县的宗地多边形要素图层（输入的多边形图层）叠加到该县预计的海平面上升的多边形要素图层上（基础数据图层）。在输出的数据集中，每块宗地多边形都含有宗地和海平面上升的属性信息。

两幅地图图层的相交（Intersection）基于布尔运算的 AND（与）连接器，它用来计算输入层和基础要素图层的几何交集 [见图 6.6(c)]。仅在输入层和基础层中存在重叠的要素或要素的一部分时，才会被写入输出图层（Esri，2011）。

两幅地图图层的合并（Union）基于 OR（或）连接器 [见图 6.6(d)]，它保留了输入的多边形

图层和基础要素图层的所有要素。输出层的地理范围是输入层和基础要素层的结合。

XOR 连接器用来检测图层之间的差异。对称差（Symmetrical Difference）操作计算输入层要素和基础要素的几何交集 [见图 6.6(e)]。输入层要素和更新要素中没有重叠的那些要素或要素部分会被写入输出层（Esri，2011）。输出的多边形文件的地理范围与使用相交操作得到的地理范围相反。

标识（Identity）操作的输入层为点、线或多边形要素，基础数据层又称标识图层，必须是多边形文件 [见图 6.6(f)]。该操作计算输入层要素和标识层要素的几何交集。与标识层要素重叠的输入层要素或要素部分具有标识图层要素的属性（Esri，2011）。该操作产生的输出文件与输入层有相同的地理范围。

裁剪（Clipping）操作以基础要素层作为裁剪的样板来提取输入图层的一个地理片段 [见图 6.6(g)]。裁剪使用基础要素层的多边形外边界，对输入图层的要素和属性进行裁剪（Esri，2011），两个数据集之间无属性结合。这种方法在屏蔽 GIS 数据库中的一些不需要的地理区域时很有用。例如，当只想显示某一指定校区的地理范围时，输入层可以是县地图，基础要素层则可以是校区的多边形要素。

擦除（Erasing）操作把基础数据图层作为模板，删除输入层中需要删除的地理区域部分 [见图 6.6(h)]。和裁剪操作相似，两个数据集中无属性的结合。输出的图层只包含擦除区域以外的输入层要素。

分割（Splitting）操作基于基础数据层的特性，把输入层分成若干较小的图层 [见图 6.6(i)]。每个新输出的图层只包含与分割图层多边形重叠的那部分输入层要素。本例中，新建了由 A 区和 B 区组成的两个新图层。

2．叠加分析案例

下面采用位于南卡罗来纳州伊尔默附近默里湖大坝的真实数据，来介绍上述几种矢量叠加类型和操作。矢量叠加技术将按其在某个典型 GIS 项目中应用的一般顺序加以说明。

首先，裁剪叠加操作用来改进研究区域的地理范围。图 6.7(a)描述了一幅由美国地质调

查局制作的默里湖和萨卢达河流域中心区域的彩红外数字正射影像图（DOQQ）。图中标出了一个用于提取研究区域的裁剪掩模。裁剪地理区域 1m×1m 分辨率的 USGS DOQQ 正射

影像如图 6.7(b)所示。裁剪区域的美国地质调查局数字高程模型（DEM）及其生成的 10 英尺等高线如图 6.7(c)所示。图 6.7(d)所示的是若干个裁剪后得到的线要素（主要道路、电力

运用多边形叠加对栅格和矢量数据进行裁剪

(a) 美国地质调查局制作的默里湖大坝的彩红外数字正射影像图（DOQQ）和裁剪文件的叠加

(b) 裁剪后的彩红外数字正射影像图(DOQQ)

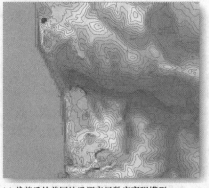

(c) 裁剪后的美国地质调查局数字高程模型(DEM)，生成等高距为10英尺的等高线

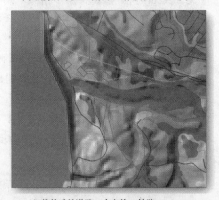

(d) 裁剪后的道路、电力线、铁路、土壤、水域和DEM阴影图叠加

图 6.7　(a)美国地质调查局制作的空间分辨率为 1m×1m 的数字正射影像图（DOQQ）和裁剪模板叠加；(b)裁剪后的数字正射影像图（DOQQ）；(c)裁剪区域内美国地质调查局的数字高程模型（DEM），从 DEM 中计算出间距为 10 英尺的等高线；(d)线状的道路、电力线、铁路、土壤、水域多边形与图(c)中 DEM 的阴影图叠加（数据源自美国地质调查局）

线、铁路线）和土壤类型与水域的多边形。这些数据都叠加在由 DEM 制作的阴影地形图上，以便用户形象地了解当地的地形起伏情况。

该数据集可用于一些有趣的应用。例如，假设要在图 6.8(a)所示的 6 个地理位置进行研究，并且需要确定每个位置的土壤类型，这是一个典型的点与多边形叠加的问题。只需要把包含这 6 个点的点图层[见图 6.8(a)]和图 6.8(b)

所示的土壤多边形图层相交，就能得到包含土壤属性信息的新的输出点图层文件。查看相交操作前后属性表的内容可知，这 6 个点都包含了之前与土壤多边形相关联的土壤类型和坡度信息（如 6%～10%）。点文件和多边形文件的相交操作会创建一个输出点文件图层，这一点非常重要。点与多边形叠加操作极大地丰富了 6 个标志点所涉及的内容。

点与多边形叠加

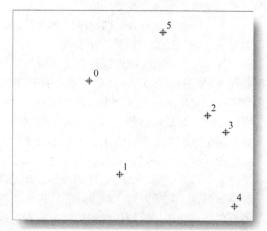

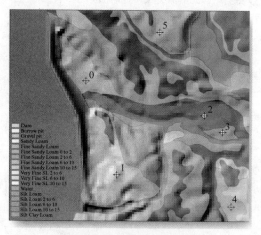

(a) 用来分析的6个标志点点与
多边形叠加之前的属性表

(b) 6个点和土壤多边形相交点与
多边形叠加之后的属性表

字段	标记
0	A
1	B
2	C
3	D
4	E
5	F

字段	标记	土壤类型	坡度(%)
0	A	取土坑	–
1	B	取土坑	–
2	C	粉沙壤土	–
3	D	细砂壤土	–
4	E	极细砂壤土	6～10
5	F	细砂壤土	6～10

图 6.8 点与多边形相交的应用，在 6 个标志点位提取详细的土壤类型和坡度信息（%）：(a)相交前的 6 个标志点及其属性表；(b)和土壤多边形相交后的标志点属性表（数据源于美国地质调查局）

现在考虑图 6.9(a)所示的 2436 号道路。假设要提高某条主干道（170 号）的质量，那么首先应考虑道路下面土壤的性质，以做出合理的工程决策，这是一个线与多边形的问题。把道路部分的图层［见图 6.9(a)］与土壤的多边形图层进行相交处理，就会输出一个新生成的线段图层文件，其中，原始的线段被相交操作中三种土壤类型的多边形分成了三部分［见图 6.9(b)］。注意，原始的线段属性信息只包含要素 ID、段号和道路类型。与土壤多边形数据相交处理后，有三段线段与 2436 号部分道路联系起来，每段线都有唯一的要素 ID、土壤

编号、土壤类型和坡度信息（%）。线文件和多边形文件的相交处理能创建一个线文件图层，了解这一点非常重要。

由于个人或行政原因，如果在之后的分析中需要排除整个研究区内的某个特定区域，这时应如何处理？这是一个擦除叠加分析问题，被排除（擦除）的区域可以应用到矢量数据和栅格数据中。例如，假设在之后的分析中需要移除与默里湖大坝毗邻的萨卢达河水力发电厂的多边形边界，那么 GIS 分析人员首先要创建一个多边形的擦除文件，然后对栅格或矢量数据进行擦除叠加操作。图 6.10(a)描述了与萨

卢达河水力发电厂相关联的多边形擦除文件叠加到美国地质调查局 DOQQ 图像上的结果，它是一幅包含一个孔洞的数字正射影像。在被排除（擦除）区域内，所有栅格数值都显示为白色，即 RGB 值为 255、255、255，而不再是原来的影像灰度值。

多边形擦除文件也可用于擦除范围内的道路、铁路、电力线和土壤信息［见图 6.10(b)］，图中可见在擦除多边形边界内的道路、铁路、电力线和土壤信息是如何被截断的。需要重点指出的是，多边形擦除操作的应用会极大地改变原矢量文件的内容。移除区域内的所有点、部分线段和部分多边形都会被完全擦除（移除），留下来的线段和多边形具有有全新的几何特性。

最后，应用南卡罗来纳州伊尔默地区的地理空间数据来进行选址研究，即在研究区域为一栋别墅选择合适的位置。这需要用到相交、合并和擦除叠加分析，以及缓冲区分析。为便于说明，对选择标准进行简化，仅使用"好"和"坏"作为判断条件：

"好"标准：待选地区应：

- 离主要道路的距离不超过 200m，尽可能缩减铺设新道路的费用。

- 为使用方便及美学设计需要，离水源的距离小于 250m。

"坏"标准：待选地区应：

- 不位于河流或湖泊内。

- 为降低噪音和孩子的安全考虑，离所有铁路线至少 150m。

- 为安全起见并最大限度地降低对家用电器的电磁干扰，离所有电力线至少 75m。

- 出于美观及孩子的安全考虑，离周边取土坑的距离至少 200m。

所有用来确定符合这些标准的地区信息，都可从之前描述的空间数据中获得。

首先，在研究区域内找到满足"好"标准的地域，如图 6.11(a)所示离主要道路小于 200m 和图 6.11(b)所示离水源 250m 以内的所有土地。当然，这些数据都是使用缓冲区分析得到的。必须满足这两个条件，否则就不是适合于别墅选址的区域。因此，需要取主要道路和水源的缓冲区文件的交集，如图 6.11(c)所示。此时能够明确的是，基于"好"标准，在这两个文件的交集之外的任何区域，都不能作为别墅的选址地。然后，还需要通过结合"坏"标准在调查区域内来改进选址。

线与多边形叠加

(a) 提取用于分析的单个道路线段

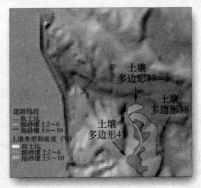

(b) 道路线段和土壤多边形相交

线与多边形叠加前的属性表

要素ID	段号	道路类型
0	2436	170

线与多边形叠加后的属性表

要素ID	段号	道路类型	土壤要素ID	土壤类型	坡度 (%)
0	2436	170	37	取土坑	
1	2436	170	38	细砂壤土	6～10
2	2436	170	41	细砂壤土	2～6

图 6.9　2436 号道路与土壤类型及坡度信息进行线与多边形相交的叠加分析操作：(a)相交操作前 2436 号道路的位置；(b)与土壤信息相交后，2436 号道路被打断成了包含道路类型、土壤类型和坡度属性的三条线段（数据源自美国地质调查局）

运用多边形叠加擦除栅格和矢量数据

(a) 部分美国地质调查局DOQQ图像已被擦除

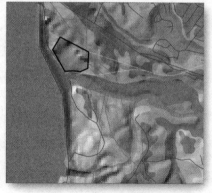

(b) 大多边形擦除范围内移除道路、电力线、
铁路和土壤数据后，DEM阴影图的显示
更为清晰

图 6.10　(a)使用一个多边形擦除文件来移除与默里湖大坝毗邻的萨卢达河水力发电厂占
用的区域，以便做进一步的分析；(b)多边形文件范围内的道路、电力线、铁路
和土壤信息等也被移除（数据源自美国地质调查局）

使用线和多边形缓冲区分析与相交叠加分析进行别墅的选址——A部分："好"标准

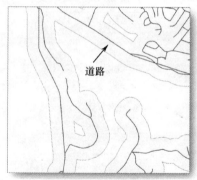

(a) 距主要道路小于200m的区域

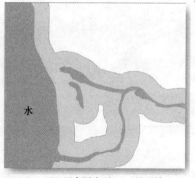

(b) 距水源小于250m的区域

(c) 将上述的(a)和(b)叠加相交，得到距离
主要道路小于200m且同时距离水源小
于250m的区域

图 6.11　(a)研究区域内距主要道路小于 200m 的区域；(b)研究区域内距任何类型的水源小于 250m
的区域；(c)图(a)和图(b)叠加相交，得到距主要道路小于 200m 且距水源小于 250m 的区域

水中是无法建房的。因此，图 6.12(a)显示了
研究区域所有水体的空间分布，在分析中需要排

除这些地方。图 6.12(b)显示了距铁轨 150m 以内
的所有地区，图 6.12(c)显示了距电力线 75m 以内

的地区。考虑到来自萨卢达河水力发电厂大量电力线的辐射，需要排除研究区域内的大部分地区。图 6.12(d)显示了所有距取土坑 200m 以内的地域。这 4 个"坏"标准合并后如图 6.12(e)所示。显然，"坏"标准排除了相当大的一部分研究区域。

为得到满足"好"和"坏"两种标准的地区，必须把由"坏"标准逐渐认定为不合适的地区从由"好"标准确定的地域中排除。图 6.12(f)所示为擦除叠加操作的结果，这些地理区域满足所有的标准，适合高档独栋别墅的选址。

使用多边形缓冲区分析和相交、合并、擦除叠加进行别墅的选址——B部分："坏"标准和选址结果

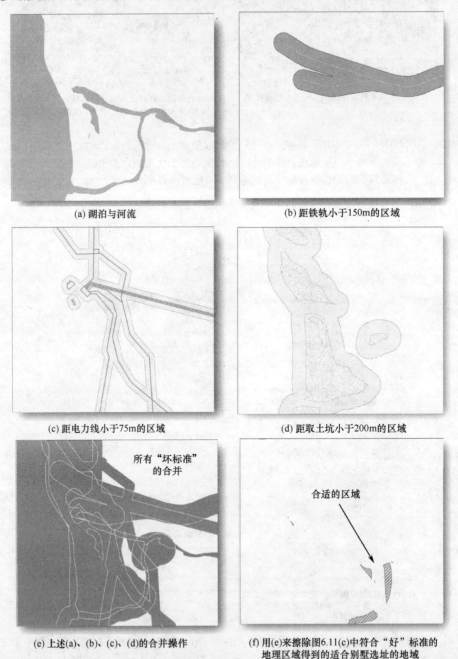

(a) 湖泊与河流

(b) 距铁轨小于150m的区域

(c) 距电力线小于75m的区域

(d) 距取土坑小于200m的区域

(e) 上述(a)、(b)、(c)、(d)的合并操作　　所有"坏标准"的合并

(f) 用(e)来擦除图6.11(c)中符合"好"标准的地理区域得到的适合别墅选址的地域　　合适的区域

图 6.12　(a)湖泊与河流区；(b)距铁轨小于 150m 的区域；(c)距电力线小于 75m 的区域；(d)距取土坑小于 200m 的区域；(e)上述(a)、(b)、(c)、(d)的合并叠加结果；(f)适合别墅选址的区域

3．使用交互式建模程序进行叠加分析

叠加操作是 GIS 科学中的几个最重要的工具之一，因此使用面向对象的交互式建模来进行叠加分析就很重要。前面所有的建模都基于缓冲区分析、相交、合并和擦除等基本分析功能一次执行一步。如果使用相对简单的交互建模系统，那么操作起来会更容易，并能获得更精确且可重复的结果。

例如，考虑图 6.13(a)所示的 ArcGIS Model 用户界面，它由许多可用于创建并运行 GIS 模型的工具图标组成。现以之前讨论过的别墅选

址模型为例。GIS 分析人员可使用用户界面工具，把相交工具、合并工具和擦除工具简单地拖曳到界面下方的工作空间。黄色矩形表示的就是各种叠加操作。然后，单击某个工具，程序会要求输入所有与该操作有关的文件名。本例中，相交操作需要两个文件：

- 道路的 200m 缓冲区文件（Road_buffer_200m）
- 水域的 250m 缓冲区文件（Water_buffer_250m）

相交操作的文件用蓝色椭圆表示。这些文

在ArcGIS模型环境中使用多边形缓冲区分析和相交、合并、擦除叠加分析进行独栋别墅的选址

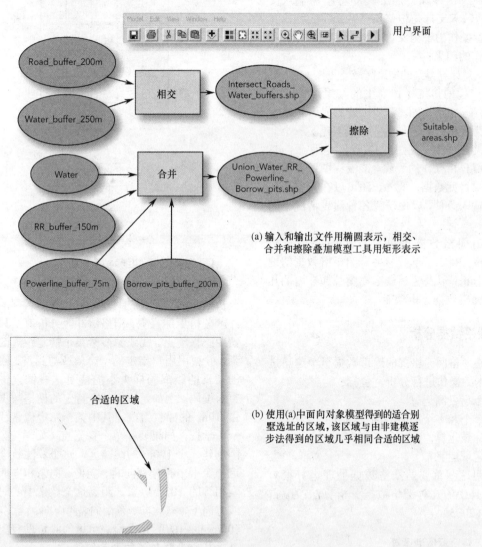

(a) 输入和输出文件用椭圆表示，相交、合并和擦除叠加模型工具用矩形表示

(b) 使用(a)中面向对象模型得到的适合别墅选址的区域，该区域与由非建模逐步法得到的区域几乎相同合适的区域

图 6.13　基于 ArcGIS 建模系统的别墅选址：(a)用户界面和模型元素（用户界面由 Esri 公司提供）；(b)适合选址的区域，它和图 6.12(f)中的结果区域相一致

件都是通过传统的工具提前准备好的，也可以直接由建模工具创建。相交工具还需要给定输出文件名，用绿色椭圆来表示。

接下来，用户单击合并工具矩形框来选择以下 4 个输入文件：

- Water
- RR_buffer_150m
- Powerline_buffer_75m
- Borrow_pits_buffer_200m

这些文件都已提前准备好，以便执行合并操作。合并操作的输出文件名也已确定，并显示在绿色椭圆中。

用户单击擦除叠加工具即可添加输入文件，这些输入文件是相交和合并操作的输出文件。擦除操作的输出文件是综合相交、合并和擦除操作的结果。

由模型计算得到的结果区域［见图 6.13(b)］和基于过程的传统操作产生的结果区域［见图 6.12(f)］完全相同，但使用建模界面来进行分析更为简单。同时，建模过程创建了一个非常有用的流程图［见图 6.13(a)］，它便于与其他人交流分析操作的步骤。该流程图还展示了稳定的项目元数据。此外，还可以在模型中直接修改输入条件，以便研究各种假设情况下的决策。

使用栅格数据也可进行地图叠加分析（DeMers，2002）。下一节将介绍栅格数据的地图叠加分析，以及包括栅格地图叠加在内的几种主要栅格数据分析功能。

6.3　栅格数据分析

栅格（格网）格式的地理数据至少可通过 4 种基本的操作进行分析，包括：

- 距离量测运算
- 单个和多个栅格的局部运算
- 邻域运算
- 区域运算

说明这些重要的栅格数据处理运算很有意义，其中的几种栅格数据分析算法改编自 Jensen（2005）。

6.3.1　栅格距离量测运算

穿过地形的直线或欧几里得距离称为自然距离，也可以基于包括社会经济成本在内的

其他表面类型，计算与行程有关的成本距离。成本距离将在第 7 章的网络分析中讨论。

本章前述部分介绍了点、线和面矢量要素的缓冲区大小。大多数 GIS 软件也可使用栅格数据计算自然距离和缓冲区距离。例如，同一栅格中两个像素中心的欧几里得自然距离可以根据勾股定理计算。例如，要计算下图中单元 $(2, 2)$ 和单元 $(4, 4)$ 的中心之间的距离，则由勾股定理可得

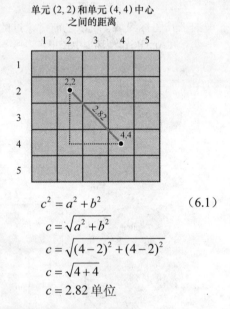

单元 $(2, 2)$ 和单元 $(4, 4)$ 中心
之间的距离

$$c^2 = a^2 + b^2 \qquad (6.1)$$
$$c = \sqrt{a^2 + b^2}$$
$$c = \sqrt{(4-2)^2 + (4-2)^2}$$
$$c = \sqrt{4+4}$$
$$c = 2.82 \text{ 单位}$$

1. 栅格数据的缓冲区分析

栅格数据集中的点、线和面要素的缓冲区分析只需通过简单的计算，它比矢量数据的缓冲区分析更加直观。栅格缓冲区分析算法只搜索距感兴趣点、线或面要素某个特定距离的像素，并使用用户指定的一个值或与到点、线或面要素的距离同样大小的值对这些像素进行重新编码。例如，假定某个特定的栅格数据集由 10m 的像素组成，其中某个指定像素代表一所学校。如果要在单个像素点（如学校）周围创建一个 100m 的缓冲区，这个算法就会从这个像素中心分别向北、向南、向东和向西搜索相等的 10 个像素。距离这个像素中心对角线方向（如东北向、东南向、西南向、西北向）100m 以内的所有像素，可用勾股定理算出，并将其作为直角三角形的斜边。

本章之前用来说明矢量缓冲区分析的点（建筑物中心）、线（街道网络）和面（建筑物

用地范围）要素也可用来说明栅格缓冲区分析。图 6.14(a)～(c)分别是采用 1m×1m、3m×3m 和 5m×5m 分辨率对建筑物中心点的栅格化数据。图 6.14(a)中，1m×1m 空间分辨率表示的建筑物中心点太小而很难以识别出其位置。图 6.14(b) 和图 6.14(c)分别表示栅格化 3m×3m 和 5m×5m 分辨率的建筑物中心。这三个栅格数据集的每个建筑物中心像素分别进行了 10m、20m 和 30m 的缓冲区分析［见图 6.14(e)～(f)］。对 1m×1m 数据进行缓冲区分析得到了相对平滑的中心圆，它看起来与之前图 6.1(b)所示的对建筑物中心进行矢量点缓冲区分析的结果很接近。而 3m×3m 和 5m×5m 建筑物中心点的 10m、20m 和 30m 缓冲区则逐渐出现了一些色块（一般称为像素化）。为了进一步说明，图 6.15 给出了在一个栅格环境中围绕选中建筑群中心建立的 30 个 1m 缓冲区的放大示意图。比较图 6.15 和图 6.2，可以体会矢量缓冲区分析的细节和栅格缓冲区分析的概化程度，这是在使用栅格分析时必须考虑的。

图 6.16(a)～(c)表示的是 1m×1m、3m×3m 和 5m×5m 分辨率的街道网栅格数据。1m×1m 分辨率的数据有效保留了交通网的空间细节信息。随着像素尺寸的增加，交通网的细节信息逐渐减少，3m×3m 和 5m×5m 的交通网就越来越像素化。这三个栅格数据集中的每个街道像素分别按 10m、20m 和 30m 距离标准进行了缓冲区分析［见图 6.16(d)～(f)］。

图 6.17(a)～(c)表示了 1m×1m、3m×3m 和 5m×5m 分辨率的建筑物用地范围的面状栅格数据。1m×1m 分辨率数据有效保留了大部分建筑物用地范围的空间细节信息（与图 6.4 所示的矢量图相比）。而 3m×3m 和 5m×5m 的建筑物用地范围则越来越像素化。三个栅格数据集中每组建筑物用地范围的像素分别按 10m、20m 和 30m 距离标准进行了缓冲区分析［见图 6.17(d)～(f)］。显而易见，本例中用小于等于 1m×1m 空间分辨率的栅格数据得到的建筑物基础缓冲区是最精确的。

点要素的栅格缓冲区分析

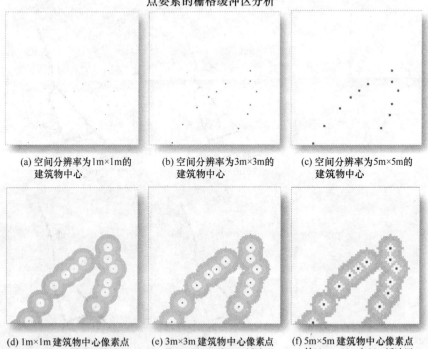

(a) 空间分辨率为1m×1m的建筑物中心　　(b) 空间分辨率为3m×3m的建筑物中心　　(c) 空间分辨率为5m×5m的建筑物中心

(d) 1m×1m建筑物中心像素点的10m、20m和30m缓冲区　　(e) 3m×3m建筑物中心像素点的10m、20m和30m缓冲区　　(f) 5m×5m建筑物中心像素点的10m、20m和30m缓冲区

图 6.14　(a)南卡罗来纳州皇家港部分地区 1m×1m 分辨率的点要素（建筑物中心），在该比例尺下难以辨认出建筑物的中心点位置；(b)3m×3m 分辨率的建筑物中心；(c)5m×5m 分辨率的建筑物中心；(d)1m×1m 建筑物中心的 10m、20m 和 30m 缓冲区；(e)3m×3m 建筑物中心的 10m、20m 和 30m 缓冲区；(f)5m×5m 建筑物中心的 10m、20m 和 30m 缓冲区（数据由博福特县 GIS 部门提供）

点要素（建筑物中心）的栅格缓冲区分析

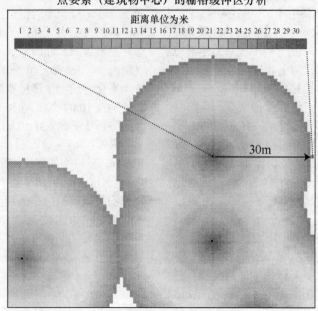

图 6.15　1m×1m 建筑物中心的 30m 栅格缓冲区的放大显示，请将本图与图 6.2 所示的相同建筑物中心的矢量缓冲区进行比较（数据由博福特县 GIS 部门提供）

线要素的栅格缓冲区分析

(a) 空间分辨率为1m×1m 的线状街道网络　　(b) 空间分辨率为3m×3m 的街道网络　　(c) 空间分辨率为5m×5m 的街道网络

(d) 1m×1m街道像素点的10m、20m和30m缓冲区　　(e) 3m×3m街道像素点的10m、20m和30m缓冲区　　(f) 5m×5m街道像素点的10m、20m和30m缓冲区

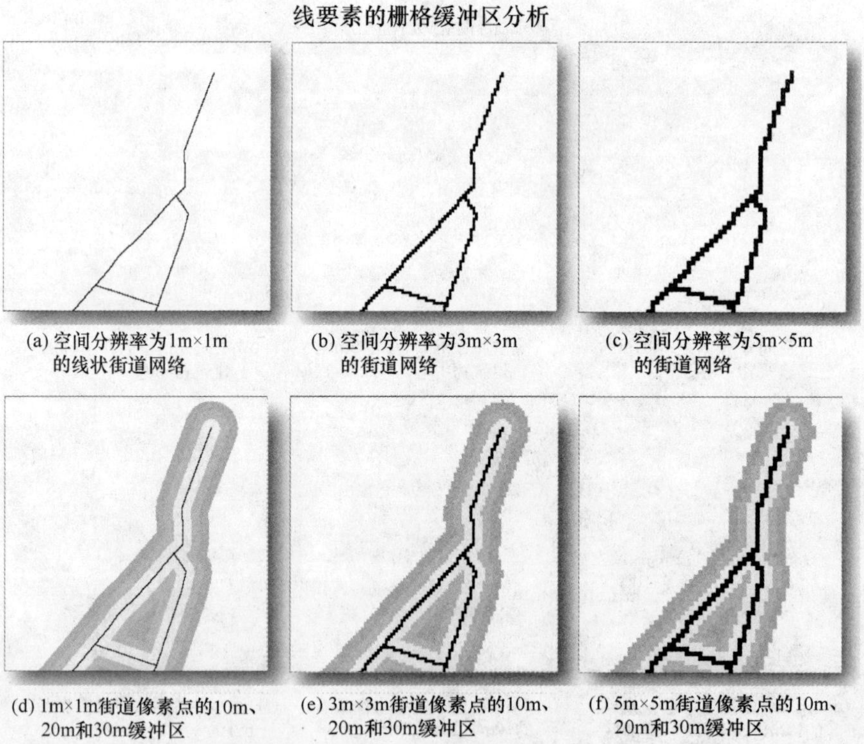

图 6.16　(a)南卡罗来纳州皇家港部分地区 1m×1m 分辨率的线要素（交通网）；(b)3m×3m 分辨率的交通网；(c)5m×5m 分辨率的交通网；(d)1m×1m 道路像素点的 10m、20m 和 30m 缓冲区；(e)3m×3m 道路像素点的 10m、20m 和 30m 缓冲区；(f)5m×5m 道路像素点的 10m、20m 和 30m 缓冲区（数据由博福特县 GIS 部门提供）

面要素的栅格缓冲区分析

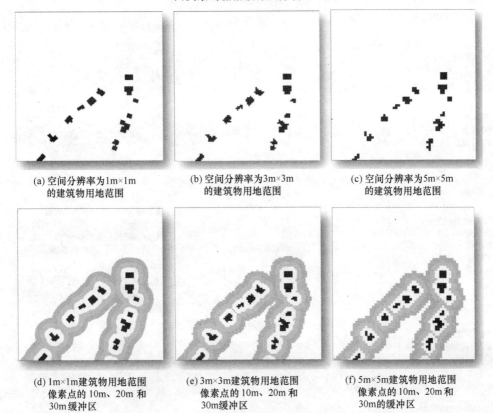

(a)空间分辨率为1m×1m
的建筑物用地范围

(b)空间分辨率为3m×3m
的建筑物用地范围

(c)空间分辨率为5m×5m
的建筑物用地范围

(d)1m×1m建筑物用地范围
像素点的10m、20m 和
30m缓冲区

(e)3m×3m建筑物用地范围
像素点的10m、20m 和
30m缓冲区

(f)5m×5m建筑物用地范围
像素点的10m、20m 和
30m的缓冲区

图 6.17　(a)南卡罗来纳州皇家港部分地区 1m×1m 分辨率的面要素（建筑物用地范围）；(b)3m×3m 分
辨率的建筑物用地范围；(c)5m×5m 分辨率的建筑物用地范围；(d)1m×1m 建筑物用地范围的
10m、20m 和 30m 缓冲区；(e)3m×3m 建筑物用地范围的 10m、20m 和 30m 缓冲区；(f)5m×5m
建筑物用地范围的 10m、20m 和 30m 缓冲区（数据由博福特县 GIS 部门提供）

6.3.2　局部运算

栅格数据中(i, j)位置的每个像素（单元）都可视为一个局部对象，其像素值可独立于邻近的其他像素（单元）进行运算，因此通常称之为局部运算。

1. 单个栅格数据集的局部运算

局部运算可应用于栅格数据集中的各个独立像素。例如，图 6.18(a)中所示位置$(2, 2)$的像素，有一个浮点值 45.5。我们可以对这个位置的像素值应用大量的数学运算，包括算术运算（如加、减、乘、除、绝对值、取整）、对数运算（如对数、指数）、三角函数运算（如正弦、余弦、正切、反正弦、反余弦、反正切）和幂函数运算（如平方、平方根、幂）（Chang，2010）。例如，可以对$(2, 2)$

位置的值 45.5 使用以下运算符进行运算得到新的结果：

Integer45.5 = 45

sin45.5 = 0.713

$\log_{10}45.5 = 1.66$

$45.5^2 = 2070.25$

2. 使用单个栅格数据集的重分类（重编码）

有时，需要对栅格数据集的各个独立像素进行重分类或重编码。例如，上面用到过的数值 45.5 也许代表海拔（ASL），因此或许需要把该数据集中的高程值分成两类，如：

类 1 = 海拔 0～50 英尺

类 2 = 海拔 50～100 英尺

这时，可将具有 45.5 值的像素重分类至类 1，即位置$(2, 2)$的新值是 "1"。图 6.18(b)是对输入栅格的所有像素值应用分类逻辑后的结果。

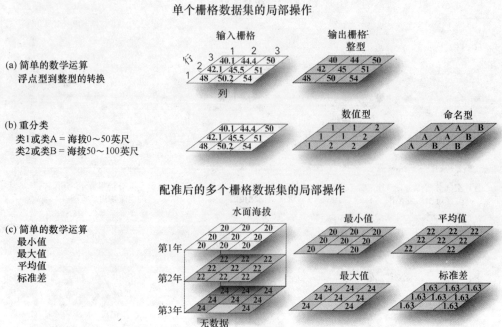

单个栅格数据集的局部操作

(a) 简单的数学运算
浮点型到整型的转换

(b) 重分类
类1或类A = 海拔0～50英尺
类2或类B = 海拔50～100英尺

配准后的多个栅格数据集的局部操作

(c) 简单的数学运算
最小值
最大值
平均值
标准差

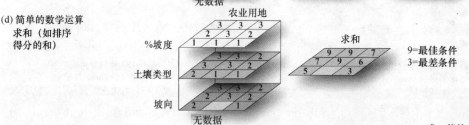

(d) 简单的数学运算
求和（如排序
得分的和）

9＝最佳条件
3＝最差条件

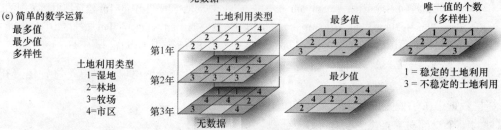

(e) 简单的数学运算
最多值
最少值
多样性

土地利用类型
1=湿地
2=林地
3=牧场
4=市区

1 = 稳定的土地利用
3 = 不稳定的土地利用

(f) 通用土壤侵蚀预报方程
R = 降雨侵蚀力
K = 土壤可侵蚀性
L = 坡长因子
S = 坡度因子
C = 覆盖与管理因子
P = 水土保持措施因子

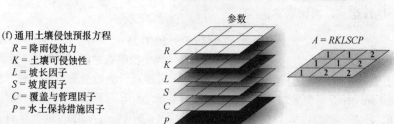

$A = RKLSCP$

图 6.18 (a)～(b)单个栅格数据集的局部操作；(c)～(f)配准后的多个栅格数据集的局部操作

重分类不必一定是整数或浮点型数值。例如，可以把海拔 0～50 英尺的高程重编码为类 A，海拔 50～100 英尺的重编码为类 B，即

类 A = 海拔 0～50 英尺

类 B = 海拔 50～100 英尺

这种重分类逻辑的应用结果如图 6.18(b) 所示。也可按相对顺序排列［如低质（P）、优质（G）］：

低质（P）＝ 海拔 0～50 英尺

优质（G）＝ 海拔 50～100 英尺

重分类或重编码是最重要的 GIS 栅格数据的局部运算之一，常应用于各种栅格分析项目。

栅格比例尺的缩放　在地图或影像解译时，分析人员经常需要将其按一定比例缩小或放大。缩放操作可供分析人员缩小地图或遥感数据的显示比例，从而对其有一个整体性的认识。栅格地图或影像的放大操作可供分析人员放大数据，查看某个特定位置的像素特征。

例如，在早期的遥感项目中，经常需要通过浏览整幅影像来确定研究区域的子影像的行列坐标。大多数商用的遥感数据都是由超过3000 行×3000 列的大量条带组成的。为达到某一特定目的，有一个能减少原始影像数据集的大小，得到一个可在计算机屏幕上浏览的较小

数据集的简单程序是非常有用的。为了把一幅数字影像或地图缩小到每平方米的原始数据只保留一个像素，图像的 m 行 m 列都要经过系统的选择并排列出来［见图 6.19(a)］。

例如，考虑图 6.20 所示的原始大小为4104 行×3638 列的夏威夷州瓦胡岛地区先进星载热发射和反射辐射仪（ASTER）影像，原始影像的大小通过在数据集中每隔一行和每隔一列间隔采样（即 m＝2）进行缩减。示例影像仅由 2052 行×1819 列组成，缩减后的数据集仅包含原始图像总像素个数的 1/4（25%），这和图 6.19(a)所示的进行 2 倍缩减的情况相符。

夏威夷州瓦胡岛地区 2 倍缩减的 NASA 先进星载热发射和反射辐射仪（ASTER）影像，数据获取日期为 2000 年 6 月 3 日（RGB ＝ 波段 2、3、1）。

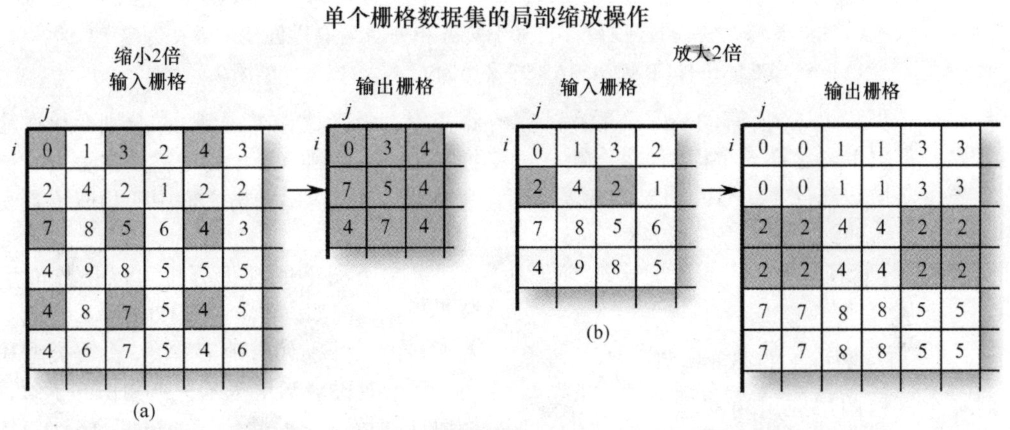

单个栅格数据集的局部缩放操作

图 6.19　(a)基于局部像素操作的地图或影像的 2 倍缩小操作；(b)地图或影像的 2 倍放大操作

如果把原始 ASTER 影像和缩减后的数据进行比较，会发现由于大量像素点的删除而造成数据细节的明显缺失。因此人们一般很少分析缩减后的影像，而常用于影像的定向，并标定特定的行列坐标，以便从高分辨率图像中提取感兴趣区（AOI）做进一步的分析。

在目视解译或与其他比例尺的影像或地图进行配准时，常用数字影像的放大操作来放大一幅影像或地图的比例尺。正如行和列的删减是最简单的影像或地图缩小一样，行和列的复制是最简单的数字影像放大形式。为了把一幅数字影像或地图放大 m 倍，原始影像或地图的每个像素常被一个 m×m 的块状像素代替，这

些像素有着与原始像素相同的值。图 6.19(b)显示了放大 2 倍后的影像，这种放大方式以输出显示的方形瓦片像素为特征。图 6.21 显示了放大 1 倍、2 倍和 3 倍后的夏威夷州瓦胡岛地区的 ASTER 影像。

大多数高级数字影像处理系统都允许分析人员指定浮点型的放大（或缩小）倍数（如放大 2.75 倍）。这就需要原始传感器或地图数据使用一种标准的重采样算法（如最邻近采样、双线性插值或第 9 章讨论的三次卷积）进行近实时的重采样。需要获得相对较小感兴趣区特征的详细信息时，这种技术非常有用。

2000年6月3日（RGB＝波段2、3、1）获取
的瓦胡岛的NASA ASTER图像，已缩小2倍

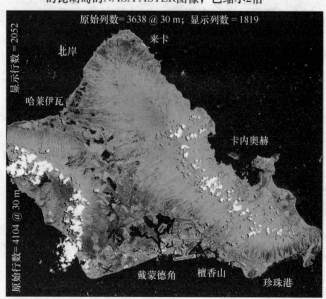

原始列数＝3638 @ 30 m; 显示列数＝1819

图6.20　这幅2052行×1819列的影像，仅包含了原始大小为4104行×3638列的NASA
　　　　ASTER 影像 25%的数据量，它基于对行和列间隔取样创建（数据源自
　　　　NASA/GSFC/ METI/ERSDAC/JAROS 和美国/日本 ASTER 科学团队）

实际上，除了放大，所有的 GIS 和数字影像处理系统都提供了这样一个机制，即分析人员在浏览该区域一部分（如 512×512）的同时，可以在一个更大的地理区域（如 2048×2048）内平移和漫游。这使得分析人员能更快地浏览数据库中的每个部分。

3．多个栅格数据集的局部运算

对多个栅格图层应用局部运算就是栅格地图叠加。Tomlin（1990）将对多个栅格图层进行算术和代数运算的分析称为地图代数。当多个栅格图层的质量较高时，栅格地图叠加可以产生与矢量叠加操作等效的地理空间信息。

地图代数　地图代数是指对多个栅格数据集应用大量算术和代数的局部运算。例如，可以通过多个栅格图层中相同地理位置（如行和列）的独立像素值计算出最小值、最大值、值域（最大值-最小值）、和值（Σ）、平均值（$\bar{x}$）、中值、众数和标准差（σ）。例如，假设图 6.18(c) 的输入栅格图层代表三个时间段的湖面海拔，这段时间内每个像素中水面的最小值、最大值、平均值（$\bar{x}$）和标准差（σ），可由三个数据集中的像素值计算得到，并分别存放在输出栅格中。注意到第三年的栅格数据丢失了一个数据值，导致输出栅格文件中的相应位置没有数据值。

对多个栅格的数据分析可以是数值型或分类数据。例如，假定图 6.18(d)所示的三个输入栅格图层分别代表地形坡度、土壤类型和坡向。基于农民对当地玉米种植知识的了解，栅格值未使用确定的数值（如坡度百分比），而采用了从 1 到 3 的数字值对原数据变量进行排序（即顺序排序），其中 1 = "差"，2 = "良"，3 = "优"。本例中，对三个栅格数据每个像素的值进行简单的求和（Σ）算法，生成了一个根据玉米的长势从 3（最差条件）到 9（最好条件）排列的新输出栅格。在新的输出数据集中，任何一个值为 9 的像素都是玉米生产的理想地理位置。

有时，确定一个给定数值型或分类型数值出现的频率是很有用的。这种情况下，对多个栅格数据集的局部运算可用于确定出现多数、少数和/或唯一值的次数（即多样化）。例如，图 6.18(e)描述了包含三个连续时期的土地利用信息的三个栅格图层，每个时期都标注了 4

种相同的土地利用类型（类 1～4）。在三年中，每个像素内出现次数最多的土地利用类型（即多数）、出现次数最少的土地覆盖类型（即少数）和单一土地利用类型出现的次数，都显示在图 6.18(e)所示栅格输出地图中。输出像素中的"1"值表明在这段时间内土地利用相对较为稳定，"3"值表明这段时间内的土地利用不稳定或表现出了多样性。

夏威夷州瓦胡岛地区ASTER影像的放大

(a) 放大1倍（原始比例尺）

(b) 放大2倍

(c) 放大3倍

图 6.21　放大 1 倍、2 倍、3 倍后的夏威夷州瓦胡岛地区的 ASTER 影像（数据源自 NASA/ GSFC/METI/ ERSDAC/JAROS 和美国/日本 ASTER 科学团队）

4．基于多个配准的栅格数据集局部运算的地图叠加实例

一些非常有用的GIS模型是基于对多个栅格数据集进行简单地图代数的局部运算来实现的。

5．基于多栅格数据集局部运算的地图叠加——通用土壤侵蚀预报方程

备受推崇的通用土壤侵蚀预报方程第2版（RUSLE2）由美国农业部的 Wischmeier and Smith(1960;1978)提出，由 Renard et al.(1997)修订。该模型可用于自然资源保护服务（2010）。方程可预测出某一地理位置（如一个像素）以吨每年每英亩为单位的长期平均土壤侵蚀量（A）[见图 6.18(f)]：

$$A = RKLSCP \tag{6.2}$$

式中：R 表示降雨量和流量因素（暴雨的密度越大，持续时间越长，潜在的侵蚀就越高）；K 表示土壤可侵蚀性因素（受土壤质地的影响较大）；L 表示地形斜坡长度；S 表示斜坡坡度（斜坡越长越陡，侵蚀的危险就越大）；C 表示地表覆盖与管理因素，常用来判定为防止土壤侵蚀研制的土壤和作物管理系统的相对效用；P 表示水土保持措施因子，加强水土保持措施可以减少径流流量和速率，从而减少侵蚀量。

RUSLE2 只能预测发生在单一斜坡表面或水沟侵蚀造成的土壤侵蚀量，并不计算因集水沟、风和耕地侵蚀造成的额外土壤流失（Stone，2010）。

这6个变量的空间信息存储在图 6.18(f)所示的不同栅格图层中。输出文件中以吨每年每英亩为单位的长期平均土壤侵蚀量（A），是把每个像素中的 6 个因素值相乘得到的。RULSE2 是一种简单但非常强大的基于多个输入栅格数据的局部运算模型，它已在世界各地用于预测可能发生的侵蚀量，只需给定上述6 个变量的准确信息。该模型已广泛用来预测土壤侵蚀、提高农田产量，从而提高数以百万计的人们的生活质量。

6．基于多个栅格数据集局部运算的地图叠加——海平面上升预测

海平面正以接近 1.0 英尺每百年的速度上升（Gutierrez et al.，2007）。了解海平面上升对自然生态系统和人类产生什么影响是很重要的（USGS, FWS，2004）。下面的实例基于多个栅格数据集的地图叠加的局部运算，预测 1.0 英尺的海平面上升速度，研究其对南卡罗来纳州布拉夫顿附近的五月河沿岸土地覆盖情况造成的影响（南卡罗来纳州希尔顿海德岛西部，见图 6.22）。海平面上升的预测基于遥感获取的土地覆盖数据和雷达测高数据的相交操作（Jensen, Hodgson，2011）。

研究区域的高程取自以约 1 个点/平方米的密度采集的雷达测高数据。雷达测高数据采集于低潮位，因此有些位于海平面以下的滩涂露出并反射回波。在创建数字地面模型（DTM）时，首先要删除地面上大量的离散点（如树上的点）。深且纯净的水体会吸收大部分入射的雷达波，导致数据出现空值（即高程点图层的空白区域）。雷达数据的高程点通过距离倒数加权（IDW）算法（见第 9 章）插值成 1m×1m 的格网（见图 6.23）。图 6.23 中的高程范围是从海平面以下 2.4 英尺到海平面以上 41 英尺。

土地覆盖信息是从 EarthData 公司于 2006 年获得的高分辨率（1 英尺×1 英尺）彩红外数字航空影像中提取的，是由面向对象的图像分段监督分类和人工目视解译相结合得到的一幅 12 类的土地覆盖类型分布图（见图 6.24）。海洋土地覆盖类型的特征和图片见图 6.25。

互花米草（潮间带状草地）是南卡罗来纳州海岸生态系统的重要组成部分，能够维持鱼类、动物和鸟类的多样性。根据研究记录，互花米草占主导地位的生态系统的健康程度与近海渔业的产量联系紧密，因为维持食物链的大量岩屑（溶解的有机物）来自互花米草和其他河口植物。有趣的是，美国太平洋沿岸（如加利福尼亚州、俄勒冈州和华盛顿州）的人们认为互花米草是有害的物种，并准备除掉它们。

五月河河口的数字彩红外航空影像

图 6.22　南卡罗来纳州布拉夫顿附近五月河河口部分的高分辨率（1 英尺×1 英尺）数字彩红外航空
影像［影像数据源自博福特县 GIS 部门；摘自自然保护协会的 Jensen and Hodgson（2011）］

五月河河口的数字地形模型

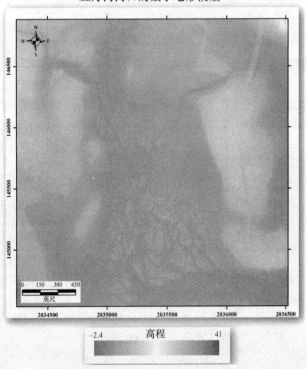

图 6.23　这幅数字地形模型（DTM）取自低潮时以 1 个点每平方米的密度采集的雷达数据。在创建 DTM
时首先要剔除地面上的离散点（如树上的点）。该 DTM 包含了从-2.4～41 英尺的连续数据［原
始雷达数据由博福特县 GIS 部门提供；摘自自然保护协会的 Jensen and Hodgson（2011）］

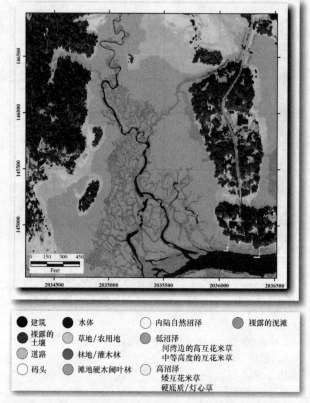

2006年遍布低沼泽和高沼泽的五月河河口的土地覆盖类型

图例：

建筑　水体　内陆自然沼泽　裸露的泥滩

裸露的土壤　草地/农用地　低沼泽
河湾边的高互花米草
中等高度的互花米草

道路　林地/灌木林

码头　滩地硬木阔叶林　高沼泽
矮互花米草
硬底质/灯心草

图 6.24　根据 2006 年 1 英尺×1 英尺的数字彩红外航空影像得到的土地覆盖信息［原始航空
影像由博福特县 GIS 中心提供；摘自自然保护协会的 Jensenx and Hodgson（2011）］

林地主要是常青的火炬松和南部橡树（弗吉尼亚栎）。海平面上升会对建筑物和码头造成威胁，林地也一样受影响。海平面上升还会对未出现在研究区域的落叶树和滩地硬木阔叶树造成影响。

为了预测未来海平面对区域的影响，首先要确定研究区域现有高程下的土地覆盖特征，这对海洋环境尤为重要。每天两次被海潮淹没，对研究区域内的植物类型和地理分布有很大的影响。

为获得相关信息，可把雷达测高数据（见图 6.23）和遥感获取的栅格土地覆盖信息（见图 6.24）进行相交叠加。计算统计资料并为独立的土地覆盖类型创建高程直方图。统计资料和直方图提供了河口植物类型与高程之间关系的信息，即使未来海平面发生了变化，也可认定这些生物关系依然存在。因此，这些数据可以用来预测各种海平面上升情况下的土地覆盖情况的变化。

选用海洋土地覆盖类型的均值±1 标准差和山地土地覆盖类型的均值±2 标准差，作为创建海平面上升预测模型的检验标准（见表 6.1）。

为预测未来海平面上升的影响，需要创建一个反映特定海平面上升场景的数字地形模型（DTM）。选用上升 1.0 英尺的海平面来进行说明，这需要改进的 DTM，可通过把原始DTM 中每个像素的高程减去 1.0 英尺来实现。

ArcGIS 栅格数据模型可以通过以下三种信息构建：（1）原始土地覆盖信息；（2）为模拟海平面上升进行了 1.0 英尺调整的 DTM；（3）在表 6.1 中根据直方图总结得到的试用准则。注意"若-则"的条件格式准则，能比较容易地作用于原始土地覆盖地图和调整后的DTM。

研究区域内海平面上升 1.0 英尺后的土地覆盖预测，根据的是图 6.26 中的准则。大多数情况下，土地覆盖是稳定的，即没有因为海平面上升 1.0 英尺而受到影响。有些原始的土地覆盖发生了变化，因为这些土地覆盖在给定的未来海平面条件下不再存在。需要特别注意的是，预计地表水和裸露的泥滩会大面积增长，而实质性的变化则发生在低沼泽和高沼泽的空间分布上。建筑物和码头不会因仅仅 1.0 英尺的海平面上升而受到影响。

土地覆盖类型	照片

因每天的潮涨潮落而存储了养料并维持了适合的盐度，河湾边的高互花米草（潮间带状草地）在岸滩上长得更密。随着时间的流逝，河湾边的互花米草能固定悬浮的沉淀物，导致潮水的河流阶地的高程逐渐增加。

河湾边的高互花米草 / 裸露的泥滩 / 2010年2月25日

中等高度的互花米草生长在环境更加恶劣的河岸上，那里养分不足，并可能由于潮汐冲刷次数的减少而使得地层中的盐度越来越高。

中等高度的互花米草 / 2010年8月12日

盐角草（厚岸草）和短互花米草常散布在含盐的环境中，一般离潮沟有一些距离。小片的短互花米草和盐角草常和硬质土地联系在一起。在这种较少淹水的硬质土地上相对较容易行走，有时这种硬土地上不长植物。

短互花米草 / 盐角草 / 灯芯草 / 2010年2月25日

灯芯草一般比互花米草和盐角草更能适应高盐环境，在五月河水域，灯芯草常生长在更高的沼泽中。

盐角草 / 灯芯草 / 硬质土地 / 2010年2月25日

裸露的泥滩由松散沉积物和风化物（已分解的有机体）组成，可能出现季节性沙洲和牡蛎。

水体
五月河一天经历两次潮汐，水中遍布悬浮沉积物。

2010年2月25日

图 6.25　五月河河口土地覆盖特征与实地照片（Jensen, Hodgson，2011）

表 6.1　检测雷达测高数据（见图 6.23）与遥感土地覆盖类型数据（见图 6.24）的相交叠加，所确定的预测准则。为模拟海平面上升 1.0 英尺的情况，将该准则用于一个高程降低了 1.0 英尺的新 DTM，预测结果见图 6.26 所示的土地覆盖［摘自自然保护协会的 Jensen and Hodgson（2011）］

准　则
若 2006 的土地覆盖类型（LC_{2006}）> 4.96 英尺，则海平面上升（SLR）后，$LC_{slr\_model} = LC_{2006}$
若 LC_{2006} = 码头，则 LC_{slr_model} = 码头
若 LC_{2006} = 水体，则 LC_{slr_model} = 水体
若 LC_{2006} < -1.0 英尺，则 SLR 后，LC_{slr_model} = 水体
若 LC_{2006} ≥ -1.0 英尺且 ≤ 0.32 英尺，则 SLR 后，LC_{slr_model} = 裸露的泥滩
若 LC_{2006} > 0.32 英尺且 ≤ 2.76 英尺，则 SLR 后，LC_{slr_model} = 低沼泽
若 LC_{2006} > 2.76 英尺且 ≤ 4.76 英尺，则 SLR 后，LC_{slr_model} = 高沼泽

预测2100年五月河河口海平面上升1.0英尺后的土地覆盖类型

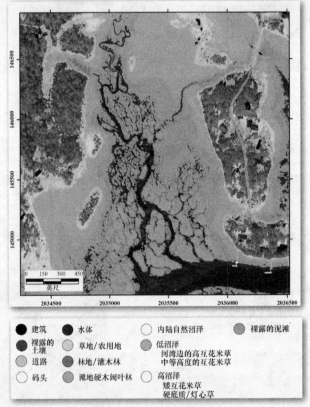

图 6.26　预测海平面上升 1.0 英尺后的土地覆盖。预测基于表 6.1 中的准则。海平面上升对河口地区土地覆盖的空间分布产生影响并限制了高地的范围［摘自自然保护协会的 Jensen and Hodgson（2011）］

该模型能够预测相对适度的海平面上升所造成的影响。调整原始栅格 DTM 的高程（如从 DTM 上减去 2~3 英尺），再通过原始的土地覆盖栅格数据和准则，就可以简单地重新运行这个模型。

需要特别注意的是，该海平面上升预测模型并未考虑预测时间段内河口的沉积物堆积和山地的侵蚀，也未考虑伴随海平面上升海洋盐度可能发生的变化。

6.3.3　邻域运算

根据之前的讨论已知，局部运算能够改动一幅影像或地图数据集中独立于相邻像素特征的每个像素的值。与此相反，邻域运算是根据周边的像素值对每个中心像元的值进行修改。几个常用的栅格邻域类型如图 6.27 所示，中心像元（f）位于检测区域的中心，如图 6.27(a)所示。

矩形邻域运算的应用最为广泛，其中最常见的是 3×3 和 5×5 邻域［见图 6.27(a)］。影像滤波也经常用到 5×5 的八边形邻域、十字形最近 4 邻域和保持边缘的中值滤波［见图 6.27(b)和(c)］。矩形邻域的行和列一般都为奇数，以保证有一个待计算的中心像元。要特别指出的是，用户可以任意指定矩形邻域的大小，如 17×17、25×25 等。

不同形状和大小的栅格邻域类型

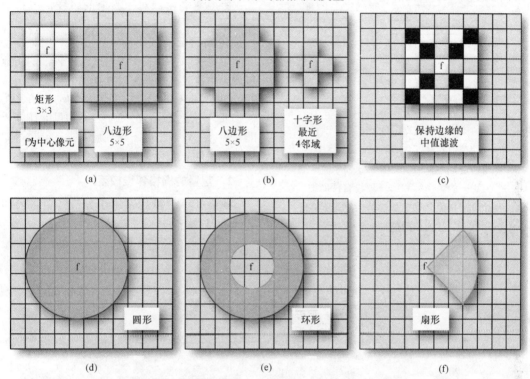

图 6.27　不同栅格邻域类型示例，其中(a)、(b)、(c)是地图和影像滤波处理过程中最常用的卷积掩模

使用矩形邻域算法处理的空间滤波如图 6.28 所示。示例中的 3×3 滑动窗口按行从左到右逐个像素地遍历输入栅格数据集。注意，使用 3×3 邻域时，输出矩阵的第一行和第一列没有任何值，此时用户需要确定是让这些行和列为空，还是复制邻近的行或列的值。

圆形邻域到中心像元的半径可由用户自定义［见图 6.27(d)］。环形邻域是以中心像元为圆心，位于外环和内环之间的地理区域（即像素）［见图 6.27(e)］，最内圈的像素不参与环形的计算。扇形邻域是中心像元周围呈圆形放射状的部分。

需要注意的是，给定像素（单元）通常只有一部分位于在圆形、环形或扇形邻域内。出现这种情况时，如果像素的中心（即像素的几何中心）位于邻域范围以内，则像素也位于邻域内。

1. 定性的栅格邻域模型

栅格邻域分析的一些重要应用会涉及如土地覆盖类型（如类 A、类 B 和类 C）等的名义量表数据或顺序量表数据（如"优" = 1，"良" = 2 和"差" = 3）。与之前只考虑一幅影像或多幅配准影像内的单个像素不同，邻域分析还需要考察围绕中心像元的预定邻域范围之内的所有像素，并根据这些信息确定新输出文件里中心像元的像素值。图 6.29(a)是一些定性运算的示例。

图 6.29(a)所示为一个简单的 3×3 多数滤波窗口的应用。多数滤波常用来消除由遥感手段

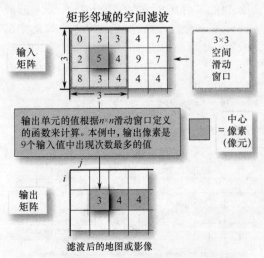

矩形邻域的空间滤波

输入矩阵

0	3	3	4	7
2	5	4	9	7
8	3	4	4	4

3×3空间滑动窗口

输出单元的值根据 $n×n$ 滑动窗口定义的函数来计算。本例中，输出像素是9个输入值中出现次数最多的值

中心 = 像素（像元）

输出矩阵

3	4	4

滤波后的地图或影像

图 6.28　使用矩形邻域进行空间滤波。可以看出滑动窗口是从左到右、逐行依次对输入栅格进行运算的。使用 3×3 邻域时，输出矩阵的第一行和第一列没有任何值，此时用户需要确定是让其为空，还是复制邻近的行或列的值

获取的土地覆盖图上的椒盐噪声，处理后的土地覆盖专题图看起来更加美观，因为在处理过程中一个被其他类型的土地覆盖（如森林）包围起来的独立像素（如水），将被修改成其周围占多数的土地覆盖类型（即森林）。有时，用一个滑动窗口来判定数值的多数或少数比较方便［见图 6.29(a)］。

使用滑动窗口对像素值的多样性进行检测也很重要［见图 6.29(a)］。例如，一个多样性值较高的像素可能预示着在一个相对较小的区域内（即 3×3 窗口）出现了比较多的土地覆盖类型。这种多样性对某种在多样土地覆盖（异质性）的栖息地上才能存活的动物而言尤其重要。与之相反，另外一些动物可能在同质的（单一性）土地覆盖（如茂密的单一树种林）环境中才能生长得最好。

2．定量的栅格邻域模型

栅格邻域分析也常用于分析等距量表和等比量表数据。

3×3滑动窗口对单个栅格数据集的邻域运算

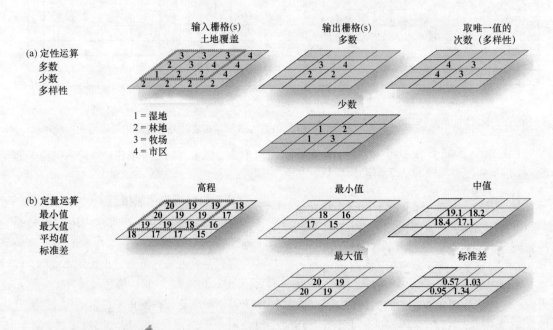

图 6.29　使用 3×3 滑动窗口对单个栅格数据集的邻域运算：(a)简单的定性运算；(b)简单的定量运算

简单的单变量统计　一些最常见的定量描述单变量的统计值包括最小值、最大值、平均值和标准偏差等，可以由 $n×n$ 滑动窗口的计算来获取［见图 6.29(b)］。

3．地图和影像数据的空间卷积滤波

空间频率是地图和遥感影像的一个特征参数，定义为地图或影像中任意部分的单位距

离内像素值的变化量（Jensen，2005）。如果在给定的区域内有微小的变化，就称之为低频域。如果在较短距离内像素值的变化量很大，就称之为高频域（细节部分）。空间频率的本质就是描述某个空间区域的值，因此有可能利用空间方法来提取定量的空间信息，这就需要考虑局部（邻域）像素值而非单个像素值。这种概念支持分析人员从地图或影像中提取有用的空间频率信息。

栅格专题地图或遥感影像的空间频率可通过两种方法进行增强或减弱。第一种方法是基于卷积模板的空间卷积滤波（Lo, Yeung, 2007），这种方法比较容易理解，可用于增强低、高频细节和边缘。另一种技术是傅里叶分析，它用数学方法将一幅地图或影像分解成空间频率成分，Jensen（2005）曾对其进行过研究。

线性空间滤波是一种滤波方法，其输出影像或地图的(i, j)位置的值（$V_{i,j}$）是输入影像或地图(i, j)位置周围特定邻域内像素的加权平均

（线性组合）值的函数（见图 6.28）。这种相邻像素值进行加权计算的过程称为二维卷积滤波（Jensen, 2005；Prant, 2007）。

高级地理信息系统和遥感数字影像处理软件（如 ERDAS IMAGINE、ENVI）提供了简洁的用户操作界面，分析人员可以指定卷积核的大小（如 3×3、5×5）及其系数。图 6.30 为 ERDAS IMAGINE 和 ArcGIS ArcMap 卷积滤波的用户界面示例。

空间卷积滤波可用来增强栅格专题地图和数字影像的低频细节、高频细节与边缘。下面将借助于对高分辨率彩色航空像片应用多种滤波方法来讨论空间卷积滤波。注意，这些滤波方法也可以处理高程、温度、湿度、人口密度等连续的栅格专题地图数据（Warner et al., 2009）。

4. 空间域的低频滤波

平滑或降低高频细节的图像增强称为低频或低通滤波。最简单的低频滤波方法是求平

空间卷积滤波用户界面

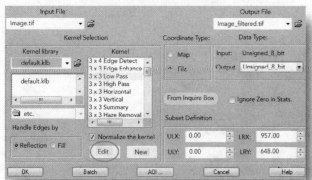

(a) ERDAS IMAGINE卷积界面

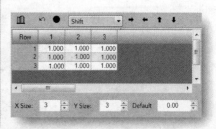

(b) ERDAS IMAGINE 3×3低通滤波

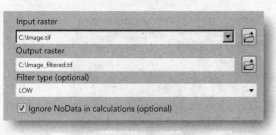

(c) ArcGIS ArcMAP滤波界面

图 6.30　(a)ERDAS IMAGINE 卷积用户界面实例；(b)分析人员可使用编辑菜单向 $n×n$ 卷积核输入需要的参数；(c)使用 ArcGIS ArcMAP 进行空间滤波的用户界面，已选的滤波方法为低通滤波（用户界面由 Esri 公司提供）

均值，即对一个特定的输入像素值 V_{in} 和该像素周围的像素值取平均，然后输出新值 V_{out}。邻域卷积模板或卷积核（n）的大小一般为 3×3、5×5、7×7 或 9×9。图 6.27(a)显示了对称的 3×3 和 5×5 卷积模板。下面重点讨论含有 9 个系数的 3×3 卷积模板，系数 c_i 的定义如下：

$$卷积掩模模板 = \begin{bmatrix} c_1 & c_2 & c_3 \\ c_4 & c_5 & c_6 \\ c_7 & c_8 & c_9 \end{bmatrix} \quad (6.3)$$

通常，低频卷积模板的系数设置为 1 [如图 6.30(a)、(b)和表 6.2 所示]：

$$低频滤波器 = \begin{bmatrix} 1 & 1 & 1 \\ 1 & 1 & 1 \\ 1 & 1 & 1 \end{bmatrix} \quad (6.4)$$

掩模模板中的系数 c_i 分别与输入数字影像或栅格地图中的单个像素值（V_i）相乘（Jensen，2005）：

$$掩模模板 = \begin{matrix} c_1V_1 & c_2V_2 & c_3V_3 \\ c_4V_4 & c_5V_5 & c_6V_6 \\ c_7V_7 & c_8V_8 & c_9V_9 \end{matrix} \quad (6.5)$$

计算过程中，任何时候的初始输入像素都是 $V_5 = V_{i,j}$。原始数据和低频滤波器（所有系数均为 1）的卷积能生成一幅新的影像或地图，其中（Jensen，2005）：

$$\begin{aligned} LFF_{5,out} &= Int\left(\frac{\sum_{i=1}^{n=9} c_i \times V_i}{n}\right) \\ &= Int\left(\frac{V_1 + V_2 + V_3 + \cdots + V_9}{9}\right) \end{aligned} \quad (6.6)$$

然后滑动均值模板到下一个像素，再依次计算 9 个像素值的平均值，对输入影像的每个像素都要执行这一操作（见图 6.28）。图像平滑去除栅格数据中椒盐噪声的效果很好，但这种简单的平滑会使图像变得模糊，特别是边缘部分。随着卷积核大小的增加，模糊会变得更加严重。

图 6.31(a)显示了德国某居民区的一幅高分辨率（6 英寸×6 英寸）真彩色数字航空相片，它由 SenseFly 公司生产的无人机（UAV）获取。图 6.31(b)显示了对居民区影像红光波段进行低频滤波 [见式（6.4）和表 6.2] 后的结果。可以看到影像变得模糊，并损失了高频细节。只有中频信号才允许通过低通滤波器。在多样化、高频的都市环境下，高频滤波通常能提供较好的处理结果。

栅格数据的空间滤波

(a) 对比度拉伸　　(b) 红光波段的低频滤波

(c) 中值滤波　　(d) 红光波段的高频边缘增强滤波

图 6.31　(a)德国某居民区的高分辨率彩色数字航空影像；(b)红光波段的低频滤波；(c)红绿蓝波段的中值滤波；(d)红光波段的高频边缘增强滤波（原始数字航空影像由 Sensefly 公司提供）

三种空间滤波算法（中值、最小值/最大值和奥林匹克算法）并不会使用检测到的 $n×n$ 邻域内的所有参数。中值滤波只是把 $n×n$ 邻域内的像素值按照从低到高的顺序进行排序，然后选择中间值作为模板中心像元的元素值。图6.27(a)和(b)显示了中值滤波常用的邻域模式。对居民区进行中值滤波的应用如图6.31(c)所示。中值滤波允许擦除精细的细节，并使大面积区域采用一个相同的像素值（称为多色调分色法），多色调分色法的处理效果如图6.31(c)所示。

最小值滤波或最大值滤波能在用户指定区域（如3×3像素）内检测邻域的像素值，然后用检测到的最小值或最大值取代中心像元的像素值。

奥林匹克滤波是以奥运会项目的记分系统命名的，该滤波方法并不使用3×3矩阵中的所有9个像素值，而是去掉其中的最大值和最小值，再把剩下的像元值进行平均。

5. 空间域的高频滤波

高频滤波可去除栅格地图或影像中变化缓慢的部分，并增强高频的局部变化部分（Jensen，2005）。表6.2总结了一种通过系数来增强或锐化边缘的高频滤波。图6.31(d)是对居民区航空影像的红光波段应用这种高频边缘锐化滤波的效果。

表 6.2　低频和高频滤波与线性和非线性边缘增强滤波选用的卷积掩模系数

卷积掩模模板 $=\begin{bmatrix} c_1 & c_2 & c_3 \\ c_4 & c_5 & c_6 \\ c_7 & c_8 & c_9 \end{bmatrix}$　　　示例：低频滤波器 $=\begin{bmatrix} 1 & 1 & 1 \\ 1 & 1 & 1 \\ 1 & 1 & 1 \end{bmatrix}$

	c_1	c_2	c_3	c_4	c_5	c_6	c_7	c_8	c_9	示例
空间滤波										
低频滤波	1	1	1	1	1	1	1	1	1	图6.31(b)
高频滤波	1	-2	1	-2	5	-2	1	-2	1	图6.31(d)
线性边缘增强										
西北向浮雕	0	0	1	0	0	0	-1	0	0	图6.32(a)
正东向浮雕	0	0	0	1	0	-1	0	0	0	—
ArcGIS边缘增强	-0.7	-1	-0.7	-1	6.8	-1	-0.7	-1	-0.7	—
正北向罗盘滤波	1	1	1	1	-2	1	-1	-1	-1	
东北向罗盘滤波	1	1	1	-1	-2	1	-1	-1	1	图6.32(b)
正东向罗盘滤波	-1	1	1	-1	-2	1	-1	1	1	—
东南向罗盘滤波	-1	-1	1	-1	-2	1	1	1	1	
正南向罗盘滤波	-1	-1	-1	1	-2	1	1	1	1	
西南向罗盘滤波	1	-1	-1	1	-2	-1	1	1	1	
正西向罗盘滤波	1	1	-1	1	-2	-1	1	1	-1	
西北向罗盘滤波	1	1	1	1	-2	-1	1	-1	-1	
竖直边缘	1		-1	1	-2	1	-1		1	
水平边缘	-1	0	1	-1		1	-1	0	1	
对角线边缘	-1	-1	-1	0		1	-1	1	1	
非线性边缘增强	0	1	1	-1	0	-1	-1	1		
拉普拉斯算子4	0	-1	0	-1	4	-1	0	-1	0	图6.32(c)
拉普拉斯算子5	0	-1	0	-1	4	-1	0	-1	0	图6.32(d)
拉普拉斯算子8	-1	-1	-1	-1	8	-1	-1	-1	-1	

6. 空间域的边缘增强

通常，从一幅影像或地图得到的最有用的信息，包含在感兴趣对象周围的边缘信息中（Jensen，2005）。边缘增强勾绘出一幅影像或地图中的边缘部分，使得这些边缘更加突出，更容易识别。一般来说，肉眼看到的图像边缘是两个毗邻像素值间的简单急剧变化。边缘增强可通过线性或非线性边缘增强技术来实现。

线性边缘增强　边缘增强通常通过之前讨论过的加权模板或核来对原始数据进行卷积处理。有效的边缘增强处理可以使边缘表现出一种造型晕渲样式，一般称之为浮雕。边缘浮雕可通过如表 6.2 列出的西北向浮雕增强和正东向浮雕增强等浮雕滤波获得。

浮雕增强的方向是通过改变模板边缘的系数值来控制的。当浮雕的阴影朝向观察者时，这种造型晕渲样式看起来非常舒适。图 6.32(a)显示了红光波段经西北向浮雕滤波处理后的居民区影像。

表 6.2 提供了 ArcGIS 公司的高通边缘增强系数，这种滤波方法能够删除低频变化区域，并突出不同区域间的边界（边缘）（Esri，2011）。

罗盘梯度掩模可以用于二维离散的定向微分边缘增强处理（Pratt，2007），表 6.2 列出了 8 种常用的罗盘梯度掩模系数。罗盘的名字表明了最大响应的倾斜方向，例如，正东梯度掩模对从西到东的水平方向的数字值变化产生了一个最大输出。这种梯度掩模的权重为零（即模板参数总和为零）（Pratt，2007），这就导致了在恒定亮度值区域上没有输出响应（即无边缘显示）。图 6.32(b)显示了应用罗盘东北方向梯度掩模的居民区影像。

Richard and Xiuping（2006）给出了另外 4 个可用来探测影像边缘的 3×3 滤波器（竖直、水平和对角线方向），这些滤波系数列于表 6.2 中。

拉普拉斯滤波可用于影像或连续平面地图的边缘增强操作。拉普拉斯滤波是一种二阶导数（梯度滤波是一阶导数），旋转后性质不变，这意味着对不连续（如边缘）的方向不敏感。表 6.2 列出了与三种重要的 3×3 拉普拉斯滤波方法有关的系数（Jahne，2005；Pratt，2007）：

有时拉普拉斯处理过的图像很难识别。例如，图 6.32(c)所示的居民区影像就应用了拉普拉斯算子 4 的滤波方法。因此，一些分析人员更倾向于将通过拉普拉斯算子 5 算法增强的边缘信息添加到原始地图或影像中。对居民区运用这种增强方法得到的结果如图 6.32(d)所示。

栅格数据的空间滤波

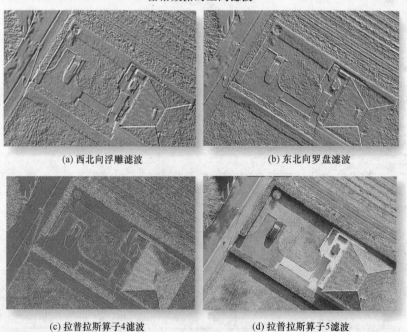

　(a) 西北向浮雕滤波　　　　　　　　　(b) 东北向罗盘滤波

　(c) 拉普拉斯算子4滤波　　　　　　　(d) 拉普拉斯算子5滤波

图 6.32　德国居民区高分辨率影像红光波段的各种卷积掩模的应用：(a)西北向浮雕滤波；(b)东北向罗盘滤波；(c)包含边缘信息的拉普拉斯算子 4 边缘增强；(d)原始影像中增加了利用拉普拉斯算子 5 边缘增强处理的边缘数据（原始数字航空影像由 Sensefly 公司提供）

非线性边缘增强　非线性边缘增强是将像素进行非线性组合。例如，Sobel 边缘检测算子基于前述的 3×3 窗口，按如下关系进行计算（Jensen，2005）：

$$\text{Sobel}_{5,\text{out}} = \sqrt{X^2 + Y^2} \qquad (6.7)$$

式中，

$$X = (V_3 + 2V_6 + V_9) - (V_1 + 2V_4 + V_7)$$

和

$$Y = (V_1 + 2V_2 + V_3) - (V_7 + 2V_8 + V_9)$$

该处理能检测出水平、竖直和对角线方向的边缘特征，图 6.33(a)所示为居民区的 Sobel 边缘增强结果。

栅格数据的空间滤波

(a) Sobel边缘增强　　　　　　(b) Roberts边缘增强

图 6.33　高分辨率红光波段居民区影像的两种非线性边缘增强：(a)Sobel 边缘增强；(b)Roberts 边缘增强（原始数字航空影像由 Sensefly 公司提供）

Roberts 边缘检测算子只选用 3×3 模板中的 4 个系数，位于像素 $V_{5,\text{out}}$［由式（6.3）给出的 3×3 模板构成］的新像素值按如下公式计算（Jensen，2005）：

$$\text{Roberts}_{5,\text{out}} = X + Y \qquad (6.8)$$

式中，

$$X = |V_5 - V_9|, \qquad Y = |V_6 - V_8|$$

居民区的Roberts边缘滤波结果如图6.33(b)所示。

其他类型的空间滤波方法也可应用于栅格数据。例如，有些滤波方法可以提取地表纹理，Jensen（2005）就描述过其中的一些滤波方法。

6.3.4　区域运算

假设某一栅格数据集（矩阵）中某区域的一组像素具有相同的值，譬如 10。再假设与其相邻的一组像素值均为 11。这两组像素就称为该栅格数据集中的区域。它们可能与某个州的 10 号和 11 号县相关联，或者表示 23 号和 24 号水域。这两个区块为相邻区域。

现在设想另一种情况：在湖的一侧有一组（区域）数值为 100 的像素，而该湖由像素值为 1 的一个区域组成；在湖的另一侧，有一个独立而明显的像素值为 100 的区域。在湖两侧值为 100 的像素可能是指某一特定的土壤或土地覆盖类型。这种情况下，就有了两个被湖隔开的不相邻区域。

1．区域统计

区域统计可以从独立的栅格数据集或两种栅格数据集中进行提取（见图 6.34）。

单一栅格的区域统计　从单个数据集中提取的一些重要区域测度实际上都具有几何性质，包括每个区域的面积、周长、厚度和质心。

某个指定区域内的地理面积为该区域内像素的总数乘以单元大小（即单位为平方米）。一个连续区域的周长就是其边界长度，而不连续区域的周长为每个相关区域的边界长度之和。区域内能画出的最大圆的半径称为这个区域的厚度。质心（几何中心）位于与区域拟合得最好的椭圆的长半轴与短半轴的交点处。

两个栅格数据集的区域统计　区域统计也常由两个栅格数据集参与计算：（1）输入栅格，（2）区域栅格。输入栅格一般为专题数据，如土地覆盖类型、温度、高程、人口等。区域栅格通常包含由相邻或不相邻像素区块组成的规则区域。例如，区域栅格数据集可以是某一个州内的独立县、独立水域、校区或任意一个街区等。

区域运算会得到一个新的输出栅格数据集，包括了位于区域栅格范围内输入栅格中

两个栅格文件的区域运算

输入栅格高程 (a)

	j		
6	6	7	9
7	7	9	10
8	8	12	10
8	8	12	16

带有4个分区的分区栅格 (b)

	j		
1	1	1	4
1	1	4	4
3	3	5	4
3	3	5	5

区域最小值 (c)

	j		
6	6	6	9
6	6	9	9
8	8	12	9
8	8	12	12

区域最大值 (d)

	j		
7	7	7	10
7	7	10	10
9	9	16	10
9	9	16	16

区域少数 (e)

	j		
6	6	6	9
6	6	9	9
9	9	16	9
9	9	16	16

区域多数 (f)

	j		
7	7	7	9
7	7	9	9
8	8	12	9
8	8	12	12

区域平均值 (g)

	j		
6.6	6.6	6.6	9.5
6.6	6.6	9.5	9.5
8.25	8.25	13.3	9.5
8.25	8.25	13.3	13.3

区域标准差 (h)

	j		
0.54	0.54	0.54	0.57
0.54	0.54	0.57	0.57
0.5	0.5	2.3	0.57
0.5	0.5	2.3	2.3

区域值域 (i)

	j		
1	1	1	1
1	1	1	1
1	1	4	1
1	1	4	4

区域多样性 (j)

	j		
2	2	2	2
2	2	2	2
2	2	2	2
2	2	2	2

区域求和 (k)

	j		
33	33	33	38
33	33	38	38
33	33	40	38
33	33	40	40

区域面积 (l)

	j		
5 x cell size			
			4x
4x		3x	

图 6.34　两个栅格文件的多种区域运算示例：(a)包含高程信息的输入栅格数据；(b)由属于 1～4 的四种土壤类型像素组成的分区栅格；(c)区域最小值；(d)区域最大值；(e)区域少数；(f)区域多数；(g)区域平均值；(h)区域标准差；(i)区域值域；(j)区域多样性；(k)区域求和；(l)区域面积=区域内的单元数×单元大小

的每个单元的值。最常见的区域概要统计量包括最小值、最大值、少数、多数、平均值、标准差、值域、多样性、求和与区域面积等，如图 6.34 所示。本例中，输入栅格数据是整型高程数据，区域数据集为 4 种土壤类型的分布范围。为了计算中值（图中未显示）、少数、多数和多样性，输入值必须是整数。

图 6.35 是区域分析的一个实例。图 6.35(a)为南卡罗来纳州五月河流域地区与雷达获取的数字高程模型的叠加显示。数字地形模型的高程数据作为输入栅格进行各种区域统计分析。图 6.35(b)显示了 29 个用户自定义区域（区块），从每个区块的 DTM 像素中提取出高程统计信息。区域的平均高程是通过计算区域的平均值来确定的，经过颜色编码的区域均值如图 6.35(c)所示。较高的地区位于流域的西北部，其平均高程为海平面以上 31 英尺。

每个区块的最小高程是通过计算区域的最小值来确定的，经过颜色编码的区块最小值如图 6.35(d)所示。最小值基本分布在五月河河岸及其支流上。流域西北部的 304 号区块的深蓝色异常区，是由一个 15 英尺的深坑造成的。

需要特别注意的是，同一区域内的所有像素值都相同。区域统计信息在很多 GIS 研究中有重要应用。

区域运算的实例

(a)叠加在数字地形模型（DTM）上的
五月河流域数据为输入栅格

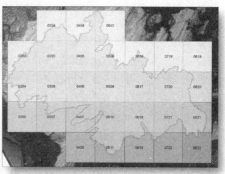

(b)区域数据由29个输入栅格
区域（区块）组成

(c)区域均值：把每个区域内高程值
的均值赋给区域中的所有像素

(d)区域最小值：把每个区域内的最小
高程值赋给区域中的所有像素

图 6.35　区域运算的实例：(a)输入的栅格为水域范围内的高程信息；(b)区域栅格由 29 个
　　　　区块组成；(c)对(a)中的栅格 DTM 和(b)中的 29 个栅格区域进行区域均值运算
　　　　的结果；(d)对(a)中的栅格 DTM 和(b)中的 29 个栅格区域进行区域最小值运
　　　　算的结果（雷达高程数据由博福特县 GIS 部门提供）

6.4　小结

　　本章介绍了几种矢量和栅格数据分析类型的实例。点、线和面要素的矢量缓冲区分析是 GIS 研究中很重要的部分。矢量叠加分析是最重要的 GIS 分析之一，包括点与面、线与面和面与面分析。栅格数据中的点、线和面要素同样可以进行缓冲区分析。栅格的局部运算可以通过对单个或多个配准后的栅格数据集的计算来分析独立的像素。栅格的邻域分析可以对独立的像素及其周围的相邻像素进行空间滤波和区域（分区）分析。

复习题

1. 请描述确定一个与开发区域相邻的湿地的 300m 缓冲区的过程，并说明分析过程中将使用到哪些地理空间信息和分析步骤。

2. 若计划购置一块 70m×80m 的土地，当地建筑规定要求所建房屋必须距建筑红线 3m 以外。有研究区域包括详细建筑红线空间信息的高分辨率数据集可供查询，问如何判断待建房屋是否符合该建筑

　　规定？

3. 请描述两种能应用于矢量面（多边形）数据的缓冲区分析。

4. 请举出一个点与面叠加分析问题的典型例子。

5. 若要增强一幅遥感影像的高频特征，可以使用哪种栅格滤波方法？

6. 若要强调一幅栅格地图或影像的低频及缓慢变化的特征，可以使用哪种滤波方法？

7. 请描述一种需要用到区域分析的空间分析问题。

8. 为什么影像或地图中的纹理很重要？能够使用什么算法来提取高分辨率数码航空影像的纹理信息？为什么？

9. 现有一幅河流网非常密集地区的高分辨率数码航空影像，若需要确定河网的详细结构，可以使用哪种边缘增强算法？为什么？

10. 请叙述通用土壤侵蚀预报方程的原理，并说明在 GIS 中如何利用栅格局部运算予以实现？

11. 请叙述栅格卷积滤波的原理。若用 3×3 模板对一南北走向的栅格地图或影像的边缘进行增强处理，其卷积核中应该使用什么样的系数？

12. 请列举一个线与面叠加分析问题的典型例子。

关键术语

缓冲（Buffering）：距点、线或面（多边形）要素特定距离（如 100m）创建一个新多边形。

裁剪（Clipping）：根据裁剪基础要素层的多边形边界来提取输入层的地理区域的一种空间分析操作。

边缘增强（Edge Enhancement）：增强影像或地图的边缘信息以使其更易识别的过程。

擦除（Erasing）：使用擦除基础要素层作为要删除的地理区域的模板来删除输入层的一部分。输出层只包含擦除区域以外的输入层要素。

高频滤波（High-frequency Filter）：一种突出地图或影像的高频细节的栅格影像增强方法。

标识（Identity）：一种计算输入层要素和标识层要素几何相交的操作。与标识层要素重叠的输入要素或输入要素的部分数据具有标识层要素的属性。

相交（Intersection）：两个图层的相交使用的是 AND（与）连接器，以计算输入层与基础要素层的几何交集。只有同时属于输入层和基础要素层的要素或要素的部分数据才能写入输出层。

拉普拉斯边缘增强（Laplacian Edge Enhancement）：具有旋转不变性的二阶导数滤波方法（相对一阶导数的梯度方法），它对边缘方向的变化不敏感。

线性空间滤波（Liner Spatial Filter）：一种空间滤波方法，其输出影像或地图 (i, j) 位置的值是输入影像或地图中 (i, j) 位置周围特定邻域值的加权平均（线性相交）函数。

线与多边形叠加（Line-in-polygon Overlay）：线图层与面图层的叠加操作。

局部运算（Local Raster Operation）：栅格数据集中 (i, j) 位置的每个像素（单元）都可视为局部对象，可以独立于周围的像素（单元）对这个像素值进行操作。

低频滤波（Low-frequency Filter）：一种降低或模糊地图或影像中高频细节的栅格影像增强方法。

地图代数（Map Algebra）：应用于多个配准栅格数据集的算术和代数的局部运算。

中值滤波（Median Filter）：把 $n×n$ 邻域内的像素值从低到高进行排序，选出位于中间的值作为这个邻域中心像元的像素值。

最小值/最大值滤波（Minimum/Maximum Filter）：在一个用户自定义的区域（如 $n×n$ 像素）内比较像素值，并用其中的最小值或最大值来代替中心像元的像素值。

邻域栅格运算（Neighborhood Raster Operation）：根据目标像素周围相邻像素值计算每个目标像元的像素值。

奥林匹克滤波（Olympic Filter）：使用 $n×n$ 区域内的所有值，去掉最大值和最小值后求平均。

点与面叠加（Point-in-Polygon Overlay）：点与面图层的叠加操作。

面与面叠加（Polygon-on-Polygon Overlay）：面图层与另一面图层的叠加操作。

栅格地图叠加（Raster Map Overlay）：常见于多个栅格图层的局部运算。

空间频率（Spatial Frequency）：栅格地图或影像中任意部分的单位距离的数值变化量。

分割（Splitting）：基于基础要素层的特点把输入层分成许多小图层，每个新输出的图层只包含叠加在分割图层多边形内的输入层要素。

对称差（Symmetrical Difference）：计算输入要素层和基础要素层几何交集的一种操作。输出图层中的要素是输入要素（或部分）中与更新要素没有重叠的部分。

合并（Union）：基于 OR（或）连接器的两个图层的并集，结果保留了输入多边形图层和基础多边形图层的所有要素。

参考文献

[1] Chang, K., 2010, *Introduction to Geographic Information Systems*,New York: McGraw Hill, 5th Ed., 224–268 p.

[2] Clarke, K. C., 2011, *Getting Started with Geographic Information Systems*, Upper Saddle River: Pearson Prentice-Hall,Inc., 369 p.

[3] Cowen, D. J., Coleman, D. J., Craig, W. J., Domenico, C., Elhami,S., Johnson, S., Marlow, S., Roberts, F., Swartz, M.T. and N. Von Meyer, 2007, *National Land Parcel Data: A Vision for the Future*, Washington: National Academy Press, 158 p.

[4] DeMers, M. N., 2002, *GIS Modeling in Raster*, New York:John Wiley & Sons, 208 p.

[5] DeMers, M. N., 2005, *Fundamentals of Geographic Information Systems*, 3rd Ed., New York: John Wiley & Sons, 467 p.

[6] ENVI, 2011, *Environment for Visualizing Images*, Boulder:ITT Visual Information Solutions (www. ittvis.com/default.aspx).

[7] Esri, 2011, *ArcGIS? DeskTop Help,* Redlands: Esri, Inc.(www.Esri.com).

[8] Gutierrez, B.T., Williams, S. J. and E. R. Thieler, 2007, "Potential for Shoreline Changes Due to Sea-level Rise Along the U.S. Mid-Atlantic Region," *U.S. Geological Survey Open-File Report #2007-1278*, Washington: USGS (http://pubs.usgs. gov/of/2007/1278).

[9] Jahne, B., 2005, *Digital Image Processing*, New York: Springer-Verlag, 630 p.

[10] Jain, A. K., 1989, *Fundamentals of Digital Image Processing*,Inglewood Cliffs, NJ: Prentice-Hall, Inc., 342-357.

[11] Jensen, J. R., 2005, *Introductory Digital Image Processing: A Remote Sensing Perspective*, Upper Saddle River: Pearson Prentice-Hall, Inc., 592 p.

[12] Jensen, J. R. and M. E. Hodgson, 2011, *Predicting the Impact of Sea Level Rise in the Upper May River in South Carolina Using an Improved LiDAR-derived Digital Elevation Model,Land Cover Extracted from High Resolution Digital Aerial Imagery, and Sea Level Rise Scenarios*, Charleston: The Nature Conservancy, 75 p.

[13] Lo, C. P. and A. K. W. Yeung, 2007, *Concepts and Techniques in Geographic Information Systems*, Upper Saddle River:Pearson Prentice-Hall, Inc., 532 p.

[14] Madden, M. (Ed.), 2009, *Manual of Geographic Information Systems*, Bethesda: American Society for Photogrammetry & Remote Sensing, 1352 p.

[15] Maidment, D. R., Edelman, S., Heiberg, E. R., Jensen, J. R.,Maune, D. F., Schuckman, K. and R. Shrestha, 2007, *Elevation Data for Floodplain Mapping*, Washington: National Academy Press, 151 p.

[16] NRCS, 2010, *Revised Universal Soil Loss Equation, Version 2 (RUSLE2): Official NRCS RUSLE2 Program*, West Lafayette:Purdue University (http://fargo.nserl.purdue.edu/rusle2_dataweb/RUSLE2_Index.htm).

[17] Pratt, W. K., 2007, *Digital Image Processing*, 4th Ed., New York: John Wiley & Sons, 782 p.

[18] Renard, K. G., Foster, G. R., Weesies, G. A., McCool, D. K. and D. C. Yoder, 1997, *Predicting Soil Erosion by Water: A Guide to Conservation Planning with the Revised Universal Soil Loss Equation (RUSLE)—Agricultural Handbook 703*, Washington, DC: U. S. Department of Agriculture.

[19] Richards, J. A. and J. Xiuping, 2006, *Remote Sensing Digital Image Analysis*, Heidelberg: Springer-Verlag, 439 p.

[20] Russ, J. C., 2006, *The Image Processing Handbook*, 5th Ed.,Boca Raton: CRC press, 817.

[21] Stone, R. P., 2010, *Universal Soil Loss Equation (USLE)*, Ontario:Ministry of Agriculture, Food, and Rural Affairs(http://www.omafra.gov.on.ca/english/engineer/facts/00-001.htm).

[22] Tomlin, C. D., 1990, *Geographic Information Systems and Cartographic Modeling*, Upper Saddle River: Pearson Prentice- Hall, Inc.

[23] USGS and FWS, 2004, *Habitat Displacement and Sea Level Change—The Blackwater Model,* Washington: U.S. Department of the Interior (http://geology. usgs.gov/connections/fws/landscapes/blackwater_model.htm).

[24] Warner, T. A., Nellis, M. D. and G. M. Foody, 2009, *The SAGE Handbook of Remote Sensing*, London: SAGE Publications Ltd., 504 p.

[25] Wischmeier, W. H., and D. D. Smith, 1960, "A Universal Soilloss Equation to Guide Conservation Farm Planning," *Transactions International Congress Soil Science*, (7):418–425.

[26] Wischmeier, W. H. and D. D. Smith, 1978, *Predicting Rainfall Erosion Losses: A Guide to Conservation Planning—Agricultural Handbook #537*, Washington: U. S. Department of Agriculture, 58 p.

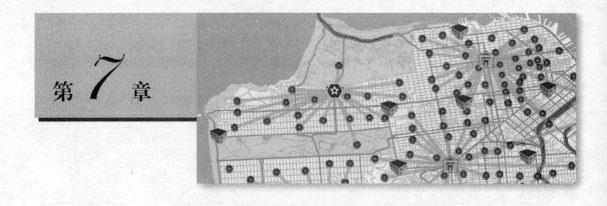

网络分析

<p>络是由相交的线（边缘）和交叉的点（交叉点）组成的系统，表示从一个位置到另一个位置的路径。网络包括人工网络和自然网络。例如：汽车、卡车、地铁、出租车和校车等行驶在公路网络上［见图 7.1(a)］；火车行驶在轨道网络上［见图 7.1(b)］；飞机穿行在精心控制的地面交通网络中［见图 7.1(c)］，并飞行在预先设定的航道网络上；人们在道路或人行道上骑自行车或步行［见图 7.1(d)］；动物们沿着踪迹网络从巢穴前往觅食地；水和污水同时在自然网络和人工网络中流淌。

人们对货物、服务、动物和资源在网络上的运输非常感兴趣（Maidment, 2002; Salah and Atwood, 2010），同样也对通过网络确定最优路线或在网络中确定新设施的最佳位置感兴趣。因此人们将大量研究工作投入到了网络空间特征分析的 GIS 功能开发中，以便解决一些重要事件的定位问题（Lemmens, 2010）。一些典型的网络应用包括：

- 个人：最近的服务设施定位（如市场、牙医、医院等）。
- 个人：找到住在 Main 大街 1010 号的朋友的位置。
- 政府：优化数百个邮递员的日常路线。
- 教育机构：确定校车的最优路线，确保优先靠近右侧路边且没有 U 形弯道。
- 公共安全：处理紧急事件车辆（如救护车、消防车、警车等）的行驶路线。
- 市政工程：确定城市或农村每周收集垃圾的最优路线。
- 商业：确定运输新家电的最优路线，包括时间窗口和距离限制。
- 商业：若市场上已有三家商店和两家竞争对手，确定一家新商店的最优位置，使其占现有市场份额的 60%。

7.1 概述

本章首先介绍地理编码和地址匹配；然后介绍两种普通的地理数据库网络：交通（无向）网络和几何设施（有向）网络；再后介绍由 GIS 中存储的地理信息来创建拓扑上正确的网络地理数据集的一般过程，讨论网络信息的潜在来源，介绍基本的网络元素，如边缘、交点和弯道；最后介绍网络成本（即时间、距离或能见度等阻抗）、限制（即障碍、临时性封路、事故、道路权重限制等）和层次的概念。

本章主要介绍应用于交通网络的各种分析类型，包括确定最优路线或最佳运输路径、生成行进方向、寻找最近设施、确定服务区域、建立选址分配模型等。网络分析程序使用拓扑上正确的网络数据集进行演示。然后介绍几何网络分析，重点介绍流网络分析，包括确定径流方向、追踪边界或上下游接点，以及障碍在设施网络中的应用。

交通（无向）网络

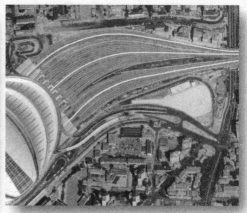

(a)巴西圣保罗的交通网络　　　　　　　　　　　(b)中国北京南站

(c)东京国际机场的地面交通网络　　　　(d)哈萨克斯坦和平金字塔周围的步行环境

图 7.1　交通（无向）网络示例：(a)巴西圣保罗奥克塔维奥·弗里亚斯奥利维拉大桥和公路运输网（2010 年 7 月 20）；(b)中国北京南站铁路网（2009 年 8 月 11），突出显示了 24 条铁路中的 3 条；(c)东京国际机场的航空地面交通网络（2009 年 3 月 21 日）；(d)哈萨克斯坦和平金字塔周围的步行道（2009 年 10 月 20 日）（图像由 GeoEve 公司提供）

7.2　地理编码

地理编码是从一个地址找到地理位置的过程（Esri，2011）。企业使用地理编码信息来确定顾客的位置，警察局使用地理编码信息来了解犯罪的空间分布（Andresen，2006；Ratcliffe，2004），生物学家使用地理编码信息来研究动物与车辆发生碰撞的地点分布（Gonser et al.，2009），卫生局使用地理编码信息来确定疾病的空间分布与传播（Kreiger et al.，2003）。这些应用都特别适合于地理编码，因为每种应用都

趋于发生在某个特定的位置。例如，图 7.2 显示了印第安那州维哥县 2001 年鹿车碰撞的所有位置标记图。发生这些碰撞的每个地点都由执法人员做了记录（如 Main 大街 1010 号）。然后根据发生碰撞的大致地理位置，在美国人口统计局的 MAF/TIGER Line 文件网络地理数据库中进行地理编码。

最常见的地理编码类型是地址匹配，即把街道地址画为地图上的一个点。在制图过程中，根据存储在地理编码数据库中的属性，对地址的位置沿路段进行插值。例如，

人们可能需要将一个地址输入到一台导航设备或指示设备中，以便得到至该地址的一条最短路径或最快路线。在导航设备开始计算路线之前，必须先确定目的地的街道地址，因此需要用到地理编码信息。个人导航设备上实际显示的目标点并非总处于正确的位置，因为导航设备须沿路段对地址位置进行插值，而插值处理仅在地理编码数据库中的地理空间信息质量较高时，才能得到较好的结果。

2001年维哥县鹿和车辆的碰撞地点

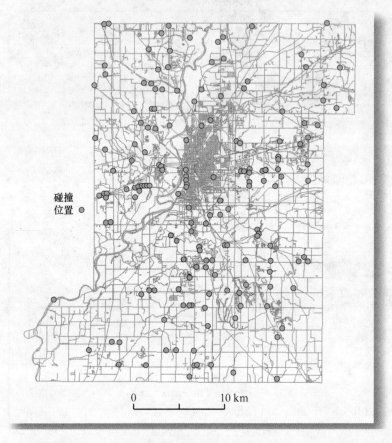

图 7.2　2001 年印第安那州维哥县鹿车碰撞位置。执法人员在电子表格中以文本格式记录每个碰撞的近似位置，然后对地址信息编码（地址匹配），以便在美国人口统计局的 MAF/TIGER Line 文件参考地理数据库中标出每个碰撞的地理位置（Gonser et al.，2009）

7.2.1　地理编码的组成

地理编码可由几个基本特征元素来表征：输入数据集、输出数据集、处理算法和参考数据集（Goldberg et al.，2007）。输入数据集包含用户想要编码的记录，这些记录通常是地址（如 Main 大街 1010 号）。输出数据集包含由输入数据集生成的地理参考代码，输出数据的准确度取决于输入数据的质量（即输入的地址应尽可能准确）和所采用的算法。基于每条记录的属性值和参考数据集中的属性值，算法决定了输入数据在输出数据集中的适当位置（如一个地址）。参考数据集包含地理编码信息，编码信息可以用来在输入数据集中由算法确定数据的正确位置（Goldberg et al.，2007）。参考数据集通常称为地理编码参考数据库，它与本章所述的拓扑上正确的交通网络地理数据库类似。

广泛使用的地理编码数据库是美国人口

统计局的 MAF/TIGER Line 文件（主地址文件/拓扑集成地理编码和参考数据库）。这个 MAT/TIGER Line 文件包括每个街段的如下详细信息：街道名称，街道两侧的起始地址和终止地址，邮政编码。包括标准名称在内的所有属性字段如表 7.1 所示。

表 7.1　美国人口统计局 MAF/TIGER Line 文件的组成。这些字段允许在参考数据库中查询或匹配输入地址

变　量	描　述
FEDIRP	街道名称前的任何方向，如北、东、南、西
FENAME	街道名称
FETYPE	道路或街道的类型（如林阴大道、街道、马路、车道）
FRADDL	街道左侧的起始地址
TOADDL	街道左侧的终止地址
FRADDR	街道右侧的起始地址
TOADDR	街道右侧的终止地址
ZIPL	街道左侧的邮政编码
ZIPR	街道右侧的邮政编码

7.2.2　预处理

在进行地理编码前，须先进行预处理（分析输入数据集和参考数据集，构建处理算法）。预处理算法（有时也称为地址定位器）通常由地理信息系统内嵌的地理编码引擎创建。地理编码引擎通过检查并分析地址来标准化它们的特性，进而构建地址定位器。例如，考虑地址 15 N Oakley Boulevard, Chicago, IL 60612。

该地址有如下构成要素：
街道号码：15
街道名称前的方向：N（北）
街道名称：Oakley（奥克利）
街道类型：Boulevard（林阴大道）
所属城市：Chicago（芝加哥）
所属州：Illinois（伊利诺伊）
邮政编码：60612
分析过程把该地址划分为上述各个要素，以便在参考数据集中匹配地址。对于一个完整的输入数据集，每条记录的分析结果（每个要素都对应于一个值）都呈现为一个原始地址。许多地址可能会发生一些变化。例如，公寓号码有可能添加到了街道号码之后，街道名称或街道类型等添加了诸如 NE（东北）或 South（南）等后缀。还有一些地址可能会丢失部分信息，或者信息的顺序出现了错误。为了改正这些问题，在输入地址时须进行标准化处理，并按照处理算法读取的顺序排列。在标准化过程中，像 BLVD 和 Boulevard 或 Street 和 St 这样的街道名称被赋予了相同的记号。

7.2.3　地址匹配

为确定可用百分比，地址要在地理编码数据库中进行匹配（即进行标绘）。根据用户定义参数确定的实际百分比可能差别很大。用户可以指定至少匹配 60% 的参数时，才画出地址。这样指定的原因是，记录中的许多地址没有邮政编码或未标注城市。放宽参数范围通常可以确定更多的地址信息，但其中可能包含一些错误。相反，严格的地址匹配标准会减少匹配的地址，但匹配成功地址具有更高的准确度。关键在于找到能与原始地址有更高匹配准确度的参数。这一过程通常需要进行大量的试验。

为了理解地理编码的过程，下面考虑一个地址匹配的实例。图 7.3(a)显示了美国伊利诺伊州库克县的部分人口统计局 MAF/TIGER Line 数据集。图中标出了红色的街段及相关属性，前述街道地址（15 N Oakley Boulevard, Chicago，IL 60612）位于红色标注的街段。

在上例中，道路右侧的地址范围是 1～31 ［见图 7.3(b)］，因此地址匹配算法的奇数地址位于道路右侧，其值域是 1～31。相反，道路左侧的地址范围是 2～30。通过判断这些数值，可沿路段将一个街牌号插值到大致的位置，并正确地置于道路的一侧。例中的地址 "15 N Oakley Blvd" 大约位于路段右侧的中间。另一个地址 "24 N Oakley Blvd" 则位于街道左侧且非常靠近 West Warren Blvd ［见图 7.3(c)］。

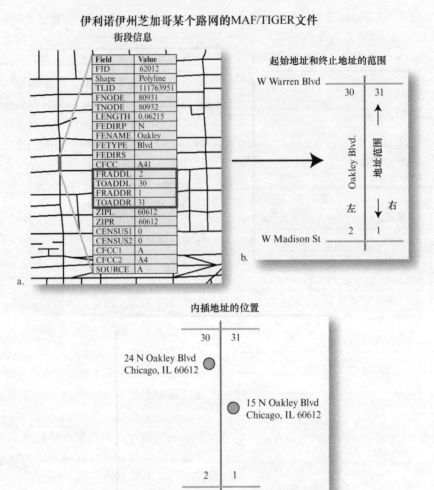

图 7.3   (a)伊利诺伊州库克县一个街段的 MAF/TIGER Line 文件，红色街段与 North OakleyBoulevard（北
奥克利大道）关联。右侧的黄色街道属性信息列表，使用蓝色边框标出了起始地址和终止地址
信息；(b)Oakley Boulevard 的起始地址和终止地址，偶数地址和奇数地址分别列在街道的左右
两侧；(c)Oakley Boulevard 上的数字地址可插值到大致的位置。例中，15 N Oakley Boulevard
位于街道右侧 West Madison Street 与 West Warren Boulevard 的中间位置。相反，地址 24 N Oakley
Boulevard 更接近于街道左侧的 West Warren Boulevard（数据来自美国人口统计局）

7.2.4   地理编码质量

地理编码过程虽然很简单，但很可能会出现错误（Kreiger et al.，2003；Goldberg et al.，2007）。地理编码的质量一般用地址匹配率来衡量。许多研究人员在编码过程中通常会得到一个低于预期的地址匹配率。以下是造成地址匹配率低的一些常见原因：

- 街道名称拼写错误。
- 城市名称不正确（如输入了一个邻近城市的名字）。
- 方向标识不正确（北写成了南、东写成了西）。
- 输入了街道号码范围之外的号码。
- 街道类型错误（如 Boulevard、Avenue、Road、Trail）。
- 使用了无法识别的缩写（如 Blvd、Av、Rd）。
- 数据丢失（如街道名、街道号码、方向标识、邮政编码）。

关键是要确定给定项目所能允许的最低

地址匹配率，然后在编码过程中尽可能提高该匹配率。

定位准确度是影响地理编码质量的另一个因素。定位准确度用来衡量地理编码地址与实际位置地址的接近程度。如上所述，地理编码的地址是根据街段的地址范围进行插值得到的。地址范围有误，地点的位置也会有误。当然，在实际情况下，地址编码不可能总是严格按照线性规律分布。例如，在上例中就不能完全保证地址"15 N Oakley Blvd"正好位于街道的中间路段。

7.3 网络类型

前述的地理编码过程假设存在某个供地址编码匹配的特定网络地理数据库。网络地理数据库通常有两种：（1）（无向）交通网络（见图 7.1）；（2）（有向）几何设施网络。

7.3.1 （无向）交通网络

公路、铁路、地铁和步行网络都可沿边（线）通往任何允许的方向（Butler，2008）。许多情况下，交通网络内甚至允许 U 形弯道存在。这种网络通常称为交通网络或无向网络（DeMers，2002）。调度员利用交通网络来安排消防设备到起火地点的路径，或调度警察到达事故现场。人们可以通过手机访问交通网络信息来确定到达目的地的最快或最短路径。

7.3.2 （有向）几何设施网络

实际情况下，除非人为操控，否则一些物质在网络上只会流往一个方向。这种物质或现象称为几何设施网络或有向网络。例如，水、下水道、天然气和电力网等都属于几何有向网络。作用在流体、电磁体及气体上的力都是自然力，譬如重力或气压等。需要时，管理员或工程师可通过调节外部力量来控制网络内部物质的流速，譬如改变地形坡度（重力）或压力等。

7.4 （无向）交通网络分析

复杂的地理编码和无向网络分析，要求准备拓扑正确的特定网络地理数据库。

7.4.1 建立拓扑正确的交通（无向）网络地理数据库

准确的无向拓扑交通网络是按照一定程序建立的，如图 7.4 所示。它包括一组与待求问题相关的网络源信息，构建网络数据集的要素，特定的网络分析程序，解决网络分析问题并显示结果。这些程序的特征如下。

1. 网络源信息的采集

标准地理信息系统数据库中存储的典型数字化道路网、铁路网等，对于大量相对简单的可视化网络问题非常有用。例如，人们可能需要标注交通网络内的所有主要公路和铁路并确定相应的颜色代码，计算所有四车道公路周围的一个 200 米缓冲区。基本网络源信息包括点的地理坐标(x, y)和线性特征及其属性。网络源信息可通过全球定位系统（GPS）、遥感（主要是摄影测量和雷达探测）获取，或对现有地图进行数字化获取［见图 7.4(a)］。原始源信息通常存储在标准的地理信息系统数据库中。

在需要进行诸如"找出从 A 点到 B 点的距离最短或时间最短的路径"这种复杂的网络分析时，必须构建特殊类型的网络数据集（Butler，2008）。因为在一个典型的源网络文件中，数据集中道路这类简单的线要素是彼此无关的，不具有独立道路、路口转弯和障碍特征等的相关知识。这些线段之间是否连通或以何种方式连通并不可知，即这种网络中的线和点不存在拓扑关系。

2. 构建拓扑正确的网络数据集元素

拓扑正确的网络数据集包含有如下网络元素的关系信息：边（线）、交汇点（交叉口）和弯道［见图 7.4(b)和图 7.5］。原始数据中的线被转换成拓扑网络数据集中的边，汽车、卡车、动物和行人都沿着边运动；同样，交叉点被转换成拓扑网络数据集中的交叉口。交叉口是指交通网络中两条或两条以上的边相连的地方。在一条、两条或更多条边的交点处，通常通过改变属性信息来确定前进的方向。

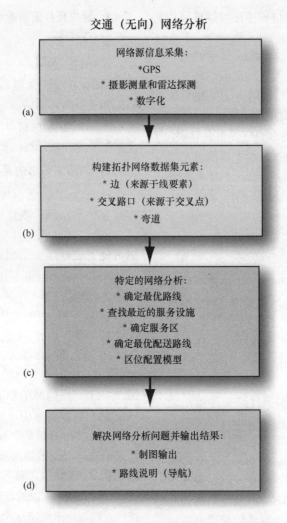

图 7.4　无向交通网络的构建和分析流程：(a)网络源数据（线、路口、属性）可能需要通过各种技术获取；(b)拓扑网络数据集的建立包括边、交叉口、弯道和网络成本特征等；(c)特定网络分析类型；(d)解决网络分析问题后，分析结果以图形或其他格式输出

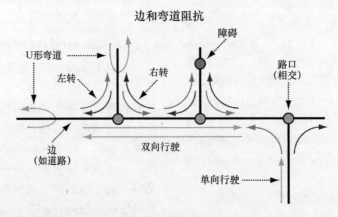

图 7.5　拓扑正确的交通网络由网络元素构成，包括边、路口和弯道。本例中有三条双向边（道路）和一条单向边（道路）。边与边在路口相交就形成了各种类型的弯道。障碍会阻止沿着边的运动（Esri，2011g）

拓扑正确的网络数据库通常包括边、路口和弯道的详细属性信息。例如，路段（边）的属性信息可能包括：

- 路段的(x, y)坐标（如道路）
- 路段的长度
- 双向交通路段或单向交通路段

路口编码提供的信息包括：

- 单向完全禁止
- 双向完全禁止
- 三通完全禁止
- 四通完全禁止
- 四通警告标志（如黄色）
- 四通交通标志（如红色、绿色、黄色）或死角（障碍限制）

两条或更多条边相交的路口，可以分成：

- 右转
- 左转
- U 形转弯
- 让行
- 直达

拓扑网络地理数据库还包括网络的成本信息（通常称为阻抗）。例如，限速是由路段（边）等网络元素规定的。同样，路口允许左转、直行或右转的时间也是可以指定的。不管是什么交通工具，譬如公交车，在通过网络元素（如街道）或通过交叉口时，都会累积网络成本。网络成本可以用距离、所需时间或其他变量来估算。当需要确定从 A 到 B 的最短距离或效率最高的路径时，就须使用成本信息。

为便于进行复杂的网络分析，拓扑网络数据集中必须包括详细的拓扑信息类型。因此，必须使用专业的 GIS 软件来"构建"包含正确链接策略和适当属性的网络数据集。

构建拓扑网络需要创建网络元素（边、路口、弯道），定义连接，并为元素属性赋值 [见图 7.4(b)]。GIS 软件供应商通常提供网络数据集创建向导，来协助用户建立适当格式的网络数据集（如 Esri 的 Network Dataset Wizard; Esri, 2011b, e）。拓扑正确的网络地理数据库可用于构建称为单个网络分析的单个交通模型（如道路网络），或用于同时构建称为多模式网络分析的多个交通模型（如道路、地铁、铁路）。

3. 指定待执行的网络分析并求解实际问题

构建拓扑正确的网络地理数据库后，就可指定运行的网络分析类型 [见图 7.4(c)]。网络分析常用来解决特定的网络问题，包括：

- 选择两点之间的最优路线，譬如从目前的位置到距离最近的医院急诊室的最优路线是什么？假设区域中的所有医院已被准确地进行了地理编码，并存储在一个特定的网络地理数据库中。
- 确定某个特定活动或位置的服务区域。
- 使用 k 辆车在 n 个位置间进行配送的最优路线。
- 位置/分配模型。例如，城市中已有 5 家披萨店，新披萨店的理想位置选在何处可最大限度地减少顾客的路途时间？哪里是可以占现有两家竞争者 50%市场份额的披萨店位置？

网络分析问题解决以后，结果可以成图显示，或以其他格式输出 [见图 7.4(d)]。

交通网络分析有助于解答一些重要的地理空间问题。

7.4.2　网络分析问题：最优路线（最短路径）

从一个位置到另一个位置的路线（边）称为路径。路径最少由两个点构成，一个起点和一个终点。最简单的路径从点 1 开始，到点 2 结束。读者可能已在在线地图上通过输入两个地址来实现了它们间的最优路径，或使用 GPS 卫星导航设备确定了从当前位置到另一个地址的最优路线。相反，复杂的路线从点 1 开始，在大量的中间点停顿后，于终点结束。

在确定最优路线时，需要考虑几个非常重要的参数：网络源、边和弯道阻抗，计算最小网络成本的方法，是显示直线还是显示最优路线（最短路径）的真实形状，加入障碍或其他限制因素，加入时间信息，以及是否提供文字指示。

1. 网络源

确定最优路线（最短路径）的网络可能有各种各样的来源。网络分析人员需要使用特定的 GIS 网络创建软件，按图 7.4 所述步骤，基于原始数据建立拓扑正确的网络地理数据集。

分析人员可以使用由政府机构提供的拓扑网络。例如，本章将采用南卡罗来纳州哥伦比亚市中心的美国人口统计局 MAF/TIGER/Line 网络文件，来说明几个查找路径的应用。如前所述，MAF/TIGER/Line 网络数据库包括地理特征的空间数据，如公路、铁路、河流、湖泊，以及对应于 2009 年美国社区调查、2009 年人口预测、2007 年经济普查、2000 年和 2010 年人口普查的法定区域和统计地理区域。MAF/TIGER/Line 的 Shapefiles 文件不包括任何人口或经济数据。人口或经济数据只能到美国人口统计局单独下载（参见第 3 章及附录）。MAF/TIGER/Line 文件包括边、节点（路口）和弯道信息，如图 7.3 和图 7.5 所示。

有时一些商业公司会提供拓扑网络数据，这种公司专门收集源信息来构建网络数据库。

2．边和弯道阻抗

图 7.5 是交通网络的一个典型例子，它包括边（道路）、交叉口（十字路口或节点）和弯道操作。遍历整个网络边（道路）的成本称为边阻抗，阻抗可以指与每段边相关的物理距离之和（如 100km）。如果网络数据库中存储了每段边的限速，则它也可以转化为边的时间阻抗。例如，假设一段道路长 1km，限速 60km/h，那么这段道路可以转化成 1 分钟。个人导航设备和其他路径计算程序都使用阻抗信息来估算到达目的地的时间。

需要注意的是，边阻抗并不只与距离或时间相关。网络中的各条边可以按照景区的人气排序，譬如各条边的景区人气属性值范围是 1～10，因此可确定从人气最差的景点到最著名的景点的路线。同样，各个路段也可有一个"颠簸度"属性，用来确定最平缓舒适的路线。

通常，当边（道路）遇到交汇点（交叉口）时，车辆或物资就须减速。因此，在拓扑网络数据库中，经常需要包含弯道阻抗信息。例如，图 7.5 描绘了三条双向边（道路）和一条单向边（道路）。这些边在三个正式的路口（交叉口）交汇，产生了各种类型的弯道，包括左弯道、右弯道和 U 形弯道，与这些弯道类型相关联的时间可作为弯道阻抗成本存储在网络数据库中。一般来说，在双向道路上左转和 U 形转弯，要比右转（约 5s）花费更多的时间（约 60～120s）。GIS 网络分析软件允许分析人员指定网络中的左弯道、右弯道和 U 形弯道的成本。

3．使用阻抗矩阵计算最小网络成本（如距离）

现在已知可以对行驶距离和花费时间进行测量并作为阻抗成本进行存储，而不管阻抗成本是用什么来定义的（如距离、时间、风景优美的程度），重要的是如何去计算网络数据集中各点位置的最小成本，这通常称为确定最优路线或最短路径分析。

最短路径分析需要创建一个阻抗矩阵。矩阵由存储在网络数据集中的边信息计算。例如，考虑一个简单的网络，它包括 5 个交叉点（节点）和 7 条边（路），如图 7.6(a)所示。在该例中，阻抗就是网络中两个节点之间的距离。注意，有些节点不直接相连，即除非通过节点 2、3 或 4，否则不能从节点 1 到达节点 5。在矩阵中，用符号"～"表示两个节点不能直接相连。

确定节点间的最短距离时，最常用的算法是由 Dijkstra（1959）提出的。该算法使用存储在矩阵中的信息计算从节点 1 到所有节点的最短距离。它是一个交互式进程，是 ArcGIS 网络分析解决最优路线问题的算法之一（ESRI，2011a）。如图 7.6 所示，下面使用由 Lowe and Moryadas（1975）和 Chang（2010）给出的叠加方法，确定从点 1 到其他四点的最短路径。

首先填写图 7.6(b)中的矩阵，节点 1 与节点 2 相距 20 个单位，与节点 3 相距 11 个单位。节点 1 与节点 4、节点 5 不能直接连接，因此使用符号"～"表示。注意，阻抗矩阵关于对角线对称。继续该过程，直到把矩阵填满。

最终目标是确定网络中从节点 1 到节点 2、3、4、5 的最短距离。现在应能从矩阵中查到一些需要的信息（即节点 1 与节点 2 相距 20 个单位，与节点 3 相距 11 个单位）。其他一些信息（即从节点 1 到节点 4 和节点 1 到节点 5 的最短距离）只能通过下述叠加过程确定。

步骤 1：首先确定与节点 1 直接相关的两个路径中的最小阻抗距离，即图 7.6(a)中的节点 2 和节点 3。根据图 7.6(b)，阻抗矩阵为

$$min(Path_{12}, Path_{13}) = min(20, 11)$$

选择 $Path_{13}$ 是因为其阻抗成本（11 个单位）是两个可能路径中最小的。该信息放置在最短距离矩阵的第 1 行，如图 7.6(c)所示。节点 3 现在是与节点 1 相关的解决方案列表的一部分。

步骤 2：创建一个解决方案列表中节点直接或间接相关的潜在路径的新列表：

$$min(Path_{12}, Path_{13} + Path_{34}, Path_{13} + Path_{35})$$
$$= min(20, 26, 31)$$

选择 $Path_{12}$ 是因为它在所有可能路径中的阻抗成本最小（20 个单位）。该信息放置在最短路径矩阵［见图 7.6(c)］的第 2 行，节点 3 和节点 2 是与节点 1 相关的解决方案列表的一部分。

步骤 3：创建一个解决方案列表中节点直接或间接相关的潜在路径的新列表（即节点 1、节点 3 和节点 2）：

$$min(Path_{12} + Path_{24}, Path_{13} + Path_{34},$$
$$Path_{13} + Path_{35}) = min(30, 26, 31)$$

选择 $Path_{13} + Path_{34}$ 是因为花在所有可能路径中的阻抗成本最小（26 个单位），把节点 4 添加到解决方案列表中［见图 7.6(c)］。

步骤 4：创建一个解决方案列表中节点直接或间接相关的潜在路径的新列表（即节点 1、节点 3、节点 2 和节点 4）。

基于距离的阻抗矩阵的最短路径分析

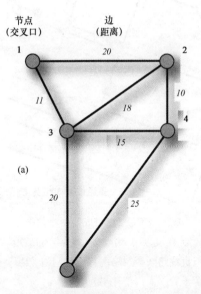

节点（交叉口）　边（距离）

(a)

7 条边和 5 个节点的阻抗（距离）

5个节点的阻抗矩阵					
	1	2	3	4	5
1	~	20	11	~	~
2	20	~	18	10	~
3	11	18	~	15	20
4	~	10	15	~	25
5	~	~	20	25	~

(b)

节点1到所有其他节点的最短路径			
开始节点	结束节点	最短路径	最小累计阻抗
1	3	$Path_{13}$	11
1	2	$Path_{12}$	20
1	4	$Path_{13} + Path_{34}$	26
1	5	$Path_{13} + Path_{35}$	31

(c)

图 7.6　(a)与 7 条边与 5 个交叉点（节点）相关的阻抗值（距离）；(b)5 个节点的所有阻抗矩阵值；(c)从节点 1 到所有 5 个节点的最短路径（Chang，2010）

$$min(Path_{12} + Path_{24} + Path_{45}, Path_{13} + Path_{35})$$
$$= min(55, 31)$$

选择 $Path_{13} + Path_{35}$ 是因为它在所有可能路径中的阻抗值最小（31 个单位），把节点 5 添加到解决方案列表中。现在从节点 1 到其他所有节点的最短路径都已存储到了最短路径矩阵中［见图 7.6(c)］。类似的数据信息可以存储在手机或其他个人导航设备中，以确定从节点 1 到其他节点的最优路线。注意，如果想要确定从节点 2 到其他节点的最短路径，则需要建立

一个全新的最短路径矩阵。

4. 直线或最优路线（最短路径）的显示

在简单的路径查找问题中，点 1 到点 2 的距离可使用(a)一条直线来计算，或使用(b)交通网络中真实距离的和来计算。通常，网络分析人员需要确定是显示起点和终点间的直线距离，还是显示最优路线的真实形状。

有时用直线表示从起点 1 到终点 2 的最优路线（直线）是有一定价值的。用直线表示最短路径不需要创建阻抗矩阵。算法只需要使用勾股定理计算点 1 与点 2 之间的距离。

从起点到终点的直线距离不考虑现有道路网络、建筑或沿路的其他设施。例如，图 7.7 在人口统计局 2009 年的 MAF/TIGER/Line 网络数据上，显示了南卡罗来纳州哥伦比亚市中心从点 1 到点 2 的直线距离。在该例中，最优路线（直线距离）是 3067 英尺。遗憾的是，该路线沿对角线方向穿过了道路网络、建筑物、公园和其他设施。实际上，这一特定路线还直接穿过了南卡罗来纳州议会大厦和办公大楼。

从点1到点2的最佳直线路径

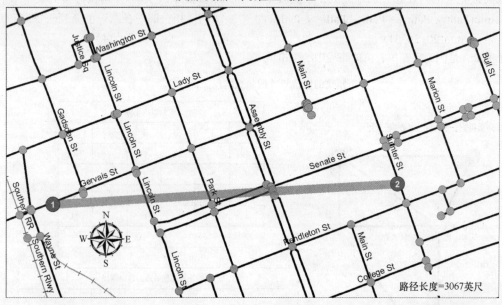

图 7.7　南卡罗来纳州哥伦比亚市中心的交通网络，它由道路线段（边）和交叉点组成，网络数据来自美国人口统计局 2009 年的 MAF/TIGER/Line 数据集。点 1（起点）到点 2（终点）的最短路径（直线）长 3067 英尺。尽管有这样的数据信息，但直线路线会忽略现有道路网络、阻挡建筑物及路线上的其他设施（如公园、水体）（数据源于美国人口统计局）

大多数最优路线（最短路径）网络分析问题会使用实际形状来显示起点（点 1）到终点（点 2）的路线，如图 7.8 所示的哥伦比亚市中心从点 1 到点 2 的最短路径形状。这条最短路径是使用前述阻抗距离信息确定的。最优路线的长度是 3745 英尺。该路线是现有道路网络中从点 1 到点 2 距离的最小值。

5. 障碍和其他限制

遗憾的是，图 7.8 所示路线有一个严重缺陷。如图 7.8 所示，政府 2009 年的 MAF/TIGER/Line 网络数据集中包含了一段实际上不存在的部分路段，它直穿南卡罗来纳州议会大厦的地面。为创建一条正确的最优路线（最短路径），必须编辑网络数据库中州参议院的边数据和障碍信息。为便于说明，把障碍放在 Assembly 路和 Senate 路的交叉口，然后重新计算最优路线。正确的最优路线如图 7.9 所示。需要时，最优路线分析中也可包含其他类型的限制，如公园、多边形水域、在

建线状道路等。例如，在图 7.8 中，参议院
附近不存在的路段可指定为线状限制，而非

图 7.9 中 Assembly 路和 Senate 路交叉口的点
状障碍。

从点1到点2的最优路线：实际形状

图 7.8　南卡罗来纳州哥伦比亚市中心点 1 到点 2 之间的最优路线的实际形状，基于 MAF/TIGER/Line
　　　　2009 网络数据的分析。遗憾的是，在 MAF/TIGER/Line 网络数据集中，参议院附近的地面出
　　　　现了错误，该路段实际上并不存在。因此，这条最优路线也是错误的。这个漏洞说明了网络
　　　　数据集应尽可能正确的重要性（数据来源于美国人口统计局和哥伦比亚市政府）

从点1到点2的最优路线：调整障碍后的实际形状

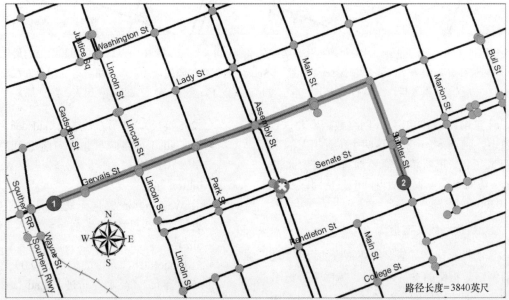

图 7.9　在 Assembly 路和 Senate 路交叉口的拐角处放置障碍后，从点 1
　　　　到点 2 的最优路线的实际形状（数据来源于美国人口统计局）

7.4.3 网络分析问题：推销员的最优路线

网络分析应用最广泛的问题之一是推销员问题。推销员通常一天之内要去几个地方。给定了几个目的地信息后，问题就来了："阻抗值（成本）最小的最优路线是什么？"阻抗值通常是旅行的距离或所需的时间。

1. 推销员最优路线的考虑因素

推销员通常从办公室出发，在几个目的地停留，然后返回办公室。例如，可把前述例子中的点1当成公司办公室的位置。在一天之内，推销员必须到达 5 个位置，如图 7.10 所示。在考虑（之前放置的）障碍和停留点的位置之后，网络分析确定的路线如图 7.10 所示，点 2～6 标识的是推销员停留的点。推销员在经过所有 5 个点后，返回了公司的办公室（点 7）。

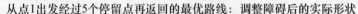
从点1出发经过5个停留点再返回的最优路线：调整障碍后的实际形状

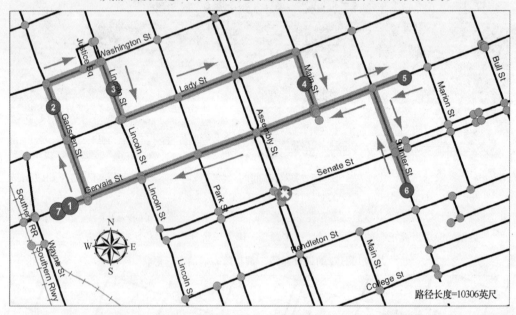

路径长度=10306英尺

图 7.10　推销员问题的例子。目的是确定从公司办公室（点 1）经过 5 个中间点后再回到起始点的最优路线。解决方案需要考虑 Assembly 路和 Senate 路拐角的障碍。注意，网络弯道准则允许在经过点 5 和点 6 后，出现 U 形弯道。点 7 与起点（点 1）重合（数据来源于美国人口统计局）

注意 MAF/TIGER/Line 网络数据库允许 U 形弯道。到点 5、6 和从这两个位置出发的车辆形成了 U 形弯道，需要通过相同的路段（边）。访问 5 个位置然后返回的最优路线长度是 10306 英尺。

2. 最优路线文字指南

说明性指南是导航路线逐路段的提示。只要有网络数据集的支持，就可以为网络分析形成的路线创建这样的导航提示。例如，图 7.10 所示推销员路线的导航说明如下：

- 沿 Gervais 路向东北方向前进 0.05 英里

（265 英尺），然后左转进入 Gadsden 路。
- 沿 Gadsden 路向东北方向前进 0.2 英里（1041 英尺），然后右转进入 Washington 路。
- 沿 Washington 路向东北方向前进 0.1 英里（522 英尺），然后右转进入 Lincoln 路。
- 沿 Lincoln 路向东南方向前进 0.09 英里（510 英尺），然后左转进入 Lady 路。

除了地图导航之外，公众还普遍喜欢文字或语音路线指示。因为人们在驾驶车辆时，导航语音提示更有用，更安全。

7.4.4 网络分析问题：最近的设施在哪

最常用的网络分析应用之一是确定服务设施的最短路径，如警察局、消防部门、急救室、食品商店、加油站、自动取款机（ATM）、快餐店或银行等（Boyles，2002）。有时人们需要从数以千计的设施中进行选择，如城市中的快餐店、ATM 等。

1. 最近设施分析

进行最近设施分析时，分析人员通常需要提供以下信息：（1）搜索的起点（通常是当前位置）；（2）考虑设施的最大数量（如 20）；（3）搜索的范围（如截止距离值为 5 英里）或到达该设施的最长时间（如 3 分钟）；（4）搜索的方向（如从起点到每个选择的设施或从每个设施到起点）；（5）当前任何存在障碍的位置（如封闭的路口）。

网络成本可以选择用户要求的任何单位，但典型的衡量单位通常是距离或时间。最近设施的算法通常计算从起点到每个符合条件的候选设施的成本，成本最小的设施就是最近设施。确定路线后在图上标出，并创建文字或语音导航指示。

最近设施网络分析问题如图 7.11 所示。黄色圆点是起点（如目前的位置在汽车中）。假设现在缺少现金，需要找到最近的取款机。附近有许多取款机，但不能去超过 1 英里的地方，因为马上就要到市中心办理业务。注意，在州议会大厦附近有一个障碍，不能穿过这个障碍到达最近的设施。最近设施算法通过计算到当前位置的距离，确定最近的 ATM 在 Washington 路上靠近 Assembly 路的位置（0.62 英里，3265 英尺）。如果需要，该算法可以提供详细的语音或文字路线指示，以便导航到 ATM 的位置。

定位最近设施应用是手机中使用最频繁的 GIS 网络应用（Fu and Sun，2010）。用户通常使用其当前位置作为起点来定位最近的设施。理想情况下，数据库应强大到足以包含所有设施的位置和属性信息。

最近设施分析：调整限制和障碍后到达ATM机的最优路线

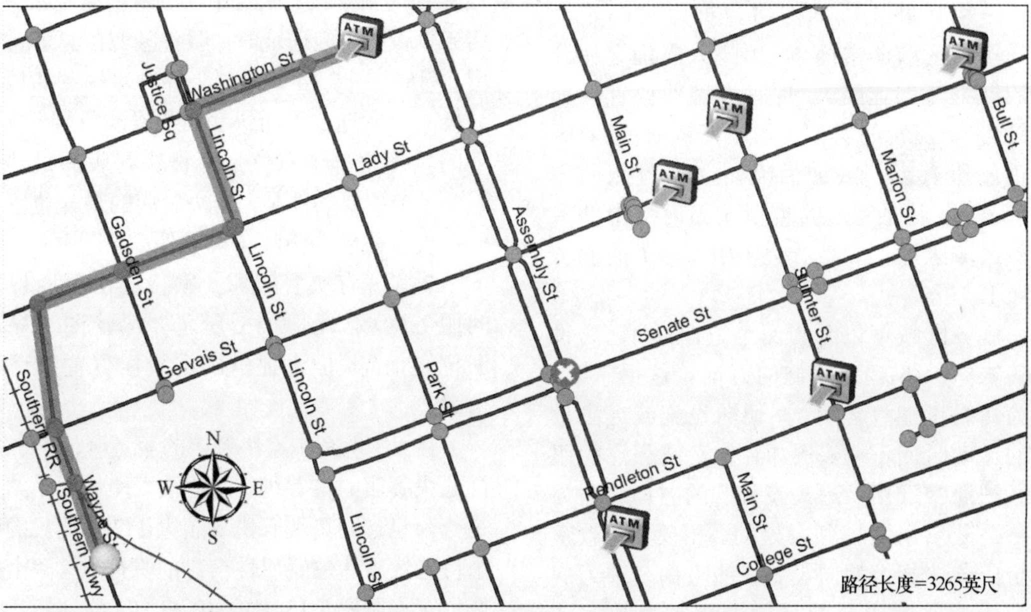

图 7.11 最近设施问题。算法分别计算从起点到网络中 6 个 ATM 的距离，然后选择最小距离的路径。本例中使用了 1 英里的距离限制，即该算法不考虑距离起点 1 英里之外的 ATM。这个解决方案考虑了 Assembly 路和 Senate 路交叉口的障碍，因此未选择 Pendleton 路和 Assembly 路拐角的 ATM（数据来源于美国人口统计局）

7.4.5 网络分析问题: 如何确定特殊设施的服务区域

ATM 机、加油站、快餐店等服务设施服务于某个特定地理区域的特定顾客。服务区域的范围通常根据到达该设施的距离和时间来确定。

1. 服务区域网络分析

服务区域是一个地理区域，包含了网络中某个确定阻抗值（成本）范围内的所有部分，这种分析通常称为配置建模，它是指对于诸如消防站等由用户指定的服务设施，在网络中距离设施的最小或最大阻抗部分（Lo and Yeung, 2007）。例如，如果选择距离为阻抗值，就可确定距离消防站小于 1 英里的所有交通网络。如果选择时间作为阻抗值，就可确定 5 分钟内抵达消防站的所有交通网络。服务区域可以基于所有类型的网络进行计算，包括道路、地铁、公共汽车、步行路线、铁路、航空、供水、污水处理等。一旦确定了服务区域，就可以估算服务区域内有多少人或其他处理对象。

使用拓扑正确的网络数据库来确定设施的服务区域非常简单。用户只需确定待分析的网络（如道路），现有设施的位置（如快餐店），阻抗的类型（如距离或时间），区域内的所有点、线或面障碍（如封闭的道路），以及需要显示的类型［如网络中的多边形服务区域，或沿着边（如道路）的服务区域］。

服务区域可以分为两个方向：(a)远离设施的方向；(b)朝向设施的方向。这很重要，因为网络可能包含阻抗，朝向设施或远离设施的运动时间不同。例如，外卖披萨点的服务区域通常选用"远离设施"的方向，因为披萨是从店里送到顾客处的。相反，急救室分析应该选择"朝向设施"的方向，因为病人最重要的路程是从他的位置到急救室或医院。

下面以午餐时间通过步行到达哥伦比亚市中心 7 家快餐店的问题，来说明网络服务区的确定。快餐店通常位于某些其他用途建筑物（如公司或公寓）的一楼，人们可以步行到达这些快餐店。因此，步行距离比驾驶距离更重要。人们通常不希望走太长的路程到快餐店吃午饭，譬如不要大于 700 英尺。本例将用步行距离作为阻抗值。

7 家快餐店周围 0～700 英尺的服务区域用多边形表示，如图 7.12 所示。从绿色到红色（分别代表 0～700 英尺）的编码类别，与每个快餐店周边的道路网络交织在一起，而这些道路信息非常重要。注意，在哥伦比亚市中心，快餐店 700 英尺范围外有大量的地理区域。当下一步需要确定一家新快餐店的位置时，这些信息非常有价值。

7 家快餐店 0～700 英尺的线状服务区域如图 7.13 所示。线性显示表明了网络中沿每条道路到达各个快餐店的真实距离，它较为清楚地表达了足够丰富的信息。图中深橙色或红色部分是距快餐店超过 500 英尺的道路。

2. 综合使用服务区域和点信息选址

在为新学校、配送中心、零售店（如快餐店）等服务设施选址时，服务区域信息非常有用。例如，图 7.14 显示了上述 7 家快餐店以及分析人员所选 5 家新快餐店的候选位置。分析目的是确定哪个点位是开设快餐店的最佳位置。一个主要条件是，新快餐店的最佳位置应位于现有快餐店 700 英尺以外。

7 家现有快餐店和 5 家待选快餐店位置的服务区域如图 7.15 所示。尽管图上显示了位置信息，但未提供确定最佳位置的详细信息。

因此，现有 7 家快餐店的服务区域与 5 家待选快餐店的位置进行"连接"操作后，结果是一个包含距离现有快餐店大于 700 英尺的两个待选快餐店位置属性信息的文件。这两个待选位置点是图 7.15 中的 4P 和 5P。该分析只考虑了距离作为主要阻抗值的情形。用户可以使用其他因素（如入口、停车、月租、客户经济状态等）来确定两个位置中哪个位置最适合于建立一家新餐店。

0～700英尺多边形网络服务区分析

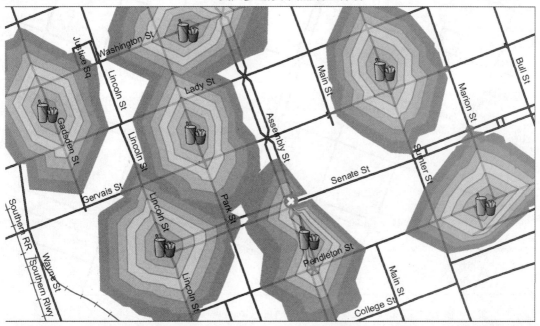

图 7.12　多边形服务区域分析示例。例中的算法计算了从 7 家快餐店到距离它们 700 英尺的距离。
该算法考虑了 Assembly 路和 Senate 路拐弯处的障碍（数据来源于美国人口统计局）

网络服务区线形分析：0～700英尺

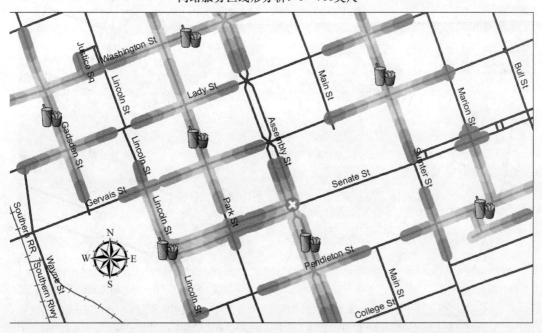

图 7.13　线性服务区域分析示例。例中的算法计算了快餐店以外 700 英尺的距离。算法
考虑了 Assembly 路和 Senate 路拐弯处的障碍（数据来源于美国人口统计局）

7家现有快餐店和5家潜在快餐店的位置

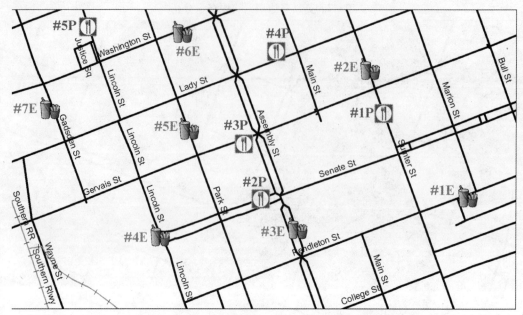

图 7.14　7 家现有快餐店（标记为 1E～7E）和 5 家新快餐店的候
选位置（标记为 1P～5P）（数据来源于美国人口统计局）

7家现有快餐店的服务区域和5家新快餐店的候选位置（0～700英尺）

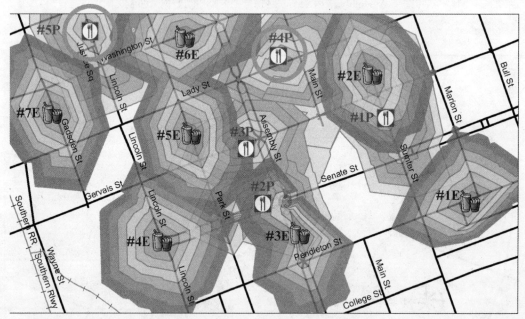

图 7.15　与现有 7 家快餐店（标记为 1E～7E）和 5 家待选快餐店位置（标记为 1P～5P）相关的 0～700 英尺服
务区域，它们用两种对比色方案显示。在"连接"分析现有 7 家快餐店和 5 家候选快餐店的服务区域
后，只有两个候选位置（4P 和 5P）在现有快餐店的 0～700 英尺之外（数据来源于美国人口统计局）

3. 起点-终点成本矩阵信息的应用

确定新快餐店的最佳位置时，也可使用起点-终点（O-D）矩阵。O-D 矩阵包括从每个起点 n 到每个终点 m 的值（通常是距离或时间）。

例如，7 家现有快餐店（起点）和 5 家候选新快餐店位置（终点）的 35 个 O-D 连接情况如图 7.16 所示。注意，尽管在每个起点和终点之间都有一条直线相连，但在网络数据库中存储的实际长度则是根据沿街区距离，再结合每对 O-D 的边（线）决定的。每对 O-D 的距离如表 7.2 所示。

通过计算 O-D 矩阵来确定一家候选新快餐店的位置是否在现有快餐店 x 英尺范围之内是非常容易的。例如，假设采用与之前相同的标准，

从现有快餐店到候选快餐店的距离必须大于 700 英尺。从 2E 到 1P 的 O-D 距离为 388 英尺（见表 7.2 和图 7.16），从 3E 到 2P 的 O-D 距离为 496 英尺，从 5E 到 3P 的 O-D 距离为 633 英尺。表 7.2 表明在所有候选位置中，只有两个位置 4P 和 5P 的距离大于 700 英尺。图 7.17 中的地图证实了这一结果，3 家候选快餐店位置（1P、2P、3P）的 O-D 距离在快餐店服务区域的 0～700 英尺以内。

表 7.2　O-D 矩阵，7 家现有快餐店（E）和 5 家候选快餐店的位置如图 7.16 所示

O－D 对	沿街区距离	O-D 对	沿街区距离	O-D 对	沿街区距离	O-D 对	沿街区距离
1E-1P	1300	3E-2P	496	5E-3P	633	7E-3P	2239
1E-2P	2181	3E-3P	1026	5E-2P	1124	7E-2P	2258
1E-3P	2712	3E-1P	1738	5E-4P	1197	7E-4P	2688
1E-4P	2714	3E-4P	1809	5E-5P	1614	7E-1P	3664
1E-5P	4921	3E-5P	3235	6E-5P	1061		
2E-1P	388	4E-2P	959	6E-4P	1217		
2E-4P	1025	4E-3P	1448	6E-3P	1512		
2E-3P	1370	4E-5P	1864	6E-2P	2028		
2E-2P	1886	4E-4P	2475	6E-1P	2607		
2E-5P	3280	4E-1P	2555	7E-5P	1036		

O-D 矩阵计算：包括小于 5000 英尺的位置

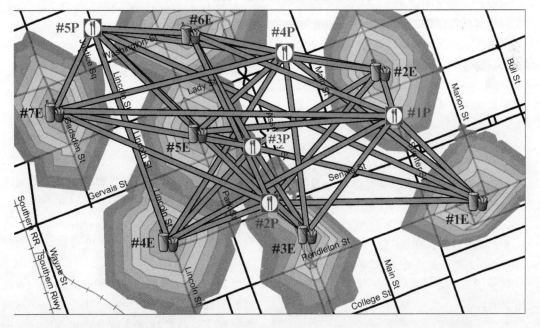

图 7.16　连接 7 家现有快餐店的位置（起点）和 5 家候选新快餐店的位置（终点）。由于起点-终点距离以 5000 英尺标准为界，因此保留并表示了所有关系。每对 O-D 路段的沿街区距离如表 7.2 所示（数据来源于美国人口统计局）

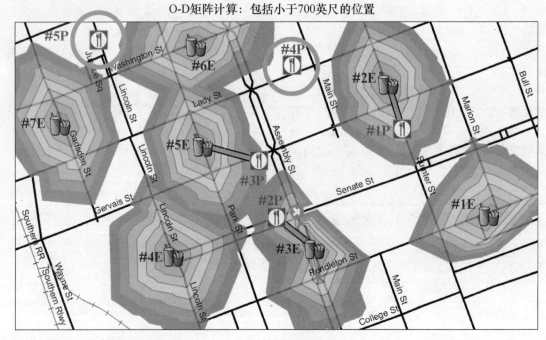

图 7.17 7 家现有快餐店位置（起点）和 5 家候选新快餐店位置（终点）的 O-D 连接。3 个小于 700 英尺的起点-终点标记为 1P、2P、3P；2 个候选快餐店位置距现有快餐店（4P 和 5P）的距离大于 700 英尺。每对 O-D 路段的沿街区距离如表 7.2 所示（数据来源于美国人口统计局）

7.4.6 网络分析问题：设施位置的区位配置模型

区位配置模型的定义如下：为某个或多个新设施找到最佳位置，这些设施为某些给定的点提供服务，因此需要将这些点分配给设施，配置时需要考虑可用设施的数量、成本和最大阻抗（如距离或时间）等因素（Kennedy，2001）。区位配置模型能够回答一些重要的空间问题，例如：

- 给定城市中 n 个警察局的地理分布，新建一个警察局的最好位置是哪里？
- 若一家石油公司必须关掉一个或两个加油站，那么关掉哪个可以保证产品最大化要求？
- 给定现有家具销售中心，新家具厂建在哪里时到这些家具销售中心的距离最短？

区位配置问题可按以下标准分类（Esri，2011c, d）：

- 出席率最大
- 阻抗最小
- 市场占有率最大
- 覆盖范围最大
- 目标市场占有率

对于一些区位配置问题，使用 ArcGIS 网络分析非常有效。

1. 出席率最大问题

出席率最大区位配置模型可以解决社区商店的选址问题，将需求按比例分配给候选设施，或将设施配置到那些在特定时间或距离内的需求点（如 5 分钟或 7 英里）。这一需求通常是一个点，也许代表了各种各样的特性，例如人口普查的总值或学区人数、人口年龄、平均收入、教育年份、属性值等。选择总配置需求最大化的设施作为最佳候选设施或最佳设施组（如三个设施）。这种类型的模型通常需要一个特定的阻抗来剔除不予考虑的需求（如 5 分钟行驶时间或 7 英里距离）。下面使用加州旧金山市中心的拓扑地理数据库 [见图 7.18(a)] 来描述出席率最大的区位配置模型 [Tele Atlas 公司和 Esri 公司（2011d）]。

区位配置：使用出席率最大逻辑解决社区商店选址问题

(a) 建筑表示的是候选设施，圆形符号表示的是2000年人口普查区的人口数量估计

(b) 一个新设施（15）的最佳位置，其行程时间阻抗限制在6分钟内

图 7.18　在加州旧金山市中心确定一个新设施最佳位置的例子：(a)美国人口普查局的每个调查区域用一个圆来表示，13 个候选设施位置用灰色的三维建筑表示；(b)考虑周围人口和以分钟为单位的行程时间的一家新商店的最佳选址（Tele Atlas 公司和 Esri 公司）

网络　数据集中的交通网络包括关于每条街道和主要路段的详细信息，包括弯道和 U 形弯道的特性。数据集中还包括各种公园、水库和其他水体。

提供商品或服务的候选设施　在图 7.18(a) 中有 13 个三维建筑的图标。这些灰色的建筑代表可以提供商品或感兴趣服务的候选设施（商店），即这些地点都是设置新商店的好地方。用户必须仔细考察这些初步候选的设施，通常必须考虑各种类型的大量信息。基于错误逻辑配置的初始候选设施位置，会造成区位配置模型程序产生错误，或产生不理想的结果。因此，分析人员在对候选设施选址进行评价时，要非常认真。

商品和服务的需求点 本例中，数据集中的每个圆点符号代表人口普查区的圆心［见图 7.18(a)］，其中未显示人口普查的实际多边形边界。每个圆点符号位置包含有 2000 年每个人口调查区居住人口总数的信息。这些信息通常称之为需求信息，因为它是人口普查所需的产品或服务。

模型假设和结果 区位配置是关于定位候选设施并为候选设施分配需求点的问题。该例中设定了几个重要的参数，以便从候选商店位置中确定一家、两家和三家零售店的最佳位置。

* 选择从每个需求点（即每个人口普查区的人口）到每个候选设施的行程时间（非距离）作为阻抗值，单位是分钟。行驶方向是从需求点（即人口普查区）到候选设施。行驶时间阻抗值设为 6 分钟，意味着人口普查区内人们从家里到零售店不愿意超过 6 分钟。
* 人们在交通网络中的行进允许 U 形转弯。
* 用分钟来衡量的从需求点到候选设施的网络行进时间，在图上用直线来表示。需要明确的是，尽管是用直线来表示的，但实际计算的是每个需求点到网络中候选设施的沿街网络行驶时间。
* 多次运行区位配置模型，分别确定一家、两家和三家新零售店的最佳选址位置。

单个候选设施的最佳位置如图 7.18(b)所示。从所选设施开始的直线连接到行进时间小于 6 分钟的需求点。通过这种模型的配置，73 个人口普查区配置给了候选设施 15。73 个人口普查区一共有 133129 人。还可以提供每个需求点到候选设施的行进时间或距离。

配置两家商店的最佳候选设施位置（14 和 15）如图 7.19(a)所示。从两个已选设施到各需求点连线的行进时间均小于 6 分钟。所选的 14 零售店位置将服务 89959 人，15 位置将服务 12563 人。

三个最佳候选设施位置（4、14 和 15）如图 7.19(b)所示。从三个候选设施到各需求点连线的行进时间均小于 6 分钟。14 商店服务 49 个人口普查区，共计 88594 人。15 商店服务 65 个人口普查区，共计 125426 人。4 商店服务 34 个人口普查区，共计 60317 人。

在建模过程中结合已有设施 需要确定一所新学校的最佳选址时，学区中往往已经有了其他学校。同样，要在社区中开一家新商店时，社区中往往已经有了这家公司的商店。出现这种情况时，在区位配置模型中应考虑现有商店的信息。

如图 7.20(a)所示，两家现有商店加入到了候选设施数据集中。当准备在社区中配置新的商店时，这两家店址应和原来的 13 家候选店址一起分析。假设采用与前例相同的常数（如阻抗设置为 6 分钟以内）来确定三家新商店的最佳位置。与之前不同的是，分析中包括了两家已存在的商店。通过这样的分析，就能够在确定哪个人口普查区已分配到两家现有商店后，再来确定不会与现有两家商店竞争的三家新商店的位置。

明确标明了现有两家商店的市场区域如图 7.20(b)所示。在商店周围人口普查区中的人们预计会在这两家店购物。图 7.20(a)中靠北的现有商店分配了 43 个人口普查区，总人口 100787 人。靠南部的现有商店分配了 27 个人口普查区，总人口 68352 人。

图 7.20(b)中确定了 3 家候选商店的位置（3、4 和 14）。注意，这几个店址与之前没有现存商店信息的例子所选择的候选位置不同。未选择 15 商店的原因是，它与两家现有商店的距离太近。因此选择了 13 店址，分配了 13 个人口普查区，共计 45330 人。

这是一种非常实用的区位配置网络分析类型，因为它综合分析了现有设施和候选设施的信息。

区位配置：使用出席率最大逻辑解决社区商店的选址问题

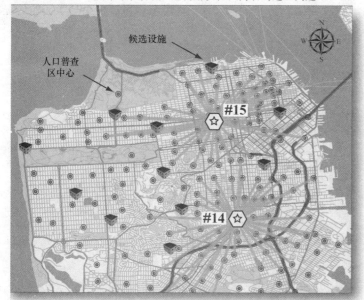

(a) 两个新设施的最佳位置（14和15）。
行进时间阻抗设置为6分钟

(b) 三个新设施的最佳位置
（4、14和15）

图 7.19　(a)两家新商店的最佳选址考虑了周边的人口和行进时间；(b)三家新商
店的最佳选址（Tele Atlas 公司和 Esri 公司）

7.4.7　网络分析问题：最大市场占有率

市场占有率最大区位配置模型还可用来求解竞争设施的选址问题。由于存在竞争者，算法会选择最大限度地提高市场占有率的位置作为新设施的最佳选址。因此，除了候选设施和所有已有设施，网络数据集中还必须包含竞争设施。

确定分配给每个候选设施的需求比例（如

45%）时，引入了重力模型的概念。重力模型是基于顾客在特定商店购物概率的原则设计的，该概率是由到商店的距离、商店的吸引力、到竞争商店的距离和竞争商店的吸引力所构成的一个函数。通常，顾客更可能去离自己家近的商店购物，故可用距离衰减函数建模。即离家越远的商店，顾客去购物的概率就越小（Esri，2011c, d）。重力模型空间相互作用研究往往基于 Huff（1966）的研究。在实践中，普查区多边形的特征可用个人消费者的信息代替。在本例中，每个人口普查区内用点表示的居住人口总数为真实数据。社会经济变量和人口普查联合起来处理，不仅可以包含人均收入，还可获得区域内最高学历的情况。因此，结果会选择使总分配需求最大化的那些设施。

区位配置：使用最大出席率和现有设施模型解决社区商店的选址问题

(a) 两家现有的商店。图中显示了13家候选商店的位置。圆形符号表示2000年人口普查区域的中心

(b) 三个新设施的最佳选址位置（3、4和14）和两家现有商店的位置。行进时间阻抗设置为6分钟

图 7.20   使用最大出席率和现有设施模型为 3 家新商店选址的例子：(a)除了人口普查区中心，还有两个已有设施。图中用建筑物的形式标记了 13 个候选设施的位置；(b)三家新商店的最佳位置考虑了现有的两家商店、周边人口的数量、行进的时间（分钟）（Tele Atlas 公司和 Esri 公司）

例如，在旧金山研究区域数据集中，有 13 家候选商店和 3 个用骷髅头符号表示的现有竞争商店，如图 7.21(a)所示。在该问题中，阻抗时间设置为 6 分钟，要确定 3 家新商店的最佳位置。三个最佳位置用星形符号表示，放射状直线表示它们服务的人口普查区。考虑到 3 家竞争商店的存在，三个被选设施（4、14 和 15）占有了区域43%的市场份额。

区位配置：竞争设施选址问题和获得市场占有率的区位配置模型

(a)现有三家竞争商店的三个新设施的最佳候选位置（4、14和15）。行进时间阻抗设置为6分钟，市场占有率为43%

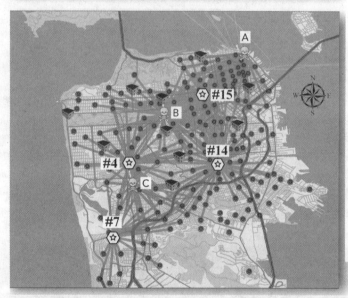

(b)为获得55%的市场占有率，选择了4家候选商店的位置（4、7、14和15）。行进时间阻抗设置为6分钟

图 7.21 最大市场占有率和市场份额的设施选址实例：(a)除了 13 个候选设施，还包括了三个竞争设施（用骷髅头符号表示）。确定的三个最佳设施（用星形符号表示）占有区域内 43%的市场份额；(b)确定需要多少家商店占有某个特定百分比的市场份额，与确定这些商店的位置在哪是两个不同的问题。本例的目标是既要确定商店的数量，又要确定占有 55%市场份额的商店的地理位置。该模型确定了 4 家商店占有市场 55%的份额（Tele Atlas 公司和 Esri 公司）

7.4.8 网络分析问题：目标市场占有率

目标市场占有率区位配置模型能用来求解竞争设施位置的问题。在该例中，用户可以在存在竞争者的情况下，确定某个特定的市场份额（如 55%），即选择最少的候选设施来获取指定的目标市场占有率。

例如，保持之前的条件不变（即候选设施、三个竞争设施、人口普查需求点、6 分钟行进阻抗限制）和特定的市场份额 55%。分析模型考虑了竞争设施，为达到 55%的市场份额选择了 4 个候选位置 [见图 7.21(b)]。选择的这 4

个候选设施的位置具有以下特征：

- 候选设施 4 服务 41 个人口普查区，共 110108 人。
- 候选设施 7 服务 24 个人口普查区，共 98267 人。
- 候选设施 14 服务 64 个人口普查区，共 182627 人。
- 候选设施 15 服务 73 个人口普查区，共 144046 人。

三家竞争商店有以下特征[见图 7.21(b)]：

- 竞争商店 A 服务 41 个人口普查区，共 72190 人。
- 竞争商店 B 服务 70 个人口普查区，共 142424 人。
- 竞争商店 C 服务 23 个人口普查区，共 40753 人。

这种竞争选址模型对于各种商业应用都很有用。

7.5 几何设施（有向）网络分析

如本章之前所讨论的那样，几何设施（有向）网络是一种特殊的地理数据集，它是专门为向某个方向流动的材料设计的模型，即不允许出现 U 形弯道。例如，电流从发电厂到家庭或企业的传输［见图 7.22(a)］，天然气在压力下沿某个方向从气站流到家庭和企业，石油从源头流向炼油厂或从炼油厂流向销售点［见图 7.22(b)］，污水从家庭或企业流向污水处理中心［见图 7.22(c)］。支流中的水（1 阶径流）在重力作用下向下游流入高阶径流（如 2 阶或 3 阶），然后汇聚成河（如 4 阶径流）。图 7.22 显示了汇入圣胡安河鹅颈式峡谷的排水网络。

几何实用和河流（有向）网络

(a) 电力传输线路

(b) 得克萨斯州炼油厂的管网

(c) 加利福尼亚州纽波特海滩的污水处理厂

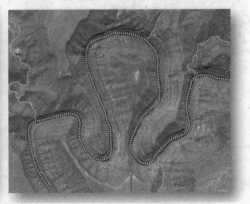
(d) 河流网络：犹他州圣胡安河的鹅颈式峡谷

图 7.22　实用和河流（有向）网络的例子：(a)区域电力网的部分电力传输线；(b)得克萨斯州炼油厂的密集管道网络；(c)加利福尼亚州纽波特海滩的污水处理厂；(d)圣胡安河的鹅颈式峡谷（图片来自 GeoEye 公司）

7.5.1 建立拓扑正确的几何设施（有向）数据集

复杂的设施（几何）网络分析要求专门准备一个拓扑正确的网络数据集。

1. 收集源网络信息

标准的设施网络信息（如电、天然气、水）可经数字化处理后，保存为标准的 GIS 数据格式（如 ArcGIS 的 shapefile 格式）。这些数据对于大量相对简单网络的可视化问题比较重要。例如，简单标识所有河流和支流的分水岭并把它们标成蓝色，或计算所有河流周围 200m 的缓冲区。基础网络原始信息包括地理坐标点（x, y, 可能还有 z）、线和面要素及其属性。如前所述，实用源网络信息可通过 GPS 测量、遥感（主要通过摄影测量或雷达数据）获取，或对现有地图或图表进行数字化来获取 ［见图 7.23(a)］。原始的实用源网络信息通常保存在一个标准的 GIS 数据集中。

需要分析更复杂的设施网络时，须建立某种特定类型的几何设施网络数据集（Maidment，2002；Maidment et al.，2007；Price，2008）。因为在典型的设施源网络文件（如 ArcGIS shapefile 文件）中，人们无法知道简单线要素（如河段）是如何交互的，或它们是否存在障碍（如水坝、阀门等）。对于河流或管道，我们也不知道它们是否连通或以何种方式连通，即没有拓扑信息。

2. 建立拓扑正确的设施（有向）网络元素和属性

拓扑正确的设施网络数据库包含了如下关于网络元素之间关系的信息：边（线）、接口（源点和边交点）、汇聚点和障碍（见图 7.23 和图 7.24）。原始源数据中的线转化成具有拓扑关系的网络数据库中的边 ［见图 7.23(b)和图 7.24］。水、电、污水沿通道、电缆、管道的边运动。

源数据中的交点转化成拓扑网络中的接口（见图 7.24），接口也可以包含阀门及其发生作用的条件信息（如打开、关闭）。

源点提供网络上传输的材料并推动材料远离它所在的位置（Price，2008）。例如，电厂发电并通过传输线把能量传给用户。类似地，源点可能是来自一栋住宅的污水或支流最上游的点。

汇聚点是网络上运行的材料或商品被使用、收集或离开网络的地方。例如，社区或家庭的所有污水通常流向一个污水处理厂的汇聚点。所有水流从支流进入河流的位置就是一个汇聚点。家中电力线的米数就代表着变电所汇聚点输送电力到家的距离。这意味着有时网络数据库中的各个点都可能是源接口点（如这些点产生了污水或水）或汇聚点（如这些点接收了电力）。在设施网络中，某个点是源点还是汇聚点由用户来决定。

实用（有向）网络分析

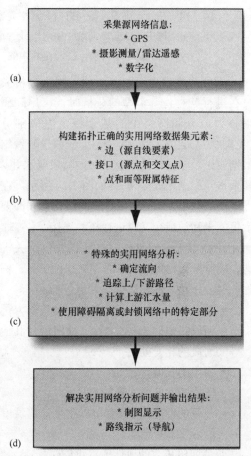

图 7.23　几何设施（有向）网络创建与分析的通用过程：(a)网络源数据（线、源点、交叉点、汇聚点、障碍和属性）的获取可以使用各种数据采集技术；(b)建立拓扑正确的设施网络数据库；(c)执行各种类型的设施网络分析，图中列出了一些典型的例子；(d)解决设施网络问题后，处理结果成图或以其他形式呈现

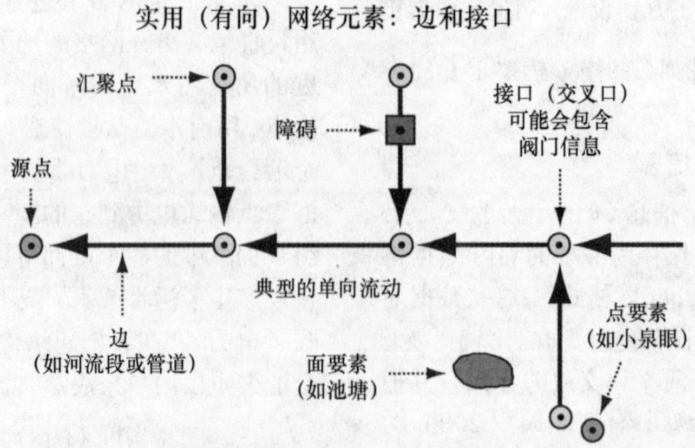

实用（有向）网络元素：边和接口

图 7.24　拓扑正确的设施（有向）网络元素包括边、接口（源点和交叉点）和汇聚点。该例中的 7 条单向边（如河段或管道）在 3 个接口处相交。本例中只允许物资向下游流动。障碍禁止物质在其中的一条边上流动。网络中所有的物质都流向汇聚点

设施网络中也可引入障碍，网络分析人员在进行某种特殊类型的分析时，可用障碍来强调或分隔网络中的某个特定组成部分（见图 7.24）。为了保持完整性，一些设施网络数据集还包括其他的点要素（如喷泉或水井）和素素（如湖泊或池塘），如图 7.24 所示。在设施网络数据库中，这些附属的点要素和面要素可能未和边或交叉点进行拓扑连接。

拓扑上正确的设施网络数据库包括关于边、接口、源点和汇聚点的详细属性信息。例如，河段（边）的属性信息可能包括：

- 源点的 x, y, z 坐标（如山上的泉水）。
- 河段终点的 x, y, z 坐标（如河流与其他河段的相交处）。
- 河段的长度。
- 河段的宽度或水管的直径。
- 河段的坡度，假设有可以用来计算坡度的数字高程信息。

两条河段相交的属性信息可能包括：

- 阀门的状态（打开、关闭、中间态）。
- 限制（如堤坝、主阀门损坏、电线损坏等）。

拓扑正确的设施网络数据库还包括设施网络成本（阻抗）信息。如前所述，阻抗信息包括：(a)材料（如水、石油、污水等）通过边段的距离或所花的时间；(b)根据交叉口阀门的

阻抗特性信息，流向下一段河流或管道的速度或所花的时间；(c)其他一些特性，如河段的美丽风景。当某种物质如电力通过网络元素（如一段电缆）或通过一个接口（交叉口）时，都要消耗网络成本。设施网络成本可以是距离、所花的时间或其他计算变量。

这是一类详细的拓扑设施网络信息，包含在拓扑正确的设施网络数据集中，用来进行复杂的设施网络分析。因此有必要使用专业 GIS 软件建立一个包含正确连接信息及其相应属性的设备网络数据集。

创建过程建立了网络元素（包括边、接口、源点、汇聚点、障碍），定义了连通性，并给元素赋了属性值［见图 7.23(b)］。拓扑正确的设施网络数据库可用来建立称为单模式设施网络分析的设施模型（如电力网），或同时创建称为多模式网络分析的多个设施模型（电、水、污水）。

3. 指定待运行的网络分析并求解问题

创建拓扑正确的设施网络数据库后，就可执行指定类型的设施网络分析［见图 7.23(c)］。解决设施网络分析问题后，结果以图形方式显示，或以其他形式呈现［见图 7.23(d)］。

下面使用从国家水文数据集（NHD）中提取的一个拓扑设施数据集来说明设施网络分析。NHD 由美国地质调查局负责管理（USGS，

2011），它是由拓扑数字地图和其他资源创建的水体表面的地理空间矢量数据集。中等分辨率 1:100000 和高分辨率 1:124000 的数据集可覆盖全国。在阿拉斯加，NHD 可提供比例尺为 1:163360 的数据。在某些地理区域，NHD 可基于不同的"本地分辨率"来提供数据。

国家水文数据集由以下水文单位组成（USGS，2011）：

- 排水区域
- 排水子区域（4 位水文单元代码）
- 排水子盆地（8 位水文单元代码）

高分辨率 NHD 数据通常在子流域层次获取，它有两种格式供人们下载，即 Esri geodatabase 格式的 NHDinGEO 和 ESRI Shapefile 格式的 NHDGEOinShape。美国的 NHD 数据可从网址 http://nhd.usgs.gov/data.html 免费下载。

为便于演示说明，下面使用犹他州瓦萨奇山脉钻石叉河的部分 NHD 拓扑信息（见图 7.25）。边（河段）是 NHD_Flowline 数据集的一部分，河流汇合处是 HYDRO_Net_Junctions 数据集的一部分 [见图 7.25(a)]。例如，图 7.25(a)中 1623 边的属性信息包括：

- 代码 = 河流
- 类型 = 间歇性
- 河段代码 = 16020202000846 [一段指任意两点（如水文站）之间的水流长度]
- 河流长度 = 2.51km

1743 点是河流交汇点。NHD_Point 符号 185 代表喷泉或小泉眼，NHD_Waterbody 304 代表一个小池塘（面积 = 0.18km^2）[见图 7.25(a)]。为便于说明，NHD 数据上叠加了国家高程数据集（NED），如图 7.25b(c)所示，以及近红外彩色合成陆地卫星 TM 数据（RGB = 4、3、2 波段），如图 7.25(d)所示。

下面是使用拓扑设施网络数据库能处理的一些相对简单的问题：

- 确定特定边（如河段、管线段等）的流向
- 追踪选定边、接口之上（上游）或之下（下游）的边或接口
- 为了进一步分析，在设施网络中放置障碍，强调或隔离网络中的某个特定部分

7.5.2　网络分析问题：设施网络中的流向

在类似国家水文数据集这样的设施网络中，水的流向由网络配置决定。在数字化建模过程中，会将网络边流向的方向特性写入数据库。例如，图 7.26(a)中的红色箭头标识了瓦萨奇山脉钻石叉河每条边（河段）的流向。注意，边（河段）在交汇处的流向总是朝向下游。

类似的简单流向信息在更复杂的实用分析操作中，非常有价值。例如，一家工厂（炼油厂）或街区（上水管或排水管）有着成千上万的复杂管道网络。在紧急情况下，知道该网络如何配置、哪些边（如管道）会流向哪条其他边以及流向等，十分重要。当某条边或某个接口出现问题时，就能做出正确的决定。

7.5.3　网络分析问题：在设施网络中追踪边、接口的上游或下游

过去，人们使用透明的聚酯薄膜来追踪重要特征。数字追踪功能也采用类似的方式实现，只是在计算机相关的设施网络中标识（追踪）特征。如果网络元素（如边或接口）以某种逻辑与网络中的其他元素相连，那么该网络元素只能包含在一个数字追踪中。

有时设施网络会发生故障。例如，故障可能出现在某条特定的边，如运河发生渗漏或电力线中断。类似地，两条水管的接口阀门可能损坏或关闭，电线杆上的变压器可能因暴风雨而损坏。这些问题要么影响设施网络的上游部分（如从发电厂到所有家庭的电力传输），要么影响网络的下游部分（如从各个家庭到污水处理厂的下水管道或接口破裂）。

出现此类问题时，系统分析人员能够识别出设施网络中服务调用的位置。服务调用通常在空间上聚集在一些特定的边之上或之下（如河段、电缆段等），或聚集于接口（如河流交汇处或电线杆）。然后分析人员运行追踪功能确定问题边或接口的所有之上（上游）或之下（下游）的边或源点，以确认设施网络中的哪部分已经或即将受到影响。

国家水文数据集犹他州瓦萨奇山脉钻石叉河部分

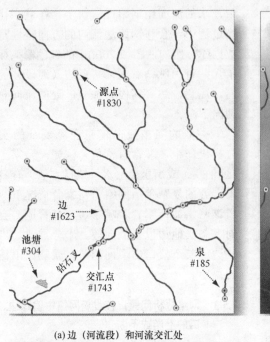

(a) 边（河流段）和河流交汇处

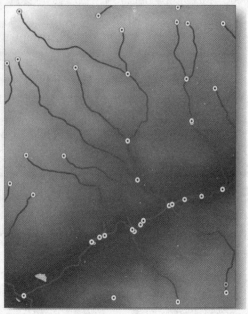

(b) 叠加了国家高程数据集（1弧秒）

(c) 叠加了NED的阴影图

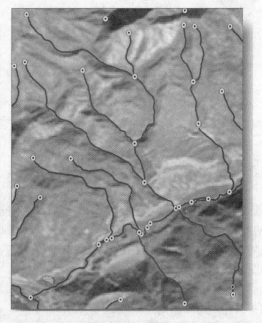

(d) 叠加了陆地卫星TM数据

图 7.25　瓦萨奇山脉钻石叉河的部分拓扑河流网络数据集实例：(a)国家水文数据集的边、接口及其他特征；(b)～(d)NHD 河流网络叠加国家高程数据集和陆地卫星 TM 影像（RGB＝4、3、2 波段）后的结果（数据来源于国家高程数据集和国家水文数据集）

例如，假设 NHD 河流网络中的 612 边出　　现了问题。河堤沿河段的某处被侵蚀了，导致水未进入下一河流交汇处。在如图 7.26(b) 所示的例子中，分析人员已经确定了 612 的位置，然后向上游追踪。所有上游段用红色进行标记。分析人员对这些上游段的信息进行分析，根据它们的属性信息确定特定情况下的水流量。这样在维修时，就能为减轻可能发生在边 612 的溢流进行相应的计划准备。

7.5.4 国家水文数据集犹他州瓦萨奇山脉钻石叉河部分

边流向和向上游追踪瓦萨奇山脉的钻石叉河

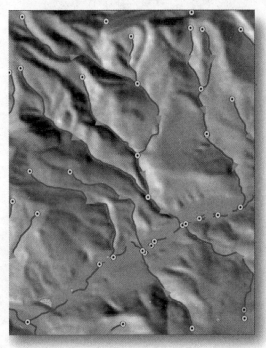

(a) 边流向　　　　　　　　　　　(b) 从边和交汇处向上游追踪

图 7.26　(a)红色箭头标出了每个河段（边）的流向；(b)河流交汇处和边（河段落）的追踪，分别从边 162 和接口 1774 向上游追踪（数据来源于国家高程数据集和国家水文数据集）

类似地，也许接口 1774 处的一个大型阀门损坏了[见图 7.26(b)]。在该例中，接口 1774 的所有上游河段都用红色标记。

该水资源网络中标出了河段和源点。电力设施网络中也会标出输电线或用户，这时分析人员可以追踪故障电缆或电线杆所有的上游用户，以确定停电的人数，需要时还可以为电缆或电线杆的维修提供额外的帮助。

7.5.5 网络分析问题：在设施网络中使用障碍

交通网络中的障碍经常用来确定网络中需要避开的交叉口或边。与此相反，分析人员经常在设施网络中放置障碍来强调或隔离网络中的某个特定部分（见图 7.24）。例如，假设钻石叉河流域的 1805 交汇处出现故障（见图 7.27），控制闸坏了无法关闭。现在想要知道水流增加时可能受到该情况影响的下游接口和边。尤其想要知道从接口 1805 到接口 1707（钻石叉河汇入西班牙叉河的位置）间哪个交汇处和边会受到了故障的影响。因此，分析人员在接口 1707 处放置了一个用红色方框表示的人工障碍（钻石叉河汇入西班牙叉河的位置，见图 7.27）。本例中，人工障碍成为了汇聚点。

分析结果图中标出了会受影响的 13 个下游接口和 14 个下游河段（边）（见图 7.27）。注意，因为设施网络包含固有的流向信息,分析结果中不包括区域内任何一条流向钻石叉河的支流。在接口 1805 到障碍接口 1707 间只选择了下游河道。需要时,分析人员能快速收集相关河段和 13 个接口的属性信息,以确定系统是否能够承受接口 1805 水流量增加所引发的问题。这就是所谓的上游汇水量,它是在网络中位于给定点上游所有网络元素的总成本量,本例中给定的点即为障碍点(汇聚点)。

7.5.6 网络分析问题:网络示意图

本章中所有例子的网络边或接口都用地图方式显示,但使用网络信息的工作人员有时并不在意网络信息是否都能正确地制图,他们经常在有限的空间范围内查看整个网络。此时,分析人员经常将简单的网络示意图显示在大型壁挂式电脑屏幕上。许多水、电、核、天然气、地铁、铁路机构或公司使用数字网络示意图监控网络活动。一些地理信息系统如 ArcGIS 允许用户在其平面位置显示网络信息,也同样可以用示意图显示网络信息,并制作了用来创建示意图的特殊工具。

犹他州钻石叉河上从一个接口到一个障碍的下游追踪

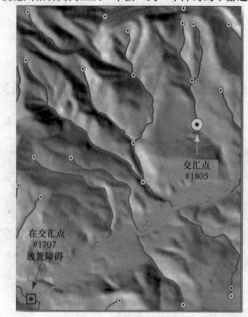

图 7.27 从接口 1805 到设置人工障碍的接口 1707(钻石叉河汇入西班牙叉河之处)的下游追踪问题。标出了所有受到影响的接口和边(河段)(数据来源于国家高程和水文数据集)

7.6 小结

本章介绍了地理编码的基本特征和两种网络:交通(无向)网络和几何设施(有向)网络;回顾了地理编码的基本特征和地址匹配,讨论了创建拓扑交通网络和几何设施网络涉及的各方面的内容;提供了几个交通网络分析应用的案例,包括确定最优路线、确定最近设施、确定服务区域、创建区位配置模型等;讨论了几个几何设施网络分析的应用,包括确定流向、上游或下游追踪,以及为了进一步分析而设置障碍来对网络的特定部分进行隔离等。

复习题

1. 为何不能使用标准 coverage 格式的 GIS 道路网络数据进行复杂网络分析?如何创建拓扑正确的网络数据库?与标准 coverage 格式的道路网络数据相比,它有哪些独特的特点?
2. 什么是地理编码?为什么它如此重要?进行地理匹配时常会遇到哪些问题?
3. 解释有向网络和无向网络的区别,并分别举例说明。
4. 描述网络成本(阻抗)的特性,并说明网络成本在网络分析中的重要作用。举几个在网络分析中检验网络成本的例子。
5. 总结交通(有向)网络中三种网络分析的特征。
6. 说明在网络分析中障碍和其他限制的重要性。给出两个交通(无向)和设施(有向)网络分析时经常遇到的障碍实例。
7. 解释区位配置模型,给出两个在交通(无向)网络中进行建模的实例。

8. 说明拓扑设施（有向）网络的元素，并指出拓扑设施网络元素和拓扑交通网络元素之间的区别。

9. 给出电力设施网络中上游追踪和下游追踪应用分析的实例。

10. 闪电摧毁了电线杆，应采用什么设施网络分析法来确定电线杆的位置，以及网络中由于受该故障电线杆的影响而失去电力的设施？

关键术语

地址匹配（Address Matching）：最常见的地理编码类型，它将街道地址绘成地图上的一个点。

数字追踪（Digital Tracing）：用来识别（追踪）连接在设施或自然网络中的特征（如水文网络中的溪流）的应用程序。如果网络元素以某种逻辑与网络中的其他元素（如边或接口）相连，则这个网络元素只能包含在一个数字追踪中。

边阻抗（Edge Impedance）：遍历网络边段（如道路）或通过接口的成本。

地理编码（Geocoding）：从地址中找到一个地理位置的过程。

几何设施（有向）网络（Geometric Utility (Directed) Networks）：一种特殊网络，通常只允许沿边（如管道、河流）的一个方向行进。

区位配置模型（Location-Allocation Modeling）：寻找一个或多个新设施最佳位置（如快餐店）的过程，为一组给定的点（如家庭）提供服务，然后可将这些需求点分配给新设施。这个过程需要考虑许多因素，如可用设施、成本、从服务设施到点的最大阻抗（如距离或时间）等。

MAF/TIGER/Line 文件（MAF/TIGER/ Line File）：美国人口普查局主地址文件/拓扑集成地理编码和参考网络地理空间数据库。该文件包含每个街段的信息，如街道名称、街道两侧的起始地址、终止地址以及每条道路的邮政编码。

出席率最大区位配置（Maximize Attendance Location-Allocation）：用于解决社区商店选址问题，将需求按比例分配给候选设施，或将设施配置于那些在特定时间或距离内的需求点（如 5 分钟或 7 英里）。

最大市场占有率区位配置模型（Maximize Market Share Location-Allocation Modeling）：用于最大市场占有率设施的选址。

国家水文数据集（National Hydrography Dataset, NHD）：由拓扑数字地图和其他资源创建的一个水体表面的地理空间矢量数据集。中等分辨率 1:100000 和高分辨率 1:124000 的数据集可覆盖全国。在阿拉斯加，NHD 可提供比例尺为 1:163360 的数据。在某些地理区域，NHD 可基于不同的"本地分辨率"来提供数据。

网络（Network）：线（边）和交叉口（接口）相互连接的系统，代表从一个位置到另一个位置的可能路线。

网络成本（阻抗）（Network Cost (Impedance)）：遍历一个网络的花费。每当物体如一辆小轿车或公交车遍历一个网络元素（如路）或通过交叉口（接口）时，都会基于边或交叉口的阻抗特征积累网络成本。

网络服务区（Network Service Area）：包含满足如下条件的所有网络部分的一个地理区域：在某个确定的阻抗（成本）值的范围之内可以到达。

起点-终点矩阵（Origin–Destination Matrix）：一个矩阵，包含了从 n 个起点到 m 个终点的成本信息（通常以距离或时间衡量）。

路线（Route）：从一个位置到其他位置的路径（边）。

目标市场占有率区位配置模型（Target Market Share Location-Allocation Modeling）：用于解决目标市场竞争占有率的设施选址问题。

交通（无向）网络（Transportation (Undirected) Network）：允许沿网络边（如道路、铁路、地铁、人行道）的任何方向运行。

转弯阻抗（Turn Impedance）：网络中转弯的成本。

参考文献

[1] Andresen, M. D., 2006, "Crime Measures and the Spatial Analysis of Criminal Activity," *British Journal of Criminology*, 46: 258–285.

[2] Boyles, D., 2002, *GIS Means Business*, Redlands, CA: Esri Press, 161p.

[3] Butler, J. A., 2008, *Designing Geodatabases for Transportation*, Redlands, CA: Esri Press, 461p.

[4] Chang, K., 2010, "Chapter 17: Path Analysis and Network Applications," in *Introduction to Geographic Information Systems*, New York: McGraw Hill, 367–391.

[5] DeMers, M. N., 2002, *Fundamentals of Geographic Information Systems*, New York: John Wiley & Sons, 480 p.

[6] Dijkstra, E. W., 1959, "A Note on Two Problems in Connexion with Graphs," *Numerische Mathematik*, 1: 269–371.

[7] Esri, 2011a, "Algorithms Used by Network Analyst," in *Arc-GIS Resource Center*, Redlands, CA: Esri, Inc. (www.Esri.com).

[8] Esri, 2011b, "ArcGIS Desktop 10," in *ArcGIS Resource Center*, Redlands, CA: Esri, Inc. (www.Esri.com).

[9] Esri, 2011c, "Exercise 9: Choosing Optimal Store Locations Using Location-Allocation," in *ArcGIS Resource Center*, Redlands, CA: Esri, Inc. (www.Esri.com).

[10] Esri, 2011d, "Location-Allocation," in *ArcGIS Resource Center*, Redlands, CA: Esri, Inc. (www.Esri.com).

[11] Esri, 2011e, "New Network Dataset Wizard," in *ArcGIS Resource Center*, Redlands, CA: Esri, Inc. (www.Esri.com).

[12] Esri, 2011f, "Reverse Geocoding Network Locations," in *ArcGIS Resource Center*, Redlands, CA: Esri, Inc. (www.Esri.com).

[13] Esri, 2011g, "Turns in the Network Dataset," *ArcGIS Resource Center*, Redlands, CA: Esri, Inc. (www.Esri.com).

[14] Fu, P. and J. Sun, 2010, *Web GIS: Principles and Applications*, Redlands, CA: Esri Press, 296p.

[15] Goldberg, D. W., Wilson, J. P. and C. A. Knoblock, 2007, "From Text to Geographic Coordinates: The Current State of Geocoding," *URISA Journal*, 19(1):33–46.

[16] Gonser, R. A., Jensen, R. R. and S. A. Wolf, 2009, "The Spatial Ecology of Deer-Vehicle Collisions," *Applied Geography*, 29:527–532.

[17] Huff, D., 1966, "A Programmed Solution for Approximating an Optimum Retail Location," *Land Economics*, 42(3):293.

[18] Kennedy, H., 2001, *Dictionary of GIS Terminology*, Redlands, CA: Esri Press, 118p.

[19] Krieger, N., Waterman, P. D., Chen, J. T., Soobader, M. and S. V. Subramanian, 2003, "Monitoring Socioeconomic Inequalities in Sexually Transmitted Infections, Tuberculosis, and Violence: Geocoding and Choice of Area-based Socioeconomic Measures," *Public Health Reports*, 118(3): 240–260.

[20] Lemmens, M. J., 2010, "Mobile GIS Systems (Hard and Software)," *GIM International*, 24(12):28–29.

[21] Lo, C. P. and A. K. W. Yeung, 2007, "Chapter 10: Spatial Data Analysis, Modeling, and Mining," in *Concepts and Techniques in Geographic Information Systems*, Upper Saddle River: Pearson Prentice-Hall, 392–393.

[22] Lowe, J. C. and S. Moryadas, 1975, *The Geography of Movement*, Boston: Houghton Mifflin, 333p.

[23] Maidment, D. R., 2002, *Arc Hydro: GIS for Water Resources*, Redlands, CA: Esri Press, 203 p.

[24] Maidment, D. R., Edelman, S., Heiberg, E. R., Jensen, J. R., Maune, D. F., Shuckman, K. and R. Shrestha, 2007, *Elevation Data for Floodplain Mapping*, Washington: National Academy Press, 151p.

[25] Price, M., 2008, *Mastering ArcGIS*, New York: McGraw Hill, 3rd Ed., 607p.

[26] Ratcliffe, J. H., 2004, "Geocoding Crime and a First Estimate of a Minimum Acceptable Hit Rate," *International Journal of Geographical Information Science*, 18(1):61–72.

[27] Salah, A. M. and D. Atwood, 2010, "Is ONE Route Good Enough?" *ArcUser*, Spring (2010), 32–35.

[28] USGS, 2011, *The National Hydrography Dataset*, Washington: U.S. Geological Survey, http://usgs. gov/data.html.

第 **8** 章

统计和空间数据量算

型 GIS 项目所用的大多数空间数据量算，都可通过调用 GIS 软件中的专用算法自动而有效地实现。但在按下按钮执行 GIS 中的特殊功能或查询时，一定要明白计算的性质。本章的知识能帮助读者适当使用各种各样的空间分析功能。

8.1 概述

适当运用空间数据和 GIS 分析，是准确进行地理信息系统调查的重要组成部分。GIS 开发者和用户的专业背景不同，包括地理学、地学、计算机科学、数学、工程学、林学、景观生态学和其他专业领域（Wright et al., 1997）。由于这种多样性，GIS 所应用的算法、统计方法和程序，对于一些用户而言，经常会超出其经验或"舒适度"。这种不熟悉可能会导致人们在使用空间数据和 GIS 分析程序时发生错误。

本章介绍 GIS 中的一些空间数据量算和分析的基本属性，一些基本的描述性统计和空间统计，以及如何利用这些知识来提升人们对空间关系的理解。本章首先介绍简单的欧几里得距离和曼哈顿距离的量算，然后介绍简单多边形的量算，讨论非常有用的描述性统计和空间统计，再后给出空间自相关和莫兰指数 I 的概念，最后介绍点模式分析技术。

8.2 长度（距离）量算

如第 5 章所述，点使用 x、y 坐标来定位，

线则由连续的点组成；闭合线围成多边形（区域）。直线距离量算通常使用勾股定理或曼哈顿距离的计算方法。

8.2.1 基于勾股定理的直线距离量算

GIS 最常用的量算方法是，计算两个投影点之间的欧几里得距离。这种量算可用于确定最近邻域，或统计某个调查点周围某个缓冲距离之内的点数。

使用勾股定理很容易就可计算出两点之间的欧氏距离。勾股定理基于直角三角形三条边的关系，通常定义如下：在任何一个直角三角形（其中一个内角为 90°的三角形）中，直角对应的线段（斜边）长度等于另外两条边（斜边之外的两条边）的平方和的平方根，如图 8.1 所示。

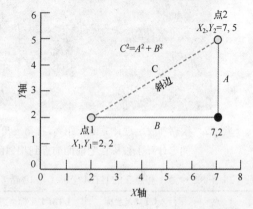

图 8.1 使用勾股定理计算笛卡儿坐标系中两点之间的欧氏距离

用数学方法描述时，方程表示为

$$C^2 = A^2 + B^2 \qquad (8.1)$$

式中：A 和 B 是两条直角边的长度。因此，若已知任意两个点的(X, Y)坐标，要计算它们之间的长度就非常简单，即只需确定两条直角边的长度就可计算出斜边的长度。例如，假设要量算笛卡儿坐标系中点 1 到点 2 的长度，如图 8.1 所示，坐标值如表 8.1 所示。要求出这两点之间的距离，首先需要计算直角三角形中两条直角边的长度。计算线段 A 的长度时，用两个点的 Y 值相减（$2-5=-3$）。计算线段 B 的长度时，用两个点的 X 值相减（$2-7=-5$）。式（8.1）要用到这两个值：

表 8.1   图 8.1 中点 1 和点 2 的坐标（单位米）

点	X坐标	Y坐标
1	2	2
2	7	5

$$C^2 = (-3)^2 + (-5)^2 = 9 + 25 = 34$$
$$C = \sqrt{34} = 5.83\text{m}$$

即在图 8.1 中，点 1 到点 2 的距离是 5.83m。

通常情况下，待计算点的坐标由特定的坐标系定义，如通用横轴墨卡托地图投影（UTM）。例如，假设要计算农用地中点 1 到点 2 的距离，如图 8.2 所示，点的坐标值如表 8.2 所示。本例的计算过程如下：

$$C^2 = (43280 - 432966)^2 + (442841 - 4427306)^2$$
$$= (-106)^2 + (-195)^2 = 49261$$
$$C = \sqrt{49261} = 221.95\text{m}$$

这两个通用横墨卡托投影点之间的距离是 221.95m。使用勾股定理的局限是，只能应用在量算点可比的情形下，即它们要在一个像通用横墨卡托投影这样的坐标系之中。此外，由于地球曲率的影响，这种方法不适合于计算经度和纬度，或距离太远的投影点。

计算欧氏距离

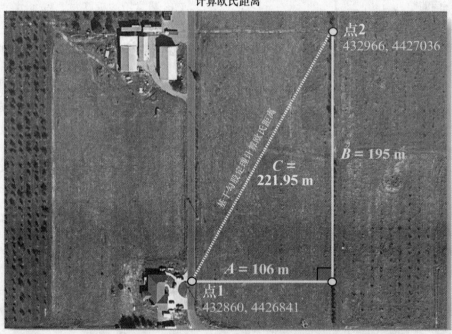

图 8.2   根据勾股定理计算欧氏距离，直角三角形中的直角边 A 和 B 可用来计算斜边 C 的长度。例中计算了独栋住宅前面的点到相邻田地一角的距离（航拍数据由犹他州提供）

表 8.2   图 8.2 中点 1 和点 2 的 UTM 坐标（北 12 带）

点	UTM X坐标	UTM Y坐标
1	432860	432966
2	432966	4427036

8.2.2   曼哈顿距离量算

基于勾股定理的直线距离量算对于很多应用都非常有用，但也有许多局限性。其中的一个局限是，在城市中甚至在很多自然环境下，用一条笔直的线（即用斜边）量算点 1 到点 2 的欧氏距离可能不符合逻辑。为解决这一问题，可以计算两点之间的曼哈顿距离：

$$曼哈顿距离 = |X_1 - X_2| + |Y_1 - Y_2| \qquad (8.2)$$

两点间的曼哈顿距离（有时也称绕街区距离或城市街区距离）利用的是直角三角形的两条直角边而非斜边。这相当于在城市中，从点 1 到点 2 是不能简单穿过建筑物或翻过围墙到达的。相反，需要绕街区从点 1 走到点 2。例如，图 8.3 中从点 1 到点 2 的曼哈顿距离为

$$曼哈顿距离 = |2 - 7| + |2 - 5| = 5 + 3 = 8m$$

注意，这一结果与此前利用勾股定理计算出来的 5.83m 不同。

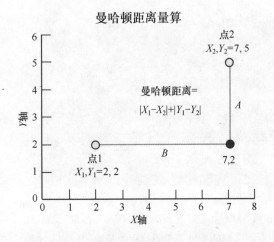

曼哈顿距离量算

图 8.3　计算(X, Y)直角坐标系中点 1 到点 2 的曼哈顿距离

因此，尽管利用勾股定理计算点 1 到点 2 之间的欧氏直线距离非常有用，但在实际距离量算时必须考虑到其他因素。事实上，很多地理区域都具有妨碍根据勾股定理直接计算两点之间距离的要素。

例如，假设现在要从犹他州盐湖城市中心的位置 A 到位置 B（见图 8.4）。我们想知道 A 到 B 的最短距离。白色的线段是直角三角形的斜边，它是两个位置之间的最短路线。本例中尽管位置 A 到位置 B 的欧氏距离是最

短距离，但它几乎没有意义，因为必须穿过建筑物并翻越围栏后，再穿过众多植物才能抵达位置 B。

一种准确量算 A 点到 B 点的距离的方法或实际距离量算方法是：（1）确定一条路线，考虑到现有的道路和小径，把它们细分为 n（譬如 6）条逻辑线段；（2）应用勾股定理或曼哈顿距离公式计算 n 段路的距离。从位置 A 到位置 B 的更加符合实际的距离，如图 8.4 中的彩色线段所示。

8.2.3　其他因素

欧氏距离和曼哈顿距离对于很多应用而言都非常有用。具体使用哪种距离量算技术取决于多种因素。例如，要计算的几个点之间的地形不可能完全平坦，或沿路线没有物理障碍。此外，两点之间最快的路线并不总是最短路径。例如，开车从一点到另一点，经由封闭式高速公路会比经由城市道路更快，尽管城市道路更短。

最小成本距离使用阻力表面（如数字地形模型）来求一个点到其他点的最小成本路径。当某人在丘陵或山区徒步旅行时，这种量算方法特别有用。最小成本距离算法会检查拓扑关系，也许还有地形坡度等，来求从起点到终点进行远足的最佳路径。同样，假设读者要从家里出发骑自行车到零售店，家和零售店的高程大致相同。但根据所选路线的不同，在路上可能会有很多上坡和下坡。也许一条稍长一些的路线没什么坡度。如果只对去零售店购买商品感兴趣，那么会选择平坦的路线。相反，如果想要锻炼一下，则可能会选择多坡的道路。还需要考虑所选路线上的交通流量或沿途的自然风光。稍长但不拥挤的公路，可能比严重拥堵的最短路线更好。

考虑这些因素和第 7 章所述的一些内容后，就很容易理解复杂路径或网络是如何形成的。用户必须输入许多不同的参数来求一个点到另一个点的最佳路线。

欧氏距离与曼哈顿距离量算的对比

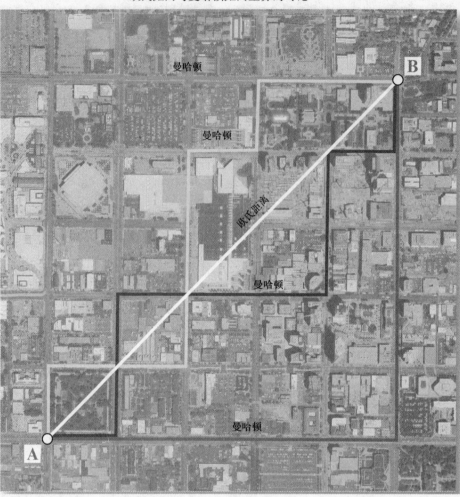

图 8.4　从路口 A 到路口 B 的白色线段需要穿过商业建筑、翻越围栏、穿过公园和树林。因此，欧氏距离（白线）不能代表从 A 到 B 的实际距离。相反，它可能确定了相同行程的曼哈顿距离。本例中从 A 到 B 穿过这个城市的所有路线（除白线外）的长度都相同（航拍数据由犹他州提供）

8.3　多边形周长和面积的量算

许多地理空间项目需要计算多边形的周长和面积。例如，读者可能会对原生森林的特殊植物群落（图斑）感兴趣，甚至希望比较不同年份的图斑。还可能对每个图斑的周长感兴趣。其他研究可能需要计算美国人口统计局细分单元区域的周长和面积，如人口普查区、街区、县和州等。这些量算都很常见，因此理解它们计算的过程很重要。下面说明如何计算多边形的周长和面积。

8.3.1　周长量算

多边形的周长量算方法是，先确定围成多边形的 n 条线段的长度，然后求和：

$$P = \sum_{i=1}^{n} L_i \qquad (8.3)$$

式中：P 表示周长，L 表示长度。

每条线段的长度通常用前述的勾股定理计算。例如，位于犹他州西班牙福克的一个六边形由 6 个顶点环绕而成，如图 8.5 所示。6 个点的坐标列在表 8.3 中。

计算复杂多边形的周长和面积

图 8.5　犹他州西班牙福克的六边形详细画出了边界（为使多边形闭合，使用了顶点 1 两次）。多边形周长和面积可用式（8.3）和式（8.4）计算（航拍数据由犹他州提供）

要计算多边形的周长，可先用勾股定理计算每条线段的长度，然后将每条线段的长度相加，得到多边形的周长为 1039m。

表 8.3　犹他州西班牙福克的六边形的 6 个顶点的 UTM 坐标值（见图 8.5），用来说明如何计算复杂多边形的周长

顶点	UTM X 坐标东	UTM Y 坐标北	顶点间的距离（如点1到点2）
1	447487	4438722	
2	447838	4438720	351.01
3	447833	4438541	179.07
4	447704	4438587	136.96
5	447687	4438538	51.87
6	447489	4438614	212.08
1	447487	4438722	108.02
$P=\sum_{i=1}^{n}L_i=$			1039m

8.3.2　多边形面积量算

多边形面积是指多边形所覆盖的地理范围。多边形为"规则"的几何形状（如正方形、矩形、圆或者直角三角形）时，面积的计算非常简单，可直接使用标准公式计算面积（见表 8.4）。

表 8.4　计算规则几何形状的面积公式

形　状	面积公式
正方形	边长的平方
矩形	长×宽
圆	πr^2
直角三角形	（底×高）/2

这些规则图形在人为（人造）景观（如矩形或正方形的产权边界、道路网络、圆形的作物布局等）中比较普遍。但这些规则的形状在自然环境中并不常见，而计算不规则形状多边形的面积则更加复杂，而且计算量更大。

若所有节点的笛卡儿坐标值都已知且有序列出，譬如 $(X_1,Y_1),(X_2,Y_2),\cdots,(X_n,Y_n)$，则可计算复杂多边形的面积。计算公式为

$$S=0.5\left|\sum_{i=1}^{n}Y(X_{i+1}-X_{i-1})\right| \quad (8.4)$$

式中：Y 是每个顶点的 y（北向）坐标，X_{i+1} 是下一个顶点的 X（东向）坐标，X_{i-1} 是前

一个顶点的 X（东向）坐标。该公式必须使用同一方向的连续顶点。在笛卡儿坐标系下，分别使用简单公式和复杂公式计算的正方形面积，如表 8.4 和图 8.6 所示。使用表 8.4 中的简单公式有 $S = 2 \times 2 = 4$，即正方形的面积是 $4m^2$；使用式（8.4）可得到相同的答案，如表 8.5 所示。

计算正方形面积

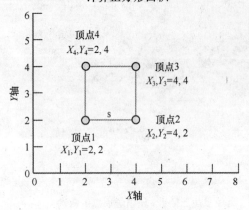

图 8.6 笛卡儿坐标系中的正方形

表 8.5 图 8.6 所示正方形的纵坐标值和横坐标值，并使用式（8.4）计算其面积

顶点	X 坐标（东）	Y 坐标（北）	计算结果
1	2	2	4
2	4	2	4
3	4	4	−8
4	2	4	−8
$S = 0.5 \left| \sum_{i=1}^{n} Y(X_{i+1} - X_{i-1}) \right|$			$4m^2$

显然，图形为规则形状时，使用公式计算面积非常简单。式（8.4）则用于计算复杂的多边形。例如，使用式（8.4）计算犹他州西班牙福克居民区的复杂多边形（见图 8.5）。表 8.6 列出了 6 个顶点的 X、Y 坐标，以及每个顶点参与计算的结果。多边形的面积是 $52216m^2$，约 5.2 公顷。这个例子中只有 6 个顶点。因此，计算包含有成百上千个顶点的复杂多边形时，可以想象计算量会有多大！此外，一些多边形里面可能还包含有多边形。此时，需要计算封闭多边形的面积，然后从外围多边形面积中减去。

计算整个区域的各种多边形（图斑）的基本周长和面积属性之后，就可利用这些属性去计算地理研究中经常使用的一些景观生态指标（Frohn，1998；Frohn and Hao，2006）。

表 8.6 犹他州西班牙福克的六边形的 6 个顶点 UTM 坐标值（图 8.5），用来说明如何计算复杂多边形的面积

顶点	UTM X 坐标东	UTM Y 坐标北	贡献
1	2	2	4
2	4	2	4
3	4	4	−8
4	2	4	−8
$S = 0.5 \left| \sum_{i=1}^{n} Y(X_{i+1} - X_{i-1}) \right| =$			$4m^2$

8.3.3 栅格多边形量算

与在矢量数据集中相比，在栅格数据集中计算多边形面积和周长的方法不同。要计算栅格数据集中一个图斑的面积，先要选择多边形内的单元格将其分离出来，然后对单元格重新分类（编码），使其值唯一。最后对单元格的数量求和（如 20），再乘以每个单元格的面积（如 $100m^2$），得到多边形的面积（$2000\ m^2$）。注意，单元格（像素）的大小是 $10m \times 10m$，面积为 $100m^2$。

栅格多边形的周长可使用类似的方法来计算，即确定图斑外面的单元格，相加后再乘以单元格的侧边长度。记住，单元格的侧边长度可以是实际单元格的大小（如 10m），也可以是单元格的斜边距离（如 $10m \times 10m$ 像素的斜边是 14.142m）。

8.4 描述性统计

在介绍可能会用到的一些空间统计之前，首先介绍几个基本的描述性统计。大多数 GIS 都能快速提供数据库字段和地理现象的汇总统计数据。这些统计往往用于初步了解数据。第一组量算中心趋势的描述性统计包括众数、中位数和均值。众数是数据集中最常见的值，可用所有级别的数据来计算（如命名量表、顺序量表、间隔量表、比率量表）。中位数是顺序量表数据集的中间值，即它只能用于已排序的数据集。因此，只有当数据是顺序量表、

间隔量表或比率量表时，才能计算中位数。含有奇数个数据的数据集，中位数就是位于中间的值。含有偶数个数据的数据集，中位数是位于中间的两个值的均值。数据集的均值是对数据简单取平均，计算公式如下：

$$\overline{x} = \frac{\sum_{i=1}^{n} X}{n} \qquad (8.5)$$

即所有观测值（X）求和后除以观测值的总个数（n）。均值会受到异常值或极端值的影响，而中位数则不受影响。这就是为什么描述社会经济特性时，经常使用中位数而不使用均值的原因。例如，假设读者和其他 9 人在一个房间里使用平均值来描述 10 人的收入情况。如果 10 人中的 9 人的平均收入接近80000 美元，但另外 1 人的年收入为 200000美元，则平均年收入将远大于该组的典型代表值。相反，年收入的中位数则不会受这个异常大的值的影响。

在均值、中位数和众数近似相等时，分布为正态分布或钟形分布［见图 8.7(a)］。均值、中位数和众数不相等时，分布为非正态分布或偏态分布［见图 8.7(d)和(e)］。

对称和偏态分布的直方图

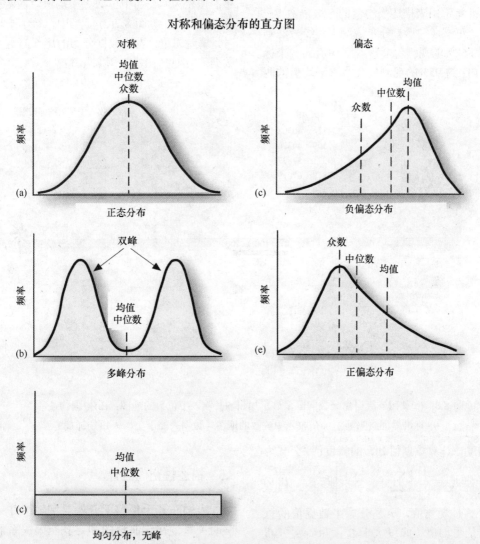

图 8.7　(a)正态分布（钟形分布）；(b)有两个峰或众数的双峰分布；(c)无众数的均匀分布；(d)均值双中位数小的负偏态分布；(e)中位数和众数比均值小的正偏态分布（Jensen，2005）

均值离散度的量算包括方差、标准差、偏差和峰度。方差度量平均值的均方差，公式为

$$s^2 = \frac{\sum_{i=1}^{n}(X - \overline{x})^2}{n-1} \qquad (8.6)$$

即观测值 X 减去平均值（$\overline{x}$）后求平方，然后求和，再除以观测值的数量减 1。

标准差 描述平均值的平均偏差，公式为

$$s = \sqrt{\frac{\sum_{i=1}^{n}(X - \overline{x})^2}{n-1}} \qquad (8.7)$$

标准差是方差的平方根，它将值的单位复原。标准差常用来描述平均值的一般离散度。事实上，正态（钟形）分布情况下，经验法则表明：约68%的观测值会落入平均值的一个标准差之内；约95%的观测值会落入平均值的两个标准差之内；几乎 100%（实际上为 99.7%）的观测值会落入平均值的三个标准差之内。

专题地图中经常使用标准差（Krygier and Wood，2011）。加州各县收入的中位数使用了自然分类的五级间隔，如图 8.8(a)所示。加州各县收入的中位数则使用了标准差分类的间隔，如图 8.8(b)所示。

偏差 衡量数据值的不对称分布，公式为

$$偏差 = \frac{1}{n}\sum_{i=1}^{n}\left(\frac{X_i - \overline{x}}{s}\right)^3 \qquad (8.8)$$

式中：$\overline{x}$ 是平均值，s 是标准差。任何对称分布的偏差为零。当中位数大于均值时，显示为负偏态分布 [见图 8.7(d)]。当中位数小于均值时，偏差为正，表明数据分布的尾部向更大的数据值方向延伸 [见图 8.7(e)]。

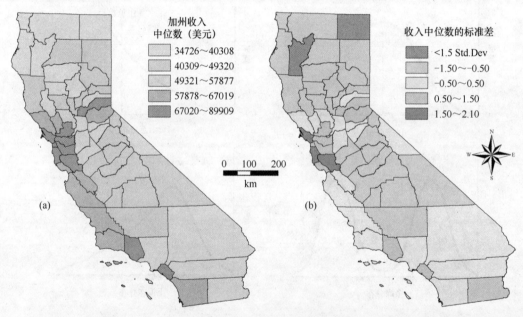

图 8.8　(a)使用五级自然分类间隔来显示加州各县收入中位数的地图；(b)根据均值标准差间隔来显示加州收入中位数的地图（数据来源于美国人口统计局）

峰度 计算数据值分布的峰度值，公式为

$$峰度 = \left(\left[\frac{1}{n}\sum_{i=1}^{n}\left(\frac{X_i - \overline{x}}{s}\right)^4\right] - 3\right) \qquad (8.9)$$

式中：X 是观测值，n 是分布中数据值的总数，$\overline{x}$ 是平均值。峰度大于 0 意味着尖分布或峰分布（曲线）。峰度小于 0 时，曲线更平坦，或峰比较低。峰度接近 0 意味着数据呈正态分布。

8.5　描述性空间统计

人类在几千年前就开始绘制地图并寻找空间关系。在绘制地图和寻找空间关系的空间数据处理过程中，统计的作用非常重要。分析空间数据时，有一组非常有用的特殊统计程序，它们通常称为空间统计。这些统计

允许对特定地貌的空间特征进行定量描述和评估。此外，还可以提供一种方式来比较不同的地貌，以确定某种分布现象是否与随机分布明显不同。

8.5.1 均值中心

一些基本的描述性统计可用于描述地貌。这些空间统计与对应的非空间统计类似。这种统计的一个实例就是地理分布的均值中心。均值中心是对中心趋势的度量，在地理

坐标系或直角坐标系中绘制数据时，可用来确定一个分布的中心，例如确定美国人口分布的均值中心。每十年一次的人口调查之后，美国人口统计局都要计算人口均值中心的位置，如果所有居民都有完全相同的权重，那么美国的人口分布图将会呈现出非常完美的平衡。美国 1790 年到 2010 年人口迁移的均值中心如图 8.9 所示。基于 2010 年的美国人口普查数据，人口均值中心在密苏里州得克萨斯县的柏拉图附近。

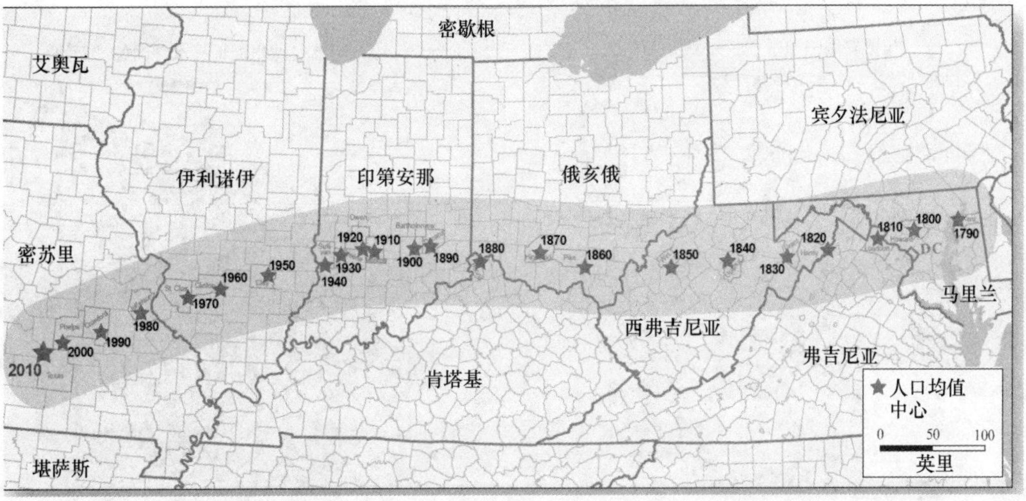

图 8.9 美国 1790 年到 2010 年的人口均值中心。可以看出均值中心是如何沿西-西南方向迁移的。2010 年的人口均值中心在密苏里州的柏拉图附近（数据源于美国人口统计局地理司）

另一个实例是确定印第安那州维哥县所有正常运行水井的均值中心，如图 8.10(a)所示。已知该空间分布的均值中心，可以帮助用户确定一口新井的最佳位置，或帮助分析哪个地下含水层可能已耗尽。

这种方法也可用来确定诸如犯罪、违反交通规则或其他类型的一系列数据的均值中心。例如，假设几个月来在同一区域内发生了类似的违法案件。执法人员可为每个案件匹配地址，然后确定犯罪均值中心的位置。这些信息可以用来确定增援警力的最佳位置。另一个例子是标绘城市或乡村中所有肺炎患者的位置，以帮助研究人员确定是否存在引发疾病的感染源。

8.5.2 标准距离

标准距离是描述空间分布的另一种测度。这种测度与标准差类似，它决定了均值中心分布的离散性。在上述印第安那州维哥县的例子中，计算出了分布的标准距离［见图 8.10(b)］。绿色圆圈是均值分布的第一个标准距离。如果分布中的点是随机的，那么约 68%的点位于第一个标准距离内。

8.6 空间自相关

最常使用的一种空间统计是空间自相关。空间自相关描述地理数据的空间顺序和空间相关性，并指明相近或邻近的值是否一起发生

变化。换言之，空间自相关是变量通过空间与自身的相关性（Burt et al.，2009）。空间自相关基于 Waldo Tobler 的地理学第一定律：任何事物都相关，只是相近的事物更相关（Tobler，1970）。

空间正相关是指附近的值或邻近的值更相似。这种关系在人为系统和自然系统中十分常见。例如，城市中房价或家庭收入趋向于空间正相关，因为富人倾向于居住在与低收入人群相对分离的社区，导致低收入居民住在其他地区。

在自然地理学中，生物地理学家经常发现相邻森林斑块与当前物种的类型和数量呈空间正相关。空间负相关描述的邻域值的模式完全不同。这种模型不太常见，但在制作一些人为影响模式的地图时是很有用的，例如在庭院中选择要种植的三种植物。当一种模式既不正相关也不负相关时，就称之为随机模式。

最后，空间自相关度量相似值是否发生聚集，具体取决于比例尺。在某种比例尺下，某种特征现象可能会聚集，而在其他比例尺下，同一分布则不会聚集。因此，在进行空间自相关分析之前及说明分析结果时，必须考虑比例尺。

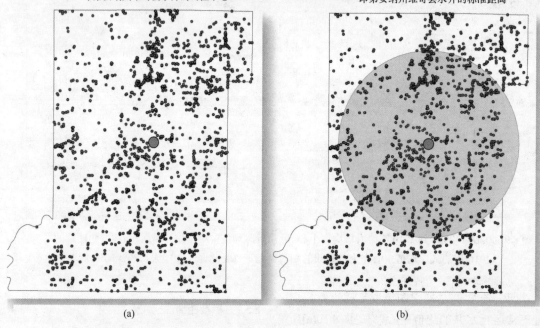

印第安纳州维哥县水井的均值中心

印第安纳州维哥县水井的标准距离

(a)

(b)

图 8.10 印第安那州维哥县所有正常运行水井的位置：(a)红点是所有水井的均值中心；(b)绿色圆圈是均值中心的第一标准距离。如果点是随机分布的，那么有 68% 的点落在第一标准距离内（数据源于印第安那地图中心）

1. 莫兰指数 I

自 1950 年起，人们便开始使用莫兰指数 I 来度量空间自相关（Moran，1950）。莫兰指数 I 这一统计量可以度量空间分布的相互依赖关系，允许研究人员对空间数据相互依赖关系的假设进行测试。它常用来确定等距或等比属性数据的空间自相关，但也可使用其他类型的属性（如命名和顺序）。

莫兰指数 I 的范围是 $-1\sim1$。正值表明与附近区域相似，负值表明与附近区域不相似。值接近于 0 表明属性值之间不相关。许多 GIS 软件程序中都有莫兰指数 I 工具，具体公式（Paradis，2011）为

$$\text{莫兰指数} I = \frac{N}{S_o} \frac{\sum_{i=1}^{n}\sum_{j=1}^{n} w_{ij}(x_i-\bar{x})(x_j-\bar{x})}{\sum_{i=1}^{n}(x_i-\bar{x})^2} \quad (8.10)$$

式中：$\bar{x}$ 是变量 x 的均值，x_i 是点 i 的值，x_j 是点 i 的邻点 j 的值；w_{ij} 是观测值 i 和 j 的权重，S_o 是所有 w_{ij} 之和。

图 8.11 显示了 2000 年犹他州盐湖城附近几个人口调查区平均家庭规模的地图。通过查看地图，大致可以看出平均家庭规模在空间上存在自相关性，即大家庭倾向于分布于山谷西部或西南部。为了定量描述这种关系，可以计算莫兰指数 I 这一统计量，其值等于 0.44。该值说明盐湖谷人口调查区的平均家庭规模呈正相关性。在莫兰指数 I 统计量中，z 得分通常可帮助分析人员确定模式的重要性。例如，在图 8.12 所示的 ArcGIS 总结报告中，z 得分是 69.9，意味着由随机因素形成聚类模式的可能性不到 1%。

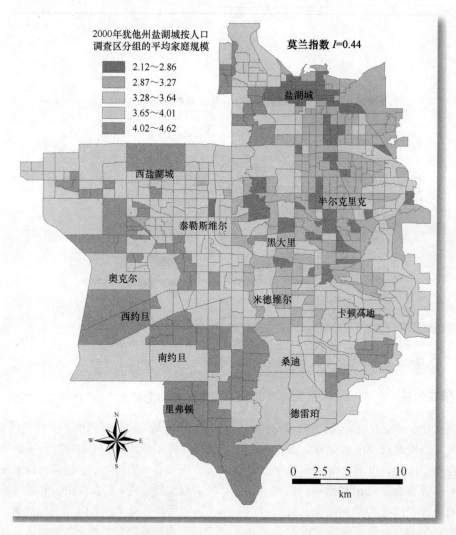

图 8.11　2000 年犹他州盐湖城附近 124 个人口普查区的平均家庭规模图。注意许多相邻多边形的平均家庭规模的相似性。该区的莫兰指数 I 的值为 0.44，即数据为聚类模式（见图 8.12）（数据源于美国人口统计局）

感兴趣的地理问题都可基于莫兰指数 I 进行分析。例如，为什么大家庭都成群定居在山谷西部或南部？能否调整因素鼓励大家庭迁居到小型家庭的现居住地？

可以使用空间自相关性和莫兰指数 I 的应用，包括在特定城市、县或社区评估民族或种族隔离随时间变化的趋势。在该例中，莫兰指数 I 可以帮助确定隔离情况是增加了、减少了，还是保持为原样。在其他例子中，空间自相关对于评估疾病在空间或时间上的分布非常有用——疾病是孤立的、集中的，还是会扩散？

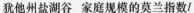

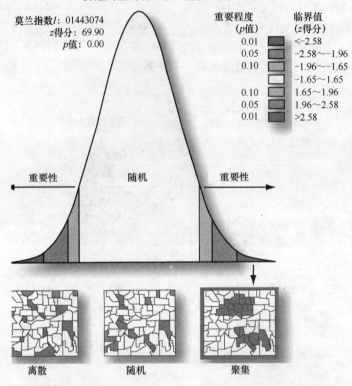

图 8.12　2000 年犹他州盐湖谷的 ArcGIS 总结报告对莫兰指数 I（0.44）的评估，家庭规模数据集见图 8.11。z 得分为 69.9，表明由随机引起聚类模式的可能性小于 1%。因此，分布一定是聚类的，而不是随机的或离散的（总结报告格式由 Esri 公司提供）

8.7　点模式分析

在现实生活中，点很容易定位，如鸟巢、石油钻井、犯罪地点或电话线杆。当把这些点布置在地图上时，由于会受到一些空间处理的影响，经常会呈现出截然不同的模式。这些空间处理是潜在力量的结果，它们可以确定点的分布方式。分析点定位过程是由什么驱动的，可以帮助研究人员对其他点位置进行建模或预测（如鸟巢、潜在石油钻勘探地点或钻井位置）。在点模式分析中，主要强调的是点的位置，而不是点的任何属性。这与空间自相关分析区域的属性正好相反。确定点模式通常使用两种方法：样方分析和最近邻分析。

8.7.1　样方分析

样方是用户自定义的一个地理区域，它通常呈正方形或矩形。样方分析常用来确定一些样方内点分布的均匀性。例如，如果读者正在研究鸟巢的位置，那么可在研究区域上叠加样方，然后计算每个样方内鸟巢的数量。如果每个样方内鸟巢的数量都相等，就认为分布是均匀的。相反，如果所有鸟巢都位于少数几个样方之内，则意味着鸟巢是聚集分布的。

通过假设所有样方具有相同数量的点（鸟巢），可定量计算出点是否集群分布。要实现定量计算，可先用鸟巢总数除以研究区域的样方数。鸟巢呈正态分布时，这个数字就是预期分布。卡方检验统计是每个样方的观察值（O）

减去在该样方的预期值（E），结果取平方，再除以样方的预期值：

$$\chi^2 = \sum_{i=1}^{n} \frac{(O-E)^2}{E} \qquad (8.11)$$

该值对所有 n 个样方求和。卡方检验统计的结果值可以与标准表中的临界值进行比较。

为了说明样方分析的应用，一起来看一个实例：纽约蔓越莓湖附近有 36 个鸟巢（见图 8.13），统计数据如表 8.7 所示（Formica et al., 2004；Tuttle et al., 2006）。鸟巢位置（蓝点）叠加在研究区域的红外航拍影像上。通过观察图像，能大概确定鸟巢在地域内并不均匀分布。相反，鸟巢分布具有一定的模式，它们看起来和水体的分布有关。使用大小为 250m×250m（62500m²）方形样方（见图 8.13）对这些鸟巢位置进行样方分析。每个样方中的鸟巢数量如表 8.7 所示。

纽约蔓越莓湖附近鸟巢的地理分布和样方分析

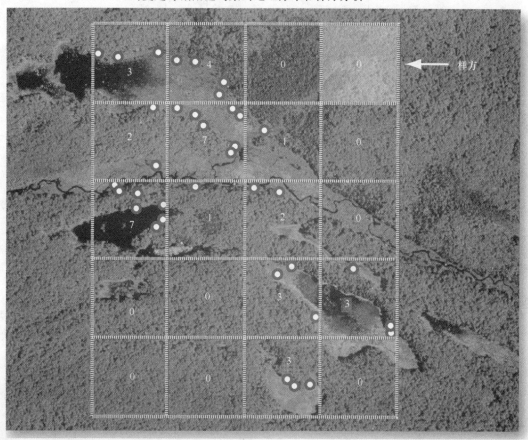

图 8.13　纽约蔓越莓湖附近鸟巢（蓝点）的地理分布。进行样方分析时，将大小均为 250m×250m 的 20 个样方叠加到鸟巢（白色圆心）上。用每个样方（黄色表示）内的鸟巢数量来计算卡方检验统计，以确定鸟巢是否为平均分布（数据由 Elaina Tuttle 提供，航拍影像源于美国地质调查局）

用鸟巢数（36）除以总样方数（20），可求出每个样方中的预期鸟巢数 1.8。用每个样方的观察值减去该预期值，结果取平方后除以 1.8。对每个样方的值求和后，结果即为卡方检验统计值 52.89（见表 8.7）。在 $\alpha = 0.05$ 时，该值近似于卡方检验标准统计表中的值（自由度为 $N-2$ 或 34）。卡方检验统计值 52.89 超过了表中的标准值 48.6，表明鸟巢不是均匀分布的。相反，若计算的卡方统计值小于表中的值，则鸟巢一定是均匀分布的。

表 8.7　使用 20 个 250m×250m 的样方和卡方统计
检验，对纽约蔓越莓湖（图 8.13）附近的鸟
巢数量进行分析。样方数量从左上角的第一
个数开始统计，从左到右，自上而下

样方	鸟巢观察值	分布特征值
1	3	0.8
2	4	2.6889
3	0	1.8
4	0	1.8
5	2	0.0222
6	7	15.022
7	1	0.3556
8	0	1.8
9	7	15.022
10	1	0.3556
11	2	0.0222
12	0	1.8
13	0	1.8
14	0	1.8
15	3	0.8
16	3	0.8
17	0	1.8
18	0	1.8
19	3	0.8
20	0	1.8
	36	
卡方检验统计	$\chi^2 = \sum_{i=1}^{n} \frac{(O-E)^2}{E} =$	52.89

样方分析的一个缺点是，样方的大小对卡
方检验的结果影响非常大。因此，必须小心确
定样方的大小。

8.7.2　最近邻点分析

最近邻点分析通常使用 GIS 实现。最近邻
点分析创建一个基于每个对象到邻近要素之
间距离的索引。该分析能确定位置的空间分布
是随机的还是非随机的，表示为点间观察距离
和预期距离（假设随机分布）比值的索引。

最近邻点分析的一个假定条件是，点可以
"自由"定位在研究区域的任何位置，如图 8.14
所示的 11 个假定点的地理分布，相关数据见
表 8.8。用勾股定理计算每个点到其他各点的

距离。每个点的最近邻点和到最近邻点的欧氏
距离也列在表 8.8 中。所有到最近邻点的距离
取平均后为 d_a（或实际最近邻距离）。

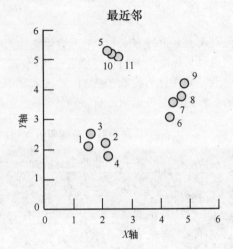

图 8.14　最近邻点分析时 11 个假定观测点的地理
分布。点的坐标和最近邻距离见表 8.8

表 8.8　图 8.14 的 11 个点、最近邻点和到最近邻点
的欧氏距离

点	X	Y	最近邻点	到最近邻点的欧氏距离
1	1.5	2.1	3	0.41
2	2.1	2.2	4	0.46
3	1.6	2.5	1	0.41
4	2.2	1.75	2	0.46
5	2.3	5.2	10	0.14
6	4.3	3.1	7	0.51
7	4.4	3.6	8	0.34
8	4.7	3.75	7	0.34
9	4.8	4.2	8	0.46
10	2.2	5.3	5	0.14
11	2.5	5.1	10	0.36
da				0.37

要确定分布中的点是否随机分布，须把这
些值与随机分布的点之间的预期平均最近邻
距离进行比较。一个随机的点分布的最近邻预
期平均距离为

$$d_e = \frac{1}{2\sqrt{n/A}} \tag{8.12}$$

式中：n 是点数，A 是研究区域的面积。在假
设的例子中，研究面积是 36（即 6×6=36 平方

单位）。如果分析的点是随机分布的，则两值（d_a 和 d_e）之比总等于 1（或非常接近于 1）。聚集模式的最近邻点距离小于预期距离，即 d_a 小于 d_e，$R < 1$。

因此在上例中，假设的点模式中每个点之间的预期随机距离为

$$0.905 = \frac{1}{2\sqrt{11/26}}$$

上式可改写为

$$随机距离 = \frac{1}{2\sqrt{密度}} \qquad (8.13)$$

式中：密度等于点数除以总面积。在该例中，实际最近邻距离 d_a 是 0.37（见表 8.8），比预期距离（0.905）小很多。该值也可用于计算下述的最近邻指数。

1. 离散分布指数

与确定一个随机点模式的距离类似，如果点是完全离散的，也可以计算出一个值来描述平均最近邻值。该指数确定点是否为完全离散分布的，用 1.07453 除以密度的平方根来计算：

$$分布 = \frac{1.07453}{\sqrt{密度}} = \frac{1.07453}{\sqrt{0.31}} = 1.93 \qquad (8.14)$$

该指数代表的距离是点在 36 个单位的地理范围内完全离散分布的距离。如果实际平均最近邻距离与该值接近，则点是离散的。同样，本例中实际最近邻距离（0.37）比指数（1.93）小很多，这表明在整个地理范围内点不是离散分布的。

2. 最近邻比率

最近邻比率提供了使用单个值来评估模式的一种有效方法。该比值只是用观测的最近邻距离除以随机分布的预期距离：

$$NNR = \frac{Dist_{Obs}}{Dist_{Ran}} \qquad (8.15)$$

式中：$Dist_{Obs}$ 是平均最近邻距离，$Dist_{Ran}$ 是随机点模式的预期距离（0.905）。基于例子提供的数据，NNR 为（见图 8.15）

$$NNR = \frac{0.37}{0.905} = 0.41$$

值等于 1 表示数据是完全随机的（平均观测距离 = 随机分布的预期距离）。值等于 0.41 表示与随机或离散相比，点更倾向于聚集分布。

3. 最近邻检验统计

检验统计可判断模式是否明显区别于随机模式（Ebdon，1985）。检验统计与 t 检验非常类似，它基于观测值和随机最近邻的预期距离的差。计算公式如下：

$$c = \frac{d_{Obs} - d_{Ran}}{SE_d} \qquad (8.16)$$

式中：c 是检验统计，d_{Obs} 是观测最近邻距离的平均值，d_{Ran} 是随机点模式最近邻距离的预期值，是平均最近邻距离的标准距离。平均最近邻距离的标准差计算公式为

$$SE_d = \frac{0.26136}{\sqrt{np}} \qquad (8.17)$$

式中：n 是模式中的点数，p 是单位区域中的点的密度。对于本例有

$$SE_d = \frac{0.26136}{\sqrt{11 \times 0.31}} = \frac{0.26136}{\sqrt{3.41}} = 0.141$$

则点数据的检验统计为（见图 8.15）：

$$c = \frac{0.37 - 0.904}{0.141} = \frac{-0.534}{0.141} = -3.79$$

因为 c 是一个标准正态偏差，因此适用于前述的经验法则，即 c 的值在 -1 到 1 之间（平均值的一个标准差）的概率为 68.2%，c 的值在 -2 到 2 之间（平均值的两个标准差）的概率为 95.4%。同样，c 的重要性可通过检查标准正态偏差表的临界值来确定。在点数据模式的例子中，-3.79 比临界值 -3.291 小（$\alpha = 0.001$，正反检验）。由此可得出结论，随机引起聚集模式的可能性小于 1%。使用 ArcGIS 报告中 11 个假定点的各统计量的分析总结，如图 8.15 所示。最近邻点分析允许定量确定点数据是否随机分布。与本章讨论的其他空间量算类似，最近邻分析也有许多应用。例如，地理学家和地质学家可用最近邻来研究地震震中的分布模式。1962 年到 2001 年，犹他州地震震中的分布如图 8.16 所示。平均最近邻分析总结如图 8.17 所示。与上述的 11 个点类似，最近邻分析显示模型显著聚集，由随机选择形成的点模式概率小于 1%。

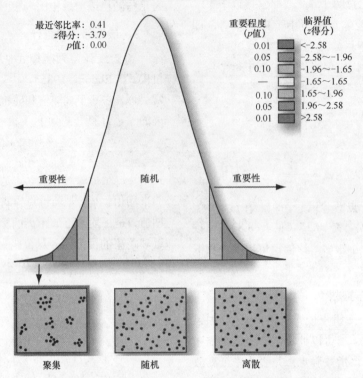

图 8.15　总结图 8.14 和表 8.8 所示 11 个假定点最近邻分析结果的报告。最近邻比率为 0.41，z
得分是-3.79，p 值为 0.00。考虑到 z 得分等于-3.79，由随机引起聚集模式的可能性小
于 1%（总结报告格式由 Esri 公司提供）

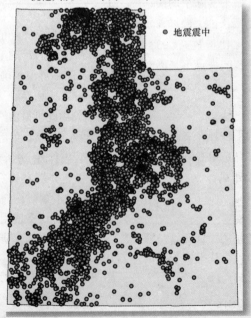

图 8.16　1962 年 6 月到 2001 年犹他州的地震震中分布，期间共有 1431 次地震（数据来源于犹他州）

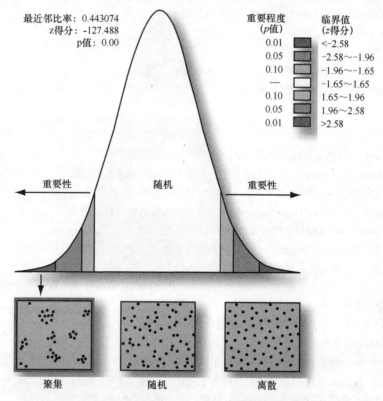

犹他州地震震中平均最近邻分析总结

最近邻比率: 0.443074
z得分: -127.488
p值: 0.00

重要程度 （p值）	临界值 （z得分）
0.01	<-2.58
0.05	-2.58~-1.96
0.10	-1.96~-1.65
—	-1.65~1.65
0.10	1.65~1.96
0.05	1.96~2.58
0.01	>2.58

重要性　　　随机　　　重要性

聚集　　　随机　　　离散

图8.17　犹他州1962年到2001年地震震中最近邻分析结果的总结报告。z得分为-127.488，由随机引起聚集模式的概率小于1%（总结报告格式由 Esri 公司提供）

最近邻点分析可用于确定某个城市的暴力犯罪是聚集的还是随机的（Anselin et al., 2000；Ratcliffe, 2005）。其他人可能想确定特定栖息地类型的鹿车碰撞是随机的还是聚集的（Gonser et al., 2009）。在各种情况下，最近邻分析都能帮助确定点是随机分布还是聚集分布，但无法确定影响空间模式的因素。分析人员必须通过调查才能知道为什么模式是聚集的。最后，最近邻值的计算和指数依赖于研究区域的大小，因为区域的面积会直接影响到点密度。这意味着改变研究区域的大小可以获得不同的最近邻值指标。

8.8　小结

本章介绍了 GIS 应用中一些常见的描述性统计、空间统计、距离和面积量算等，但还有许多描述性的多元统计和空间统计没有涉及。要想深入了解这些专题，可参阅与空间统计相关的教材（Ripley, 2004；Kalkhan, 2011）。

复习题

1. 欧几里得距离和曼哈顿距离量算的区别是什么？不同情况下应如何选择距离量算方法？
2. 解释如何计算多边形的周长。举出一个实例。
3. 定义并说明众数、中位数和均值的区别。
4. 给出一个应用空间分布均值中心的研究实例。
5. 什么是空间自相关？给出两个空间自相关信息有重要作用的研究。

6. 本章中叙述的两种主要点分析类型是什么？每种分析举一个应用实例。

7. 为什么标准距离经常和均值中心一起分析计算？

8. 如何计算偏差？在描述分布时，为什么偏差是有用的指标？

9. 如何量算栅格多边形的面积？

10. 为什么正确理解本章叙述的统计和量算方法如此重要？

11. 为什么评估观测值分布的峰度很重要？

关键术语

面积（Area）：由多边形围成的一个地理区域的大小。

经验法则（Empirical Rule）：在正态分布中，约 68% 的观测值落入平均值的一个标准差内；约 95% 的观测值落入平均值的两个标准差内；约 100%（实际为 99.7%）的观测值落入平均值的三个标准差内。

欧几里得距离（Euclidean Distance）：两个投影点之间最简单的直线距离。

峰度（Kurtosis）：数据值分布的峰值的度量。

曼哈顿距离（Manhattan Distance）：绕街区距离的量算。

均值（Mean）：数据集的算术平均值。

均值中心（Mean Center）：是对中心趋势的评估，在地理坐标系或直角坐标系中绘制数据时，用于确定一个分布的中心。

中位数（Median）：有序数据集中的中间值。

众数（Mode）：数据集中最常见的值。

莫兰指数 I（Moran's I）：数据集中空间自相关性的一个衡量指标。

最近邻比率（Nearest-Neighbor Ratio）：判定空间分布是离散分布、随机分布还是聚集分布的一种统计分析方法，它用观测的最近邻距离除以随机分布的预期距离得到。

正态分布（Normal Distribution）：众数、中位数和均值几乎完全相等的一种钟形分布。

周长（Perimeter）：先求围成多边形的 n 条线段的长度，然后求和的一种量算方法。

样方（Quadrat）：用户自定义的一个地理区域，通常呈正方形或矩形，主要用于样方分析。

样方分析（Quadrat Analysis）：用来确定样方内点分布均匀性的技术。

偏差（Skewness）：数据值不对称分布的测度。

空间自相关（Spatial Autocorrelation）：描述地理数据的空间顺序和空间相关性，并指明相近或邻近的值是否一起发生变化。

空间统计（Spatial Statistics）：用来对地形的某些空间特征进行定量描述和评估的统计数据。

标准差（Standard Deviation）：均值的平均偏差。

标准距离（Standard Distance）：空间分布的均值中心的离散程度的测度。

方差（Variance）：均值平均偏差的平方。

参考文献

[1]   Anselin, L., Cohen, J., Cook, D., Gorr, W. and G. Tita, 2000, "Spatial Analyses of Crime," *Criminal Justice,* 4:213–262.

[2]   Burt, J. E., Barber, G. M. and D. L. Rigby, 2009, *Elementary Statistics for Geographers*, 3rd Ed., New York: Guilford Press, 653p.

[3]   Ebdon, D., 1985, *Statistics in Geography*, 2nd Ed., Boston: Blackwell Publishing, 232p.

[4]   Formica, V. A., Gonser, R. A., Ramsay, S. and E. M. Tuttle, 2004, "Spatial Dynamics of Alternative Reproductive Strategies: The Role of Neighbors," *Ecology,* 85:1125–1136.

[5]   Frohn, R. C., 1998, *Remote Sensing for Landscape Ecology:New Metric Indicators for Monitoring, Modeling, and Assessment of Ecosystems*, Boca Raton: Lewis Publishers, 105p.

[6]   Frohn, R. C. and Y. Hao, 2006, "Landscape Metric Performance in Analyzing Two Decades of Deforestation in the Amazon Basin of Rondonia, Brazil," *Remote Sensing of Environment*, 100(2):237–251.

[7]   Gonser, R. A., Jensen, R. R. and S. A. Wolf, 2009, "The Spatial Ecology of Deer-Vehicle Collisions," *Applied Geography*,

29:527–532.

[8]　Jensen, J. R., 2005, *Introductory Digital Image Processing: A Remote Sensing Perspective*, Upper Saddle River: Pearson Prentice-Hall, 526p.

[9]　Kalkhan, M. A., 2011, *Spatial Statistics: Geospatial Information Modeling and Thematic Mapping*, Boca Raton: CRC Press, 184p.

[10]　Krygier, J. and D. Wood, 2011, *Making Maps: A Visual Guide to Map Design for GIS*, 2nd Ed., New York: Guilford Press, 256p.

[11]　Moran, P. A. P., 1950, "Notes on Continuous Stochastic Phenomena," *Biometrika*, 37:17–33.

[12]　Paradis, E., 2011, *Moran's Autocorrelation Coefficient in Comparative Methods*, http://cran.r-project.org/web/packages/ape/vignettes/morani.pdf.

[13]　Ratcliffe, J. H., 2005, "Detecting Spatial Movement of Intra-Region Crime Patterns Over Time," *Journal of Quantitative Criminology*, 21:103–123.

[14]　Ripley, B. D., 2004, *Spatial Statistics*, New York: John Wiley & Sons, 272p.

[15]　Tobler, W. R., 1970, "A Computer Movie Simulating Urban Growth in the Detroit Region," *Economic Geography*, 46:234–240.

[16]　Tuttle, E. M., Jensen, R. R., Formica, V. A. and R. A. Gonser, 2006, "Using Remote Sensing Image Texture to Study Habitat Use Patterns: A Case Study Using the Polymorphic White-throated Sparrow (*Zonotrichia albicollis*)," *Global Ecology & Biogeography*, 15:349–357.

[17]　Wright, D. J., Goodchild, M. F. and J. D. Proctor, 1997, "GIS: Tool or Science? Demystifying the Persistent Ambiguity of GIS as 'Tool' versus 'Science'," *Annals of the Association of American Geographers*, 87:346–362.

第 9 章

三维数据空间分析

地理信息系统中分析的许多重要变量位于某个特殊的地理位置(x, y)，且都有唯一的名义量表字母或数字值（如 A 级、B 级、10 级或 30 级）。名义量表变量的一些例子如下：

- 土地覆盖
- 土地利用
- 土壤类型
- 地表地质

许多这样的变量是连续的，即它们可以存在于任何地方。有时，人们只能采集到这些现象的较少离散地面点的 X、Y 位置信息。通常来说，在空间中延伸或外推这些信息并建立一个完整的连续曲面是不可能的。例如，如果在某个国家仅对 20 个地区的土地覆盖采样，那么通过外推这些数据来建立整个国家的土地覆盖就不可行。

但在 GIS 中，许多重要的变量分析都基于特定的位置(x, y)，并且有唯一的顺序、间隔和比率尺度的 z 值。这些位置通常被称为控制点。控制点的 z 值通常基于公认的基准值，如地形海拔高度。当然，还包括：

- 水深（海拔低于海平面）
- 地形坡向（$0°N$，$180°S$）
- 地形坡度（度或百分比）
- 温度（$32℉$，$0℃$）
- 水体浊度（水面以下的透明深度）

- 水体盐度（实际盐度单位）
- 气压（毫巴）
- 相对湿度（百分比）

直接运用遥感工具可以测量一些控制点的顺序量表、等距量表和等比量表变量（如温度、高程）。有时，获取所需数据的唯一方法是，在地面上的特定地理位置(x, y)使用传感器（如温度计）或其他一些测量设备（如使用 GPS 测量 x、y 和 z 值）。在这两种情况下，通过相对较少的离散 x、y 和 z 值（即控制点），运用算法进行插值，可以在研究区域内由各个用户定义的 x、y 和 z 值位置，创建统计数据表面。

9.1 概述

可以先将控制点的观测值（如 x、y 和 z 高程值）转换为不规则三角网（TIN）数据结构，然后再进行表面处理。也可先利用空间插值技术将控制点的数据转换为栅格（即矩阵）形式，然后进行表面处理。本章介绍如何创建 TIN 和栅格数据集，介绍如何处理类型众多的表面（如提取坡度、坡向和等值线），描述如何使用晕渲和颜色来改善三维表面分析。

在南卡罗来纳州艾肯附近的萨凡纳河站（SRS），由 LiDAR 获取一片区域的数字高程点云数据，来说明数据转换和表面处理的各种方法。调查区域由 4 个工程土丘组成，用于测试危险废弃物管理站的有效性。当地的海拔高度范围是 200～230 英尺。图 9.1(a)显示了研究区域的正射影像；图 9.1(b)显示了 LIDAR 点云数据叠加到正射影像图上后的结果。这些点云数据的标称密度为 0.25m×0.25m；图 9.1(c)显示了试验区的斜向鸟瞰图。

南卡罗来纳州艾肯附近萨凡纳河站试验田的正射影像上，叠加了激光雷达点云数据

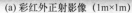
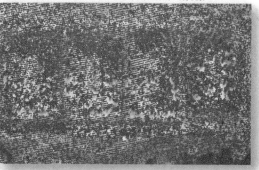

(a) 彩红外正射影像（1m×1m）　　　　　　(b) 叠加到彩色正射影像上的LiDAR点云

(c) 试验区的斜向鸟瞰图

图 9.1　(a)萨凡纳试验区 1m×1m 数字彩红外正射影像；(b)标称密度为 0.25m 的 37150 个 LIDAR 点云叠加到彩色正射影像上；(c)4 块试验区的倾斜鸟瞰图

注意，尽管 LIDAR 设备试图系统地采集数据，但最后得到的 LIDAR 点云数据总具有随机性。这是由多种原因造成的：数据获取时存在大气湍流的影响，传感器未采集到数据导致了数据空隙，LIDAR 数据中存在由多条航线产生的数据重叠，手动删除了树木和建筑上的点。在 LIDAR 采集的高程数据中，每个点的 x、y、z 测量值与真值相比，误差均为±10cm。

注意，本章所讨论的高程数据的插值和表面处理技术，也适用于其他统计表面（如降水、温度、人口、相对湿度、生物量等）。

9.2　三维数据的矢量表示和处理

由于可以对控制点数据进行矢量-栅格转换，因此许多 GIS 科学家都会先把数据转换为不规则三角网（TIN）数据结构，然后再对表面进行处理。

9.2.1　不规则三角网（TIN）数据结构

在不规则三角网（TIN）中，表面由一组三角面组成，每个三角面的顶点都有三维坐标（Mark and Smith，2004）。TIN 通常由一组已知其值的"高程点"或"控制点"构建，这些点通常作为三角面的顶点。例如，考虑图 9.2(a)所示的 9 个假设高程点。TIN 通过各个控制点从各个方向矢量延伸至最近邻点组成，由此创建出覆盖表面的大量三角面。一个控制点的观测值与其最近控制点的距离越大，三角面的尺寸就越大。注意，每个三角面的顶点都位于原始控制点的值所确定的 x、y 位置。控制点之间未进行插值。

TIN 也可单独使用线性矢量信息创建，或使用线性矢量信息和点位信息创建。例如，分析人员有了研究区域的矢量等高线后，可使用沿等高线的各个高程值来建立研究区域的TIN。已知点的高程时，可同时使用点的高程值和线性等高线上的点来创建更精确的TIN。

由于 TIN 可用于复杂的地形（或其他类型的三维表面，如温度表面），因此许多科学家十分偏爱这种数据结构。理想情况下，TIN

在崎岖不平的区域可用小三角形来表示更详细的三维信息，而用较大的三角形来表示相对平滑的区域。假设 TIN 基于准确测量的地表控制点，并且获取的三维信息准确无误，那么与典型的栅格数据结构相比，它可从更小存储量的数据中获取更多的表面信息（Peucker and Chrisman，1975；Peucker et al.；1978；Marks and Smith，2004）。

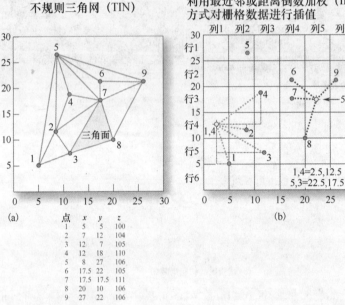

图9.2　(a)利用9个高程测量值创建 TIN 的相关逻辑；(b)输出栅格数据集中的单元1、4 和5、3 使用了最近邻或距离倒数加权（IDW）逻辑。计算说明见表9.1

9.2.2. TIN 表面处理

大多数 GIS 会根据 TIN 的每个三角面来计算三个重要的特征：高程值（或其他 z 值）、地形坡向（北、南、东或西）和地形坡度（单位为度或百分比）。

1. TIN 数据显示

使用 TIN 来显示点位观测值的一种最有效方法是，简单地显示 TIN 的所三角面。例如，图 9.3(a)显示了数千个与 SRS LIDAR 点云［见图9.1(b)］相结合的 TIN 三角面，尽管这种显示方法很有趣，但很难解译三维数据的本质。

使用数字晕渲分析技术从任何用户指定的方向虚拟出 TIN 的每个三角面后，可显示 TIN 的所有三角面。常用方式是在与地面成

45°角处，使用西北向（315°）的阳光来照射表面。这会使合成阴影落向用户，进而帮助用户查看三维表面。当阴影落向用户时，可使三维数据库中的虚性幻像效应最小。

图 9.3(b)显示了与地面成 45°角的西北向（315°）晕渲分析技术得到的高程。如图所示，应用晕渲分析技术能更容易地了解三维地形和三角面的性质。

也可根据 z 值对 TIN 进行彩色编码。进行这种编码时，分析人员需要指定组距，并用黑白色或彩色对其符号化。运用组距（如连续、自然断点、等间隔）会对三维信息的显示产生明显影响。为使黑白色或彩色的渐变可被人们理解，符号化应符合逻辑。例如，在图 9.3(c)

所示的例子中，冷色调对应于较低的高程值，而暖色调则对应于较高的高程值。有时，这种类型的颜色显示会基于分层设色法。

2. 利用 TIN 数据绘制等值线图

等值线是任意基准面（如海平面）上相同数值的连线，可简单地在 TIN 的顶点 z 值之间通过插值来创建。高程数据的例子中创建了海平面以上的典型等高线。例如，图 9.3(c)显示了从 SRS TIN 数据集中提取的 25cm 等高线与表面数据叠加后的结果。等高线提供了 TIN 连续表面的三维性质的定量信息，需要时还可进行定量标注。

不规则三角网（TIN）、晕渲分析、分层设色法和从LIDAR点云中提取等高线

(a) 从LIDAR点云中提取TIN

(b) 晕渲分析TIN

高程/m

	86.50~86.74
	86.75~86.99
	87.00~87.24
	87.25~87.49
	87.50~87.74
	87.75~87.99
	88.00~88.24
	88.25~88.49
	88.50~88.74
	88.75~88.99
	89.00~29.24
	89.25~89.49
	89.50~89.74
	89.75~89.99
	90.00~90.24
	90.25~90.49
	90.50~90.74
	90.75~90.99
	91.00~91.24

(c) 使用19级分层设色法处理并叠加25cm等值线的TIN

图 9.3 (a)由图 9.1(b)中的 37150 个点云建立的不规则三角网；(b)与地面成 45°角时，在西北向（315°）人造太阳照射下，TIN 的晕渲分析结果；(c)由 19 级 TIN 分层设色法处理并叠加 25cm 等值线的 TIN

3. 利用 TIN 数据绘制坡度图

统计表面（如高程）的坡度是指 z 值的变化（即升降）除以距离的变化（即位移）。TIN 数据集中每个三角面的坡度可用来绘制以角度或百分比为单位（0°为水平，90°为竖直）的坡度图。图 9.4(a)显示了基于 TIN 数据的 SRS 试验区的坡度图。在 TIN 坡度图中，每个三角面都有唯一的坡度值和颜色。注意，试验区两侧的坡度会增大，且第 4 个试验区顶部的洼地中有一些陡坡。

使用TIN、IDW、克里金插值和样条插值后的数据集生成的坡度图

(a) 基于TIN的坡度

(b) 基于IDW表面的坡度

(c) 基于克里金插值表面的坡度

(d) 基于样条插值表面的坡度

坡度

0~3.32　3.33~6.64　6.65~10.2　10.3~14.1　14.2~18.3　18.4~23.5　23.6~30.7　30.8~43.4　43.5~70.5

图 9.4　(a)图 9.3(a)所示 TIN 的坡度；(b) IDW 插值表面的坡度；
(c)克里金插值表面的坡度；(d)样条插值表面的坡度

4．利用 TIN 数据绘制坡向图

坡向即 TIN 数据结构中每个三角面所面对的主要方向，它通过测量基本方向得到，单位为度。大多数坡度图仅显示与最常见方向有关的 8 个典型间隔等级［北（0°）、东北（45°）、东（90°）、东南（135°）、南（180°）、西南（225°）、西（270°）和西北（315°）］。图 9.5(a)显示了 SRS 数据集中每个 TIN 三角面的坡向。注意，描述北向、东向、南向、西向的坡度算法的准确度，与每块试验区的高程相关。

9.3　三维数据的栅格表示和处理

有些科学家偏爱使用前文介绍的 TIN 数据结构来处理控制点的观测值，而其他科学家则偏爱使用空间插值技术（如最近邻插值、距离倒数加权（IDW）插值、克里金插值、样条插值）将各个控制点的观测值转换为一个矩阵（栅格）连续表面，然后使用各种表面处理算法（如黑白或彩色显示，坡向、坡度和等值线提取）来处理这些连续的表面栅格。

9.3.1　空间插值

空间插值是指根据 n 个相邻控制点来确定新位置的 z 值（如海平面高程）的过程。为便于讨论，假设控制点具有准确的 x、y 和 z 观测值，且这些值已与适当的地图投影和基准关联。运用空间插值将矢量转换为栅格需要如下三个步骤：

根据TIN、IDW、克里金插值和样条插值数据集形成的坡向图

(a) 基于TIN的坡向　　　　　　　　　　　(b) 基于IDW表面的坡向

(c) 基于克里金插值表面的坡向　　　　　　(d) 基于样条插值表面的坡向

坡向

北(0~22.49)	东南(112.5~157.49)	西(247.5~292.49)
东北(22.5~67.49)	南(157.5~202.49)	西北(292.5~337.49)
北(67.5~112.49)	西南(202.5~247.49)	北(337.5~360)

图 9.5　(a)图 9.3(a)所示 TIN 的坡向；(b)IDW 插值表面的坡向；
(c)克里金插值表面的坡向；(d)样条插值表面的坡向

1. 选择新输出矩阵单元格的大小。例如，可将输出矩阵中的单元格大小指定为 5m×5m，如图 9.2(b)所示。

2. 选择空间插值算法计算矩阵中每个单元的新值所需的原始数据点的数量，如图 9.2(b)所示的 4 个最近邻点。

3. 选择计算新矩阵中每个单元格矩心处的值的一种插值算法。4 种最有效的插值方式是：最近邻插值、距离倒数加权（IDW）插值、克里金插值和样条插值。输出矩阵中的每个像素（位置）必须包含一个值。注意，输出矩阵中不允许出现空值。因此，插值算法要遍历整个输出矩阵，并为每个像素赋一个值。每个单元中的值源于原始控制点的观测值。

1. 最近邻空间插值

最近邻空间插值使用 n 个近邻控制点的信息来确定新位置的 z 值。例如，假设需要用最近邻插值法对图 9.2(b)中输出矩阵的第 4 行第 1 列单元赋值。该算法先确定单元(1, 4)的矩心位置（即 $x = 2.5$，$y = 12.5$），然后使用勾股定理计算单元(1, 4)与 n 个邻近点的欧几里德距离。在该例中，$n = 4$。单元(1, 4)的 4 个最近邻点是 1、2、3 和 4，它们的值分别为 100、104、105 和 110。单元(1, 4)的矩心的最近邻点是 2，距离

为 4.526 个单位（见表 9.1）。因此，单元(1, 4) 会被赋值 104。

表 9.1　分析图 9.2(b)所示 4 个最近邻样本点，利用最近邻插值和 IDW 插值计算单元(1, 4)（矩阵中的矩心位置为 $x = 2.5$，$y = 12.5$）的新值和单元(5, 3)（矩心位置为 $x = 22.5$，$y = 17.5$）的新值

样本点位置	样本点处的值 z	从 x、y 到样本点的距离 D	D_k^2	Z/D_k^2	$1/D_k^2$
单元 1、4					
点 1(5, 5)	100	$D = \sqrt{(2.5-5)^2 + (12.5-5)^2} = 7.905$	62.5	1.6	0.016
点 2(7, 12)	104	$D = \sqrt{(2.5-7)^2 + (12.5-12)^2} = 4.527$ 最近邻最小距离	20.5	5.073	0.049
点 3(12, 7)	105	$D = \sqrt{(2.5-12)^2 + (12.5-7)^2} = 10.977$	120.5	0.871	0.008
点 4(12, 18)	110	$D = \sqrt{(2.5-12)^2 + (12.5-18)^2} = 10.977$	120.5	0.912	0.008
	$\bar{x} = 104.75$			$\sum 8.456$	$\sum 0.081$
				$\text{Value}_{\text{IDW}} = 8.456/0.081 = 104.395$	
单元 5、3					
点 6(17.5, 22)	105	$D = \sqrt{(22.5-17.5)^2 + (17.5-22)^2} = 6.726$	45.25	2.320	0.022
点 7(17.5, 17.5)	111	$D = \sqrt{(22.5-17.5)^2 + (17.5-17.5)^2} = 5.0$ 最近邻最小距离	25.0	4.44	0.04
点 8(20, 10)	106	$D = \sqrt{(22.5-20)^2 + (17.5-10)^2} = 7.905$	62.5	1.696	0.016
点 9(27, 22)	106	$D = \sqrt{(22.5-27)^2 + (17.5-22)^2} = 6.36$	40.5	2.617	0.024
	$\bar{x} = 107$			$\sum 11.073$	$\sum 0.102$
				$\text{Value}_{\text{IDW}} = 11.073/0.102 = 108.55$	

单元(5, 3)的最近邻点是 6、7、8 和 9，它们的值分别为 105、111、106 和 106。单元(5, 3)的矩心的最近邻点是相隔距离为 5 个单位的 7（见表 9.1）。因此，单元(5, 3)将被赋值 111。重复该算法直至填满每个单元。有时，会用 4 个最近邻点的平均值而非 1 个最近邻点来计算输出单元的 z 值。例如，单元(1, 4)的 4 个最近邻点的平均值是 419/4 = 104.75［见图 9.2(b)和表 9.1］。因此，若考虑 4 个最近邻点，则单元(1, 4)的 z 值为 103.75。同样，单元(5, 3)的 4 个最近邻点的平均值为 428/4 = 107［见图 9.2(b)和表 9.1］。注意，最近邻插值法会为插值中的每个输入点赋予相同的权重。

2. 距离倒数加权插值

从地理学的基本原则可知，较近物体产生的影响程度要大于较远的物体。因此，若利用 n 个最近邻点为单元计算 z 值，则与较远的点相比，应为最近的点赋更大的权重。这就是距离倒数加权（IDW）插值。

由勾股定理算出从单元矩心的 x、y 位置到 n 个最近邻点的距离后，可根据这些点与单元矩心的距离，来给它们的 z 值赋予权重。加权平均后的 $\text{Value}_{\text{IDW}}$ 值由如下公式计算：

$$\text{Value}_{\text{IDW}} = \frac{\sum_{k=1}^{4} \dfrac{Z_k}{D_{k^2}}}{\sum_{k=1}^{4} \dfrac{1}{D_{k^2}}} \qquad (9.1)$$

式中：Z_k 是周围 4 个数据点的 z 值，D_{k^2} 是从待求单元矩心(x, y)到数据点的距离的平方。在该例中，单元(1, 4)的加权平均值（IDW 值）为 104.395（取整为 104），如表 9.1 所示。这与未使用距离倒数加权插值的平均值 104.75 不同。单元(5, 3)的加权平均值为 108.55（取整为 108），而未加权的平均值为 107。图 9.6 显示了萨凡纳河站的 LiDAR 点云应用 IDW 插值的例子。IDW 插值利用最近邻的 12 个观测值，创建了单元大小为 0.25m×0.25m 的表面。图 9.6(b)显示了统计表面

的晕渲分析结果。分辨率更粗糙的单元大小会损失地表的细节信息。例如，图 9.7 显示了单元大小分别为 0.25m×0.25m、1m×1m 和 2m×2m 时，运用 IDW 插值的 37150 个点云。

图 9.6(c)显示了 19 级彩色编码后的 IDW 表面。IDW 空间插值是根据离散控制点的观测值来拟合连续栅格表面的最广泛的方法之一。

距离倒数加权（IDW）、空间插值、晕渲分析、分层设色法和等值线提取

(a) LiDAR点云

(b) IDW内值创建的晕渲分析表面

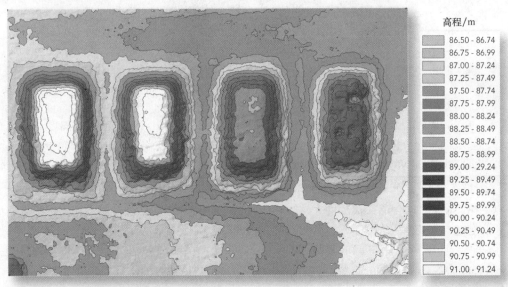

高程/m

	86.50 - 86.74
	86.75 - 86.99
	87.00 - 87.24
	87.25 - 87.49
	87.50 - 87.74
	87.75 - 87.99
	88.00 - 88.24
	88.25 - 88.49
	88.50 - 88.74
	88.75 - 88.99
	89.00 - 29.24
	89.25 - 89.49
	89.50 - 89.74
	89.75 - 89.99
	90.00 - 90.24
	90.25 - 90.49
	90.50 - 90.74
	90.75 - 90.99
	91.00 - 91.24

(c) 使用19级间距分色并叠加25cm等值线的IDW矩阵测高着色

图 9.6　(a)1m×1m 彩色红外正射影像上叠加 37150 个 LIDAR 点云的结果；(b)IDW 插值创建的晕渲分析表面，单元大小为 0.25m×0.25m；(c)采用 19 级间距分色并叠加 25cm 等值线后的 IDW 表面

3．地统计分析、自相关和克里金插值

空间中分布的随机变量（如高程、温度）称为区域变量，利用地统计分析方法可以提取区域变量的空间属性（Woodcock et al.，1988ab；Jensen，2005；Esri2010）。区域变量的属性被量化后，可用于许多地统计应用。预测非样本位置的值是最重要的地统计应用之一（Wolf and Dewitt，2000）。例如，利用地统计插值技术来计算与 LiDAR 点云相关的空间

关系，可以建立高程格网。

地统计分析是空间统计的一个特殊分支，它既考虑了各控制点观测值之间的距离，又考虑它们的空间自相关性（Jensen，2005）。地统计最初是克里金（一种插值统计方法）的同义词。克里金根据 Danie Krige（1951）的工作命名，它是最小二乘线性回归算法的一种通用名称，该算法仅使用研究区域的可用属性数据来估算任意非样本位置的连续分布值。但现在的地统计分析不仅包括克里金插值法，还包括传

统的确定性空间插值方法。地统计的一个基本特征是，所研究现象（如高程、反射率、温度、降雨量和土地覆盖类型）必须能连续地存在于整个地形中。

0.25m、1m和2m的距离倒数加权（IDW）空间插值

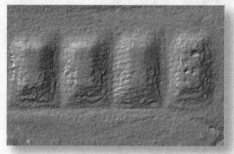

(a) 插值为0.25m×0.25m像素的LiDAR点云

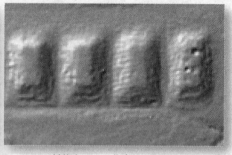

(b) 插值为1m×1m像素的LiDAR点云

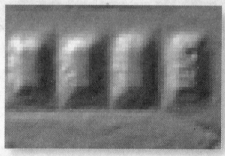

(c) 插值为2m×2m像素的LiDAR点云

图 9.7   (a)用 IDW 插值法和大小为 0.25m×0.25m 的单元将 37150 个 LIDAR 点云插值为栅格，表面经过了晕渲分析；(b)利用 IDW 插值法和大小为 1m×1m 的单元将 LIDAR 点云插值为栅格，注意地表细节的减少；(c)利用 IDW 插值法和大小为 2m×2m 的单元将 LIDAR 点云插值为栅格

一般来说，与更远的事物相比，彼此接近的事物更相似。因此，随着距离的增大，第 8 章所述的空间自相关性随之减小，如图 9.8 所示。克里金利用了这种空间自相关信息（Jensen，2005）。克里金插值与"距离倒数加权插值"的类似之处是，它们都为周围的邻近值赋予权重，并在输出栅格数据库中生成每个新位置的预测值。但这些权重不仅基于所测控制点与预测点之间的距离，还基于所测各点的整体空间排列（即它们的自相关性）。这就是确定性（传统）分析和地统计分析之间最显著的区别。传统的统计分析假设具有特殊属性的各个样本是完全独立且不相关的。相反，地统计分析允许用户计算各观测值之间的距离，并将自相关建模为距离和方向的函数。之后这些信息可用于克里金插值，因此与传统的距离倒数加权插值法相比，预值更为精确（Johnston et al.，2001；Lo and Yeung，2010；Esri，2010）。

克里金插值包括两个步骤（Jensen，2005）：

- 使用变异估计分析量化周围数据点的空间结构。
- 在输出数据集中的每个新位置预测一个 $Value_{Krig}$ 值。

变异估计是指确定数据的空间依赖模型，并对空间结构进行量化的过程。为预测特殊位置的未知值，克里金法利用了变异估计中的拟合模型、空间数据结构和预测位置周围样本点的量测值(Johnston et al.，2001)。

用来了解区域变量空间结构的一个最重要的度量是经验半变异函数（见图 9.9），经验半变异函数可以用来将协方差函数与样本之间的空间分离（和自相关）程度关联起来（Jensen，2005）。半变异函数为整个区域内空间变量的规模和模式提供了一个无偏描述。例如，假设某个相对平坦区域中的高程值已经过检验，几乎没有空间变化（方差），则会产生

可预测的半变异函数。相反，地形崎岖地区可能会出现明显的空间变化，因此会产生完全不同的半变异函数。

平均协方差计算 假设要通过评估 6 个邻近点的空间特征来求某个未知点的高程。这 6 个邻近点是排列在表 9.2 所示笛卡儿坐标系中的 $Z_1 \sim Z_6$。相距 h（h 称为滞后距离，见表 9.3）的一对像素间的关系，可由所有此类像素对之差的平均方差给出。人口的平均协方差的无偏估计（γ_h）可表示为（Curran，1988；Isaaks and Srivastava，1989；Slocum et al.，2005）：

$$\gamma_h = \frac{\sum_{i=1}^{n-h}(Z_i - Z_{i+h})^2}{2(n-h)} \tag{9.2}$$

式中：Z_i 表示控制点的值，h 表示控制点间距离的倍数，n 表示点数。沿截面的总对数 m 可由数据集中的像素总数 n 减去滞后距离 h 得出，即 $m=n-h$（Brivio and Zilioli，2001；Johnston et al.，2001；Lo and Yeung，2002）。例中只计算了 x 方向的协方差。实际中要计算观测对在所有方向（北、东北、东、东南、南、西南、西和西北）的协方差（Maillard，2003）。因此可求出各方向的变异函数并检查方向的影响。

表 9.2(b) 中汇总了为 6 个高程控制点计算的协方差。$h=1$ 时，6 个点的协方差（γ_h）为 17.9，其计算如下：

$$\gamma_h = \frac{\sum_{i=1}^{6-1}(Z_i - Z_{i+h})^2}{2 \times (6-1)}$$

式中，

$$
\begin{aligned}
\gamma_h &= (Z_1 - Z_2)^2 + (Z_2 - Z_3)^2 + (Z_3 - Z_4)^2 + \\
&\quad (Z_4 - Z_5)^2 + (Z_5 - Z_6)^2 / 10 \\
&= (10-15)^2 + (15-20)^2 + (20-30)^2 + \\
&\quad (30-35)^2 + (35-33)^2 / 10 \\
&= 17.9
\end{aligned}
$$

平均协方差可较好地度量空间上分离的各个控制点之间的变异量。一般来说，平均协方差（γ_h）越大，点观测值间的相似性就越小。在表 9.2(b) 中，滞后距离为 1 时，协方差为 17.9；滞后距离为 2 时，协方差为 69.88；滞后距离为 3 时，协方差为 161.5，以此类推。在假设的数据集中，滞后距离越大，被检测的 6 个控制点的不同也越大。滞后距离越大，观测值的相关性越小。

经验半变异函数 半变异函数是以平均协方差值为 y 轴、以不同滞后距离为 x 轴绘制成图，如图 9.9 和表 9.2(c) 所示。半变异函数的重要特征包括（Jensen，2005）：

1. 滞后距离（h）为 x 轴。
2. 基台（s）。
3. 变程（a）。
4. 块金方差（C_o）。
5. 以图形方式显示的空间相关结构 [见图 9.8 和表 9.2(c)]。

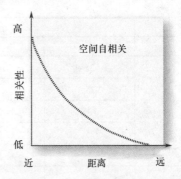

图 9.8 地理上更近的事物相关性更高。在克里金插值过程中，地统计分析包含了空间自相关信息

存在空间相关时，较近的点对（在 x 轴的最左边）几乎没有什么不同。一般来说，随着点与点之间相互远离（在 x 轴上向右移动），变异量的平方会变得更大（在 y 轴上向上移动）。

半变异函数模型往往会在离原点的某个初始滞后距离处变得平坦。模型首先变得平坦的距离称为变程。变程指空间相关样本之间的距离，基台指变程在 y 轴上对应的值，它是方差最大的点，是结构空间变异和块金效应之和。偏基台是基台与块金的差值（Jensen，2005）。

当滞后距离（h）为 0 时，y 轴上的半变异函数值理论上也应为 0。但在无限小的分离距离处，半变异函数通常表现为块金效应，即大于 0。块金效应归因于测量误差，或由于变量的空间来源之间的距离小于采样间隔（或两者都有）。

半变异函数提供了控制点数据集的空间自相关信息。基于这一原因，并确保克里金法预测的克里金方差为正，需要一个适合于半变异函数的模型（即连续函数或曲线）。这种模型可量化数据中的空间自相关性（Johnston et al.，2001）。

表 9.2　协方差计算（Jensen，2005；Slocum et al.，2005）

a. 6 个等间距的假设高程控制点（$Z_1 \sim Z_6$）

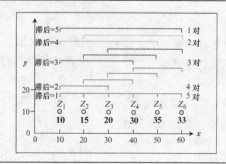

b. 协方差计算

	h				
	1	2	3	4	5
$(Z_1 - Z_{1+h})^2$	25	100	400	625	529
$(Z_2 - Z_{2+h})^2$	25	225	400	324	
$(Z_3 - Z_{3+h})^2$	100	225	169		
$(Z_4 - Z_{4+h})^2$	25	9			
$(Z_5 - Z_{5+h})^2$	4	9			
$\sum_{i-1}^{n-h}(Z_i - Z_{i+h})^2$	179	559	969	949	529
$2(n-h)$	10	8	6	4	2
γ_h	17.9	69.88	161.5	237.25	264.5

c. 经验半变异函数模型

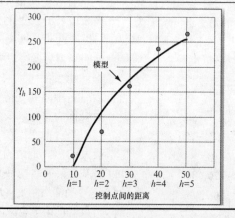

　　适合于图 9.9 和表 9.2(c)中数据点的曲线称为半变异函数模型。该模型是穿过平均协方差与点对之间平均距离的一条线。用户选择最能代表分布情况（如球形、圆形等）的函数形式。函数的系数是根据经验由数据得到的。

　　使用相对较少或较多的观测值，利用克里金法预测未知位置的值是可行的。例如，考虑一个相对较大的 LIDAR 点云数据集。图 9.10 所示的半变异函数包含了整个数据集的变程、基台和块金的详细信息。使用地统计分析的球面克里金算法基于 37150 个 LiDAR 点云创建了连续的栅格表面。图 9.11(c)显示了使用克里金法创建的晕渲分析表面。许多科学家会利用克里金法在 GIS 中根据各个控制点的观测值来创建连续表面。该过程不容易理解，但插值的结果往往非常有用。

4．样条插值

数千年来，人类一直需要绘制相对复杂的弯曲线条。在计算机出现之前，人们一直利用称为样条的木材或塑料手工绘制这种线条，绘制时使用称为鸭子的配重铅块来保持样条的位置（见图 9.12）。非常复杂的曲线也可用这种方法绘制。事实上，今天人们仍会使用这种样条来规划和建造木船与其他物体（Waters，2011）。

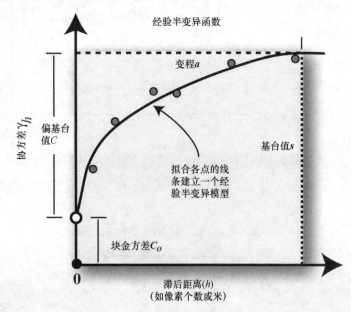

图 9.9　被滞后距离（h）分隔的各点的 z 值（在现场数据中进行收集，为图像中的像素或地面位置），可以相互的比较并计算其协方差（Isaaks and Srivastava，1989；Lo and Yeung，2002，Jensen，2005）。每个滞后距离的协方差（γ_h）是变程、基台值和块金方差的半变异函数，如表 9.3 所示

表 9.3　典型经验半变异函数的术语和符号（Curran, 1988；Johnston et al., 2001；Lo and Yeung, 2002；Jensen, 2005）

术　语	符　号	定　　义
滞后距离	h	分隔任何两个位置（如采样对）的线性（水平）距离，滞后距离有长度（距离）和方向
基台	s	半变异函数的最大值。滞后距离变得非常大时，变异函数的趋近值。当滞后距离非常大时，各个变量不再具有空间相关性，因此半变异函数的基台等于该随机变量的方差
变程	a	h 轴上的一点，半变异函数模型在该点处接近最大值。指各变量之间不再具有自相关性的临界距离。变量之间的距离小于变程则具有自相关性，大于则不相关
块金方差	C_o	半变异函数在 $\gamma(h)$ 轴上的截距。代表着独立误差、测量误差或空间尺度上太小而无法检测的微小变异。块金效应指半变异函数模型原点处的不连续性
偏基台	C	指基台与块金方差的差，它描述的是空间相关的结构方差

实际上，鸭状配重铅块和样条接触的点是一个控制点，它与前文介绍的控制点十分相像。样条就位后，正确地固定控制点，就可以预测样条上任何点的位置。这种类型的信息可用于 LIDAR 高程控制点的插值，以便创建新的输出数据集。

例如，假设有 7 个海拔高度为 99.0411～100.9093 英尺的二维高程控制点 ［见图 9.13(a)］。可以认为这是溪流旁边的小土堆地形。使用线段连接这些地面控制点很有用，但它可能并不代表真实地表的起伏 ［见图 9.13(b)］。因此，人们希望利用简单的线性插值来加密点的数量，以便更准确地表示地形。例如，若要确定 x = 3.5 处的高程值，可使用如下公式在数据集中的 a 点和 b 点之间进行线性插值：

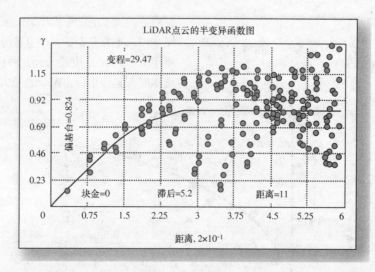

图 9.10 使用球面克里金法处理后的 37150 个 LiDAR 点云的半变异函数图。
该半变异图包含了所有方向（东、南、西、北）的自相关信息

克里金空间插值、晕渲分析、分层设色法和等值线提取

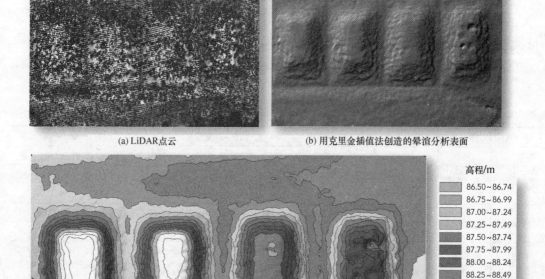

(a) LiDAR点云   (b) 用克里金插值法创造的晕渲分析表面

(c) 用19级颜色间距着色并叠加25cm等高线后的克里金矩阵

图 9.11 (a)37150 个 LiDAR 点云叠加到 1m×1m 正射彩红外影像上；(b)用克里金插值法创建的晕渲分析表面，单元大小为 0.25m×0.25m；(c)19 级间距彩色编码克里金表面和 25cm 等高线叠加后的结果

$$f(x) = y_a + \frac{(x - x_a)(y_b - y_a)}{(x_b - x_a)}$$

式中，

$$f(3.5) = 100.1411 + \frac{(3.5 - 3) \times (99.2432 - 100.1411)}{4 - 3}$$
$$= 99.692$$

也可用一个多项式来拟合这 7 个点，这属于一般的线性插值。如图 9.13(c)所示，由这 7 个控制点的 6 六阶多项式为

$$f(x) = -0.0001521x^6 - 0.00313x^5 + 0.07321x^4 -$$
$$0.3577x^3 + 0.02255x^2 + 0.9038x + 100$$
$$= 99.652$$

注意，利用单个等式的多项式插值，可以预测任何新插值。样条插值为新点的插值提供了一种准确的方法。在上例中，7 个控制点在 x 轴上有 6 个逻辑区域［见图 9.13(d)］。样条法在每个区间内使用低阶多项式，并选择多项式的阶数，以使它们平滑地拟合。得到的函数称为样条。

要利用样条插值计算图 9.13(d)中 x = 3.5 处的新值，可使用与区间[3, 4]关联的公式，得

到的值为 f(3.5) = 99.653。使用多项式公式，样条插值能创建与控制点拟合得最好的橡胶板表面。数学曲面会通过这些控制点，并最大限度地减少表面上的剧烈弯曲。

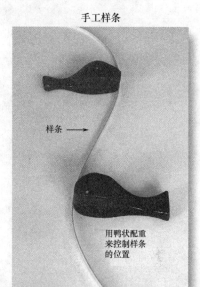

图 9.12 将木质样条控制在适当位置的鸭状铅块

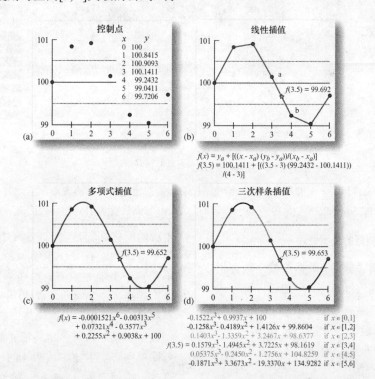

图 9.13 (a)7 个假设高程控制点；(b)x = 3.5 处的一个线性高程插值；(c)模拟控制点分布的 6 阶多项式；(d)三次样条法对 x 轴上的 6 个区间进行插值。例中只使用了与区间[3, 4]相关的公式来计算 x = 3.5 处的新值

LiDAR 高程控制点采用样条插值处理,可创建连续的栅格高程值。图 9.14(c)显示了 19 级彩色编码的样条高程表面。请读者将样条插值的结果与 TIN、IDW 和克里金表面进行比较。

样条空间插值、晕渲分析、分层设色法和等值线提取

(a) LiDAR点云

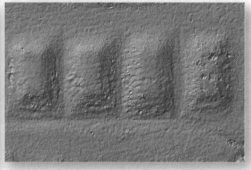

(b) 使用样条插值创建的晕渲分析表面

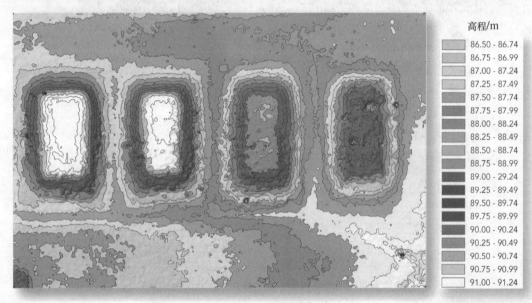

高程/m
86.50 - 86.74
86.75 - 86.99
87.00 - 87.24
87.25 - 87.49
87.50 - 87.74
87.75 - 87.99
88.00 - 88.24
88.25 - 88.49
88.50 - 88.74
88.75 - 88.99
89.00 - 29.24
89.25 - 89.49
89.50 - 89.74
89.75 - 89.99
90.00 - 90.24
90.25 - 90.49
90.50 - 90.74
90.75 - 90.99
91.00 - 91.24

(c) 19级着色并与25cm等高线叠加后的样条表面

图 9.14　(a)37150 个 LiDAR 点云;(b)使用样条插值创建的分析晕渲表面,单元大小为 0.25m×0.25m;(c)19 级彩色编码并与 25cm 等高线叠加后的样条表面

9.3.2　栅格三维数据的表面处理

存储在矩阵(栅格)数据结构中的高程或其他类型的空间连续信息,可通过以下方式来查看:

- 黑白或彩色分布
- 坡度分布
- 坡向分布

1. 黑白和彩色显示

图 9.15(a)显示了使用上述插值算法之一生成的网格高程数据,它具有栅格数据结构。各个值排列在行(i)和列(j)中,每个单元格都有一个唯一的值。例如,矩阵中的(1, 1)像素的高程值为 4。希望使用灰度阴影来显示高程时,可以在黑白连续色调查找表中遍历高程数据。例如,若希望将值 4 显示为深灰色,可简单地将数据集中值为 4 的任何值,在黑白查找表中指定为 4、4 和 4 的红色、绿色和蓝色(RGB)值(即 RGB = 4, 4, 4)。查找表的内容由计算机连续扫描,并在计算机屏幕上建

立合适的灰度色调的像素。

也可使用颜色来显示矩阵中的像素。数据集中像素(4，4)的高程值为 11。假设想将值为 11 的所有高程显示为暗红色。此时，只需在颜色查找表中，输入与值 11 相关的合适 RGB 值（即 RGB = 140, 11, 1）。每当遇到值 11 时，计算机就会查询颜色查找表，并在计算机显示器上显示像素为暗红色。

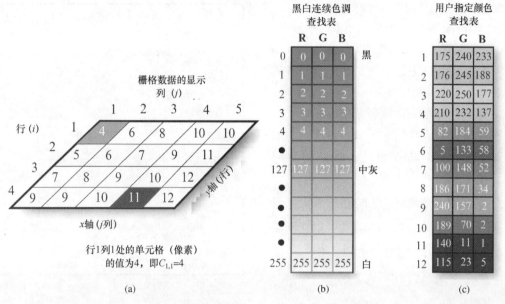

图 9.15　(a)一种栅格（矩阵）数据结构；(b) 0～255 的 8 位灰阶连续色调查找表显示的栅格数据集；(c)与图 9.6(c)中所示高程数据的前 12 级相对应的用户自定义颜色查找表

2. 使用栅格数据创建坡度图

对矩阵中每个单元的高程值建模，可以计算单元（像素）处的坡度。如图 9.16(a)所示，基于高程矩阵的坡度常用 3×3 的空间移动窗口来计算，将空间移动窗口应用于栅格高程数据集，通常从左上角的矩阵原点开始 [如在位置(1, 1)处]。随着窗口移过矩阵中的原始高程值，计算出坡度值，并赋给 3×3 矩阵中的每个单元（e）。然后把该值放到输出坡度矩阵中的合适位置。

Hodgson（1998）回顾了 5 个最常用坡度算法的特点。人们通常通过测量两个互相正交的梯度 [从西到东（we）和从南到北（sn）] 来计算坡度。这里给出计算坡度的两种最准确方法。

以度为单位的坡度（如 45°）可通过两个相互正交的坡度来计算，公式如下（Hodgson，1998）：

$$Slope° = \arctan(\sqrt{Slope_{we}^2 + Slope_{sn}^2})$$

式中：变量 $Slope_{we}$ 和 $Slope_{sn}$ 使用 3×3 空间移动窗口中选择的单元来计算。Fleming and Hoffer（1979）和 Ritter（1987）在空间移动窗口中仅使用了所研究中心点（e）的 4 个最近邻点（Hodgson，1998）：

$$Slope_{sn} = \frac{e_4 - e_2}{2 \times 单元大小} \quad 和 \quad Slope_{we} = \frac{e_1 - e_3}{2 \times 单元大小}$$

利用这些最近邻关系、式(9.4)和图 9.16(b)所示例子中的高程值，得到坡度值为 38.8°：

$$Slope_{sn} = \frac{14 - 7}{10} = 0.7, \quad Slope_{we} = \frac{8 - 12}{10} = -0.4$$

$$Slope° = \arctan(\sqrt{(-0.4)_{we}^2 + (0.7)_{sn}^2})$$
$$= \arctan(\sqrt{0.16_{we} + 0.49_{sn}})$$
$$= \arctan(0.8062) = 38.9°$$

Hodgson（1998）通过试验发现，这是计算表示单个单元表面坡度的最准确和计算效率最高的算法。

Horn（1981）算法利用了式（9.4）和 3×3 空间移动平均中的所有 8 个单元，其中单元越近，其权重越大：

$$Slope_{sn} = \frac{(e_7 + 2e_4 + e_8) - (e_6 + 2e_2 + e_5)}{8 \times \text{单元大小}}$$

$$Slope_{we} = \frac{(e_8 + 2e_1 + e_5) - (e_7 + 2e_3 + e_6)}{8 \times \text{单元大小}}$$

这是 ArcGIS 中所使用的坡度算法。

图 9.4(b)显示了 IDW 高程矩阵的坡度图，图 9.4(c)显示了克里金表面的坡度，图 9.4(d)显示了样条表面的坡度。虽然这些坡度与栅格化数据集的坡度有相似性［见图 9.4(b)～(d)］，但也存在明显的差别，特别是在最陡的坡度处。样条数据集会在特定区域夸大物体的边缘，进而增大坡度。IDW 和克里金高程矩阵的表面坡度更贴近实际。

3. 使用栅格数据创建坡向图

利用与计算坡度相同的信息，可以计算高程矩阵中每个单元的坡向。表 9.4 中列出了 Hodgson（1998）的坡向算法，该算法集成了

南北向的坡度（$Slope_{sn}$）和西东向的坡度（$Slope_{we}$）。与 IDW、克里金插值和样条插值数据集相关的坡向图如图 9.5(b)～(d)所示。

表 9.4　坡向算法

坡向算法
if $Slopesn = 0$ and $Slopewe = 0$,
Aspect = undefined
else
if $Slopewe = 0$,
if $Slopesn < 0$,
Aspect = 180
else
Aspect = 0
else
if $Slopewe > 0$,
Aspect = 90 – arctan ($Slopesn$ / $Slopewe$)
else
Aspect = 270 – arctan ($Slopesn$ / $Slopewe$)

9.4　小结

本章首先介绍了不规则三角网（TIN）的特点，以及如何使用 TIN 来查看与控制点测量相关联的信息。TIN 中各个三角面的坡度和坡向信息非常有用。然后基于控制点的空间分布特性，介绍了构成栅格（格网）数据的几种空间插值方法，包括最近邻插值、IDW 插值、克里金插值和样条插值。接着描述了多种查看三维数据的方法，包括晕渲分析、分层设色法和等值线（如等高线）的使用等。最后介绍了结合栅格数据集中的像素值来计算坡度和坡向的多种方法。GIS 科学家和应用者会根据日常工作的需要，使用这些技术来处理和分析三维数据。第 10 章将介绍关于等值线（如等高线）的其他信息。

复习题

1. 描述 TIN 中三角面的特征。如何创建三角面？三角面的大小和形状有什么限制？
2. 描述如何利用晕渲分析、分层设色法和相同温度（等温线）来查看包含地表温度值的 TIN 数据结构的信息。
3. 结合栅格数据集中的像素计算坡度时，你会选择那种算法？
4. 利用图 9.7 所示的信息，说明为何在将控制点空间插值为栅格时，输出单元大小的选择十分重要。
5. 假设要将 1500 个 GPS 获取的高程点插值为 1m×1m 像素空间分辨率的格网。应选择哪种栅格插值方法（最近邻法、IDW 法、克里金法、样条法）？选择这种方法的原因是什么？
6. 为什么在分析克里金经验半变异函数时，变程很重要？
7. 基于文中的讨论，你希望在什么时候使用物理样条？
8. 假设你要更改图 9.179(c)所示的颜色查询表，以便将栅格数据集中的所有值 10 都设为亮黄色。请问如何在颜色查找表中设置红、绿和蓝的值？
9. IDW 插值和克里金地统计插值的最明显区别是什么？为什么这一区别很重要？

10. 如何沿 TIN 三角面一侧的中点定位一个新 x、y、z 控制点？

关键术语

晕渲分析（Analytical Hill-shading）：在水平面之上的某个角度（如 45°），光从特定方向（如西北 345°）照射 TIN 数据集中的三角面或栅格数据中的像素。

坡向（Aspect）：TIN 数据结构中每个三角面的主方向，或栅格数据结构中每个像素的主方向。主方向的单位为度［如 0°（北），180°（南）］。

控制点（Control Point）：地面测量或遥感测量获得的单个测量值，它有唯一的 x、y 坐标，也有 z 坐标值（如海拔高程）。

经验半变异函数（Empirical Semivariogram）：地统计分析中，表示半变异函数值与控制点样本间空间分离度（和自相关）的图形。

地统计分析（Geostatistical Analysis）：空间统计的一个特殊分支，它不仅考虑了控制点间的距离，也考虑了它们的空间自相关。

距离倒数加权插值（Inverse-Distance-Weighting Interpolation）：利用 n 个近邻控制点的信息来确定新位置的 z 值（如海拔高程）的插值方法，它基于控制点与新点的距离来确定权重。

等值线（Isoline）：任意基准上相同值所构成的线（例如，等高线就是一种恒定海拔高程值的等值线）。

克里金法（Kriging）：最小二乘线性回归算法的通称，它仅使用研究区域内的可用属性数据来估计任何非采样位置的连续属性值（如高程）。

最近邻空间插值（Nearest-neighbor Spatial Interpolation）：由 n 个邻近控制点的信息确定新位置的 z 值（如温度）。新位置的值由最近邻的值确定。

虚性错觉（Pseudoscopic Illusion）：人们远距离查看带有阴影的三维表面时，会出现这种现象。此时，观察者会出现低点变高、高点变低的错觉。使阴影落向观察者通常可使这种影响最小。

坡度（Slope）：统计表面（如高程）的坡度指的是 z 值的变化（即升高）除以距离的变化（即水平位移）。

空间插值（Spatial Interpolation）：由 n 个邻近控制点的特征来确定新位置 z 值（如海拔高程）的过程。

不规则三角网（Triangular Irregular Network, TIN）：由一系列小三角面表示的表面，这些小三角面的顶点具有三维坐标。

变异估计（Variography）：一种使空间相关模型适合于地面控制点数据，并对空间结构进行量化的地统计过程。

参考文献

[1]　Brivio, P. A. and E. Zilioli, 2001, "Urban Pattern CharacterizationThrough Geostatistical Analysis of Satellite Images," in J. P. Donnay, M. J. Barnsley and P. A. Longley(Eds.),*Remote Sensing and Urban Analysis*, London: Taylor & Francis, 39–53.

[2]　Curran, P. J., 1988, "The Semivariogram in Remote Sensing: An Introduction," *Remote Sensing of Environment*, 24:493–507.

[3]　Esri, 2010, *ArcGIS Geostatistical Analyst*, Redlands: Esri, Inc.(www.Esri.com/software/arcgis/extensions/geostatistical/index.html).

[4]　Fleming, M. D. and R. M. Hoffer, 1979, *Machine Processing of Landsat MSS Data and DMA Topographic Data for Forest Cover Type Mapping*, LARS Technical Report 062879.

[5]　West Lafayette: Laboratory for Applications of Remote Sensing.

[6]　Hodgson, M. E., 1998, "Comparison of Angles from Surface Slope/Aspect Algorithms," *Cartography and Geographic Information Systems*, 25(3): 173–185.

[7]　Horn, B. K. P., 1981, "Hill Shading and the Reflectance Map," *Proceedings of the IEEE*, 69(1):14-47.

[8]　Isaaks, E. H. and R. M. Srivastava, 1989, *An Introduction to Applied Geostatistics*, Oxford: Oxford University Press, 561p.

[9]　Jensen, J. R., 2005, *Introductory Digital Image Processing: A Remote Sensing Perspective*, Upper Saddle River: Pearson Prentice-Hall, Inc., 526 p.

[10]　Johnston, K., Ver Hoef, J. M., Krivoruchko, K. and N. Lucas, 2001, *Using ArcGIS Geostatistical Analyst*, Redlands: Esri,

Inc., 300 p.

[11] Krige, D. G., 1951, *A Statistical Approach to Some Mine Valuations and Allied Problems at the Witwatersrand*, Master's Thesis, University of Witwatersrand, South Africa.

[12] Lo, C. P. and A. K. W. Yeung, 2002, *Concepts and Techniques of Geographic Information Systems*, Upper Saddle River: Pearson Prentice-Hall, Inc., 492 p.

[13] Maillard, P., 2003, "Comparing Texture Analysis Methods through Classification," *Photogrammetric Engineering & Remote Sensing*, 69(4):357–367.

[14] Mark, D. M. and B. Smith, 2004, "A Science of Topography: Bridging the Qualitative-Quantitative Divide," in M. P.

[15] Bishop and J. Shroder(Eds.), *Geographic Information Science and Mountain Geomorphology*, Chichester: Springer-Praxis, 75–100.

[16] Peucker, T. K. and N. Chrisman, 1975, "Cartographic Data Structures," *American Cartographer*, 2:55–69.

[17] Peucker, T. K., R. J. Fowler, J. J. Little, and D. M. Mark, 1978, "The Triangulated Irregular Network," *Proceedings of the Digital Terrain Models Symposium,* St. Louis: American Society of Photogrammetry, May 9-11, 516–540.

[18] Ritter, P, 1987, "A Vector-based Slope and Aspect Generation Algorithm," *Photogrammetric Engineering & Remote Sensing*, 53(8):1109–1111.

[19] Slocum, T. A., McMaster, R. B., Kessler, F. C. and H. H. Howard, 2005, *Thematic Cartography and Geographic Visualization*, Upper Saddle River: Pearson Prentice-Hall, Inc., 518 p.

[20] Waters, D., 2011, "Simple Spline Ducks," *Duckbuilding Magazine(*http://www.duckworksma- gazine.com/03/r/articles/splineducks/splineDucks.htm).

[21] Wolf, P. R. and B. A. Dewitt, 2000, *Elements of Photogrammetry with Applications in GIS*, Boston: McGraw Hill, Inc., 608 p.

[22] Woodcock, C. E., Strahler, A. H. and D. L. B. Jupp, 1988a, "The Use of Variograms in Remote Sensing: I. Scene Models and Simulated Images," *Remote Sensing of Environment*, 25:323–348.

[23] Woodcock, C. E., Strahler, A. H. and D. L. B. Jupp, 1988b, "The Use of Variograms in Remote Sensing: II. Real Images," *Remote Sensing of Environment*, 25:349–379.

第 10 章

GIS 制图

地 理信息系统的一个最重要的用途制作普通地图和专题地图，以显示地质、土壤、植被、水、土地利用、人口密度、地理地名等的空间分布。利用 GIS 制图应基于基本的制图原理。许多制图原理已被人们沿用千年。

10.1 概述

使用 GIS 制作地图产品的许多人并未受过正规的制图学训练。因此，使用 GIS 创建的地图中可能缺少与制图设计原理相关的基本特征，因此会降低将地图中所包含的信息成功地传达给用户的概率。本章的目的是介绍一些基本的制图设计原理，帮助用户创建和美化更准确的地图产品。

本章先介绍制图学简史，希望用户意识到 GIS 分析是与制图学密切相关的；然后介绍制图的过程，帮助用户了解制图过程中所包含的实际阶段和认知阶段；再后介绍基本的设计元素（如布局、平衡、颜色和符号的使用、图形背景关系、指北针和罗盘、比例尺、元数据等），以获得高质量的地图产品；最后举例说明利用 GIS 在地图上绘制点、线、面要素的细节信息。

10.2 地理学家/制图师

在了解制图学的历史之前，读者应该先了解自己是否有一颗地理学家/制图师的心，而不考虑自身的专业与学历。20 世纪伟大的地理学家卡尔·苏尔，这样描述了对地图和制图特别感兴趣的地理学家的特质（1956）：

"我认为最原始和持久的特点是，喜欢地图并思考它们的意义。没有地图，我们在课堂上、研究中和野外将寸步难行。如果地理学家对地图没有持续的需求和向往，那么他是否作出了生命的正确选择就值得怀疑。我们付出金钱来获得各种各样的地图。我们从加油站到古玩店收集地图。我们画出地图，以便以图形方式来展示我们的演讲与研究。地理学家所在单位的同事，很少了解地理学家所从事的工作，但只要有人需要地图信息，他们就会求助于地理学家。地理学家在偶然遇到正在展示的地图（不管这些地图的种类是什么）时，都会对其进行评论、赞扬与批评。地图消除了我们的压抑感，刺激了我们的腺体，搅乱了我们的想象，放松了我们的舌头。地图的表达能力超越了语言，有时甚至会作为地理语言。通过地图方式来传播思想，源于我们共同的使命和激情。"

地图产品是否是你日常生活中必不可少的部分？你是否喜欢研究和分析地图？如今，地理信息系统可用来设计和生产各类高质量的地图产品。

10.3 制图学的历史

制图学是在二维平面或三维球面上展示地球的科学和实践。为欣赏制图学在各个世纪的进展，选择性地介绍一些与制图学相关的有启发性的地图和里程碑事件。更多信息请参阅 Norman J. W. Thrower（1972；1999）的《地图与文明：文化和社会制图》或《制图工程史》（Harley and Woodward，1987—2007）。

10.3.1　最古老的地图

正如所料，现存最古老的地图并不是画在纸上或羊皮上的地图，而是刻在猛犸象骨头上，或刻画在铜板或黏土板上。例如，世界上已知最古老的地图之一是《巴比伦世界地图》（《意象世界》），它刻在公元前16世纪或17世纪的一块黏土板上（见图10.1）（Gould，1985）。这幅地图是在伊拉克南部的西帕尔发现的。地图的顶部为北向，它将世界描述为一个圆盘，幼发拉底河两侧的巴比伦被亚述、亚美尼亚和几个城市包围着，而它们又都被一条"苦河"（可能是盐海）包围着，三角形则代表附近的

公元前7世纪或6世纪以巴比伦为中心的《世界地图》（《意象世界》）

图10.1　世界上最古老的地图之一是公元前7世纪或6世纪雕刻在一块黏土板的地图。该地图将世界描述为一个圆盘，幼发拉底河两侧的巴比伦被亚述、亚美尼亚和几个城市包围着，而它们又被苦河或盐海包围着（Zev Radova, *Bible Land Pictures*/Alamy）

区域（Simth，1996），黏土板上只能看到3个三角形。

许多古老地图不包含地理信息的原因如下：(a)人们只探索了地球上的有限部分；(b)由于政治或宗教原因，领导者宁愿自己了解地理知识而不愿让公众了解。地理知识是一种特权。未知地区通常画满了真实的动物、神话动物或想象的风景。即使是已知区域，由于未使用地理坐标（经纬度）或缺少量测经纬度的必要工具（如准确的航海天文钟），也很难在地图上正确地标出它的地理位置。

10.3.2　中世纪的TO地图

中世纪制图学的一个较好例子是三重（三部分）TO地图。例如，塞尔维亚主教伊西多尔在7世纪为其百科全书《词源》创建了一幅TO地图。伊西多尔的7世纪地图于1472年被冈瑟罗思·兹纳印刷在了一本书中［见图10.2(a)］。这是欧洲在书中印刷的第一幅地图（物品编号138.00.00；美国国会图书馆善本特藏部，2011）。

"T"在TO地图中代表基督教的十字架和当时的世界中心耶路撒冷。它将世界分成几个大陆：亚洲、欧洲和非洲。亚洲的面积等于另外两个洲的面积之和。因为太阳从东边升起，因此天堂（伊甸园）通常被描述在亚洲（东方）而置于地图的顶部。未标出南方地区的原因是：(a)当时并未发现那片大陆；(b)南方的气候被认为不适合于人类居住或无法到达。

"O"在TO地图中代表包围大世界的大洋或海。早期的探索者认为可在一个世界的海洋上往返于各个大陆之间，这也带来了大航海的发现之旅。TO地图的概念已存在多个世纪。另一幅更详细的TO地图是《赫尔福德地图》（《世界地图》），它出版于公元1300年（Hereford Cathedral，2011）。

10.3.3　公元150年托勒密的《地理》

为说明获取相对准确的制图学信息所花的时间，来思考一下克劳迪斯·托勒密（公元83—168）的工作。托勒密是一位希腊罗马公民，是埃及亚历山大图书馆的管理员，以其图

TO 地图

(a) 塞尔维亚主教伊西多尔于 7 世纪创建的一幅 TO 地图。这幅 TO 地图印刷在 1472 年出版的一本书中，显示了挪亚的三名儿闪、含和雅弗的土地。中东部的耶路撒冷位于顶部

1482 年托勒密的世界地图

(b) 托勒密于公元 150 年在其《地理》中编译的地理信息，最终于 1410 年被欧洲的制图师所用。托勒密的地图与 15 世纪的地图相比，包含了更为准确的信息

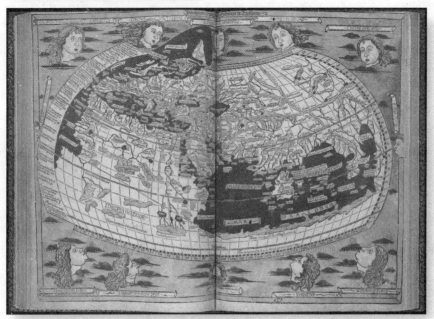

图 10.2　(a)由冈瑟罗思·兹纳印刷在书中的由塞尔维亚教主所绘的 17 世纪 TO 地图（物品编号 138.00.00；美国国会图书馆善本特藏部，2011）；(b)林哈特·赫勒于 1482 年出版于德国的乌尔姆的托勒密世界地图，它由经度和纬度的线条组成（物品编号 140.02.00；美国国会图书馆地理与地图部，2011）

书《地理》或《世界志》（出版于约公元 150 年）知名。该书介绍了制图方法，并首次使用经度线、纬度线和天体观测定位功能。当时的人们并不了解这些方法和位置坐标的知识，因为直到 1410 年，托勒密的希腊文作品才在意大利佛罗伦萨译为拉丁文。托勒密的世界地图于 1482 年再版，如图 10.2(b)所示（物品编号 140.02.00；美国国会图书馆地理与地图部，2011）。

　　为什么托勒密绘制的地图在 1000 多年前的中世纪如此重要？答案是在 1000 多年后，托勒密地图中的许多地理数据（尤其是位置的

地理坐标和新地图投影），要好于中世纪的其他地图产品。托勒密的图书动摇了中世纪地图制图的根基。如 TO 地图所示，中世纪的制图师不是以数学计算而是以不同地方的重要性来确定国家大小的。因政治或宗教原因，越重要的位置或国家，在地图上就表现得越大。托勒密的《地理》永远改变了制图学。

10.3.4　探索、打印和地图集的时代

　　1440 年，德国发明家古登堡发明了印刷工艺，这种工艺通过改进和提高机械化程度，

直到 20 世纪都是印刷的主要手段。这种印刷方式源于活字印刷，它使用金属模具和合金、特殊的印刷机和油墨，因此使得第一次大规模生产印刷书籍和地图成为可能。地图首次印刷使用的是雕刻木板。首次使用雕刻铜版进行印刷则出现于 16 世纪，并成为印刷的标准，直到 19 世纪中叶出现光刻印刷。

地图学的巨大进展出现于 15 世纪和 16 世纪的探索时代。制图师需要在新世界地图和导航中体现准确的海岸线、岛屿、河流和港口。通过在地图中包含罗盘线和其他导航标志并采用新的地图投影，创建了新的地球仪和地图册。这样的地图、地图集和地球仪，在经济、军事、外交等方面有很大的价值，因此常是国家或商业机密地图或专有地图。

例如，德国制图师马丁·维尔德西姆勒设计的《宇宙志》地图（见图 10.3）。这是首幅包含美洲的地图（见图 10.3 的放大部分），也是首次将亚洲与北美和南美分开描述的地图（美国国会图书馆回忆录）。将其起名为 America 的目的是纪念亚美利哥·韦斯普奇。目前该地图仅存一幅复制品，它于 2001 年被美国国会图书馆以 1000 万美元的价格购得。挂图由 12 幅地图组成，每幅的幅面大小为 21 英寸×30 英寸，因此世界地图的总尺寸为 4.5 英尺×8 英尺。根据地图的说明，可知它是航海图，绘制时间是 1507 年。它是托勒密地图后，最早用经纬度来表示位置的地图之一。

1507年由马丁·维尔德西姆勒绘制的世界地图（《宇宙志》）

局部放大

图 10.3　马丁·维尔德西姆勒基于相对准确的经度和纬度坐标信息制作的首幅真实世界地图。它创建于 1507 年，由 12 张单独的地图构成。注意放大部分中所示的单词 AMERICA（国会图书馆地理与地图部提供）

16～18 世纪，人们制作了大量的地图集。地图集是地图的集合，传统上会装订为书籍的形式。如同地理要素和政治边界那样，地图集也包含有地理政治、社会、宗教、经济统计等信息。其中人们最广为人知的地图集之一是《寰宇概观》，它由亚伯拉罕·奥特利乌斯在 1570 年于比利时安特卫普印刷，是由许多图幅和文字组成的书籍。过去它并不叫地图集。《寰宇概观》地图集中的一幅地图是如图 10.4 所示的《世界地图》（最初作为挂图出版于 1564 年）。《寰宇概观》有时被人们视为 16 世纪地图学的颠峰。

1570 年由亚伯拉罕·奥特利乌斯制作的《寰宇概观》地图集中的《世界地图》

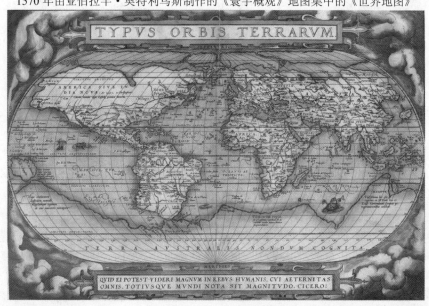

图 10.4　亚伯拉罕·奥特利乌斯于 1570 年出版的《寰宇概观》地图集中的一幅地图（国会图书馆地理与地图部提供）。请将这幅地图与图 10.3 所示马丁·维尔德西姆勒的《世界地图》中的美洲信息进行比较

在 1598 年去世之前，奥特利乌斯都会定期地在地图集中纳入新的地理信息并对已有信息进行修订。与 1507 年由马丁·维尔德西姆勒制作的《世界地图》（见图 10.3）相比，奥特利乌斯于 1570 年制作《世界地图》包含了大量新信息（见图 10.4）。不同时代地图的研究揭示了地理知识的历史发展轨迹。到 1612 年，奥特利乌斯的地图集更新到了第 31 版，包含了 167 幅地图。即使是在 1630 年后，布劳家族在仍在继续出版这一地图集。

10.3.5　现代地图制作

17～19 世纪，随着测量越来越准确，仪器越来越先进，制作的地图也越来越准确和真实。许多国家在认识到准确国界和自然资源信息的重要性后，开始开展制图项目。例如，USGS 的约翰·卫斯理·鲍威尔指导了 1871 年美国西部克罗拉多河地区的两次普查，广泛使用了地面测量。这些空间数据最终都由乔治·惠勒中尉（1873）用在了克罗拉多河地区的地图中（见图 10.5，《美国记忆收藏》，2011b）。这些地图使得立法者和公众更加了解西部土地的性质，进而用于做出许多重要的决定。19 世纪末，世界各地，特别是印度、非洲、南美、亚洲等由外国（如英国、法国、西班牙）控制的殖民地，都进行了类似的调查。

但世界上的大部分地区并未得到测量，直到第一次世界大战和第二次世界大战后，航空摄影的广泛使用才改变这一局面。现代制图学基于：（1）全站仪测量的准确地面观测值（使用 GPS）、摄影测量和遥感；（2）源于 GIS 分析的新的专题地图产品。

亚利桑那州西部和西北部及犹他州南部地图集中的67号地图，
它由美国陆军工程兵部队的乔治·惠勒中尉于1873年制作

图 10.5　乔治·惠勒中尉于 1873 年制作的亚利桑那州和犹他州的克罗拉多河地区的地
　　　　图。地图中包含了 1871—1873 年期间的考察成果，尤其是约翰·卫斯理·鲍
　　　　威尔标记的地区（《美国记忆收藏》，美国国会图书馆地理和地图部提供）

10.4　制图过程

地图是人类的一项非凡的发明，其作用是把由空间数据所表示的信息传达给用户。有时，地图仅为地图创建者所用，而有时则为庞大的受众所用。在任何情况下，人们都希望地图上的信息是有用的，以便提升人类、植物群和动物群的生活质量。

制图的目的在于有效和高效地传递地图上的空间信息。理想情况下，阅读地图是令人愉快并令人得到启迪的过程。如前所述，制图师为传达空间信息进行制图已有上千年的历史，因此制图师非常了解如何设计地图来有效地传达信息。这种集体智慧已被制图师代代相传，且通常使用制图过程（也称地图传播模型）来实现（Slocum et al.，2005）。

制图过程通常包括 5 步，如图 10.6 所示。第一步非常重要。制图师首先须在脑中形成某组空间数据可能揭示一些有趣模式的想法（Buckley and Field，2011）。否则，他们就不会收集数据并制作地图。制图师并不需要明确了解数据在地图中的表现方式，但至少需要在

制图过程

图 10.6　制图师用于制作高质量地图的制图过程，目的是向用户呈现预期的空间信息。若用户无法理解地
　　　　图中描绘的空间关系，则需要重复过程中的数据收集、制图设计和构建部分（Slocum et al.，2005）

脑海中构思出初步的地图。因此，制图师必须具有分析性思维能力，能将真实或预期的空间数据转换为二维或三维地图产品。

有时，制图师创建地图的目的是了解一个或多个变量的空间关系，有时则是为了特定的用户所用。因此，在考虑地图的目的及其受众时，制图师在步骤2时必须具有良好的判断力。但制图师和许多科学家通常并不了解地图受众的背景和读图能力。此时，制图过程会出现一些问题，导致地图达不到其预期目的。如果

不考虑受众的特点，就会浪费制图师的大量时间和资源。

步骤 3 是关于数据的收集。制图师在开始制图过程时，可能只有制作地图的部分空间数据样本。要使地图尽可能完整和准确，就需要收集大量的无偏空间信息，而收集这些信息通常要用到第 3 章所述的现场或遥感数据采集过程。

地图实际上在步骤 4 生成。理想情况下，制图师会使用标准的制图设计原理，来标识地图内部的点、线、面和体信息。不使用标准制图过程会使得地图：(a)制图信息不准确；(b)导致用户误解地图信息。需要重点指出的是，制图师应确保适用于地图设计的原理不用于欺骗或宣传。Monmonier（1996）记载了不道德的制图师和非专业人员使用特定制图原理来利用地图进行欺骗的方式。地图是制图师和用户之间的契约。用户有权利期待制图师设计和制作地图时，在地图上尽可能准确地描述空间信息。

理想情况下，地图应尽可能清楚地向用户传达空间信息，以便用户此后能向制图师反馈新的专题地图需求（第 5 步）。有时用户无法理解地图中描述的信息，即使地图非常准确。此时用户可将想法告诉制图师，以便重新评估整个制图过程，进而改善地图的表达。重新评估通常包收集额外的空间数据、改进地图设计和重新创建地图。有些空间数据的传达非常困难，因此需要多次重复步骤 3、4 和 5。用户对地图的需求得到满足后，制造师就会制作最终的地图，并大批量地印刷地图，以便服务于更广泛的受众。有时，某些团体或政府会在地图中隐藏某些地理空间信息。准确空间信息分布得越广，制定较好人类、动植物可持续发展决策的可能性越高。

了解制图过程后，就可以深入学习测量尺度（名义量表、顺序量表、等距量表和等比量表）和制图数据的类型（点、线、面和体）（见图 10.7）。之后将介绍地图设计的基本元素。

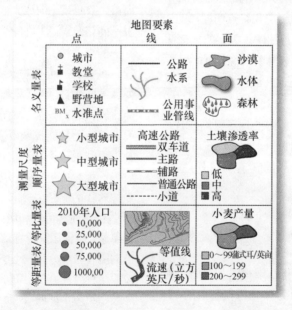

图 10.7　点、线和面制图要素及名义量表、顺序量表、等距量表/等比量表测量尺度

10.5　要素类型和测量尺度

地图中描述的数据包括要素类型（点、线、面、体）和测量尺度（名义量表、顺序量表、等距量表和等比量表）。回顾这些特性有助于制图。

10.5.1　要素类型

现实世界的现象包含了点、线、面和体要素。点要素存在于某个单独的地理位置，譬如城市、教堂、学校、野营地和水准点（见图 10.7）。点要素的位置由单个(x, y)坐标表示。在考虑某个要素是否是点要素时，观测的比例很重要。例如，每个人都知道人们生活在占据地理空间的城市中，而生活在某个城市中的人们并不住在单一的位置上。因此，若要以大比例尺如1:5000 为某个地理范围（区）的城市成图，则在制图时就不能将该城市作为一个点来考虑。甚至可将该城市视为一个面要素。若要创建一幅描绘美国伊利诺伊斯州或世界所有城市空间分布的地图，就需要使用更小的比例尺如1:10000000，将城市视为点要素，只有地理位置而没有大小。因此，调查规模通常决定了某些事物是作为点要素还是作为面要素。

线要素如道路、河流或公用事业管线会占用多个位置，且会和两个地理坐标相关联（见图 10.7）：起点处的(x, y)坐标和终点处的(x, y)坐标。许多线要素包含有非常复杂的拐弯，因此通常要用起点坐标、终点坐标以及它们之间的其他(x, y)坐标来制图。

占据一片地理区域的制图要素称为面要素，这些多边形要素的起点和终点为同一点。换言之，这种多边形是封闭的。典型的地理面要素包括沙漠、水体、森林等（见图 10.7）。

有时会得到某个地理区域的额外信息，如高程、气压、降雨量、人口密度等。通常，这意味着须在这些地理区域内的许多已知位置，获取离散的生物物理测量值。此外，还可以根据原始测量值来生成新测量值，例如利用空间插值法生成覆盖整个地理区域的密集测量值（见第 9 章）。插值后，地理区域中的每个测量值都有唯一的(x, y)坐标和唯一的 z 值（如 $x = 1452000E$、$y = 35000N$ 和 $z = 100ft$）。这时可基于 x、y 和 z 值来制作三维视图。例如，利用图 10.7 所示的存储在数字地形模型中的 x、y 和 z 值（高程），可制作地球的地形三维视图（显示三维信息的方法已在第 9 章介绍）。

还可计算与三维表面相关的体积。当人们希望比较不同时间的体积变化时，体积计算很重要。例如，求采石场每月的采石量、某个州每天的气压变化或城市每五年的人口密度变化等。

10.5.2   地理测量尺度

到目前为止，本章已介绍了可用于 GIS 制图的点、线、面和体要素的特点。现在重点介绍这些要素的属性。有时，能用非常简单地有或没有（二进制）来描述要素的信息［如在坐标(x, y)处有棵树］。有时，需要知道要素的定量信息［如该树在坐标(x, y)处且高为 30 英尺］。这些观测值的属性决定了使用什么类型的符号来将地图信息传达给用户。

所幸的是，在关联了所有类型的测量值（而不只是地理测量值）后，科学家考虑了不同级别的测量值，进而发展出了测量尺度的概念，它被地理学者和 GIS 实践者用来描述与评估制图所用数据的性质。测量尺度可分为名义量表、顺序量表、等距量表和等比量表四类，如表 10.1 和图 10.7 所示。

名义量表测量很容易理解。若只知道一个点、线或面要素的位置名称（如田纳西州孟菲斯市、密西西比河或大西洋），则就有了名义量表空间信息。这样的名义量表信息可对现实世界中的点、线、面命名，但不能对它们进行比较。事实上，所有对象或现象都有相等的值，如 A = B 或 B = A（见表 10.1）。例如，此时不能比较田纳西州孟菲斯市的人口与英国伦敦市的人口，而只能说城市位于某个坐标(x, y)处；甚至不能说一个城市在任何维度上比其他城市更大、更少或更好，因为名义量表空间数据不支持这样的比较。

相对地，可以利用顺序量表来定性比较各种现象，以便了解位置信息。例如，可以把世界上的所有城市分为三个层次：小型、中型和大型。按照这种分类方法，田纳西州的孟菲斯市最有可能被归类为小型城市，而英国的伦敦市可能被归类为大型城市。因此，逻辑上可以说孟菲斯（A）与伦敦（B）相比人口更少，即 A < B，尽管并没有详细的数量信息（见表 10.1）。类似地，利用 USGS 的 7.5 分地形图（见图 10.7），可将公路按承载能力进行 5 个级别的顺序量表排名。现在不仅能知道道路要素的存在，还知道双车道、主道、辅道、普通公路或小道的顺序量表信息。

还有许多其他的顺序量表测量尺度，如好、更好　　和最好，低级、中级和高级。

表 10.1　测量尺度操作（Burt et al., 2009）

尺度	每级尺度允许的操作，包含低尺度测量中的所有有效操作	示例
1. 名义量表	A＝B 或 B＝A，计数	出现或缺少土地覆盖（如森林）、土地利用（如重建）
2. 顺序量表	A＜B 或 A＞B 或 A＝B	居民区生活质量（好、较好、最好），土壤类型 A 的渗透率好于土壤类型 B
3. 等距量表	A−B	温度℉（如区域 A 的温度为 10℉，比区域 B 冷），海拔高度
4. 等比量表	A+B、A×B、A/B、平方根、幂、对数、指数	第 1 天的降雨量+第 2 天的降雨量，密度（如人数/平方英里）、遥感植被指数（如近红外/红光）、河流流量、购物中心广场，作物产量

如果需要比较两个要素（如两个城市）的定量特征（如人口），必须有更精确的等距量表或等比量表数据。等距量表和等比量表数据有着明显的区别。若能获得等比量表数据，则意味着可以计算出两个数字之间有意义的比率，而这是等距量表数据做不到的。

例如，假设将 20 个温度计安放在城市中的 20 条沥青车道上，同时将 20 个温度计安放在同一城市的草地上。下午 2:00 测出了所有 40 个位置的温度值。20 条沥青车道的平均温度为 100℉，草地的平均温度为 50℉。此时，可以简单地绘出这些温度信息的地图，为用户提供这 40 个位置某天下午 2:00 的有用温度信息。

但能否说沥青车道的平均温度值比草地的平均温值热两倍呢？看上去这似乎正确，但实际上这种陈述是不正确的，因为华氏温标并不以热力学零度为基准。在计算两个数字的比率，说一个比另一个热两倍时，测量值的起点必须是零。因此，须将华氏温度转换为起点为零（0）的开氏温度。实际上，50℉＝283K，100℃＝311K，比率 283/311 = 0.90。因此车道的温度不可能为草地温度的两倍。事实是，草地的温度近似为车道温度的 90%。

利用等比量表的另一个典型例子是人口密度的计算。假设知道某个州各个县的人口数据，此时这些数据没有任何价值。假设还知道每个县的面积信息（单位为平方英里），这些数据同样没有任何价值。但可以由以下公式来计算每个县的人口和面积之比，求出其人口密度：

$$人口密度=人口/平方英里 \tag{10.1}$$

类似地，因为基本工资为零，若人均收入为 25000 美元，则可以说人均收入是 50000 美元的一半。

10.6　地图设计基础

使用高质量的 GIS，可设计、生产准确和有效传递重要空间信息的精美地图；但有时人们也会用 GIS 制作处无法传达期望信息的糟糕地图。使用 GIS 创建的地图同样会欺骗、误导公众（Monmonier，1996）。

如前所述，主要问题是很多人在使用 GIS 创建地图时，并未受过包括制图准则等在内的基本制图学课程的培训。因此，在介绍点、线和面数据制图所用的选项前，有必要介绍一些基本的地图设计原理。首先简要说明如下元素：

- 地图组成（如地图框架的布局）
- 标题
- 排版（字体、大小、样式和颜色）
- 专题内容（和图形背景关系）
- 地理参考资料（如经纬度网络、方里网）
- 比例尺（单位当量、数字比例尺、比例条）
- 图例
- 方向（如指北针）
- 元数据（制图提要）
- 颜色
- 符号

10.6.1　地图组成（布局）

地图上的所有空间和非空间信息［包括二维、三维、四维（时间）地图］，应在赏心悦目、准确且翔实的地图或地图系列中表现出来。就像艺术家面对空白画布那样，制图师在确定如何于空白地图框架中放置各个要素时，也有很大的自由。例如，假设要使用 2000 年美国人口统计局的数据来制作一幅地图，以便描述南卡罗来纳州各县的人口情况［见图 10.8(a)］。制图区域的形状对地图框架内要素的位置有重要影响。在该例中，南卡罗来纳州的形状适合于使标题在地图的顶部居中，而图例、比例尺和指北针则适合于放在等值线的周围。

好的地图设计是习得而非继承的。制图的目标是制作一幅内容丰富、整洁且易读的地图。所幸的是，现今的 GIS 技术允许 GIS 科学家在地图框架中，迅速选择、移动各种地图要素，调整它们的大小，以尝试不同的设计理念。

10.6.2　标题

地图的标题极其重要，它代表了地图制作者和地图用户间的约定。标题应短而内容丰富：要能精确地描述地图的专题内容，如南卡罗来纳州的人口；枚举单元，如各个县；与数据相关的最准确的日期，如 2000 年。对标题文本进行排序的方法有多种，必要时可使用子标题。

标题应使用简单且易读的字体，地图上的标题字号通常是最大的。为便于了解地图的目的，标题应是地图用户首先看到的内容。应尽量避免对标题使用生僻字体，能不使用斜体就不使用斜体，同时要使标题位于合适的位置。在图 10.8(a)中，标题居中于大部分专题地图的内容之上。有时，应根据专题内容的形状来布置标题的位置。

10.6.3　排版

排版是以多种字体、样式和大小来创建字母数字字型的艺术与科学。（专于字形创建和使用的）印刷师和制图师，在创建面向普通用户的字型上，已付出了大量心血。制图师主要关心的是，基于如下基本特征来选择字型：

- 字体
- 大小
- 样式
- 颜色

字体

制图师会制作包含重要专题内容的地图。因此，地图中所用的各种字体应能体现地图和用户的目的。制图项目较为严肃时，应使用严肃或庄重的字体；反之则使用古怪或流行的字体。一般来说，严肃的从业者和科学家并不喜欢在重要或严肃的专题地图上使用怪异或华丽的字体。

所选字体要么是衬线字体，要么是无衬线字体。与衬线字体相比，无衬线字体的结束笔画没有小幅上升和下降部分。衬线字体通常看起来令人愉悦且优雅，适用于大段正文。例中标题所用字体是 Avenir LT Std 55 Roman 粗体，这是一种无衬线字体。一幅地图中可同时使用衬线字体和无衬线字体，但使用时必须非常小心。2000 年南卡罗来纳州各县的人口地图只使用了两种字体：Avenir LT Std 55 Roman（无衬线字体）和 Times New Roman MT Std（衬线字体）［见图 10.8(a)］。

字体大小

制图师所选字体大小的单位通常是"磅"（1 磅 = 1/72 英寸）。常用地图文字的大小有 8、10、12、14、16、20、24、30、36、48 磅等。一般来说，文字大小应与所描述信息的重要性及与其他文字的逻辑相关性匹配。为增加地图的趣味性和易读性，优秀制图师会谨慎地改变文字的大小。例如，创建 2000 年南卡罗来纳州各县的人口地图时，使用了如下字体和大小：

- 标题：Avenir LT Std 55 Roman，20 磅
- 图例：Avenir LT Std 55 Roman，15 磅
- Atlantic Ocean（大西洋）：Avenir LT Std 55 Roman，14 磅，斜体
- 州名：Avenir LT Std 55 Roman，12 磅，阴影

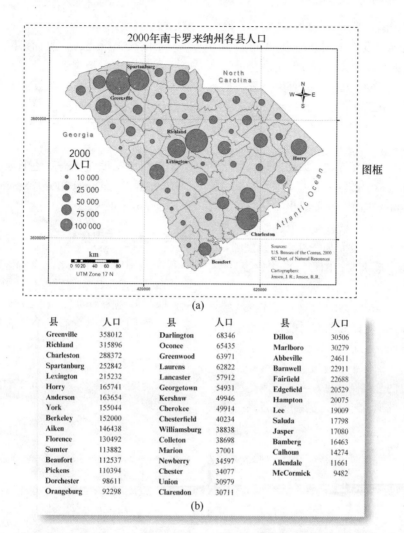

图 10.8 (a)2000 年南卡罗来纳州各县人口分布图，用于说明基本的地图设计原理；(b)46
个县的名称和人口（数据由美国人口统计局和南卡罗来纳州自然资源部门提供）

县	人口	县	人口	县	人口
Greenville	358012	Darlington	68346	Dillon	30506
Richland	315896	Oconee	65435	Marlboro	30279
Charleston	288372	Greenwood	63971	Abbeville	24611
Spartanburg	252842	Laurens	62822	Barnwell	22911
Lexington	215232	Lancaster	57912	Fairfield	22688
Horry	165741	Georgetown	54931	Edgefield	20529
Anderson	163654	Kershaw	49946	Hampton	20075
York	155044	Cherokee	49914	Lee	19009
Berkeley	152000	Chesterfield	40234	Saluda	17798
Aiken	146438	Williamsburg	38838	Jasper	17080
Florence	130492	Colleton	38698	Bamberg	16463
Sumter	113882	Marion	37001	Calhoun	14274
Beaufort	112537	Newberry	34597	Allendale	11661
Pickens	110394	Chester	34077	McCormick	9482
Dorchester	98611	Union	30979		
Orangeburg	92298	Clarendon	30711		

- 县名：Times New Roman MT Std，10 磅，黑体
- 比例尺：Avenir LT Std 55 Roman，9 磅
- 元数据：Times New Roman MT Std，9 磅
- 格网坐标：Avenir LT Std 55 Roman，8 磅

字体样式

很多地名（如城市、道路、国家、州）会以竖直的标准字体显示。水文要素（如大西洋、亚马逊河）和地形要素（如阿巴拉契亚山脉、内华达山脉、阿尔卑斯山）则以斜体显示，且其方向通常与地貌特征形状的方向一致。

字体颜色

制图师常使用彩色文字来突出地图中的重要现象。在选择字体颜色时，需要特别小心，因为使用过于花哨或过度明亮的颜色，会让用户误解或无法获取地图中真实且重要的专题信息。经验丰富的制图师可用 GIS为所要表示的现象选择匹配的典型颜色[如热带树种使用柔和的绿色文字，而沙漠树种使用柔和的棕色文字]。在该例中，只有大西洋使用了颜色，因为它是水文要素［见图 10.8(a)］。

10.6.4 专题内容和图形背景关系

图形背景关系是用于优化制图设计的一个重要概念（Buckley and Field，2011）。通常来说，地图中的图形是最重要的专题内容。地图中或许有几个重要性不同的图形。"背景"是图形（重要的专题内容）下方的文字背景信息。若地图设计正确，则用户会首先注意最重要的专题内容（图形），并了解和欣赏其重要性。之后，用户会关注其他次要的专题内容。最后，用户会潜意识地关注"背景"，包括支持图形信息的所有辅助数据，如比例尺、指北针、参考坐标系和元数据。

例如，2000 年南卡罗来纳州各县的人口地图［见图 10.8(a)］。虽然标题很重要，但大部分用户很快就会注意到那些红色的分度圆。分度圆是地图上最重要的图形（专题内容），它们应浮在地面之上，例中这些分度圆"浮"在南卡罗来纳州 46 个县的轮廓上。注意，城市显示为浅绿色，这样处理的目的是避免城市影响到每个县的红色分度圆。图例同样是地图中的重要图形。图例中的分度圆和数量信息，与每个县上方的分度圆紧密相关。图例是地图上第二重要的图形，它很容易就可从背景中分辨出来。

比例尺、指北针、坐标格网和元数据都很重要，但它们是背景信息，没有图形信息那么重要。因此，在地图设计前期，一定要确定什么是最重要的图形（专题内容）、什么是背景、什么是次要要素。然后，制图师会继续设计视觉上强大且分层的图形背景关系。关于如何在地图设计中提升图形地面关系的详细信息，请参阅 Dent（2002）、Muehrcke（2005）和 Slocum et al.（2005）。

10.6.5 指北针与罗盘

在地图中包含指北针或罗盘始终都是可取的做法。指北针和罗盘可帮助用户为地图定向，即了解地图上的东、南、西、北方向。北半球的地图中通常含有一个带有指北针的罗盘。图 10.9 显示了部分有用的指北针和罗盘。有些指北针只描述北向，有些指北针则显示 4 个或更多的方向。科学用途指北针会显示正北方向和磁偏角。

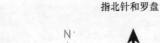

指北针和罗盘

图 10.9 指北针和罗盘示例（由 Esri ArcGIS 创建）

在地图上，指北针和/或罗盘通常位于类型相同且整齐的区域，如海洋区域、沙漠区域、森林区域或空白区域。指北针或罗盘可以多种颜色显示，以便更好地与背景区分。制图新手通常会把指北针和/或罗盘做得很大，这与南卡罗来纳州各县人口地图［见图 10.8(a)］上相对较小的指北针形成了明显对比。指北针和/或罗盘并不突出，但对用户定向而言非常实用。指北针和/或罗盘通常位于图框的边缘。

10.6.6 比例尺

很少有人以 1:1 的比例尺创建地图。因此，几乎所有的专题地图都会将实物缩小，即地图是以小于 1:1 的比例尺创建。用户有权知道缩小的比例，因此所有地图中应包含详细的比例信息。这种信息以如下几种方式传达给用户：

- 数字比例尺
- 无量纲比
- 单位当量
- 比例尺条

例如，USGS 的 7.5 分地形图系列具有 1/24000 的分数比例尺和 1:24000 的无量纲比，这意味着地图上的 1 个单位代表现实世界中的 24000 个单位，即地图上的 1 英寸代表现实世界的 24000 英寸。

有时，以单位当量来描述地图比例尺更为方便。例如，比例尺为 1:24000 的地图的单位当量是 1 英寸 = 2000 英尺。因此，地图上的 1 英寸等价于现实世界中的 2000 英尺。

只要原始地图未被缩小或放大，使用分数比例尺、无量纲比和单位当量就不会有问题。然而，若以任何方式放大或缩小原始地图，则分数比例尺、无量纲比和单位当量将不再准确，地图用户可能会得到不准确的距离和面积测量值。

所幸的是，存在一种能准确传达地图比例信息的图示方式。精心制作的比例尺能传达准确的比例信息，而不论地图如何缩小或放大，原因在于放在原始地图上的比例尺会随着地图的缩小或放大，相应地改变比例的大小。因此，在用 GIS 或其他制图软件制作的大多数高质量专题地图中，比例尺都位于地图的边缘。图 10.10 显示了线状比例尺、交替比例尺和双交替比例尺。

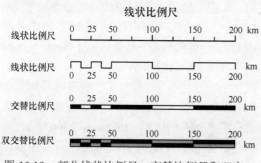

图 10.10　部分线状比例尺、交替比例尺和双交替比例尺（由 Esri ArcGIS 创建）

比例尺不应复杂到影响地图中的重要专题内容（图形）。在用 GIS 生成的地图中，通常会放置交替比例尺和双交替比例尺，这两种比例尺之间存在微小的区别。对于比例尺，制图师应使用最实用的单位，譬如厘米、米、千米。注意，图 10.10 中比例尺的单位是千米而非米。使用米作为单位会出现大量的细分数字（如 25000、50000 和 100000），而这会使得比例尺过于复杂，进而使用户感到迷惑。

10.6.7　图例

地图的标题和专题内容可能是典型地图中最重要的图形，次之则是图例，因为用户可使用图例来准确地翻译专题内容。图例通常用来显示专题信息在地图中的组织方式和符号表现形式。例如，与 2000 年南卡罗来纳州各县的人口地图 [见图 10.8(a)] 相关的图例，仅由三部分构成：标题，颜色比例符号，描述比例符号定量值的文字。注意，图例既要大到足以吸引用户的注意力，又不能影响地图专题的内容。图例通常应放在地图的边缘附近，放置位置应能保证地图的平衡。

基于点、线、面和体信息进行制图的图例有无限多种。以下几节将介绍与点、线、面和体制图相关的图例的几个例子。

10.6.8　格网或参考网格

在许多高质量的专题地图上，都会有显示经度线/纬度线的格网或参考网格。设计格网或参考网格的显示方式时，制图师需要确定一些重要的参数。首先，必须确定测量的系统和单位 [如经度/纬度（度）、通用横轴墨卡托投影（UTM）、国家平面地图投影（英尺或米）]。2000 年南卡罗来纳州各县的人口地图采用的是 UTM 坐标系 [见图 10.8(a)]。其次，制图师要确定格网或参考网格线的数量，并确定它们是画在专题内容的上方还是下方。在该例中，南卡罗来纳州各县的人口地图中，只有 4 条格网线，但出于定向目的，专题内容的上方可以画一些细线。最后，格网或参考网格的刻度和坐标系应放在地图的边缘。在南卡罗来纳州的例子中，单位为米的 UTM 17N 带格网标记指向北（如 3600000N）和东（如 420000 E），它可帮助用户了解南卡罗来纳州的地理位置和大小。

不按比例绘制的图表和地图，通常不具备格网或参考网格。而基于已知地图投影和坐标系的专题地图，应显示格网或参考系。

10.6.9　地理空间元数据

地理空间元数据提供关于用来制作地图或执行 GIS 分析的数据的信息。元数据档案是一个信息文件，用于获取数据或信息资源的基本特征。元数据描述第 4 章中所述的资源由何人、何时、何地采用何种方式为何目的获取。地理空间元数据用于记录地理数字资源，如 GIS 文件、地理空间数据库和地球影像。地理空间元数据记录包括核心库目录元素（如标题、摘要和出版数据）、地理元素（如地理范围和投影信息）和数据库元素（如属性标签定义和属性值域）。

为联邦地图系列创建地理空间信息时，美国联邦地理数据委员会（FGDC）规定了必须使用的数字地理空间元数据的内容标准［如 USGS 7.5 分地形图系列、USGS 数字正射影像产品（DOQQ）］。对于公众查找数据、地理空间一站式数据端口和国家空间数据基础设施（NSDI）中心而言（FGDC，2011），地理空间元数据的建立至关重要。

元数据包含有用来创建地图的信息源的信息。可惜的是，除非是为国家发起的地图系列提供地图，否则大部分公司、组织和个人基本上都不坚持严格的联邦元数据标准。在最低限度上，也应直接在地图上显示少量的元数据，以便说明地图信息的来源，以及关于制图师的附加信息。详细的元数据可存储在与地图关联的数字文档中。理想情况下，元数据还应包含用来创建最终地图的每个数据库的网址。

当地图源于其他相关地理数据库的分析时，拥有最终地图处理历史的元数据是极为有用的。这样的信息代表了地图的谱系或地缘谱系。当地图产品作为新科研成果用于非常重要的公开论坛或法律诉讼时，地缘谱元系数据非常有用。

地图用户有权了解原始地理空间数据的来源、特征，以及用来创建最终地图的 GIS 数据分析程序。理想情况下，每幅最终的地图都应为使用者提供充足的地理空间元数据，以便使用者了解原始的源文件。但实际上，很少有地图为实现这些目的而提供充分的地理空间元数据。

10.7　点状数据制图

非专业人员、科学家、测量员和政府官员每天都会收集特定地点的大量数据。这些数据既可是巨大的点状测量值（譬如整个城市），也可是非常小的要素（譬如电线杆、消防栓、井口、测量员位置、筑巢地等地理位置）。除了这些点状位置的地理信息外，人们还经常收集点状测量值的定量信息，如城市的人口、电线杆的高度、消防栓喷嘴的大小、水井口的出水量、测量员位置的高程和巢中蛋的个数等。

点状现象可用多种制图方式来成图。下面是一些常用的制图方式：

- 使用简单符号的点状制图
- 使用渐变色的点状制图
- 使用比例或渐变符号的点状制图
- 使用其他符号的点状制图
- 使用标准符号的点状制图

10.7.1　使用简单符号的点状制图

使用简单符号的点状地图也非常有用。例如，历史上曾创建了一幅最著名的点状地图：1854 年伦敦的 Soho 地区霍乱蔓延（见图 10.11），麻醉师约翰·斯诺会见了 Soho 社区的幸存居民。斯诺博士基于埃德蒙·库珀的原始制图法，用矩形黑边标绘出了许多霍乱死亡个例的地理分布（见图 10.11），这有效地在地图上突出了死人的房屋（Johnson，2006）。最终，这些证据帮助斯诺博士成功地让当局相信霍乱源于宽街的公共水泵（见图 10.11）。斯诺博士说：

点状数据制图

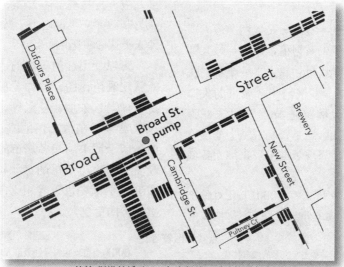

约翰·斯诺教授于1855年出版的《霍乱传播方式》
一书中，重新制作并放大后的伦敦霍乱死亡地图

图 10.11　麻醉师约翰·斯诺运用采访和制图原理确定了 1854 年伦敦霍乱蔓延的来源。
这是重新制作并放大后的地图，显示了矩形点状符号及可疑的水泵。关于约
翰·斯诺的详细信息，请参阅 The Ghost Map（Johnson，2006）

当地发生死亡应归因于水泵，我被告知，在
61 个实例中，死者可能曾经常或偶尔饮用宽街水
泵的水……

之后的调查结果是，除了饮用该水泵的水的
人外，在伦敦没有明显的霍乱爆发或流行。

7 号晚上（9 月 7 号），我曾会见过圣詹姆
斯教堂的守护者，并向他们描述了以上情况。
由于我所说内容的缘故，水泵的把手在第二天
就拆除了（约翰·斯诺给《医学时报与公报》
编辑的信）。

因此，点状观测值地图帮助城市官员避免
了进一步的生命损失，证实了简单点状观测值
的强大性。约翰·斯诺的 Soho 地图可能是当
时关于大规模疾病爆发最全面的地图研究
（Koch，2004）。基于这一领域的工作与贡献，
斯诺博士被认为是现代流行病学之父（加州大
学洛杉矶分校流行病学院，2011 年）。

使用简单点状符号的南卡罗来纳州所有
城市的地理分布如图 10.12(a)所示。圆形符号
位于每个城市的质心(x, y)。注意，这里没有关
于每个城市人口的定量信息。

10.7.2　渐变色点状制图

除了简单定位各个点状观测值的地理位置
外，还可使用渐变色为每个点提供更多的定量信
息。例如，图 10.12(b)使用 8 种颜色和 0～120000
人的间隔范围，描绘了南卡罗来纳州的各个城
市。地图用户应能确定哥伦比亚、格林维尔、斯
帕坦堡、罗克希尔、默特尔比奇、希尔顿头和艾
肯是南卡罗来纳州人口最多的城市。

10.7.3　比例或渐变符号点状制图

使用比例符号可在视觉上更引人注目地
传达点状符号的定量值。每个地图符号（如一
个圆）都会根据点状观测 z 值的大小缩放。缩
放点状符号的两种基本方法是：表观（认知）
缩放和绝对缩放。

表观（认知）缩放由心理学家詹姆斯·弗
兰纳里提出，用于衡量点状观测 z 值的大小，
它认为人们趋向于低估较大的圆。表观缩放可
帮助用户在阅读比例符号时，得到正确的视觉
印象。例如，地图上比例圆的认知缩放公式为
(Slocum et al.,2005)

$$r_i = \left(\frac{v_i}{v_L} \right)^{0.57} \cdot r_L$$

式中，r_i 是待绘圆的半径，r_L 是地图上最大圆的半径，v_i 是待绘圆的数据值，v_L 是与最大圆相关的数据值。图 10.12(c)显示了一幅基于认知缩放比例圆的南卡罗来纳州各城市的人口地图。图例中的比例圆是城市人口正好为 10000 或 100000 的圆。这是一幅视觉上非常吸引人的地图，很好地表现了南卡罗来纳州各城市人口的明显区别。

相反，爱德华·塔夫特（2001）反对除了比例符号的绝对缩放之外的任何方法。他认为

"数字表示作为图形表面本身之上的物理测度，应直接与表示的数值量成正比。"塔夫特认为制图师应"说出关于数据的真相"，并排除人类认知缺陷的补偿。

可以使用任何类型的点状符号类型来为点状观测值作图，譬如菱形、正方形、三角形、球形、条形、柱形等。这些符号都可与点状观测 z 值成比例地缩放，如图 10.12(d) 中为南卡罗来纳州各城市的人口地图所用的渐变柱形。与简单的点状符号或图 10.12(a) 和(b)中的渐变色符号相比，它在视觉上能提供更多的信息。

点状地图符号化

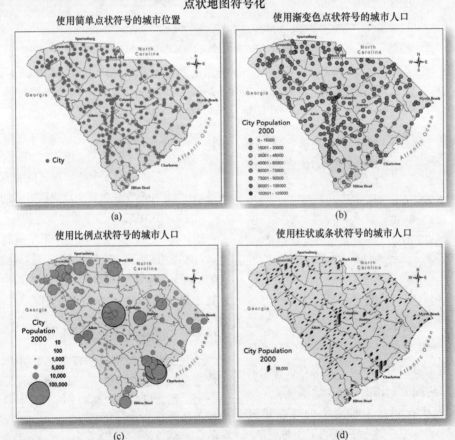

图 10.12　点状观测值地图：(a)简单点状符号化；(b)渐变色符号化；(c)比例符号化；(d)条（柱）点状符号化（数据由美国人口统计局和南卡罗来纳州自然资源部门提供）

10.7.4　标准化点状符号

GIS 实践者和/或制图师在符号化地图上的点数据时，有很大的自由度。点状符号化问

题已伴随人类数千年，制图师曾设计了许多标准的点状符号，因此应尽可能使用这些标准符号。使用标准点状符号，可让全世界的用户轻松解读地图，而不论用户的语言、宗教等背景。

例如，图 10.13 描绘了 USGS 地形图系列的控制点数据和碑石的标准点状符号（USGS，2009）。全世界的地形图系列都使用类似的标准符号来记录地图上的界标，以及水平和垂直控制点、河流英里标记。

图 10.13(b)显示了部分 USGS 的标准地形图点状符号。注意，许多符号都很形象，表明这种符号可以代表其自身并能被人们轻松地

识别，如学校、教堂、野餐区、野营地、公墓、裸露残骸、露天矿山或采石场（以交叉的矿工镐作为符号）。制图师花费许多时间设计了高质量且形象的点状符号。对于制图新手而言，在开发可能无法有效传达点状信息的新符号之前，应使用 GIS 仔细地查看已被人们广泛接受的标准点状符号。

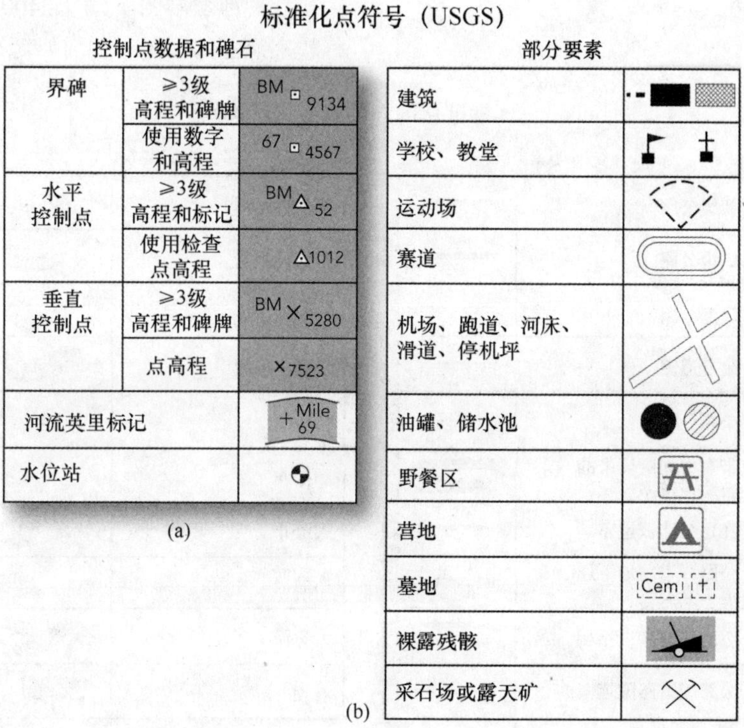

标准化点符号（USGS）

图 10.13 有些已被标准化的点要素，它们可清晰和有效地传达信息：(a)USGS 和美国森林服务局标准化的控制点数据和碑石点要素符号；(b) USGS 地形图上的部分点要素符号（摘自 USGS, 2009）

10.8 线状数据制图

世界是由多种线要素构成的。有些线要素是自然现象，譬如河流和海岸线，有些则是人类发明的认知线要素，譬如行政边界和地形等高线。专题地图中一些重要的线要素有：

- 边界
  -市政
  -县
  -州
  -国家/国际
- 水文
  -小溪
  -河流
  -海岸线
  -运河
  -堤坝
- 交通
  -公路
  -铁路
  -机场跑道
  -隧道
- 传输线

-电缆

-电力

-电话

-水

● 等值线

-地形

-测深

-温度

-降雨量

-气压

-人口密度

这些线要素可用各种制图技术来成图与符号化，包括使用简单线状符号和颜色的线状制图、渐变线宽和等值线制图。与标准点状符号类似，标准线状符号也可让全世界的用户轻松解读相同的线要素。例如，图 10.14 描述了 USGS 用于交通和水文现象的标准线性符号（2009）。注意，这些标准线状符号是为相对较大尺寸的地形制图（如 1:24000）设计的，进行较小尺寸的制图时，需要对符号进行调整。

标准化的线性符号（USGS）

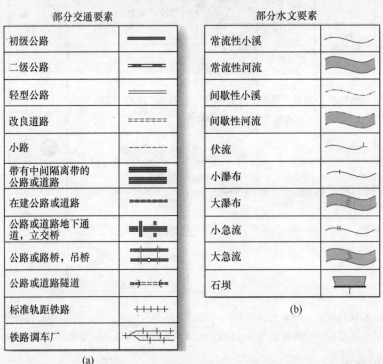

(a)

图 10.15 一些标准化的重要线要素，因为它们能清晰而有效地传达信息：(a) USGS 和美国森林服务局标准化的交通要素符号；(b)USGS 地形图上的水文线要素（摘自 USGS，2009）

10.8.1 使用简单线状符号和颜色的线状制图

线要素可用相对简单的实线和虚线模型、线粗调节和/或颜色来制图。例如，在图 10.14 所示的 USGS 标准化交通符号中，小路到高速公路在线粗上呈现了合理的变化，交通要素的变化使用了不同的颜色。同时，可利用叠加方式来识别立交桥、高速公路或地下道路。在南

卡罗来纳州有数千条二级公路或轻型道路。进行这种小尺度制图时，若对南卡罗来纳州的每条道路使用 1 磅的黑线，将得到一幅几乎全黑的专题地图。几个世纪以来，人们使用相同的线状模型符号化了特定的交通要素（如铁路和铁路调车厂，见图 10.14）。

常年性溪流与河流通常使用标准的实心蓝线，而季节性溪流与河流则使用特殊设计的

蓝色虚线。但在制图师认为设计新的地图符号能够改善地图的可读性时，可自由设计新的线状符号。

例如，考虑在一个粗略比例尺上（缩小前为 1:2400000）为南卡罗来纳州的水文和交通要素地图［见图 10.15(a)～(c)］进行符号设计。在该比例尺下，南卡罗来纳州的常年性溪流与河流使用蓝色实线（1 磅）制图［见图 10.15(a)］。

州际公路和高速公路使用改进的标准符号制图，如图 10.15(b)所示。注意线粗的变化方式可以帮助人们区别州际公路（4 磅）和高速公路（1 磅）。图 10.15(c)显示了叠加水文和交通信息后的地图。南卡罗来纳州的每个城市都位于道路网之下，这样做可帮助用户了解特定高速公路在州中的位置。水文信息在这幅地图中的级别最低。

线状制图符号示例

(a) 南卡罗来纳州水文地图

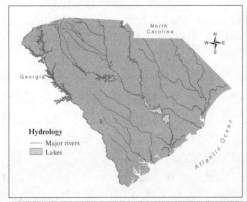

(b) 南卡罗来纳州交通地图

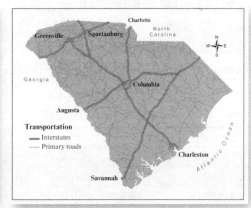

(c) 南卡罗来纳州水文和交通地图

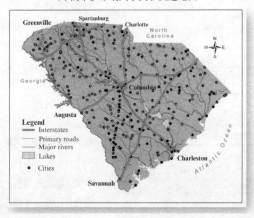

图 10.15　南卡罗来纳州线要素成图示例：(a)水文地图；(b)带有中间隔离带的州公路和初级公路地图；(c)水文、交通和城市地图（数据摘自南卡罗来纳州自然资源部）

制图师必须要有创意，并能根据正成图现象的独特特征，做出全面的专题制图决定。

10.8.2　使用渐变（比例）线状符号的流量图

有些现象会随着它们在线性网络中的发展而出现值的增大或减小。例如，随着小溪和

各支流交汇形成河流，以及随着线状网络发展到下游，水的流量都会增加；类似地，乡村小道合并为二级公路后变为州际公路；早晨进入中心商业地区的汽车数量可能会增加。为描述这些网络中的流动性，可根据支流或支线道路贡献的增加，成比例地增加下游河流或道路的

大小。例如，图 10.7 显示了水文河流网络的水流量的增加。

10.8.3 等值线制图

等值线制图使用等值线（具有相同值的线条，如海拔 10 英尺的等高线）来模拟平滑且连续的现象。两种基本的等值线图是

- 等比例图
- 等值线图

使用真实数据的控制点来创建实际存在于某个特定地理位置的统计表面时，就建立了等比例图。等比例图的种类非常多，表 10.2 仅显示了部分等比例图。最常见的等比例图是地形等高线地图，它描述的是具有相同海拔高程的线条。

表 10.2 基于真正数据控制点的部分等值线图

名　称	作　用
等高线——地形	基准面之上的等高程线
等深线——测深	其准面之下的等深度线
等雨量线	降雨量相等的线
等温线	温度
等压线	大气压
等密度线	大气密度
等湿度线	湿度
等风速线	风速
等期线	等期冰层
等偏角线	地球磁场的磁偏角
等坡线	坡度
等盐度线	海水盐度

也可由概念数据点来建立平滑的统计表面，并由这些数据绘制等值线图。例如，可以使用与 46 个县的质心位置相关的概念数据点来创建南卡罗来纳州人口的连续曲面。还可以基于概念点数据绘制州中每平方英里人口密度的等值线图。在等值线图中，需要标准化数据，以便解释概念数据的收集区域。在南卡罗来纳州的例子中，要求在创建统计表面前，把每个县的人口除以全县的总面积（如平方英里），再选择感兴趣的等值线（如人口密度间距为 100 人/平方英里的等值线）。

等高线和等深线

基于某个基准（如海平面）的具有相同高程（如 10 英尺）的线条称为地形等高线。等高线已经有较长的历史。1777 年，英国人查尔斯·霍顿使用等高线计算了一座山的体积。1791 年，法国人让·路易斯·杜庞·特里尔在一幅地形图上使用 20 米间距的等高线，这幅图同时包含了一个地形模型的横截面，以帮助用户理解等高线的概念（Konvitz，1987）。

基于某个基准（如海平面）的具有相同深度（如 20 英尺）的线称为等深线。1727 年，荷兰工程师尼古拉斯·克鲁基斯在航海图上使用 1 英寸的等深线间距描述了马特威河的深度。法国地理学者菲利普·布雅舍在 1752 年发表于《英吉利海峡》杂志的航海图中，使用了 10 英寸间距的等深线。全世界的政府机构和摄影测量工程公司，花费了大量费用来制作精密的等高线（地形）和等深线（水深）地图。

地形图和水深图包含有计曲线、首曲线和示坡线。正如所料，制图惯例是等高线为棕色，而等深线为蓝色（见图 10.16）。计曲线用加粗的实线表示，每隔 n 条首曲线就有一条计曲线（譬如，在崎岖地区的 1:24000 USGS 地形图上，每隔 5 条首曲线会出现 1 条计曲线）。首曲线使用较小字号的线。位于基准之上或之下的封闭洼地，可使用具有特殊排列的垂直剖面线的首曲线符号表示（见图 10.16）。工程师通常会以多种方法切割地形或沉积物。这些切割和填充的地形通常会表现出独特的曲线特征。例如，图 10.16 所示的等高线与切割一座山的一条道路相关，且为了使道路通过河道，在河道中填埋了材料。

了解现实世界中地形图原理的应用非常有用。例如，爱达荷州麦迪逊县的南丘火山是这片区域的两座凝灰岩锥火山之一。美国农业部国家农业影像计划（NAIP）对南丘火山以真色彩进行了 1m×1m 高空间分辨率航空摄影，如图 10.17(a)所示。

USGS 建立了该区域的数字高程模型（DEM）[见图 10.17(b)]，像素间隔为 30 m×30m（1 弧秒），它以海平面之上的英尺测量高程

（Maune，2001）。这些数据是国家高程数据库（NED）的一部分，用户可通过互联网经由"一站式地理空间"获取（Maidment et al.，2007）。图 10.17(c)显示了 DEM 的一幅晕渲图。由各个高程测量值来创建数字高程模型的方法和晕渲分析法已在第 9 章介绍过。

等高线

地形	计曲线	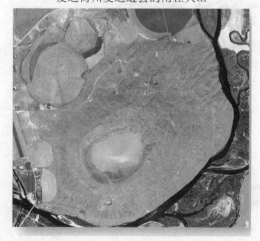
	近似计曲线	
	首曲线	
	近似首曲线	
	洼地示坡线	
	切割线	
	填充线	

| 等深线 | 计曲线 | |
| | 首曲线 | |

图 10.16　基准面上的等高程线称为地形等高线。基准面下的等高程线称为等深线。通常使用计曲线、首曲线和示坡线来表示重要的地形和水深高程信息。当原始输入高程数据小于理想高程数据时，可以使用计曲线（虚线）（USGS 提供）

爱达荷州麦迪逊县的南丘火山

(a) 2004 年 7 月 31 日获取的 NAIP 影像 (1m×1m)

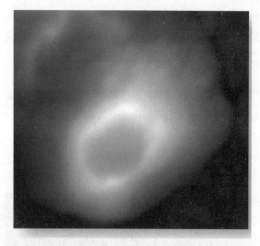

(b) USGS 数字高程模型 （30m×30m 像素）

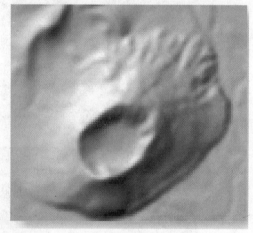

(c) USGS 30m×30m DEM 的晕渲图

图 10.17　(a)1m×1m 空间分辨率的 USDA 国家农业影像计划（NAIP）航空摄影图；(b)从 USGS 国家高程数据集（NED）中提取的 1 弧秒（30m×30m）空间分辨率的数字高程模型（DEM）；(c)西北 315°光照下的 DEM 晕渲图（数据由 USDA 美国农业影像计划和 USGS 国家高程数据集提供）

南丘火山的等高线来源于数字地形模型。等高线的范围从火山底部周围绕河的海拔 4800 英尺到海拔 5400 英尺。火山上的最高点使用标准水准点符号。等高距为 10 英尺、20 英尺和 40 英尺的等高线覆盖在原始数字高程模型上，如图 10.18(a)～(c)所示。注意，坡度越陡，等高线的间隔就越窄。每隔 5 条等高线就会出现 1 条计曲线。按照惯例，每条计曲线需要标记高程值。在该例中未标记计曲线的高程值，目的是避免混乱并提升地形的美观程度。这三个例子可用来图示一种有效的制图学设计原理。20 英尺和 40 英尺等高距地形图都很有用，足以表现火山的地形。10 英尺等高距地形图则为用户提供了过多的地形细节信息。5 英尺等高距地形图在这一尺度上会显示过于密集的等高线，不方便读图。

火山顶部有一个洼地，其中有内流水系。

可用示坡线符号表示。图 10.18(d)显示了 20 英尺等高线覆盖到 NAIP 航空摄影图上的结果。等高线是一个奇妙的发明，它能帮助用户定量地了解地形的高程，并了解地形的坡度。

本节简要介绍了部分线状制图惯例。要了解使用 GIS 设计线状地图的详细信息，可查阅相关的制图书籍。

爱达荷州麦迪逊县南丘火山的等高线图

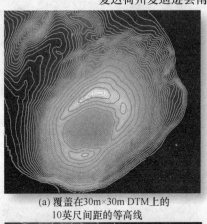

(a) 覆盖在30m×30m DTM上的
10英尺间距的等高线

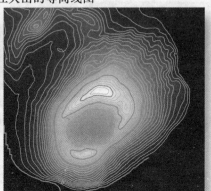

(b) 20英尺间距的等高值

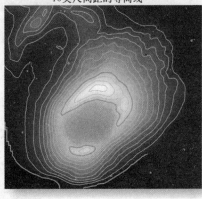

(c) 40英尺间距的等高线

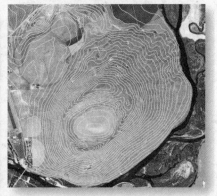

(d) 覆盖在NAIP影像上的20英尺等高线

图 10.18　使用三种等高线间距的南丘火山的等高线图：(a)使用 10 英尺等高线间距；(b)使用 20 英尺等高线间距；(c)使用 40 英尺等高线间距，注意图(a)、(b)和(c)中的首曲线、计曲线和示坡线；(d)覆盖在 NAIP 影像上的 20 英尺等高线（数据由 USDA 美国农业影像计划和 USGS 提供）

10.9　面状数据制图

GIS 作为制图系统，可用于展示地理位置(x, y)处的地理现象（如地表覆盖、土壤、高程、降水、温度）。面数据可能是占据空间的各个像素或多边形。正前所述，空间数据可以是名义量表的、顺序量表的、等距量表的或等比量表的。这些面状地理数据可以使用以下方式制图：（1）与任何行政单元无关（不受约束）；（2）根据其是否属于某个特定的行政单元，如城市、州、县、流域、流域管理区、学区等。

10.9.1　无行政单元边界限制的空间数据的专题制图

使用 GIS 进行制图的空间数据，在政治或行政单元上是无限制的。无限制的空间数据包括高程、坡度、坡向、降雨量、温度、风速、土地覆盖、土壤类型等。

无限制的等距量表和等比量表数据有高程、温度、降雨量、风速等，可以使用前面介绍的等值线技术成图，或如第 9 章所述的那样进行特定的设计，以分析和显示三维数据。

名义量表和顺序量表空间信息包括土地覆盖和土壤类型，可使用精心挑选的黑白或彩色符号制图，进而简单地显示栅格（像素）或

矢量（多边形）数据。通常而言，所用的定性配色方案并不是为了暗示图例间的等级差别，但色调（颜色）可用来突出等级之间的重要视觉差别。定性方案最适合于名义量表或分类数据的制图（Brewer，1994）。

现在考虑图 10.19 所示南卡罗来纳州查尔斯顿的地土覆盖地图。这些土地覆盖数据是南卡罗来纳州的差异分析数据集的一部分。分类方案中有 27 种土地覆盖类型。这幅土地覆盖

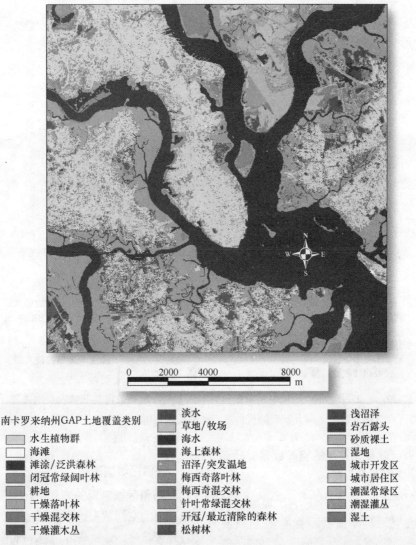

图 10.19　对 27 个类别使用定量配色方案后的名义量表土地覆盖图。每像素土地覆盖信息取自 20 世纪 90 年代早期的陆地卫星专题制图仪影像。该数据是空间分辨率为 30m×30m 南卡罗来纳州差异分析计划的一部分（数据由南卡罗来纳州自然资源部授权使用）

地图源于 1991 年到 1993 年的 30m×30m 陆地卫星影像。名义量表专题地图中的每个像素都与图例中描述的 27 种离散土地覆盖类型相关。制图师需要选择 27 种不同的颜色组合，让用户能够分辨 27 种不同的土地覆盖类型。

再考虑图 10.20 所示南卡罗来纳州的地质图。地质数据为多边形格式，它与先前所用查尔斯顿土地覆盖地图（见图 10.19）所示的每像素格式相反。该图显示了 22 种不同地质类型信息的空间分布。同样，制图师需要选择 22 种不同的颜色符号。在该例中，制图师在三种颜色模型中引入了纹理，以帮助用户更容易地理解地图中的空间信息。对与昌加带、劳伦斯侵入层和更新世相关的绿色、蓝色和棕色，引入了点刻法（在多边形内随机放置各个点）。制图师通常会综合使用柔和的色彩（色调）与纹理来提升地图的表达，尤其是专题地图中存在大量的类别时。

南卡罗来纳州定量配色方案名义量表地质图

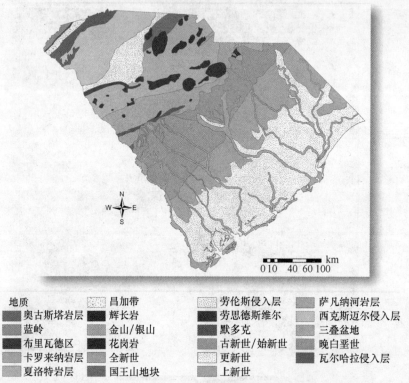

图 10.20　对 22 个类别应用简单定量配色方案的多边形地质数据名义量表土地覆盖图（数据由南卡罗来纳州自然资源部授权使用）

10.9.2　具有行政单元限制的空间数据专题制图：等值区域制图

有时，名义量表、顺序量表、等距量表和等比量表空间数据需要根据特定的空间行政单位来制图，这称为等值区域制图。等值区域图是频繁使用甚至滥用的专题制图方法（Slocum et al.，2005）。因此，有必要专门讨论一些，如何建立有用及有益的等值区域地图。

等值区域制图

等值区域制图的方式是，对位于真实行政单元内的空间数据进行制图。行政单元可以是行政管辖区，譬如城市、县、州、国家、学区、紧急响应区和税区等。行政单元还可以是自然资源管理区，譬如流域、水资源管理区和森林区域。

在制作高质量的等值区域地图时，必须考虑包括如下因素在内的许多因素：

- 标准化
- 类间距的数量
- 类间距
- 符号化

标准化　进行等值区域制图时，行政单元的大小和形状会导致一些特殊的问题。一般而言，特别大的计数单元趋向于掩盖附近相对较小的单元。最佳的等值区域地图所包含的计算单元（譬如县），其大小大致相同。

此外，在进行等值区域制图时，必须考虑计数单位的地理规模，进而决定是否需要将数据标准化。例如，假设已知某个州中各个县的人口数量，但其中一些县的面积比其他县的面积大 2 倍或 3 倍。此时，在制图前就应该对这些数据进行标准化处理，将每个县的人口除以该县的面积（单位为平方英里或平方千米）。所得结果是各个县的人口密度信息，它可以使用等值区域制图技术进行制图。

同样，如果已知所在州中各个县的粮食产量，则可把粮食产量除以每个县的面积（公顷），然后将所得结果用来制作各县的每公顷玉米产量图。也可将每个县的玉米产量除以整个州的玉米产量，得到各县占州玉米产量的百分比（%）信息。应用等值区域制图技术时，标准化可使特别大或特别小行政单元的影响变得最小。

类间距的数量　进行等值区域制图时，很难确定类间距的数量。若使用太少的类间距，则会出现大量的归纳合并，用户将无法准确了解空间数据中的空间关系。若使用太多的类间距，则地图可能会过于杂乱，进而使得数据集中的空间信息变得模糊。通用规则是，根据观测值的数量使用 5～15 个类（Burt et al., 2009）。有时，这种经验法则并不适用，尤其是在为复杂的数据库制图时。一般来说，随着观测值的增加，类的数量也会增加。

Scott（1979）给出了选择最适合分类或间距数量的算法：

$$k = 3.5 s n^{-1/3} \qquad (10.3)$$

式中：n 是数据集中的观测值数量，s 是数据集的标准差。

在确定类间距数量时，制图师还应考虑逻辑关系。分组观测表明，地图用户会觉得某个特定类间距内的观测值多少有些相似。因此，将不同观测值归入同一类别的做法并不明智。将自然断点归于某个类，且不在该类的界限上，就会破坏这一规则。例如，在处理温度数据时，选择零下-10℃～10℃的类间距并不明智，因为这会把低于和高于零度的温度在逻辑上分为同一类。

等值区域图类间距　下面介绍一些与类间距有关的规则。首先，一个观测值只与一个类相关联，因此类别之间应是互斥的。一个类别的上界不应等于下一个类别的下界。例如，考虑如下三个类别：

类 1 = 3.0～4.0
类 2 = 4.0～5.0
类 3 = 5.0～6.0

使用这种分类方案时，观测值 4.0 和 5.0 可属于两个类别。一种更为合适的互斥分类方案为：

类 1 = 3.0～3.99
类 2 = 4.0～4.99
类 3 = 5.0～5.99

此时，值 4.0 和 5.0 属于哪个类别将不会有歧义。类间距的选择必须包含所有观测值。

选取类间距大小的方法有多种。最广泛采用的方法包括：

- **自然断点分类**　对原始数据的直方图进行目视检查，找到数据分布中的逻辑中断（通常为间隔）。任何时候都要遵守数据集中的自然断点。应遵守的有效自然断点的例子包括：（1）当以摄氏度为单位进行温度制图时，应使用 0℃ 或 100℃ 作为组限；（2）对于表示为百分数的变量，50% 代表一个自然组限，因为这是大多数（情况下）的断点。（3）进行 pH 值制图时，7.0 是酸和碱之间的界线。为特定的现象制图时，忽视这些内容和其他的自然断点是不明智的。
- **等间距（等幅）分类**　数据以直方图格式排列时，每个类别沿 x 轴都会占据相等的间距。无须包含上述的特殊自然断点时，建立宽度相等的类间距是一个很好的制图习惯。

- **分位数分类** 在这种分类中，数据按序排列，各个类别中的观测值数量相同。类别数量的不同，分类方法的名称也不同，譬如四类分位图和五类分位图。要计算某个类别中的观测值数量，可用总观测值数量除以类别的数量。要确定将哪些观测值放到哪个类别中，可采用按序排列的简单方式，直到某个类别获得了相应数量的成员。

- **平均值±标准差分类** 在这种分类中，类别边界是由数据的平均值多次加减标准差得到的。例如，考虑下面基于平均值使用标准差 1 和标准 2 的 4 个类间距：

$$类 1 = \bar{x} - 2s \sim \bar{x} - 1s$$
$$类 2 = \bar{x} - 1s \sim \bar{x}$$
$$类 3 = \bar{x} \sim \bar{x} + 1s$$
$$类 4 = \bar{x} + 1s \sim \bar{x} + 2s$$

- **最大断点分类** 在这种分类中，原始数据从低到高排列，计算相邻两个数据的差，并将其中的最大差值作为分类界限。这种方法只考虑了最大的断点，而忽略了沿直方图的数据的自然集群。

- **最佳分类** 这种分类法使用 Jenks-Caspall 算法或 Fisher-Jenks 算法（Slocum et al.，2009）。

大多数 GIS 可让用户从多种分类方案中进行选择。不存在对所有数据都适用的最好分类方法。选择类间距时，制图师必须考虑制图的目的和想要传达给用户的知识。

等值区域地图符号 创建等值区域地图时，地图制作者必须在地图生产过程的早期决定是使用黑白符号还是使用彩色符号。做此决定时，需要记住人们只能辨别约 15 个灰度级，但可以分辨上百种不同级别的彩色。对黑白或彩色符号引入纹理（如随机点）或图案（如菱形线）可提升用户区分各个类别的能力。另一个重要的考虑是，彩色地图硬拷贝产品要比黑白地图产品昂贵许多倍。如果所有地图均显示在电脑屏幕上，那么可考虑彩色等值区域制图。

为开发等值区域制图的符号，人们已作出了极大的努力。这里介绍几种有用的等值区域制图配色方案，包括：（1）顺序配色方案、（2）离散配色方案、（3）光谱配色方案。

下面使用由 Cynthia Brewer 设计、Mark Harrower 和 Andy Woodruff 编程的软件 ColorBrewer 来说明这几种分类方案的性质。ColorBrewer 是一个为专题地图（特别是等值区域地图）选择配色方案的网站工具，它是一个颜色诊断工具，而不是在线 GIS，因此无法将空间数据导入 ColorBrewer。但可以使用 ColorBrewer 的界面来"测试"某种颜色分类方案，观察它是否适合专题制图的要求。ColorBrewer 包含 35 种基本配色方案，其中有 250 种以上的可选类别数量。确定一种可接受的配色方案后，ColorBrewer 会以各种空间颜色格式记录这一颜色规格（如 CMYK、RGB、Hex、Lab 和 AV3[HSV]），然后在 GIS 应用软件中使用，如 ArcGIS、IDRISI。ColorBrewer 工具可在 http://www.colorbrewer.org 下载。

顺序配色方案适合于对从低到高排列的数据进行制图［见图 9.21(a)～(c)］。不同深浅的颜色决定了顺序配色方案的外观，其中的浅色代表低值数据，深色代表高值数据。顺序配色方案还可改变色调和单色调饱和度。图 10.21(a)～(c)显示了 ColorBrewer 的三种配色方案，包括蓝色［见图 10.21(a)］、绿色［见图 10.21(b)］和棕色［见图 10.21(c)］的级数。这些顺序配色方案非常美观，因为它们运用了柔和的色彩。注意，应避免使用高饱和度的明亮颜色。

图 9.21(c)显示了使用顺序红（棕）色分类方案制作的 2000 年南卡罗来纳州各县的人口密度（每平方英里人数）图［见图 10.22(a)和(b)］。第一幅等值区域地图使用了等面积类间距［见图 10.22(a)］，突出了该州中拥有最高人口密

度的一个沿海县（查尔斯顿）、两个山麓县（列克星敦和里奇兰）和两个多山县（格林威尔和斯帕坦堡）。使用自然断点的詹克斯分类法创建的地图，把这 5 个具有最高人口密度的县放在最高类间距上。这些地图既美观，又传达了大致相同的信息。但它们也有很多的细微差别，这是使用两种不同分类方案的结果。

离散配色方案会同等强调数据范围的中间值和两端的极值（Brewer，2009）。在这种配色方案，中间的关键类别或断点通常使用亮色来强调，而两端的极值则使用具有相反色调（颜色）的暗色来强调。在数据序列的中间段比较有意义时，这种配色方案更为合适。这种方案使用色调和亮度的变化来强调突变或类别，进而表现数据中的关键值，譬如平均值、中间值或零值。颜色逐渐加深表示中间值沿两个方向上的差异。图 10.21(d)～(e)显示了三种离散配色方案，包括绿色和棕色［见图 10.21(d)］、黑色和红色［见图 10.21(e)］、绿色和红色［见图 10.21(f)］的级数。制图师也可使用高于或低于方案中最亮点的不等数量的类别（即忽略 ColorBrewer 中的一些颜色）。

提取自ColorBrewer中的三种顺序配色方案

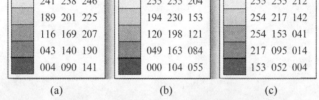

(a)　　　　　(b)　　　　　(c)

提取自ColorBrewer中的三种离散配色方案

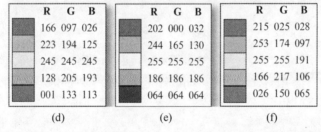

(d)　　　　　(e)　　　　　(f)

图 10.21　(a)～(c)ColorBrewer 系统中提供的三种 18 色顺序配色方案（蓝色、绿色和棕色）。制图师使用 ColorBrewer 试验各种颜色分类方案，以确定最适用的颜色顺序。(d)～(f)ColorBrewer 系统中提供的三种 9 色离散配色方案。期望颜色顺序的 RGB 值（或 CMYK、Hex、Lab 或 AV3 值）在创建等值区域地图时会输入到 GIS 中（Cynthia Brewer、Mark Harrower 和宾夕法尼亚州立大学，《ColorBrewer：顺序和离散配色方案规范》，摘自 ColorBrewer.org）

创建 2000 年南卡罗来纳州各县人口密度图时，使用了两种不同的离散配色方案［见图 10.22(c)和(d)］。每幅地图所用的 5 个类间距均基于标准差数据特征。图 10.22(c)所示的等值区域地图使用了离散的红色和灰色，其中白色为中心色调。人口密度在平均值之上且标准差大于 2.5 的各个县，使用黑色显示。人口密度在平均值之下且标准差小于-0.49 的各个县，使用暗红色显示。注意，大多数州都在该分类中。图 10.22(d)使用红色和绿色离散色调作为中心色调。这种离散配色方案既美观，又清楚地显示了人口密度在平均值之上且标准差大于 2.5 的 46 个县（显示为亮绿色）。

光谱配色方案由与电磁波谱相关的颜色序列组成，典型的颜色包括紫色、靛蓝色、蓝色、绿色、黄色、橙色和红色，因此通常称为 ROYGBIV（见图 10.23）。

制图师在创建等值区域地图时，必须仔细选择标准化方法、类间距数量和符号（譬如定性、顺序和离散）。在制作便于人们理解的类别图例时，尤其要谨慎。

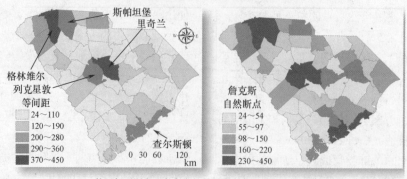

(a), (b) 使用相同顺序配色方案的等面积和詹克斯自然断点类间距

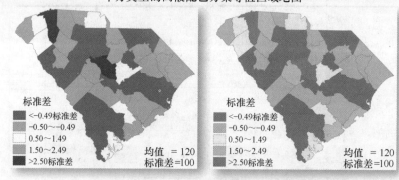

(c), (d) 使用两种不同离散配色方案的标准差类间距

图 10.22   用于等值区域制图的顺序和离散配色方案示例。彩色分类方案的 RGB 特性可在图 10.21 中找到（数据由南卡罗来纳州自然资源部授权使用）

图 10.23   光谱分级配色方案通常由与电磁波谱相关的有序排列的颜色组成，如紫色、靛蓝色、蓝色、绿色、黄色和红色（ROYGBIV）

10.10   摄影地图、正射摄影地图、影像地图、正射影像地图

如今制作的地图中普遍包含有遥感影像背景信息（譬如航空摄影和其他影像类型）。实际上，公众每天都会浏览大量的摄影地图、影像地图和/或正射摄影地图，并通过如下来源下载空间信息：

- 谷歌地球（www.earth.google.com）
- 谷歌地图（www.maps.google.com）
- 必应地图（www.bing.com/maps）
- 其他数据提供者

使用摄影地图、影像地图和正射摄影地图时，需要考虑到不同地图的重要几何性质。下面简单介绍这些影像的一些基础特征，以便可在 GIS 分析或制图时使用这些基本的影像产品。

10.10.1   无控制摄影地图（相片镶嵌）和影像地图

可以将几张源于一大块航摄区域的模拟或数字垂直航拍相片叠加，创建一幅无控制摄影地图（专业的无控制相片镶嵌图）。然而，尽管相片镶嵌视觉上的信息量很大，由于未进行地图投影（譬如通用横轴墨卡托投影）且相片镶嵌中始终存在投影差，因此不能用来测量距离、面积或方位。

同样，可以采用不同的叠加方式，叠加一些未纠正的遥感影像（譬如地球资源卫星专题成图仪或 ASTER 数据），来创建一幅无控制影像地图。同样，由于数据未进行地图投影且存在投影差，因此也不能用来测量距离、面积或方位。

10.10.2 控制的摄影地图和影像地图

使用地面控制点（GCP）和数字影像改正技术，某区域内的各张航空相片经几何校正后所形成的地图投影（如 UTM），称为控制摄影地图或控制相片镶嵌。同理，使用 GCP 和数字

影像，通过几何改正技术，遥感影像经几何校正后所形成的地图投影，称为控制影像地图。

例如，有 5 张控制影像地图记录了迪拜 2000—2008 年的城市化过程。为增大海滨旅游发展的可能性，迪拜开展了大量工程项目，沿波斯湾建立了数百个人工岛屿。这些人工岛屿使用从海床上挖掘的沙建造，并修筑岩石防波堤使其免受腐蚀。这些岛屿被塑造成容易识别的形状，包括两棵很大的棕榈树。首先修建的棕榈岛是朱美拉岛，NASA 陆地卫星上的 ASTER 观测了其 2000—2008 年的发展情况（NASA Earth Observatory，2009）。

图 10.24 所示的彩色红外合成影像是使用

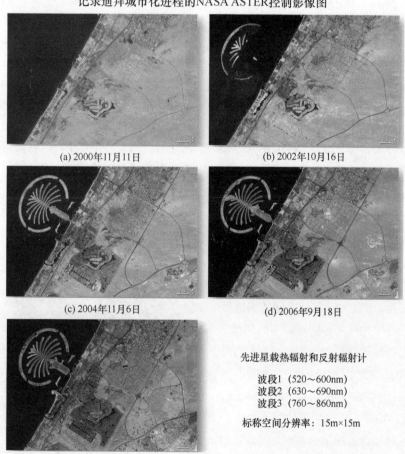

记录迪拜城市化进程的NASA ASTER控制影像图

(a) 2000年11月11日　　　　(b) 2002年10月16日

(c) 2004年11月6日　　　　(d) 2006年9月18日

(e) 2008年11月17日

先进星载热辐射和反射辐射计

波段1（520～600nm）
波段2（630～690nm）
波段3（760～860nm）

标称空间分辨率：15m×15m

图 10.24　使用地图控制点和数字图像处理校正技术，将 ASTER 光学遥感数据几何校正到通用墨卡托（UTM）地图投影后的迪拜的 5 张控制影像。这些影像图在 GIS 中通过 1 像素范围内的叠加，记录了 2000—2008 年迪拜的城市化进程。因为地形基本上是平坦的，因此这些影像中除了较高的建筑物外，基本不存在地形起伏位移。因此，从这些校正后的影像中可提取准确的距离、面积和方位（影像由 NASA 地球观测实验室提供）

ASTER 的波段 1、波段 2 和波段 3(分别为绿、红和近红外）制作的，每个波段的标称空间分辨率为 15m×15m。使用 GSP 和最近邻插值技术，将原始图像几何校正至了 UTM 地图投影。迪拜的地形原本是平坦的，因此无须进行正射投影校正。在这些彩色红外图像中，裸露地表显示为棕色，植被显示为红色，水体显示为暗蓝色，而建筑和铺砌路表显示为亮蓝色或灰色。

　　第一幅图像的获取时间为 2000 年 11 月，它显示的是岛屿建造前的地区。到 2002 年 11 月，朱美拉棕榈岛已有了实质性的进展，在环状防波堤中出现了许多沙质“棕榈叶”。2004 年，朱美拉棕榈岛已基本竣工。在内陆地区，只有 2000 年 11 月和 2008 年 11 月之间有较大的变化。在最早的影像中，空旷的沙漠填满了影像地图右侧底部的四分之一，因为城市化的区域聚集在海岸线上。随着时间的推移，城市化蔓延到内陆地区，而最终影像记录到这片区域的发展几乎完全布满了道路、建筑和灌溉土地（NASA 地球观测站，2009）。

　　与无控制摄影地图和影像地图相比，控制摄影地图和控制影像地图在几何精度上要高得多。在这些数据集中，每个像素都有唯一的地图坐标（反观无控制产品，只有图像行和列坐标）。因此，控制摄影地图和影像地图更容易在 GIS 中使用，并能结合其他空间数据进行分析。显示在谷歌地球和必应地图中的影像，有些是控制摄影地图或控制影像地图。人们可以从这些控制摄影地图和控制影像地图中提取精确的距离、面积和方位信息。最后应了解的是，控制摄影地图和控制影像地图不如正射摄影地图或正射影像地图那么精确，因为它们始终存在投影误差。

10.10.3　正射相片、正射相片地图、正射影像和正射影像地图

　　地球表面上存在明显的局部地形起伏（即在相对较小范围内的高程变化）。在进行瞬时曝光时，这些局部高程的变化会使得遥感系统瞬时视场（IFOV）内的某些物体距传感器更近，某些物体距传感器更远。局部地形的起伏变化导致了影像中的投影差，即地表物体或特征相对其真实平面(x, y)坐标产生了位移。例如，图 10.25(a)显示了崎岖地形中一条电力传输线的垂直航拍相片。因为存在投影差，原始航拍相片中的电力传输线是弯曲的。如果地球完全平坦，那么在创建相片地图或影像地图时，就不用担心投影差所带来的不良影响。

　　所幸的是，可以消除航空影像或遥感影像中地形起伏的影响。在航空影像或其他类型的遥感数据中，各幅航空影像可以使用地面控制点（GCP）、数字地形模型和基础摄影测量技术进行处理，进而消除地形（和建筑）投影差的影响。用这种方式处理航空摄影后得到的结果是正射相片。例如，图 10.25(b)所示正射相片投影差的影响已被消除，电力传输线现在非常笔直。从正射相片中，人们可得到准确的距离、面积和方向测量值。正射相片或正射影像与点、线和/或面状专题信息叠加后，所得结果称为正射相片地图或正射影像地图。Jensen（2007）描述了制作正射相片和正射影像时消除投影差的方法。

(a) 未校正的垂直航拍照片

(b) 正射相片

图 10.25　(a)崎岖地形中电力传输线的未校正垂直航拍相片；(b)消除曝光瞬间导致的滚动、俯仰、偏航误差以及地形起伏影响后，平面位置准确的正射相片。注意正射相片中的电力传输线是笔直的（图像由 USGS 提供）

图 10.26 显示了南卡罗来纳州博福特市中心的一幅正射相片地图。利用摄影测量技术和数字地形模型对假彩色数字航拍影像进行处理后，得到了空间分辨率为 1 英尺×1 英尺的彩色红外正射相片。街道中心线、街道名称及分区边界数据叠加在正射相片上后，建立了正射相片地图。在该部分影像中，有不可忽略的局部地形起伏。如果彩色红外影像中始终存在投影差的影响，那么街道中心线及分区边界将不能正确地叠加到影像上（Cowen et al., 2008）。正射影像校正可以消除投影差的影响，并使每张正射相片中的像素位于正确的(x, y)位置，以便更好地与各县 GIS 中的其他地理空间数据相匹配。

南卡罗来纳州博福特市中心的正射相片地图

图 10.26　正射相片地图由南卡罗来纳州博福特的彩红外正射相片组成，其上叠加了街道中心线、街道名称和分区边界信息（数据由博福特县 GIS 部门提供）

从谷歌地球、必应地图和其他数据提供者处获取的影像是正射相片或正射影像。人们可从这些数据中提取准确的距离、面积和方位信息。地图用户应查阅与每种影像相关的元数据，以便确定影像是无控制的、控制的还是正射改正的。使用 GIS 制作地图产品时，这是一个非常重要的考虑因素。遥感数据的几何准确度越高，就越能更好地与 GIS 中的其他空间数据配准。

国家数字正射相片计划

USGS 和美国农业部是美国提供制作正射相片地图的正射影像的最重要机构。

USGS 数字正射相片　USGS 制作美国正射相片已有多年历史。用户可以使用 USGS 位于 http://edcsns17.cr.usgs.gov/EarthExplorer/ 处的 EarthExplorer 项目，来了解可用正射相片的覆盖范围。每张数字正射相片都提供帮助人们在 GIS 中使用这些相片的详细元数据。以下是关于 USGS 数字正射相片的一些附加信息。

USGS 数字正射相片四边形（通常称为 DOQ）是计算机生成的国家航空摄影计划（NAPP）航拍相片影像，它已消除由地形起伏和相机倾斜引起的影像位移。DOQ 结合了原始相片的影像特征和地图的地理特性。DOQ 可基于黑白（B/W）、自然色、彩色红外（CIR）航空摄影，空间分辨率为 1m×1m。大多数 USGS 正射相片都是在每年初春"落叶"情况下获取的。

USGS 生产三种类型的 DOQ（EROS，2009）：

- 3.75 分 DOQ 的覆盖范围是纬度 3.75 分、经度 3.75 分的区域。3.75 分 DOQ 通常称为 DOQQ，美国大部分地区的 DOQQ 都可获取。
- 7.5 分 DOQ 的覆盖范围是纬度 7.5 分、经度 7.5 分的区域。7.5 分 DOQ 的主要覆盖范围为俄勒冈州、华盛顿州和阿拉斯加州，其他州的覆盖区域有限。
- 无缝 DOQ 可从 www.seamless.usgs.gov 免费下载获得。

USDA 国家农业影像计划（NAIP） 这项计划获取的是美国大陆农作物生长季节的影像。NAIP 最重要的目标是采集一年的数据，制作对政府部门及公众有用的真彩色数字正射相片。NAIP 由 USDA 农业服务局（FSA）位于盐湖城的航空摄影机构管理。"有叶"影像作为 FSA 各县服务中心 GIS 工程的基础数据，并用于维护 USDA 公共用地单元（CLU）的边界。

NAIP 通常获取 3～5 年的影像，但有些州每年都会获取 NAIP 影像。NAIP 影像产品可作为 DOQQ：

- NAIP DOQQ 的标称分辨率为 1m×1m。大多数航空摄影是彩色（蓝、绿和红）的，而许多新数字摄影采集的是光谱的蓝、绿、红和近红外部分。每幅影像覆盖 3.75 分×3.75 分的四分之一。DOQQ 对应于此前介绍的 USGS 四边形地图。所有独立影像和镶嵌影像都会校正到 UTM 地图投影和 NAD 83。
- NAIP 压缩县镶嵌影像（CCM）是由压缩后的 DOQQ 影像拼接并按县界裁剪而成的。

10.11 小结

本章首先介绍了制图史中的一些里程碑事件；然后介绍了如何用 GIS 来建立包括各种测量层次（如名义量表、顺序量表、等距量表和等比量表）的点、线和面数据的高质量地图产品；再后讨论了制图过程和地图设计原理，给出了制图的实例；最后介绍了各种类型的控制及无控制相片地图、影像地图、正射相片和正射相片地图的概念与特点，说明了在 GIS 中使用这些地图的方式。

GIS 用户应了解更多关于基础制图设计的原则，以便使用 GIS 准确地将地理空间信息传达给用户。

复习题

1. 人们为何那么关注公元 150 年制作的托勒密地图？
2. 为什么制图师要花费很长的时间来编辑一幅准确的世界地图？获得地理数据并准确进行制图，需要克服的主要困难是什么？
3. 如何用地理测量尺度（如名义量表、顺序量表、等距量表和等比量表）来表示土地覆盖、土壤类型、华氏温度、人口密度、气压等信息？
4. 请制作一幅描述某地周围地形的地图，制作地图时可对数字地形模型进行晕渲分析，并将间距为 1 英尺的等高线叠加到数字地形模型、道路、建筑地基和地名上。请描述这些要素的图形背景关系，以及如何使用图形背景信息来建立一幅专题地图。
5. 假设要创建一幅显示 10 种不同土壤类型空间分布的专题地图。如何选择用于 10 个类别的颜色？挑选符号时，应选择什么样的指导原则？

6. 假设已使用 GIS 分析数据并准备创建一幅相应的地图。地图首先以 1:24000 的比例尺进行硬拷贝生产，同时提供这幅地图在计算机上显示的文件（PDF 格式）。应选择哪种类型的比例尺信息，以便确保查看地图时比例尺的信息始终是准确的？

7. 假设需制作世界上 100 个人口密度最大的城市的比例符号地图。请问是使用表观（认知）缩放还是绝对缩放？为什么？

8. 创建地图时为什么必须考虑使用点、线和面要素的标准化符号？

9. 假设要制作一幅比例尺为 1:5000、间距为 1 英尺的等高线地图。如何选择常规等高线、首曲线和计曲线的线宽？如何选择等高线的颜色？

10. 山区无控制相片镶嵌与同一地区相同比例尺的正射相片相比，有何差别？哪种相片会产生最准确的水平测量值？为什么？

关键术语

地图集（Atlas）：传统上装订成册的地图的集合。

制图过程（Cartographic Process）：制图师创建高质量地图，以便向用户传达预期空间信息的连续过程。

等值区域制图（Choropleth mapping）：根据特殊区域的行政单元（譬如流域、县、州或国家）对名义量表、顺序量表、等距量表和等比量表进行制图。

DOQQ：USGS 生成的 1m×1m 空间分辨率的数字正射影像，每块影像为四边形的四分之一，其覆盖范围是经度 3.75 分、纬度 3.75 分的地区。

图形背景关系（Figure-Ground Relationship）：地图中的图形是重要的专题内容。地图中可能存在有着不同重要性的图形。背景是图形（重要专题内容）之下的背景信息，它可能包含有行政单元，譬如州或县、格网、比例尺、图例、指北针和元数据。

地理谱系（Geo-lineage）：关于建立最终地图过程的历史元数据。

等值线制图（Isarithmic Mapping）：使用等值线模拟两种连续的现象：实际中存在的等值曲面（如高程、温度）和自然界中概念化的等值曲面（如人口密度）。

等距线制图（Isometric Mapping）：一种特殊的等值线制图，采用数据控制点来建立实际存在于特定地理位置的统计表面（如高程、温度）时，使用这种方式制图。

等值区域制图（Isopleth mapping）：一种特殊的等值线制图，采用数据控制点创建不实际存在于任何表面位置的概念化统计表面时（如人口密度、个人平均收入），使用这种方式制图。

图例（Legend）：显示专题信息在地图中是如何组织和符号化的一种制图设计，图例通常包含有标题、类别、类间距和图式符号。

测量尺度（Measurement Levels）：数据可描述为名义量表、顺序量表、等距量表或等比量表测量层次。

元数据（Metadata）：用于执行 GIS 分析和/或创建地图的数据的信息。

正射影像（Orthoimage）：经几何校正至标准地图投影并消除了投影差的遥感影像。

正射相片（Orthophoto）：一种经过特殊处理的航空相片，既具有平面图的可量测特点，又具有航空摄影的摄影细节，并消除了由地形起伏引起的变形。

正射相片地图或正射影像地图（Orthophotomap 或 Orthoimagemap）：正射相片或正射影像与点、线和/或面要素信息叠加后的地图。

比例符号（Proportional Symbol）：根据点测量 z 值成比例制作的一种特殊点符号（如圆）。

印刷术（Typography）：以各种字体（如 Times New Roman、Avenir）、样式（如衬线或无衬线、粗体、斜体）和大小来创造字母数字类型的艺术与科学。

参考文献

[1] Brewer, C. A., 1994, "Color Use Guidelines for Mapping and Visualization," Chapter 7 in *Visualization in Modern Cartography*, edited by A. M. MacEachren and D. R. F. Taylor, New York: Elsevier Science, 123–147.

[2] Buckley, A. and K. Field, 2011, "Making a Meaningful Map: A Checklist for Compiling More Effective Maps," *ArcUser*, 14(4): 40–43.

[3] Burt, J. E., Barber, G. M. and D. L. Rigby, 2009, *Elementary Statistics for Geographers*, 3rd Ed., New York: Guilford, 653p.

[4] Cowen, D., Coleman, J., Craig, W., Domenico, C., Elhami, S., Johnson, S., Marlow, S., Roberts, F., Swartz, M. and N. Von Meyer, 2008, *National Land Parcel Data: A Vision for the Future*, Washington, D.C.: National Academy Press, 158p.

[5] Dent, B., 2002, *Cartography: Thematic Map Design*, 5th Ed., New York: McGraw-Hill, 448p.

[6] EROS, 2009, *Digital Orthophoto Quadrangles*, Sioux Falls, SD: EROS Data Center, http://eros.usgs.gov/products/ aerial/doq.php.

[7] FGDC, 2011 *Geospatial Metadata*, Washington only for D.C.: Federal Geographic Data Committee, www. fgdc.gov/ metadata.

[8] Gould, P., 1985, *The Geographer at Work*, London: Toutledge, pages 9–10.

[9] Harley, J. B. and D. Woodward, 1987-2007, Volumes in the *History of Cartography Project*, Wisconsin: History of Cartography Project, www.geography. wisc.edu/histcart/#Project.

[10] Hereford Cathedral, 2011, Hereford *Mappa Mundi* (Map of the World), London: Hereford Cathedral.

[11] Jensen, J. R., 2007, *Remote Sensing of the Environment: An Earth Resource Perspective*, Upper Saddle River: Pearson Prentice-Hall, 592p.

[12] Johnson, S., 2006, *The Ghost Map*, New York: Riverhead Books, 358p.

[13] Koch, J., 2004, "The Map as Intent: Variations on the Theme of John Snow," *Cartographica*, 39(4):1–14.

[14] Konvitz, J., 1987, *Cartography in France 1660–1848: Science, Engineering & Statecraft*, 214p.

[15] Library of Congress, 2011, *An Illustrated Guide: Geography and Maps*, http://www.loc.gov/rr/geogmap/guide/ gmillint.html.

[16] Library of Congress American Memory Collection, 2011a, Martin Waldeesmuller's *Universalis Cosmographia*, Washington: Library of Congress, http://memory.loc.gov/cgibin/query/h?ammem/gmd:@field%28 NUMBER+@band%28g3200+ct000725C %29%29.

[17] Library of Congress American Memory Collection, 2011b, George Wheeler's *Map of the Colorado River*, Washington: Library of Congress, http://memory.loc.gov/cgi-bin/query/h?ammem/gmd: @field%28NUMBER+@band%28g4330+ np0000 69%29%29.

[18] Library of Congress Geography and Map Division, 2011, Claudius Ptolemy, *Geographia*, Ulm: Lienhart Holle, 1482, Washington: Library of Congress (140.02.00).

[19] Library of Congress Rare Book and Special Collection Division, 2011, *T-O Map of the World*, Washington: Library of Congress, http://myloc.gov/Exhibitions/EarlyAmericas/AftermathoftheEncounter/ DocumentingNewKnowledge/ Mappingthe World/ExhibitObjects/ TOMapoftheWorld.aspx.

[20] Maidment, D. R., Edelman, Heiberg, E. R., Jensen, J. R., Maune, D. F., Schuckman, K. and R. Shrestha, 2007, *Elevation Data for Floodplain Mapping*, Washington, D.C.: National Academy Press, 151p.

[21] Maune, D. F., (Ed.), 2001, *Digital Elevation Model Technologies and Applications*, Bethesda: American Society for Photogrammetry & Remote Sensing, 538 p.

[22] Monmonier, M., 1996, *How to Lie with Maps*, 2nd Ed. Chicago: University of Chicago Press, 222p.

[23] Muehrcke, P. C., 2005, *Map Use: Reading, Analysis and Interpretation*, 5th Ed., Madison: J. P. Publications, 544p.

[24] NASA Earth Observatory, 2009, *The Urbanization of Dubai,* http://earthobservatory.nasa.gov/Features/ WorldOfChange/ dubai.php.

[25] Sauer, C. O., 1956, "The Education of a Geographer," *Annals* of the AAG, 46:287–299. Presidential address given by the President of the Association of American Geographers at its 52nd annual meeting, Montreal, Canada, April 4, 1956.

[26] Scott, D. W., 1979, "On Optimal and Data-Based Histograms," *Biometrika*, 66:605–610.

[27] Slocum, T. A., McMaster, R. B., Kessler, F. C. and H. H. Howard, 2005, *Thematic Cartography and Geographic*

Visualization, 2nd Ed., Upper Saddle River: Pearson Prentice-Hall, 518p.

[28]　Smith, C. D., 1996, "Imago Mundi's Logo: The Babylonian Map of the World," *Imago Mundi*, 48:209–211.

[29]　Snow, J., 1855, *On the Mode of Communication of Cholera*, London: John Churchill, 139p.

[30]　CHAPTER 10 CARTOGRAPHY USING A GIS 320 INTRODUCTORY GEOGRAPHIC INFORMATION SYSTEMS

[31]　Thrower, N. J. W., 1972, *Maps & Man: An Examination of Cartography Based on Culture and Civilization*, Upper Saddle River: Pearson Prentice-Hall, Inc.

[32]　Thrower, N. J. W., 1999, *Maps & Civilization: Cartography in Culture and Society*, Chicago: University of Chicago Press, 326p.

[33]　Tufte, E., 2001, *The Visual Display of Quantitative Information*, 2nd Ed., Cheshire, Conn: Graphics Press, 220p.

[34]　UCLA Department of Epidemiology, 2011, *John Snow*, http://www.ph.ucla.edu/epi/snow.html.

[35]　USGS, 2009, Topographic Map Symbols, Washington, D.C.: U.S. Geological Survey, 4p.

GIS 硬件/软件和编程

地理信息系统分析所用的计算机硬件和 GIS 软件，对于给定项目的成败至关重要。本章介绍在选择最合适的硬件和软件进行 GIS 分析时，可供选择的一些基本软/硬件设施。

11.1 概述

本章首先简介 GIS 研究中涉及的计算机硬件，包括计算机类型、中央处理器（CPU）、系统存储器、大容量存储器、显示器、输入和输出设备等，然后讨论典型 GIS 实验室的相关硬件，最后回顾 GIS 数据存储和组织的注意事项。

GIS 软件应易于使用且实用。本章介绍 GIS 软件的重要特征，包括常用的 GIS 软件、操作系统、数据采集和数据格式、数据库、制图输出功能和成本。GIS 软件客户支持同样很重要，客户支持可通过在线手册和帮助、人与人之间的对话、用户组以及在线培训与研讨会来解决。

高品质的 GIS 软件具有重要的功能，但标准的 GIS 软件无法实现某些特定类型的地理空间分析。这时就需要一位训练有素的 GIS 专业人员编写新的程序代码，以便在标准的 GIS 软件中实现这些功能。本章将介绍与 GIS 相关的计算机编程的基本特征，并给出用 Python 语言进行面向对象编程的示例。

11.2 GIS 硬件

如第 1 章所述，GIS 分析需要配置专门的硬件和软件。以下各节将介绍 GIS 应用的一些重要计算机硬件和软件的基本特征。

11.2.1 计算机类型

所有的 GIS 软件供应商都会列出运行 GIS 软件时所需的最低系统要求。注意，这仅是最低要求。超过最低要求配置的计算机对 GIS 分析更加有利。如果计算机只配置了运行 GIS 软件最低要求的硬件，那么软件可能运行得很慢且要占用大部分系统资源。对于需要同时使用 GIS 软件和其他程序（如文字处理程序、图形程序、浏览网页）的用户而言，这将是一个严重的问题。

用于 GIS 分析的计算机主要分为三类：个人计算机、计算机工作站和大型计算机。

1. 个人计算机

个人计算机是 GIS 产业的重要组成部分（见图 11.1），它包括相对便宜的计算机，如台式计算机、笔记本电脑和平板电脑。与上一代计算机相比，它们的时钟速度更高，能更快地执行指令，因为现在个人计算机的字长是 32 位到 64 位的，而以前则是 8 位的。许多 GIS 公司都会为员工提供高质量的个人计算机，因为初始费用和维护费并不高。有意思的是，人们似乎总能为 GIS 分析购买一台价格低于 3000 美元的"好"计算机。理想情况下，计算机应有大于 6GB 的内存（RAM）、1 个大硬盘（大于 500GB）、1 个刻录光驱（如 DVD-RW）、1 个灵敏的光标和 1 个高质量的图形显示系统（显示器和显卡）。适用于个人计算机的常用操作系统包括：Microsoft Windows 产品（如 Windows 7）和 Macintosh OS Lion 操作系统。这些操作系统允许计算机联网并访问互联网。

个人计算机是进行 GIS 分析的理想工具

图 11.1　正确配置的个人计算机和计算机工作站对于 GIS 分析都比较理想。例中的这台个人计算机正在执行屏幕数字化工作。跟踪设备（如键盘的方向键或鼠标光标）和专业的 GIS 软件，可用来提取兴趣点的坐标、线对象或面对象。图中已从真彩色正射影像中提取了几栋大型建筑（红色表示）的轮廓（和区域）（数据由犹他州提供）

2．计算机工作站

计算机工作站通常具有更强大的处理器、更多的 RAM、更大的硬盘驱动器和质量相当高的图形显示能力。与个人计算机相比，这些组件得到升级的工作站执行 GIS 分析的速度更快。但计算机工作站的费用通常是个人计算机的 2～3 倍。常用工作站操作系统包括 UNIX、Linux 和各类 Microsoft Windows 产品。

3．大型计算机

大型计算机的运算速度比个人计算机和计算工作站更高，并能同时支持数百个用户。对于依赖 CPU 的计算密集型处理任务，如叠加分析、大型数据库操作和栅格渲染等，使用大型计算机十分理想。为降低密集处理，需要时可将输出从大型计算机转到个人计算机或计算机工作站。大型机的购买和维护通常都比较昂贵，且大型计算机使用的 GIS 软件也更昂贵。

11.2.2　中央处理器（CPU）

使用计算机进行 GIS 分析时，最重要的考虑因素之一是其中央处理器（CPU）的速度。CPU 是计算机处理进程的部分，它包括 1 个控制单元和 1 个算术逻辑单元。CPU 的功能如下：

- 整数和/或浮点数计算

- 管理大容量存储器、彩色显示器、打印机、绘图仪、数字化仪等设备的输入/输出

衡量 CPU 运行速度的指标是其每秒能处理的百万条指令（MIPS）数。目前 CPU 每秒能处理 4 百万条以上的指令，且这一数字一直在持续增加。1985 年，英特尔公司创始人之一戈登·摩尔做了一次调查，即大约每隔 18～24 个月，新的计算机芯片就会有之前计算机芯片两倍的容量。他推断，如果保持这一趋势，计算机的性能将呈指数增长。这一观点被称为摩尔定律，目前看来它仍是正确的。自 1971 年以来，英特尔芯片晶体管的数量从 4004 微处理器上的 2300 个，增长到了超过 2 亿个。按照这种趋势，衡量 CPU 效率的 MIPS 也将呈指数增长。

许多个人计算机、计算机工作站尤其是大型计算机都有多个 CPU。单个 CPU 以串行方式运行，多个 CPU 可进行并行处理。操作系统和/或 GIS 软件能够将不同的任务分发给几个 CPU 处理，因此提高了处理速度。

11.2.3　存储器（只读和随机存取）

用于 GIS 分析的计算机有许多需要考虑的其他特征，如只读存储器（ROM）和随机存储器（RAM）。计算机关闭后，ROM 仍能够留存信息，因为它由电池供电，而电池并不需要时常更换。计算机开机时，系统会检查存储在 ROM 中的各种注册信息，并利用这些信息开始运行。大多数计算机都有足够的 ROM 用于 GIS 分析。

RAM 是计算机的主要临时工作区。与 ROM 不同的是，当计算机关闭时，存储在 RAM 中的所有数据都将丢失。计算机应有足够的 RAM 用于操作系统、GIS 软件和计算时需要占用临时存储器的空间数据。因此，在购买用于 GIS 分析的计算机时，RAM 容量是需要考虑的重要因素之一。如第 1 章所述，用于 GIS 分析的 RAM 最好超过 6GB。

11.2.4　操作系统

计算机开机后，加载到存储器（RAM）的第一个程序是操作系统。操作系统控制计算机内的所有高级功能，并一直驻留在 RAM 中。操作系统负责提供用户界面、控制多线程任务，并处理到硬盘和所有外围设备的输入/输出，包括 DVD、扫描仪、打印机、绘图仪和彩色显示器等。所有 GIS 软件都必须和操作系统进行通信。

如前所述，最常见的操作系统是 Microsoft Windows 7 和 Macintosh OS X Lion，它们是为单个用户使用台式计算机机或笔记本电脑独立进行工作而设计的单用户操作系统。其他操作系统是为同时管理多个用户需求而设计的，包括 Microsoft Windows 操作系统、UNIX 和 Linux 等。

11.2.5　显示器

在计算机屏幕上显示栅格和矢量 GIS 数据，是所有 GIS 项目的一个重要组成部分。仔细选择个人计算机或计算机工作站的显示器属性，可为检查空间数据提供最佳的视觉环境。标准计算机显示器的屏幕分辨率通常为 1024 像素×768 像素。用于 GIS 分析的高质量个人计算机或工作站，应能在屏幕上显示更多像素，如 1900×1200（见图 11.1）。更高的分辨率可使 GIS 用户在显示地图和影像时，能够一次查看到更多的像素。

在 GIS 分析过程中，通常需要在计算机屏幕上显示巨大的颜色范围。屏幕上显示的像素行列数和颜色数，都由位于计算机内部的、连到系统总线上的计算机图形存储器的特性决定。对于 GIS 应用，理想图像存储器的容量应为 512MB～1GB，这样屏幕上的每个像素就都能显示 1670 万种颜色中的一种颜色（通常称为 24 位色彩分辨率）。能显示 1670 万种颜色，就能满足所有 GIS 地图的制图要求，尤其在显示彩色合成遥感影像时非常有用。

11.2.6　输入设备

从模拟（硬拷贝）地图和历史航空像片中提取新地理信息的两种主要方法是：(a)使用数字化仪数字化；(b)扫描模拟地图进行屏幕数字化。

1．数字化仪数字化

数字化仪可将硬拷贝（模拟）地图或航片上的点、线和面转换为 GIS 软件能够分析的数字式点、线和面［见图 3.1(b)］。把模拟地图或影像固定在仪器台面上，然后分析人员标识地图或影像上的各个点，这些点也可显示在计算机屏幕的参考数字地图或影像上。计算机屏幕上显示的数字地图和模拟地图可能是完全不同的几何图形。模拟地图中所选特征点的(x, y)坐标和数字化地图中相同特征点的(x, y)坐标之间的关系，可用来构建几何变换关系，以便让所有数字化模拟地图或航片上的点、线或面，和 GIS 中的其他空间信息进行配准。这一过程通常称为数字化仪数字化。

2．屏幕数字化

屏幕数字化要求地图或影像已由第 3 章中所述的一种扫描仪扫描为数字格式。然后用一种标准的地图投影对扫描地图或影像数据进行校正。数字地图或影像能在屏幕上显示，分析人员用光标标识兴趣点、线和/或面的特征。保存感兴趣对象的几何特征，以便进行进一步的分析。从真彩色正射影像中提取的建筑物轮廓如图 11.1 所示。

从纸质地图或数字地图和影像进行数字化时，须格外小心，以确保数据准确。如第 4 章所述，所有空间数据都含有误差。经几何校正后，原始数据的几何准确度应是已知的（如均方根误差）。校正后的数字数据集中的几何误差，会向所有后续数据产品传播。

11.2.7　输出设备

GIS 应能输出大、小两种格式的高质量地图、影像、图表和简图，小格式如 8.5 英寸×11 英寸的 A 型，大格式如 36 英寸×48 英寸的 E 型。为实现这一点，需要两种格式的打印机。廉价的喷墨打印机或彩色激光打印机可用于小格式的打印，E 型绘图仪可用于大格式的输出。其他类型的输出设备包括热升华打印机和传统笔式绘图仪等。

11.2.8　GIS 实验室

GIS 实验室由许多联网的个人计算机或计算机工作站组成，每台计算机上均安装了 GIS 软件，或从中央服务器获取服务。模拟 GIS 实验室如图 1.9 所示，真正的 GIS 计算机实验室如图 11.2 所示。在该实验室中，计算机通过局域网（LAN）进行连接，允许多个用户访问同一资源（如一台数据服务器）的空间数据。实验室中的所有计算机都与互联网连接，用户可以快速高效地下载现有空间数据并相互交流。所有计算机都采用高质量的输入（如坐标数字化仪、扫描仪等）和输出设备（E 型绘图仪和彩色激光打印机）。每台计算机都有大于 5TB 的大容量存储器，还可以把重要数据备份到本地或公共存储库中。白板用于列出任务，方便 GIS 分析人员进行讨论。教师可以利用数字投影仪讲解概念或进行交互式 GIS 分析。

11.2.9　GIS 数据的存储与组织

由于人们在 GIS 数据的获取、分析和显示方面投入了大量的金钱、时间和精力，因此地理空间数据的组织归档非常重要。本节介绍一些临时保存和长期存档 GIS 数据的方法。

1．快速访问海量存储与备份

为快速地访问 GIS 数据，用户通常会将数据存储到像硬盘、CD-ROM、DVD、闪存或"云"这样的设备上，因此用户能在有效存储数据的同时，快速地访问这些数据。GIS 实验室通常会拥有几个 TB 的硬盘存储容量。这些大硬盘可能与个人计算机或计算机工作站相关，或是能同时被众多计算机工作站访问的网络驱动器。闪存是用来存储和备份数据的一种有效方式。事实上，许多 GIS 分析人员每天都在用闪存备份与 GIS 相关的数据。互联网上也有许多供应商提供商业备份服务。他们采用收费方式实时备份硬盘和存储数据，这些商业备份服务形成了"云计算"的基础，"云计算"将在第 12 章介绍。

理想情况下，每台计算机每周至少备份一次。高效实用的备份和归档程序可用于常见的操作系统，也可以用可刻录 CD 和 DVD 进行快速备份和归档。

典型的GIS计算机实验室

图 11.2　这个典型的 GIS 计算机实验室由多台高端个人计算机组成，这些计算机配有高速 CPU、大于 5TB 的海量存储器、512MB～1GB 的图像存储器、高分辨率计算机显示器（高达 1920 像素×1080 像素）、光标、局域网连接，并能访问互联网。所有计算机都能访问彩色激光打印机和扫描仪，以及几台未在图中显示的数字化仪和 E 型喷墨绘图仪。数字投影仪可让教师展示感兴趣的内容或实时演示 GIS 分析

2．长期数据存储与归档

GIS 项目完成后，就需要归档项目中所用的数据。存档 GIS 相关数据的最好媒介是 DVD，因为在低湿度存储条件下，DVD 可以保存长达 100 多年。但在使用 DVD 存档时，必须同时保留必要的硬件，以便将来可从 DVD 中提取数据。明智的做法是，保留一个能读写 DVD 的完整计算机系统（如计算机、显示器、键盘、DVD 播放器等），作为存档过程的一部分。这能确保今后可以随时存取 DVD 中的存档数据。遗憾的是，曾有太多的 GIS 用户认真仔细地对数据进行了存档（如保存在磁盘或磁带中），但现在却没有能够读取数据的硬件和软件。

11.3　GIS 软件注意事项

GIS 软件的选择对于成功完成 GIS 项目或研究至关重要。好的经验是使用声誉较好的 GIS 软件。可以根据 GIS 分析的输出结果对人、植物群落和动物群落的影响来做决定。个人的声誉则取决于如何仔细研究问题或应用程序结构，以及正确使用 GIS 软件的算法和程序。

11.3.1　GIS 软件

表 11.1 中列出了一些常用的 GIS 软件。表中的信息不支持任何特定的 GIS 软件程序。购买 GIS 软件前，分析人员应仔细评估软件功能和性能是否与当前及未来 GIS 分析需求相匹配。大多数情况下，GIS 软件公司的销售代表乐于展示软件的性能。分析人员应要求演示特别感兴趣的特定类型地理空间分析。

与计算机操作系统和其他软件类似，GIS 软件已从简单执行"命令行"指令的应用程序，发展到了界面友好但复杂的图形用户界面（GUI）。人们可以更轻松地使用 GIS。许多 GIS 软件程序是为特定用途设计的（如用于水文建模的 GIS），另外一些则包含更全面的 GIS 功能。不存在适用于每个人的"通用"GIS 软件包。下面概述三个常用的 GIS 软件平台：桌面 ArcGIS、GRASS 和 IDRISI。

表 11.1　常用 GIS 软件程序及其特点。*号数量越多，表示性能越好

GIS 软件	操作系统	数据输入	矢量/栅格处理	矢量/栅格数据处理	制图输出	遥感集成
AccuGlobe	Windows	***	**	**	*	
AGIS	Windows		*	*		
ArcGIS for Desktop	Windows	****	****	****	****	****
AUTOCAD	Windows/UNIX	***	***	***	****	***
AUTOCAD Raster Design	Windows/UNIX	*	***	****	**	***
Cadcorp SIS Map Modeller	Windows	**	***	***	**	*
Caliper Maptitude	Windows	****	***	***	****	
CARIS Carta	Windows	***	***	***	***	*
ERDAS ER Mapper	Windows/UNIX	****	***	***	***	****
ERDAS IMAGINE（Intergraph）	Windows/UNIX	****	****	****	****	****
GRASS	Windows/Mac/Linux/UNIX	***	****	****	****	**
IDRISI Taiga	Windows	****	****	****	****	****
ILWIS	Windows	**	***	***	*	***
Intergraph	Windows/UNIX	****	****	****	****	****
Kosmo Desktop	Windows/Linux	***	**	**	**	*
LandSerf	Windows/Mac/Linux/UNIX	***	***	****	**	*
Manifold	Windows	****	***	***	*	
MapInfo	Windows/UNIX	***	***	***	****	**
OpenJump	Windows/Mac/Linux/UNIX	**	**	**		
PCI Geomatica	Windows/UNIX	***	***	***	***	****
Quantum GIS	Windows/Mac/Linux/UNIX	*	*	**	*	
SPRING	Windows/UNIX	***	***	***	***	***
SuperMap DeskPro	Windows/UNIX	***	***	***	*	

1. 桌面 ArcGIS

流行的 Arc 系列 GIS 软件由美国环境系统研究所（Esri）推出。Esri 是 GIS 的市场领军者，其 GIS 产品包括桌面 ArcGIS 和高级桌面 ArcGIS。这款软件包括了几乎所有用于矢量和栅格的必要 GIS 操作。此外，软件用户可以输入多种不同类型的矢量和栅格数据。这些数据可以通过多种方式进行编辑、分析、查询和显示。Arc 产品通常向用户提供需要单独购买的用于特定项目的扩展模块。全面且可进行高级数据库建模的空间数据库引擎也是 Arc 软件的一部分。

Arc 产品可以在 Windows 和 UNIX 两个操作系统上运行。Esri 持续发布现有 Arc 产品的改进版。用户的评论和建议在更新和发布软件中起关键作用。Esri 有一批忠实的用户，当 GIS 出现问题或困难时，他们是非常重要的资源。用户社区有很多活跃的博客，通常能快速回应 GIS 软件问题。此外，Esri 随软件提供了大量的基础地理数据，这些数据可从网站下载（www.Esri.com/data/free-data/index.html）。作为 GIS 软件的一部分，Esri 提供网页地图服务。

Esri 已投入大量资源发展在线 ArcGIS，它利用 Esri 云设施建立基于云的 GIS。目前，用户已可以管理、创建和共享地图，并能存取 Esri 空间数据集。未来 Esri 将为在线 ArcGIS 增加更多的特性及功能。

Arc 产品支持简单的用户修改和提高。Esri 提供一个在线网站，在网站上 Arc 用户可以共享能集成到 GIS 中的程序代码。该部分内

容将在本章的编程部分详细介绍。关于 Esri 软件的更多信息，可在其网站（www.Esri.com）上查询。每年在美国圣地亚哥举办的 Esri 用户大会，会吸引成千上万的用户，因为它是每年 GIS 相关专业人士的最大集会。

2．GRASS

地理资源分析支持系统（GRASS）作为公共领域的 GIS 软件，由美国陆军建设工程研究实验室从 1982 年到 1995 年开发。从那时起，GRASS 已演变为一个在许多科学领域都有广泛用户的强大 GIS。这个基于栅格的软件是开源的，意味着用户可以在不支付任何费用或许可费的情况下，下载、安装和使用这款软件。GRASS 适用于世界范围内的学术和商业环境。

随着附加版本的发布，GRASS 变得更加完整。GRASS 可以在大多数 UNIX 操作系统下运行，包括 Linux、Solaris 和 Mac OS 系统。尽管 Windows 版本的改进工作仍在进行，但 GRASS 仍然可以在 Windows 系统上运行（本地或通过可选的 Cygwin 工具）。GRASS 提供栅格、矢量、图像处理、遥感、三维可视化和制图功能。关于 GRASS 的更多信息，包括如何下载软件，请查询其网站（www.grass.fbk.eu/index.php）。

3．IDRISI

IDRISI GIS 和图像处理软件由克拉克大学的克拉克实验室开发和维护。IDRISI 由非营利性 IDRISI 项目支持。175 个国家的用户已将 IDRISI GIS 软件产品用于各类地理空间应用，包括自然资源管理、土地利用规划、土地覆盖制图、环境变化分析和其他许多领域。当前版本为 IDRISI Taiga，它运行在 Windows 系统上。

IDRISI 主要是基于栅格的 GIS，但也提供几个性能卓越的增强地理分析的矢量应用和输出，其中 CartaLinx 提供拓扑构建和编辑、特征提取及其他功能。这有助于扩展 IDRISI 的矢量功能。IDRISI 还为 IDRISI 和 ArcGIS 软件开发了一个土地变化建模的扩展模块，用于分析和预测土地覆盖变化及评估生物多样性变化的影响。关于 IDRISI 的更多信息，请查询其网站（www.clarklabs.org）。

11.3.2　成本

公司、公共机构和学术机构的财政资源有限，因此需要仔细审慎商业 GIS 软件程序的成本。在过去的几年里，GIS 软件的成本有所下降，但目前依然很贵，这可能是因为大多数 GIS 软件依然是闭源性质的。GIS 软件的单个许可证书的价格，最贵的是商业用户，公共机构的较低，学术机构的用户价格则比较便宜。

1．开源 GIS

如果软件成本是个问题，那么开源 GIS 如 GRASS 可能就是最好的解决方案。也可以使用其他的开源 GIS 软件（如 Quantum GIS、PostGIS 和 OpenGIS 等）。类似于商业软件，每个开源 GIS 软件都有其优点和缺点。建议用户在采用之前，充分了解开源软件的性能和声誉。

11.3.3　操作系统

不同类型的 GIS 软件能够在所有主要的操作系统（Windows、Mac OS 等，见表 11.1）上运行。用户应选择能在他们惯用的操作系统上运行的 GIS 软件，以便在开始使用 GIS 软件时提升学习效率。如果想在个人计算机上运行 GIS 软件，那么为了运行 GIS 软件，可能需要升级到新的操作系统或不同的操作系统。如果要在现有的计算机上安装 GIS，为保证 GIS 软件能够有效地运行，计算机需要有足够高效的 CPU、充足的存储器（RAM）和硬盘空间。

11.3.4　数据采集和数据格式

选择 GIS 软件时，需要重点关注输入、处理和输出的电子数据类型。GIS 应提供几种输入数据的方式。数字化仪［见图 3.11(b)］或屏幕数字化（见图 11.1）通常用于从模拟地图或航片中提取几何信息。当然，把一张纸质地图数字化到 GIS 中，不仅仅是在数字化仪上追踪曲线那么简单。例如，使用高质量 GIS 软件时，可以定义许多容差和参数，以便使数字化引入的误差最小。当数字化的数据输入到 GIS 后，软件应该允许用户对数据进行尽可能精确而有效的编辑、分析、查询和输出。有些 GIS 软件包同时具有完整的数字化功能和编辑功能，有些软件包则不具有这些功能。选择具有全面数字化功能的 GIS 软件非常重要，尤其是在需要分析大量来自模拟地图或航片的数据时。

有时需要分析的空间数据已通过数字化、扫描或其他方式转换为数字格式。因此，支持以多种不同格式导入空间数据是一个重要的考虑因素。例如，能导入联合摄影专家组图像格式（*.jpeg 或*.jpg）的 GIS 软件包可为用户节省大量时间，因为这是一种很常见的栅格数据格式。所用 GIS 至少应能读取和导入互联网上的常见矢量和栅格公共文件。例如，美国人口统计局（www.census.gov）提供了 TIGER/MAF/Line 文件，这些数据拓扑上是正确的，通常可直接用于地址匹配（地理编码）和路径分析（第 7 章）；再如，美国国家湿地调查机构（www.nwi.gov）提供了 shapefile 文件，优秀的 GIS 应能直接导入这些数据，以便降低用户的输入工作量。

GIS 分析人员通常要处理非常见格式的数据。理想情况下，GIS 能快速导入这些数据。例如，许多空间数据集的格式通常是 ASCII 文本文件格式，这些文件通常包含空间数据(x, y, z)和属性信息。GIS 应能快速读取 ASCII 数据并将其导入到空间数据图层及相应的属性信息数据库中。

有时可能需要导入其他格式的文件，如标记图像文件格式文件（*.tif）、Windows 位图（*.bmp）、ERDAS 影像（*.img）和其他格式的文件。此外，GIS 应能输出支持矢量特征的格式，如 Adobe Illustrator(*.ai)或 Encapsulated Postscript（*.eps）。使用 GIS 创建的地图，经专用图形处理程序如 Adobe Illutrator 处理后，通常会变得更为美观。

以不同 GIS 数据格式输出数据文件或 GIS 数据库集是另一个需要考虑的因素。程序必须能输出其他 GIS 软件包可以读取的空间数据格式。例如，IDRISI GIS 软件能够读取由 ArcMap 输出的空间数据，反之亦然。

11.3.5　矢量、栅格和 GPS 数据融合

GIS 程序要么主要处理矢量数据，要么主要处理栅格数据。因此，另一个要考虑的因素是，GIS 是否具有整合矢量和栅格数据的能力，甚至是否具有支持其他格式数据的能力。同时，将栅格数据转换成矢量数据及将矢量数据转为栅格数据的能力也很重要。全球定位系统（GPS）采集的数据对许多 GIS 调查都非常重要。GIS 应能直接从 GPS 中导入数据。

11.3.6　数据库管理

对于高质量的 GIS，数据库管理是一种非常关键的能力。如第 5 章所述，数据库是 GIS 分析和决策制定的基础。购买通用且数据库功能先进的 GIS，可从根本上简化某些任务。数据库管理、维护和多用户访问是重要的衡量指标。最后，在选择 GIS 软件时还需要考虑 GIS 与外部数据库管理系统（如 Oracle）的通信能力。若缺乏这些功能，则最终仍需要花费大量的时间和资源将这些功能集成到现有的 GIS 中。

11.3.7　制图输出

包括地图、表格、图表等在内的制图输出，对大多数 GIS 项目都很重要。第 10 章介绍了关于如何使用 GIS 准备制图产品的基本信息。有些 GIS 软件的其他功能可能非常强大，但创建高质量制图产品的功能则较少或甚至没有此类功能。当 GIS 不支持高质量的地图、图表和图形输出时，就需要使用外部制图程序如 Adobe Illustrator。额外购买制图处理程序会增加 GIS 分析的成本，因此在购买 GIS 软件前应充分考虑这一因素。

11.3.8　GIS 软件支持

GIS 软件的入门通常较慢，因此需要充分考虑在线手册、帮助和客户支持的质量。

1.　在线手册和帮助

大多数 GIS 分析人员都非常需要 GIS 软件的在线支持。例如，用户界面友好的桌面 ArcGIS 在线用户帮助界面如图 11.3 所示。在

该例中，用户可通过"帮助"菜单中的"目录"图标，于属性"表窗口"中获得所需的信息。所选主题的信息可在"我的收藏"选项卡中获取，或通过在软件内的搜索引擎搜索关键字获取。

2. 用户支持

GIS 分析人员有时需要和 GIS 软件公司的代表交流，以便解决软件的特定问题或难题，包括软件安装问题和软件漏洞等。与技术人员以邮件或语音方式沟通是很有价值的。GIS 软件供应商通常提供某种程度的客户服务或支持。

3. GIS 软件用户组

当 GIS 软件出现庞大且相对忠实的追随者时，GIS 分析人员就更易于找到与 GIS 相关问题的解决方法。当软件拥有活跃于网上的正式或非正式用户组时，这一点会变得更加明显。通常来说，只要在用户网站发布技术问题或难题，就会有多个用户快速回应。当用户精通 GIS 到有能力对 GIS 问题提供有意义的反馈时，也应参与到 GIS 用户社区中，使社区得到良性发展。

4. 软件维护合同

有些 GIS 软件公司提供软件更新包，用户签订年度维护合同后，就可对软件包进行年度更新。因为要与其他公司或个人合作，因此保存好当前的软件版本非常重要。维护软件的成本很高，软件公司在宣传时通常会声称去掉了软件的初始成本。还要注意，许多 GIS 软件供应商提供的基础产品只包含基本的 GIS 功能，而要完成特定工作，则必须购买附加的或专用的扩展模块。当用户认为基础产品应具有 GIS 分析所需要的所有功能时，这就会显得很昂贵。

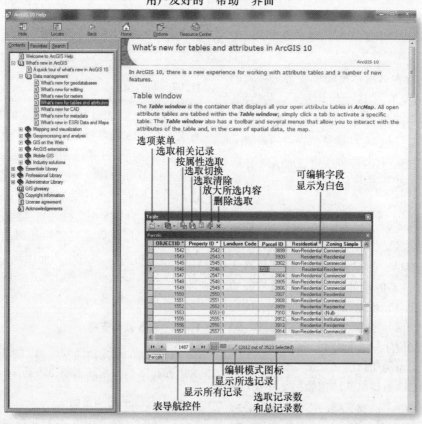

用户友好的"帮助"界面

图 11.3　高质量 GIS 软件可为各种通用和特定专题提供详细的在线"帮助"。GIS 分析人员可从目录、感兴趣主题列表中选择一个主题来获取帮助，或通过内部搜索引擎查询关键词来获取帮助。图示为 AcrGIS 的"表窗口"及其组成的详细信息（用户界面由 Esri 公司提供）

用户在最初使用软件时应不会出现什么问题，但随着时间的推移而有了一定的经验后，就有机会和责任对 GIS 软件的选择做出决定。GIS 软件的成本必须在预算之内，同时维护简单、界面友好，并能执行所需要的全部空间分析功能。因为可能会在各种地理空间应用中使用 GIS 软件，因此最好选择功能广泛的 GIS 软件。

5. 在线培训和/或软件工作室

通过在线培训或/和软件工作室来培训 GIS 新用户是一种有效的方法。虽然此类课程和材料并不能全部包含 GIS 的理论知识，但可帮助 GIS 新用户很快熟悉特定软件的操作，并降低其他员工培训 GIS 新用户的压力。例如，Esri 提供一套用户可以随时使用的"虚拟校园"网络课程（www.training.Esri.com），这些课程覆盖了大部分 GIS 的基本程序及许多高级建模与地理空间分析任务。

6. 外部代码和软件修改集成

如本章后面所述，用户可能会遇到 GIS 软件无法执行特定空间分析功能的情况。发生这种情况时，通过修改功能和/或程序设计将相关功能添加到软件中非常重要。

11.3.9　手持 GIS

目前计算机的硬件性能一直在提升（更大更快的 RAM 和 CPU），且其体积也一直在缩小。事实上，今天的手机和其他手持设备拥有难以置信的计算能力。因此，许多公司开发了可在手机或个人数字助理（PDA）等手持设备上使用的 GIS 软件。

手持 GIS 软件的应用范围很广，从独立程序如 Esri 公司的 ArcPad，到更多基于网络的定位程序如谷歌地图和 Map Quest 等。iPhone（见图 11.4）和许多基于安卓的智能手机等手持设备上，能实现定位功能。独立的 GIS 软件如 ArcPad 可提供更多的功能、更大的 GIS 软件程序，同时允许专业用户实时进行数据添加、修改和/或查询操作。例如，假设用户要对家乡的所有树木进行定位并记录树的属性。

为确定每棵树的位置、种类、高度、胸径（DBH）和叶面积指数（LAI），可能需要在野外工作许多天。PDA 允许输入所有与 GPS 测量位置坐标有关的信息，因此可以提供很大的帮助。

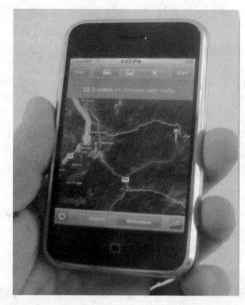

图 11.4　拥有导航能力的手机。导航能力是指基于 GIS 网络分析原理和近实时的 GPS 定位

11.4　编程和 GIS

回顾当前 GIS 领域的职位空缺情况可以发现，GIS 计算机编程是非常有价值的技能，因为 GIS 软件并不总是能提供用户所需要的全部空间数据分析功能、数据库操作或制图输出方式。这并不表明所有 GIS 软件都存在缺陷或设计得不好，相反，它是地理动态特性和空间分析的结果，其中的问题、功能和方法都在不断发展。当 GIS 软件公司意识到软件功能或程序存在不足时，经常会努力开发新的功能或程序，并将其发布在新版本的软件中。但 GIS 分析人员不能总是等着新功能或程序发布。因此，大部分优质 GIS 软件为用户提供了修改现有功能和/或添加新功能的方法。

下面是一些在现有 GIS 软件中编写特殊功能模块的例子：

- 创建新的地图投影（Ipbuker and Bildirici，2005）
- 去除高光谱图像中几何畸变的算法

（Iensen et al.，2011）

- 多空间尺度下空间数据的集成（Strager and Rosenberger，2007）
- 先进的可视化技术（Sorokine，2007）
- 专为亚马逊盆地研究设计编写的一个矢量和栅格集成 GIS 包（Jensen et al.，2004）

11.4.1　何时进行编程

会编程的 GIS 分析人员不会受现有 GIS 软件程序功能的限制。如果他们能把空间分析过程概念化，就能编程实现该空间分析过程。计算机代码可以自动编写：（1）当人离开计算机时，执行许多空间分析任务；（2）创建用户自定义的 GIS 界面；（3）执行重复的任务；（4）自动进行复杂的 GIS 建模。

决定是否要创建一个程序时，需要考虑的一个重要问题是："与手动完成相比，编写、编译和调试新程序是否需要花费更多的时间？"一般来说，如果手动完成任务更快，就不需要编程。但从长远看，对于重复使用的常见任务，则可通过编程节省时间，即使最初编程的时间与手动完成的时间相比要长。

下面介绍地理编程的基础、GIS 应用中常用的脚本编程语言 Python，以及一个用于高光谱栅格遥感数据几何校正的程序。

11.4.2　计算机编程基础

计算机程序是控制计算机完成一个任务或任务集的一组指令。计算机只能理解一种语言（机器语言），大部分的早期程序都是用这种语言编写的。所幸的是，现在人们很少使用机器语言进行编程。现代计算机编程允许用户使用一种用户友好的语言编写代码，这种语言可以编译（或解释）成机器语言——通常作为一个可执行的文件或库。此外，计算机编程已经在过去 30 年里从面向过程或内嵌的编程，发展到了面向对象的编程，因此变得越来越成熟。

1．如何学习编程

学习一种计算机编程语言较为困难，尤其是在这种计算机编程语言的语法和结构比较

复杂时。但初级程序员不应被现代计算机编程语言的规模和功能所吓倒，而应将精力集中在所用语言的一小部分上，即只专注于如何运用语言创建有用的 GIS 功能。此外，能提供有价值编程基础知识的教程有很多。这里建议想学习计算机编程语言的学生选修编程入门课程。计算机专业的编程入门课程可能不会介绍很多 GIS 编程的技术，因此有些大学的地理学院或相关学院会开设地理编程课程，这些课程主要侧重于空间分析功能。大学的其他学院也会开设相应领域的特定编程课程。未上大学的用户可以搜索适合各种技能水平的网络课程。

大部分初级程序员首先会编写简单的 GIS 程序，然后进行编译、调试，并将其添加到 GIS 软件的功能中。这一过程需要时间和耐心。经验丰富的程序员在遇到空间分析问题时，会发现其他研究人员或科学家遇到了相同的问题并提供了解决方案。因此，这里建议首先查看网上商城或其他网站，以便了解问题是否已得到解决。

拥有 GIS 代码和插件的最好网站之一是 Esri 公司的 ArcScripts（arcscripts.esri.com/）。Esri 软件用户会在这里发布扩展 Esri 软件功能的程序代码。这些代码可以通过软件类型（如 ArcMap、ArcINFO 等）、编程语言类型（如 Visual Basic、C++、Python 等）和代码寻址问题类型（如先进的拓扑结构）等进行查询。即使无法找到可以直接使用的特定代码，也能找到相似问题的代码作为编程的基础。其他互联网论坛和教材也提供了解决众多地理计算难题和问题的方法。用户可将问题输入到任何常见的搜索引擎（如谷歌、雅虎等）来搜索特定的地理空间功能。在用他人的代码解决问题时，或在他人的代码基础上编写自己的程序解决问题时，要对代码给予适当的致谢。

2．面向对象编程

面向对象编程（OOP）依赖于包含独立代码部分的对象。程序可以按照需要对这些对象进行调用，且对象可用于一个以上的程序。OOP 的优点之一是，新创建的对象或函数的许多属性可以与现有对象的属性相同（这称为继

承）（Ralston，2002）。面向对象编程是协作对象集而非传统的函数集或计算机指令列表。在面向对象编程中，每个对象都能接收和处理数据，并与其他对象进行信息交互。每个对象都是拥有不同角色和功能的独立指令集。这种编程形式支持快速的软件开发。OOP 的另一个优点是，更容易定位代码中的错误并修改，因为每个对象都能独立编译和调试。在程序中调用对象时，各对象可以彼此发送消息进行交流。

对象非常重要，它们可以在多个程序中重复使用，也可用来建立大型软件系统。在 GIS 系统中，该功能允许用户在逐步扩展现有软件的同时，对整个过程进行错误检查。一旦创建了对象，就能提供强大的功能并添加到更多的程序中。因此，许多 GIS 用户发现创建一个包含许多能快速添加到现有软件中的对象的地理"工具箱"非常有用。事实上，地理编程课程的目标是让课堂上的每名学生为自己感兴趣的领域创建属于他们自己的编程对象工具箱。例如，一名林业工作者的工具箱中可能包含计算给定面积的森林生物量和/或从一系列点数据中提取叶面积指数的函数。

ArcGIS 中的 Visual Basic 窗口

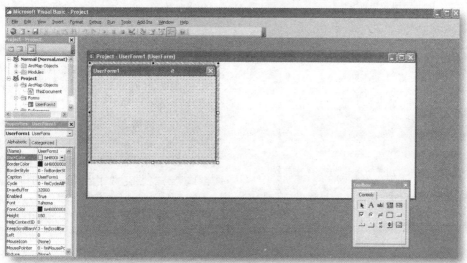

图 11.5　ArcGIS 中的 Visual Basic 编辑窗口常用来集成和/或修改函数（用户界面由 Esri 公司提供）

ArcObjects　在 Esri 的 GIS 软件中添加功能相对简单。通过 ArcGIS 能够访问图 11.5 中所示的 Visual Basic 编辑窗口。该编辑器中定义了用于 GIS 分析的大量对象，称为 ArcObjects。要使用这些对象，只需知道这些对象是什么以及它们如何工作。但在使用 ArcObjects 时也有一些挑战，譬如必须对计算机编程语言有基本的了解，另外要在大量对象中找到所需的对象也有难度。但 ArcObjects 能够完成桌面 ArcGIS 中的全部工作，甚至更多的工作，因此能为用户带来极大的灵活性。Esri 提供了描述每个对象基本属性的图表。此外，Esri 还开发了一个 Esri 开发者网站（edn.Esri.com/），该网站致力于将地理和制图能力集成到应用程序中。

3．Python——常用的编程语言

语言　首次进行 GIS 软件开发时，程序员和供应商很快就意识到，用户有通过增加软件功能的修改需求。最初，供应商提供专用的语言实现，因为那时还没有标准的定制系统，但现在已有许多可以轻松集成到 GIS 中的计算机语言（如 C++、Visual Basic、Delphi、Python 等）。本章并不推崇或建议某种特定的语言，而是介绍一种在 GIS 领域中常用的编程语言——Python。注意，计算机语言的语法发展很快。当然，这不应该成为妨碍用户学习某种特定语言的理由，因为一旦能够用某种特定语言编程，就能很容易地将它移植到另一种语言中。

Python 是一种通用的解释性脚本语言，支

持面向对象的计算机编程（Karssenberg et al.，2007）。Python 软件基金会拥有 Python 的知识产权。因为 Python 是开源的，因此可免费使用和发布。Python 能在 Windows、Linux/Unix、Mac OS X、OS/2、Amiga、手持 PDA 和移动电话上运行。Python 已广泛应用于 GIS 领域，并且是现有 Esri 的 ArcGIS 系列产品中许多功能的基础。事实上，在 Arc Toolbox 的 ArcGIS 应用中，用户可以右键单击多个工具，然后选择"编辑"。带有 Python 代码的文本窗口是开放的，用户可以修改现有功能以满足自己的需要。图 11.6 显示了平均最邻近 Python 工具的信息。

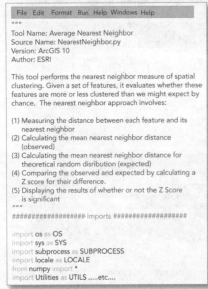

Python用户界面示例

图 11.6　Python 用户界面示例。右击 ArcToolbos 中的多个指令后，可以选择"编辑"选项。该特殊工具与计算平均最邻近相关（用户界面由 Esri 公司提供）

函数中的代码也可以复制、粘贴到另一个窗口，这是在 GIS 中为附加功能编写代码时，利用现有代码而非从零开始的另一个例子。Python 可以从 www.python.org 下载。

在计算机上安装 ArcGIS 时，通常需要安装 Python。这样就能修改函数、创建新函数，或创建能够使用任意次的独立 GIS 程序。自 Esri 公司发布 ArcGIS 9.0.1 以来，研究人员就开始使用 Python 进行数据分析、处理、统计分析及许多其他应用（Shi，2007）。

除 ArcGIS 中的应用，Python 在 PCRaster 的环境建模语言中也发挥了巨大作用。在 PCRaster 中，可以安装 Python 的扩展，因此能在 Python 中编写函数。最后，Python 易于"引导"其他语言编写的代码（Oliphant，2007）。因此，Python 可用于统一多种不同语言编写的代码。

11.4.3　GIS 编程集成

通常，软件中不会提供执行专业 GIS 分析的最佳方案，因此需要使用现有的软件界面（和对象）来创建相应的函数。GIS 编程集成时，经常选择使用 Python，因为它是开源的，且易于将代码集成到 ArcGIS 中。

下面假设需要确定鹿车碰撞地点周围 500m、1000m 和 1500m 缓冲区内土地覆盖类型的统计数据。如何使用脚本协助完成该任务？使用脚本而非传统方法完成相同任务的优势是什么？

脚本的优势之一是要比传统方法快很多，优势之二是易于修改模型的某些参数。例如，假设想要分别得到 800m、1600m 和 2400m 的缓冲区。与需要花费相当长时间的传统方法相比，运行脚本要更加容易。

使用脚本来代替传统的方法也存在缺点。脚本需要花费更长的时间来进行创建、调试和部署。同样，如果脚本的设计对于未来的应用程序或不同用户的灵活性不足，那么某个条件的变化就可能破坏整个脚本，或表现出某种不可预测的方式。

11.4.4　独立 GIS 编程的应用

有时，创建一个可以发布给其他人而不需要任何 GIS 软件的独立程序也很有用。例如读者想为客户提供一个小程序，但认为客户没有必要购买 GIS 软件程序，此时可以简单地创建一个执行特定功能的应用程序。例如，假设读者正在南佛罗里达州橘园的农民一起整合精细农业技术。橘子收获时，都会放在一个称为"山羊"的巨大塑料容器中，然后把每个山羊和卡车后面存储的橘子相加。为预估总产量，农民收集每个山羊的 GPS 坐标。这时，可以快速开发一个程序，让农民能画出收集点的分布图。若农民能做到这一步，就能由其农场的某些部分来预测总作物产量，而无须购买完整的 GIS/GPS 软件。

　　Python 是一种完整且复杂的程序语言，它允许用户创建独立的程序来执行空间分析或其他功能。下面是使用数字化线（矢量）和精心选择的地面控制点对栅格高光谱图像进行校正的例子（Jensen et al.，2011）。

　　机载高光谱数据的获取与框幅式航空摄影不同。每行机载推扫图像的采集都与飞行路线垂直，并且与前面的各行图像无关。每行都有不同的透视几何属性，由于飞机的倾斜、滚动和偏航，每行像素的地面位置可能会有明显的变化。遗憾的是，仅用地面控制点无法校正这类错误，使用标准栅格和矢量 GIS 及遥感软件包也不可能校正这些错误。因此，人们编写了一个 Python 程序，以便将传统的地面控制点与沿公路或其他线要素的参考线融合，在参考图像和未校正的高光谱数据上识别地面控制点和参考线数据［见图 11.7(a)和(b)］。校正后的高光谱数据叠加在正射影像上，结果如图 11.7(c)所示（Jensen et al.，2011）。

使用Python脚本校正高光谱图像

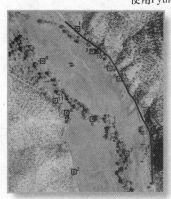 

(a) 带有控制点和参考线的几何正确的正射影像　　(b) 带有控制点和参考线（红色）的变形高光谱图像

(c) 几何校正后的高光谱图像叠加在参考图像上

图 11.7　Python 程序用于高光谱数据的几何校正：(a)空间分辨率为 1m×1m 的带有黑色地面控制点和控制线的 NAIP 正射影像；(b)空间分辨率为 2m×2m 的带有红色地面控制点和控制线的变形高光谱图像（显示了 248 个波段中的 3 个波段）；(c)几何校正后的高光谱图像叠加在 NAIP 正射影像上（背景图像由美国农业部提供；改编自 Jenson et al. [2011]，Bellwether 出版公司授权使用）

11.5　小结

本章介绍了用于 GIS 分析的计算机的一些特征及与 GIS 软件有关的信息，说明了 GIS 环境中计算机编程的重要性。建议计划从事 GIS 专业的学生学习 GIS 兼容计算机编程语言的基本特征（如 Python），以便在现有 GIS 软件中编写新功能的程序代码或创建新的独立程序，这会使得 GIS 科学家的适应性更强，而无须受标准 GIS 软件性能的限制。

复习题

1. 描述个人计算机和计算机工作站的不同。用于 GIS 分析时，是否会有一种类型的计算机比其他类型的计算机更为适合？
2. 用于教学目的的 GIS 计算机实验室的一般特征是什么？
3. 用于短期和长期备份或归档 GIS 数据的最佳媒质是什么？
4. 简述选择 GIS 软件产品时需要考虑的主要因素。
5. 对于 GIS 用户来说，为什么必须要求显示高空间分辨率和光谱分辨率的图形？
6. 举一个在 GIS 项目中编程的例子。
7. 什么是面向对象编程？对于 GIS 软件而言，其重要性是什么？
8. 简述不同类型的计算机存储器，说明为什么它们对于 GIS 分析很重要。
9. 为什么任何类型 GIS 软件的在线用户组都很重要？它们如何节省用户的宝贵时间或资源？
10. 什么情况下必须创建一个独立的程序而不是在现有 GIS 软件中添加功能？

关键术语

ArcObjects：一组比较容易和 Esri ArcGIS 软件集成的空间对象。

中央处理器（Central Processing Unit，CPU）：计算机的处理部分，它包括控制单元和算术逻辑单元。

面向对象编程（Object-Oriented Programming）：一种使用对象来创建应用程序和计算机程序的计算机编程方法。

屏幕数字化（On-Screen Digitizing）：使用指向设备如鼠标在计算机屏幕上跟踪数字地图或影像上的点、线和面的数字化过程。

开源软件（Open-Source Software）：不向用户收取任何成本或许可费用就可下载、安装并使用的软件。

操作系统（Operating System）：控制计算机中所有高级功能并驻留在内存中的软件，它负责提供用户界面、控制多线程任务，并处理到硬盘及所有外围设备的输入/输出。

Python：一种支持面向对象编程的通用解释性脚本语言。

随机存储器（Random Access Memory，RAM）：电源关闭后即失去存储能力的存储器（内存）。计算机必须要足够大的 RAM 来存储操作系统、软件以及需要存入内存的任何空间数据。

只读存储器（Read Only Memory，ROM）：电源关闭后仍能保留信息的存储器。

桌面数字化（Table Digitizing）：在平板数字化仪上对模拟地图或影像进行点、线和面数字化的过程。

参考文献

[1] Ipbuker, C. and I. O. Bildirici, 2005, "Computer Program for the Inverse Transformation of the Winkel Projection," *Journal of Surveying Engineering,* 131(4):125–129.

[2] Jensen, J.R., 2005. *Introductory Digital Image Processing A Remote Sensing Perspective*, Upper Saddle River, NJ: Pearson Prentice Hall.

[3] Jensen, R. R., Hardin, A. J., Hardin, P. J. and J. R. Jensen, 2011, "A New Method to Correct Push-broom Hyperspectral data

Using Linear Features and Ground Control Points," *GIScience & Remote Sensing*, 48(4):416–431.

[4]　Jensen, R. R., Yu, G., Mausel, P., Lulla, V., Moran, E. and E. Brondizio, 2004, "An Integrated Approach to Amazon Research — the Amazon Information System," *Geocarto International*, 19(3):55–59.

[5]　Karssenberg, D. A., de Jong, K. and J. van de Kwast, 2007, "Modelling Landscape Dynamics with Python," *International Journal of Geographical Information Science*, 21(5):483–495.

[6]　Oliphant, T. E., 2007, "Python for Scientific Program- ming," *Computing in Science & Engineering*, 9(3):10–20.

[7]　Ralston, B. A., 2002, *Developing GIS Solutions with MapObjects and Visual Basic*, Albany, NY: Onword Press.

[8]　Shi, X., 2007, "Python for Internet GIS applications," *Computing in Science & Engineering*, 9(3):56–59.

[9]　Sorokine, A, 2007, "Implementation of a Parallel High-performance Visualization Technique in GRASS GIS," *Computers & Geosciences*, 33(5):685–695.

[10]　Strager, M.P. and R.S. Rosenberger, 2007, "Aggregating High-priority Landscape Areas to the Parcel Level: An Easement Implementation Tool," *Journal of Environmental Management*, 82(2):290–298.

第 12 章

展望未来

整个地理信息科学尤其是 GIS 的未来是极其光明的。美国劳工部和其他组织已认识到 GIS 及与其相关的岩土工程是带来众多就业机会的新兴关键产业（Gewin，2004；Mondello et al，2008；USDOL/ETA，2011）。随着技术的日益发展，GIS 分析程序将更加强大。

12.1 概述

本章首先讨论 GIS 职业和教育方面的情况。除了评述公共和私营部门就业、认证和继续教育外，还将分析与 GIS 相关职业的工资和就业趋势，讨论各种 GIS 技术因素，包括云计算和 GIS、网络 GIS、移动 GIS、自发地理信息的收集、数据格式和标准的改善及三维可视化等，介绍公众获取地理空间数据的通道及法律/隐私问题，最后总结遥感科学与 GIS 集成的发展。

12.2 GIS 职业和教育

在地理信息科学尤其是 GIS 方面受过良好培训的人，在公共或私营部门都有良好的就业前景。因此，应尽可能加入对自身或专业均有帮助的专业组织。GIS 专业人员在专业知识方面不能太狭窄，应尽可能多地了解 GIS及其他测绘科学技术（如大地测量学、测绘、GPS、地图制图和遥感）的进展，这可能有益于：(a)获得地理信息科学的初、高等学位；(b)认证为一名 GIS 专业人员，并参加继续教育以留在该领域中发展。下面介绍这些重要论题的相关信息，这些专题可能会影响读者作为 GIS 专业人士的未来。

12.2.1 公共与私营部门的 GIS 职业

目前，在公共或私营部门有许多地理信息科学的就业机会。O*NET 计划是美国职业信息的主要来源（USDOL/ETA，2011）。O*NET 数据库包含 974 个标准职业的描述信息。公众可免费获得该数据库，数据通过对每个职业中的大量员工进行调查来持续更新。将 GIS 作为关键词的关于 O*NET 数据库的一项调查，分析了许多与 GIS 相关的职业和工资以及至 2018年的就业趋势。少数 GIS 相关的职业如表 12.1所示。

从表 12.1 中可见：(a)已存在大量 GIS 相关的工作岗位；(b)根据许多岗位 7%~大于等于20%的增长计划，该领域从 2008 年到 2018 年会有更显著的职业需求（>100000 个）；(c)大多数与 GIS 有关的职位在入职时就有较好的待遇。未来的顶级行业是"政府部门"或"专业、科研和技术服务"。

表 12.1　美国劳工部就业和培训管理机构定义部分 GIS 相关职业、工资与就业趋势（USDOL/ETA，2011；O*Net Online，http://online.onetcenter.org/find/quick?s=gis）

编　号	职　业	工资与就业趋势
15-1199.04 15-1199.05	地理信息科学家与技术专家 地理信息系统技术员	平均工资（2010）：38.10 美元/小时；79240 美元/年（两种编号相同） 就业（2008）：209000 名从业人员 预计空缺职位（2008—2018）：72600 个 计划增长率：平均值（7%～13%） 顶级行业（2008）：1. 政府部门；2. 专业、科研和技术服务
17-3031.02	测绘技术人员	平均工资（2010）：18.22 美元/小时；37900 美元/年 就业（2008）：77000 名从业人员 预计空缺职位（2008—2018）：29400 个 计划增长率：远快于平均值（≥20%）
17-1021.00	制图员与摄影测量员	顶级行业（2008）：1. 专业、科研和技术服务；2. 政府部门 平均工资（2010）：27.21 美元/小时；54510 美元/年 就业（2008）：12000 名从业人员 预计空缺职位（2008—2018）：6400 个 计划增长率：远快于平均值（≥20%） 顶级行业（2008）：1. 专业、科研和技术服务；2. 政府部门
17-1022.01	大地测量员	平均工资（2010）：26.39 美元/小时；54880 美元/年 就业（2008）：58000 名从业人员 预计空缺职位（2008—2018）：23300 个 计划增长率：大于平均值（14%～19%） 顶级行业（2008）：1. 专业、科研和技术服务；2. 政府部门
17-2099.01	遥感科学家与技术专家	平均工资（2010）：45.57 美元/小时；94780 美元/年 就业（2008）：27000 名从业人员 预计空缺职位（2008—2018）：10100 个 计划增长率：平均（7%～13%） 顶级行业（2008）：1. 政府部门；2. 专业、科研和技术服务
19-3092.00	地理学家	平均工资（2010）：35.00 美元/小时；72800 美元/年 就业（2008）：1000 名从业人员 预计增长（2008—2018）：1000 人 计划增长率：远快于平均值（≥20%） 顶级行业（2008）：1. 政府部门；2. 专业、科研和技术服务

注意：

预计增长是通过预测阶段（2008—2018）内职位总数的变化估计的。

预计空缺职位表示由于增长和更换导致的空缺。

行业主要指广泛的商业组织或有相似活动、产品或服务的组织。职业基于其就业情况为行业的一部分。在"政府部门"及"专业、科研与技术服务"行业内有成百上千的特定岗位。详细职业信息可以在该网站查阅：http://www.onetonline.org/ find/industry?j=17-1022.01&i=93。

1. 公共机构的 GIS 职业

公共 GIS 的使用在公共利益方面会提供许多应用 GIS 的机会，并定期与市民进行互动。公共机构的员工要在 GIS 辅助监测和自然资源保护、城市规划和监测以及基础设施（道路、航道等）维护等方面接受培训。国家国土安全部和国防部门，如国家地理空间情报局（NGA），未来会雇用大量的 GIS 专业人员。

因为就业情况稳定，许多受过 GIS 专业培训的人员都被吸引到公共机构就业。尽管具体职责会因工作性质而不同，但 GIS 工作的重要性将继续提升：(a)维护庞大的空间数据库；(b)将这些数据库与其他数据集成；(c)进行 GIS 分析与建模。

在为公共机构工作时，需要向政府机构如城市/农村委员会、规划机构、公共利益机构等，定期提交报告或演示文稿。因此，必须掌握口头、书面及图表的交流技能，尤其是在介绍 GIS 相关研究成果及其意义时。

除了政府正式分类为"机密"的信息外，公共机构工作所用的大多数数据和项目，公众均可通过信息自由法案获得。公共机构的员工（除了敏感的国防或国土安全有关的岗位）都可把其与 GIS 有关的研究成果发表于大众或经同行评审的文献中。在公立院校工作的地理信息科学科研人员，通常非常愿意在国内外核心学术期刊上发表研究成果。

2．私营机构的 GIS 职业

为私营的 GIS 相关公司工作可能会需要：(a)

准备方案，经常要响应政府或商业赞助商的征求建议书（RFP）；(b)在相对严格的时间安排下，完成特定的项目工作。许多私立机构的员工可以提出他们感兴趣的与 GIS 相关的具体项目。这对一些私营机构而言很重要。要再次重申的是，口头、书面及图表的交流技能非常重要。

雇员在私营机构工作期间所创建的 GIS 相关数据和成果的所有权，归公司或企业所有。私营机构可能允许也可能不允许个人研究成果在大众或学术期刊上发表。专用方法、程序和专利是许多商业公司的命脉，因为为了生存，必须保持有竞争力的知识和经济优势。

要在政府部门和私营机构很好地完成工作，应该拥有完整的 GIS 基本知识，并熟练使用多种 GIS 软件。

12.2.2 专业组织协会

专业组织通常是非营利实体，是寻求特定行业的进一步发展，追求从事该职业人群的利益和公众利益的组织。在美国及全球，有许多专业组织致力于提高 GIS 水平。有些面向 GIS 的专业组织可以收获一些切实的利益。表 12.2 列出了一些主要的与地理空间相关的组织及其特征，其他的地理空间组织见附录。

表 12.2 GIS 相关的专业组织

组　织	特　征
美国测绘大会（ACSM）	成立于 1941 年，ACSM 的目标是推进测绘科学及相关领域的发展。它由 3 个独立的组织组成，包括 5000 多名测量员、制图员和其他地理空间专业人员。2011 年 7 月 13 日，ACSM 委员会投票决定将 ACSM 的行政和财务控制权交给 ACSM 成员组织国家专业测量师学会（NSPS）（http://www.acsm.net/）
美国摄影测量与遥感协会（ASPRS）	ASPRS：成像与地理信息协会是一个在全球拥有超过 7000 名专业人员的科学协会（http://www.asprs.org/）。其使命是"促进主动与被动传感器的合理应用；规范摄影测量、遥感、地理信息系统及其他支撑地理空间技术；促进地理空间及相关学科的发展"。其出版物为《摄影测量工程与遥感》
美国地理学家协会（AAG）	AAG 成立于 1904 年，是一个集科学与教育于一体的协会。拥有超过 10000 名会员和 60 个专业团体，包括制图、GIS 和遥感。其出版物有《AAG 年鉴》和《专业地理学者》（www.aag.org）
加拿大地理学家协会（CAG）	成立于 1951 年，CAG 是国家性组织，成员主要是在公共和私营部门及大学工作的地理学家（www.cag-acg.ca/en）
制图与地理信息协会（CaGIS）	CaGIS 于 2004 年成为一个独立的社团，它由教育工作者、研究人员及在地理信息设计、创建、使用和传播方面的从业者组成。它创建了一个有效的网络，能连接国内外在地图制图与地理信息科学等广泛领域工作的专业人员。其出版物有《地图制图与地理信息科学》

（续表）

组　织	特　征
欧盟地理信息组织联盟（EUROGI）	EUROGI 成立于 1993 年，其使命是在全欧洲使地理信息的可用性、使用及开发达到最大化，以确保良好的管理、经济社会发展、环境保护与可持续发展，并鼓励公众参与（heep://www.eurogi.org/）
地理空间信息与科技协会（GITA）	GITA 是一个服务于全球地理空间组织的教育协会。它是任何人均可以使用地理空间技术进行操作、维护和保护基础设施的倡导者，包括公用事业、电信和公共机构等组织（http://www.gita.org/）
GIS 认证机构	该机构为地理信息系统专家（GISP）提供认证。要通过 GISP 认证，必须达到个人在教育成就、专业经验和行业贡献方面的最低标准。GISP 有其背景评议，并有来自非营利第三方组织（如 AAG、NSGIC、UCGIS 和 URISA）的审查（http://www.gisci.org/）
私人摄影测量员管理协会（MAPPS）	MAPPS 成立于 1982 年，是美国在测量、空间数据及 GIS 领域的商业公司的全国性协会。MAPPS 的成员公司从事测量、摄影测量、卫星与航空遥感、航空摄影、水道测量、航空与卫星图像处理、GPS 和 GIS 数据采集与转换服务等工作（http://www.mapps.org/）
大学地理信息科学联盟（UCGIS）	UCGIS 成立于 1991 年，强调 GIS 的多学科性及众多地理学科间平衡与合作的必要性，目标是为地理信息科学研究提供有效、统一的声音（http://www.ucgis.org/）
北美制图信息协会（NACIS）	NACIS 成立于 1981 年，目的的促进制图信息生产商、传播者、管理者及使用者之间的交流与合作，促进和协调所有其他专业组织和机构参与制图信息的活动，通过教育提高制图技术和对制图资料的理解（http://www.nacis.org）
城市与区域科学协会（URISA）	URISA（GIS 专业人员协会）成立于 1963 年，是 GIS 团体学习与知识的提供者。其目标是提供教育经验并创建一个紧密联系的组织。这是一个多学科协会，各地区的空间数据团体的专业人员可以一起分享关注点与想法（http://www.ruisa.org）

作为一名 GIS 专业人员，通过加入和参加专业组织，作为一个整体为 GIS 领域作出贡献是非常重要的。许多专业组织会召开年会，让 GIS 用户介绍 GIS 研究成果。这些会议是与其他 GIS 专业人员沟通并建立专业关系的好地方，因此是互利的。参加专业组织的其他优势包括：

- 专业发展：学术期刊、手册、简报、网站、在线资源、学术会议和许多其他场合为会员提供支持及发展机会。大多数 GIS 专业人员在职业生涯中有所成就后，会渴望与他人分享知识。专业组织为此提供了很好的媒介。
- 就业机会：会员能够访问不断更新的专有工作机会的公告和列表。
- 时事：组织能够让会员持续了解该领域

中可能影响到行业或个人的重大科技进步与政治活动。
- 会员信息：根据要求，专业组织可能会提供一个包括会员技能的会员列表。当人们遇到具体问题或需要关于各种专题的建议时，可决定能联系谁。会员列表会告诉其他人关于个人的一些信息，包括个人的研究领域、所在的组织或公司。
- 地方和区域参与：许多国家/国际组织都有区域或地方分会，以便会员在所处的地理区域与专业人员相互联系。这些分会可以帮助促进当地的专业关系。
- 丰富履历：成为专业组织的一员是对个人履历的重要补充，表明个人对该领域有重要贡献。

- 领导机会：大多数专业组织通过委员会服务及行政职务，为其会员提供发展领导力和服务的机会。例如，成员经常为委员会或董事会服务，可以被选举为区域或国家委员会的领导职务。
- 政治活动：专业组织经常在各级政府中代表集体组织。在某些情况下，可能会保留说客或组织政治活动委员会，以便进一步实现专业组织的目标，或保护其会员免受不公平的贸易行为。
- 继续教育：为继续教育学分提供专门的培训班和继续教育课程。这对维护专业化、注册及认证是非常重要的。
- 认证、注册程序：许多协会或组织会提供严格的认证或注册程序。

遗憾的是，许多 GIS 专业人员出于一系列原因未能加入专业组织（譬如没有足够的时间、认为会费过于昂贵、不愿意成为组织的一部分等）。专业协会或组织的会员，可以保持技术与政策上的先进性，与其他有相似专业兴趣的人们聚集到一起，帮助完成认证或换发新

证。同时也可以向未来的雇主证明，他将 GIS 作为职业是认真的。

12.2.3　其他测绘科学（地学技术）知识

大地测量学［包括全球导航卫星系统（GNSS）的使用，如美国的全球定位系统］、测量学、制图学、GIS 和遥感构成了测绘科学或地学技术（Bossler et al., 2002）（见图 12.1）。所有这些技术都在持续取得显著的进展，且彼此之间的结合也更加紧密。例如，使用安装在专用车辆上的 GPS 设备采集更精确的道路网络中心线数据，使得 GIS 网络分析应用获益良多。现在，整个行业都在使用具有高空间分辨率的卫星和航空遥感传感器数据作为其搜索引擎的地理底图（如谷歌地球、谷歌地图、雅虎地图、必应地图等）。遥感数据的采集已大大受益于 GPS 测量的发展，主要用于提高图像和图像衍生产品的几何准确度，这些数据产品广泛用于 GIS 应用。GPS 技术的发展反过来又推动了地形测量技术的发展，使得目前 x、y、z 的定位准确度可达±5～10cm。

联合测绘科学

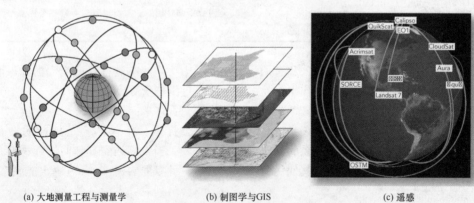

(a) 大地测量工程与测量学　　　(b) 制图学与GIS　　　(c) 遥感

图 12.1　测绘科学包括：(a)大地测量学［包括全球导航卫星系统（GNSS）的使用，如美国的 GPS］与测量学；(b)制图学与 GIS（数据由博福特县 GIS 部门提供）；(c)环境遥感。图中显示了 2011 年 8 月 11 日 11 颗选定地球资源卫星的运行轨迹［NASA JPL（2011）提供］。这些联合的地学技术将会变得更加集成化

不断阅读和了解测绘科学领域的进展十分重要。在地学技术方面掌握的知识越多，在设计与实施 GIS 分析或建模项目时，做出明智决策的概率就越高。

12.2.4　GIS 证书、认证和许可

许多人认为 GIS 相关的专业人员只有坚守较高的道德水准和数据分析标准，得到的产

品才会尽可能准确。通过文件证明 GIS 专业人员道德水平与技术专长的几种方法如下：

- GIS 证书
- GIS 认证
- 许可（注册）

这里有必要讨论一下这些证明文件的特性。

1. GIS 证书

GIS 证书是学生完成一系列学术课程或培训项目后，被授予的正式证书或确认书。美国的许多大学在学生完成一系列 GIS 相关课程后，会为学生颁发 GIS 证书。例如，学生可能获得地理或地球科学的学士学位及 GIS 证书。颁发证书的要求是由主办机构决定的，但目前的体系中没有课程内容要求及认证标准。因此，GIS 证书的价值因认证要求的职责、教员或提供教学人员的质量及证书授予地点的不同而不同。

随着越来越多的机构开设与《地理信息科学与技术知识体系》相关的课程，一些标准化的课程内容已初露端倪（Dibiase et al., 2006）。另外，美国地理空间情报基金会（USGIF）的认证授权计划，让高校在授予大学学位的同时，也认可地理空间情报计划。USGIF 的学院地理空间情报认证计划有助于为地理空间情报界培养高素质的员工队伍（http://usgif.org/education/accreditation）。

2. GIS 认证

GIS 认证是由有 GIS 专长的公正的第三方对 GIS 专业人员进行认定的过程。认证要求也因提供认证组织的不同而不同。认证过程可能需要：(a) 正式学术教育、学位和继续教育的官方文件；(b) 在行业内真正为 GIS 相关的公司、大学、实验室等服务多年；(c) 通过书面考试或面试；(d) 来自该领域受尊敬专家的推荐信，且该专家能够保证申请人的学识与品性。

三个主要的 GIS 认证项目包括：地理信息系统专家、ASPRS 认证和 Esri 技术认证。

GIS 认证协会　GIS 认证协会（GISCI；http://www.gisci.org/）已完成超过 5000 名地理信息系统专业人员（GISP）的认证。要进行认证，GIS 专业人员须用文件证明他们在三个方面的经历：教育、专业经验及专业贡献。每个类别的都有一个评分，要成为 GISP，每项评分和总评分都要达到最小阈值。在这三个方面中，更重要的是专业经验而非教育和专业贡献。至少拥有 4 年 GIS 工作经验的专业人员才能考虑进行认证。每份申请都要由独立的第三方进行评估，认证的有效时间为 5 年。5 年后，经认证的专业人员可以申请续期，届时需要再次提交在继续教育、专业经验及专业贡献方面的证明文件。这样可以确保专业人员不断地接受教育、提升专业素质并对专业作出贡献。所有通过认证的 GISP 必须遵守道德行为规范。

GISCI 正在考虑对所有的 GISP 实施 GIS 基本能力测试（Luccio，2007）。额外的笔试将使 GISP 认证更加严格。

ASPRS 认证　美国摄影测量与遥感学会（ASPRS；http://www.asprs.org/）提供几个 GIS 相关领域的专业认证：

- 摄影测量员认证
- 测绘-遥感科学家认证
- 测绘-GIS/LIS 科学家认证

在专业领域工作的最少年数随认证领域的不同而不同。同行评审委员会将审查申请人的经验、培训、专业服务及该领域 4 位专家的推荐信。申请人还必须通过该领域的专业笔试。

ASPRS 也为以上各类别专业经验较少的技术人员提供认证，并为学习了 GIS 及相关技术的在校本科高年级学生和研究生提供临时认证。此时，学生要在 6 个月内完成毕业考试，如果认证成功，临时认证可以一直持续到满足经验要求。

ASPRS 鼓励通过认证的人员继续各自的专业发展。经过认证的专业人员必须每 5 年申请换发新证，届时必须提交该领域继续教育的证明文件、专业领域的贡献和 4 名专家的推荐信，但可免除笔试。

Esri 技术认证　Esri 为 GIS 产品系列提供特定的软件认证（http://training.Esri.com/certification/index.cfm）。Esri 认证包括三个 GIS 软件环境（包括桌面、开发人员及企业）的 7 个实质性领域内的"副"水平和"专业"水平。

Esri 认证基于在世界各地都能执行的测试（每个实质性领域都有各种水平的测试）。测试包含验证最佳实践能力的软件特定问题。同样，Esri 的认证选项为员工（及潜在员工）向老板提供一个熟练使用 Esri 软件与实践的证明。新软件发布后，Esri 对所有测试问题进行评估，以确保问题能纳入软件的更新。虽然软件版本经常变化，但那些已经通过认证的将终生有效。与前述其他认证项目不同，Esri 的认证不需要评估其他信息，如教育或专业服务等，而只需通过测试就能获得 Esri 技术认证。

3. 潜在 GIS 许可

GIS 许可（有时称为注册）是一个专业的执业许可证。许可通常由国家或其他监管机构管理。许可的要求通常由正式立法确定（GISCI，2011）。例如，法律要求拥有许可才能进行行医、开车、捕猎或钓鱼等。每个州的测量专业都有"示范法"要求土地测量员进行注册。摄影测量员也可以成为注册土地测量员。目前，"示范法"未要求 GIS 专业人员需要得到许可或注册，但将来可能会有变化。也许所有的 GIS 专业人员最终都需要进行注册，才能进行 GIS 数据分析。这对 GIS 教育系统和行业将产生巨大影响。

12.2.5 继续教育

GIS 自诞生以来，已发生了显著变化，而随着硬件和算法的不断改进，这种趋势还将继续（Baumann，2009）。因此必须不断自学 GIS 硬件、软件、数据和分析技术方面的进展，以提升自己在 GIS 行业中的市场竞争力。乍看起来这很困难，但继续教育是许多像 GIS 这样快速发展行业的一个标志。实际上，继续教育是 GISP 和 ASPRS 认证过程的重要组成部分。

许多非营利组织（如 ACSM、ASPRS 等）、两年制社区大学、学院和大学都提供 GIS 相关的继续教育课程。大部分课程提供正式的继续教育学分。一些 GIS 软件公司提供短期培训和其他受教育机会。例如，Esri 的虚拟校园（http://training.Esri.com/gateway/index.cfm）提供许多与其软件相关的课程。

必须要适应岗位描述及市场的变化。美国劳工部统计局 2010 年的新闻发布会估计，一个人在 18～44 岁之间会变更 11 次工作（BLS，2010）。这类工作/职业变动要求工作者具有较强的灵活性。通过不断更新自己的知识和技能，继续留在所选择的 GIS 相关的职业领域还是很有希望的。

12.3 GIS 技术发展趋势

随着越来越多的人进入该领域，地理信息科学将继续快速发展。与以往相比，现在有更多的学者和私营公司科学家正在研究 GIS 难题。GIS 用户数量与日俱增。用户会向 GIS 研究人员反馈哪些方面需要改进，进而推动 GIS 软件和用户友好性的发展。下面介绍 GIS 技术的几个重要发展方向。

12.3.1 云计算和 GIS

云计算通常是指通过互联网访问存储在远程位置数据的方法，但该描述只触及了云计算将发展成为什么的表层定义。云计算正快速成为一种技术趋势，几乎每个提供或使用硬件、软件及数据存储的行业都要使用它（Kouyoumjia，2010）。除了进行简单的数据存储外，云计算还包括从远程位置获得软件服务，并最大限度地减少安装在本地计算机上的软件。从本地安装软件到真正的云计算及远程软件服务的转变才刚刚开始（Hayes，2008）。云计算是信息技术服务和产品向按需服务演变的下一步。云计算可能最终引领人们前往一个不再使用本地计算机进行计算的未来。确切地说，计算将在第三方计算机及数据存储工具控制的集中设备上进行。如图 12.2 所示，在云计算环境中，存储在远程服务器上的数据或软件通过互联网提供给所有类型的计算机。

目前主要有两种类型的云计算：公共和私有。在公共云中，基础设施和服务由一个独立的组织拥有和销售。公共云中的数据空间提供给所有的计算机用户。对于不适合将数据文件存储在公共云中的公司或组织，可以采用私有云。私有云提供远程位置的数据存储，有限制性防火墙保护。

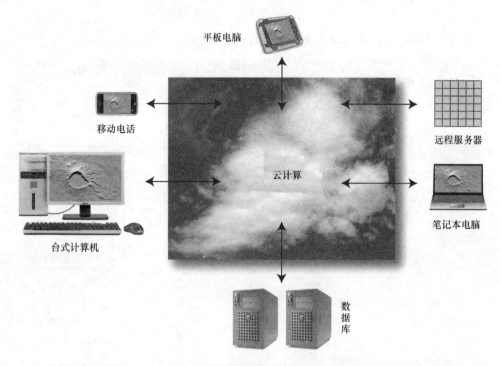

图 12.2　在云计算环境中，远程服务器通常为各种设备如手机、平板电脑、笔记本
电脑和台式计算机等，提供 GIS 相关的数据及应用软件。随着云提供商的
普及和从云端存取的速度不断改善，云计算将越来越重要

云计算有几个优势。只要连接到互联网，云总是开放且可用的。这样能够提高数据、软件和服务在几乎任何位置的可用性。例如，图 12.2 中的各种设备都可访问存储在云中的数据、软件和服务。这样用户就能随时随地使用任何技术访问数据和软件。大多数云计算供应商提供多种满足客户需求的存储和服务模式。此外，大多数供应商为大多数服务提供随用随付和购前试用，以便用户随时间变化调整他们云资源的使用，并测试不同的云方案。

云存储和计算将继续成长和发展，但有一定的局限性。个人计算机和云之间的数据传输速度太低，当通过云访问大量的地理空间数据时，这将成为一个严重的问题。隐私和安全是云计算关心的另外两个问题。在某些情况下，客户或政府数据的安全问题可能会妨碍敏感数据在云中的存储（Kouyoumjia，2010）。

12.3.2　网络 GIS

网络 GIS 是 GIS 数据、数据分析和其他与 GIS 相关的服务在互联网上的分布（见图12.3）。基于网络的 GIS 通常不需要在个人计算机上安装任何 GIS 应用软件，只要有互联网连接及浏览器界面，就能访问和使用基于网络的 GIS 软件。现在已有许多基于网络的 GIS 软件应用，网络 GIS 将会更加普及。除了一些常见的在线地图工具外（如谷歌地图、雅虎地图和必应地图），越来越多的私营公司及公共机构将提供在线 GIS 地图工具供用户访问。例如，南卡罗来纳州博福特县的 GIS 中心在其网站（http://webgis.bcgov.net/publicsite/publicviewer.htm1#）上为公众提供许多地图功能。在线用户可以使用许多和桌面 GIS 环境中一样的工具和查询功能（见图 12.3）。县管理员控制着网络上可用的地理空间信息的类型、质量及数量、属性数据。隐私问题将在本章后面的部分讨论。

南卡罗来纳州博福特县的网络GIS

图 12.3　南卡罗来纳州博福特县维护的一个基于网络的 GIS。访问该网站的用户可以访问大部分由博福特县维护的地理空间信息和一些专选的 GIS 工具。用户可以使用“图层”窗口在地图上显示所选择的多个专题图层，还可以在地图上导航、测量和截图。例如，图中显示了用户选定的希尔顿黑德岛（红点）位置的经纬度坐标，还可以使用在线工具执行数量有限的数据查询（博福特县 GIS 中心提供）

许多房地产公司也使用网络 GIS 为代理商和准买家提供房产、公寓及住宅位置与特征的最新信息。在评价潜在属性（如要价、卧室与浴室的数量、面积等）时，这些公司除了提供常用的搜索标准外，通常还提供基于网络的地理搜索功能（如城市的某个特定部分或特定的学区）。

许多组织提供在线的空间数据和数据库，同时网站在不断发展直接处理空间数据的能力。例如，Esri 的 ArcXML 提供 ArcWeb 服务，微软的网络地图服务也提供空间分析功能

（Wadembere and Ssewanyana，2010）。强大的网络地图服务，如谷歌地球、雅虎地图和必应地图等，将继续提高制图功能和特性。这些供应商有能力通过改进现有的地理空间软件，将 GIS 软件行业发展成为基于网络的 GIS 系统。之后，用户就可以使用供应商提供的特定的基于网络的 GIS 界面在线管理所有进程。刚开始时，可能无法执行主要 GIS 软件包中的所有 GIS 功能，但随着时间的推移，免费或廉价的基于网络的 GIS 用户界面，将包含越来越多且越来越复杂的地理空间分析和建模工具。

1．桌面 GIS 与网络 GIS

随着测绘和基于网络的测绘应用及程序分析能力的不断发展，一些 GIS 专家担心过多的网络 GIS 功能会让 GIS 专业人员及桌面 GIS 软件的重要性降低。但如本书中多个章节中注解的那样，正确使用空间数据和空间数据分析，需要高水平的地理空间数据及精确分析与建模的专业知识。现在许多使用网络制图应用的人们不能完全理解空间数据和空间数据分析有关的局限性与问题，因此，在使用网络制图应用提供的空间数据时，可能无法做出正确的假设和决定。经过适当训练的 GIS 专业人员能够理解空间数据的本质与局限性，并知道如何正确使用它们，未来仍处于高需求状态。GIS 专业人员应该坦然面对空间数据和 GIS 空间数据分析在互联网上的普及，因为这些服务让更多的人认识到了空间数据的实用性。不论什么样的计算环境，训练有素的 GIS 专业人员都应能对地理空间数据进行分析与建模，譬如不管是使用台式计算机还是使用移动设备。

12.3.3　移动 GIS

移动 GIS 是指远离办公室（现场）的 GIS 技术和数据的使用。人们用移动 GIS 就能在现场采集、存储、分析、更新和显示地理信息（Esri，2007）。移动 GIS 通常包括以下一项或多项技术：

- 移动设备（如平板电脑、手机等）
- 支持获取对象精确地理坐标的 GPS 定位功能
- 用于互联网 GIS 存取和数据上传/下载的无线连接

随着平板电脑和无线数据连接的不断改善及功能的迅速发展，移动 GIS 也将变得越来越重要。例如，如下平板 GIS 程序都能应用于平板 GPS 和移动数据连接：

- TerraGIS
  （http://www.fasterre.com/en/products/terrapad/terrapad.html）
- GISRoam（http://gisroam.com/）
- PocketGIS
  （http://www.pocket.co.uk/index.php）

- Star Pal（http://www.starpal.com/）

移动 GIS 软件允许用户修改表单，并将地理和属性信息输入到自定义表单。例如，假定需要编写一份城市部分街道两侧所有市政树木的目录。配有移动 GIS 软件、GPS 定位和移动数据连接的一台平板电脑，可用于确认每棵树的空间位置。在移动设备中用户定义的表单里，填入每棵树的信息，包括种名、通用名、胸径（DBH）和树的一般情况。通过平板电脑的 GPS 功能可以自动输入树的地理坐标。还可以直接获取树的照片，并以地理标签的形式存储。输入所有信息后，通过移动数据连接，可把完整的记录上传到中心数据集并存档。

智能手机通常配有一些移动地图软件，如谷歌地图等。随着手机和其他移动设备配备不断改进的 GIS 软件、更快的 CPU、更大的屏幕、更完善的 GPS 定位及更快的网络连接，移动地图应用将变得更加强大。

12.3.4　自发地理信息

互联网和使用并对其作出贡献的人们一直在不断变化。事实上，根据 Flanagin and Metzger（2008）的调查，35%的互联网用户会在线创建并发布内容，26%～34%的用户会共享自己在线创建的内容（如照片），约 1/3（32%）的用户会使用在线评价系统对产品、人或服务进行评价，20%的用户会创建其他人可见的个人简历，约 8%的用户会有博客。此外，美国有超过70%的成年人上网，很明显，大部分美国人都在参与创建和使用信息。

自发地理信息（VGI）是在互联网用户自愿分享地理空间信息的情况下创建的。近年来，免费空间数据需求的增长促进了 VGI 的增长（Zielstra and Hochmair，2011）（见图 12.4）。空间数据的数量正在迅速增加，获取空间数据的方法不断增多，人们使用空间数据的方式也在扩展。支持用户生成或修改地图和空间数据的网络服务持续快速发展。这促进了易于收集和传播带有地理属性数据的设备数量的增加（Elwood，2008）。手机和平板电脑可以将带有地理坐标的照片制成地理标签并即时上传到互联网。

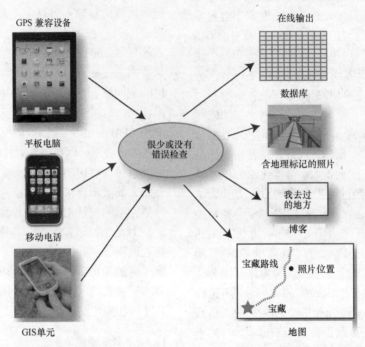

图 12.4 自发地理信息是未来 GIS 的另一个重要组成部分。越来越多的人正在为地理知识的主体作出贡献。
但这些数据在数据库、博客及地理空间游戏和娱乐中使用时，必须仔细检测其可靠性（和实用性）
（iPad2 图片由 Alamy 图片社的 Alliance images 提供；iPhone 图片由 Alamy 图片社的 D. Hurst 提供）

1. 自发地理信息的质量

自发地理信息的质量是一个非常严重的问题（见图 12.4）。例如，在使用谷歌地球时，人们能够在地理位置上制作照片标签。通常，在很少有或没有监督的情况下，这些照片的位置被认为是"正确"的，但大多数程序都提供了"错位"报告选项或类似的内容，来帮助识别定位错误信息。收集和最终发布此信息的人通常是自愿的，而他们很少或完全没有接受过专业训练。结果可能是信息不准确或不可靠（Goodchild，2007）。用户可以发布空间数据的其他地方包括维基百科、Open Street Map 和 Google My Maps 等。

像街道网络这样的其他空间数据也可以上传到互联网上。如张贴在博客中的照片地理标签那样，很少有人会检查这些数据是否有错误。Zielstra and Hochmair（2011）比较了免费为公众提供的数字街道数据与供出售的专有数据之间的区别。作者比较了基础数据集的数据质量与数据完整性后发现，通常开源（免费）数据在农村地区更完整，而购买的商业数据在城市地区更完整。

VGI 的创建和使用将快速扩展。GIS 专业人员要审慎地参考该专题的文献资料，以便确保能正确使用自发地理信息。

12.3.5 数据格式和标准的改进

GIS 领域最重要的问题之一仍是整个行业一致的数据标准的发展。据美国联邦地理数据委员会（FGDC，2011）的调查，数据标准促进了空间数据的使用、共享、创建和分发。数据标准定义了空间数据和表格（属性）数据的格式与使用。尽管有这些优点，但 GIS 数据仍然缺乏统一的数据标准。未来在政府、私营企业和 GIS 用户的共同努力下，可能会开发出统一的 GIS 数据标准。

同时也非常需要为矢量数据、栅格数据和地理数据库建立统一的标准。人们在特定的数据格式和其他问题上仍存在分歧。统一的 GIS 数据标准将促进形成"开放的" GIS 标准。"开放的" GIS 标准将允许从业者使用几乎任何类型的计算机或 GIS 软件，而输出的数据能够和所有其他的 GIS 软件系统兼容。开放地理空间协会（OGC：http://www.opengeospatial.org/）多年来一直致力于数据标准工作。

12.3.6　三维可视化

地形和城镇基础设施的三维可视化在未来会变得越来越重要。

1．地形可视化

人们生活在三维世界中，在三维导航和对地形描述的理解方面具有丰富的经验。这是谷歌地球中"地形"选项作为主要可视选项之一的原因。例如，美国犹他州犹他县从犹他山谷的平坦地形过渡到崎岖的瓦塞赤山脉，其可视化展示如图 12.5 所示。第一幅图用简单的灰度级显示了数字高程模型（DEM），深色调代表海拔较低，亮色调代表海拔较高［见图 12.5(a)］，其内容丰富但不易于解读。对原始 DEM 进行晕渲分析后的结果如图 12.5(b)所示，它包含了更多的信息，向观察者展示了带有山体阴影的地形，有助于观察者识别重要的三维地形特征。从 DEM 中提取等高线非常简单［见图 12.5(c)］。叠加在 DEM 晕渲图上的100m 等高线提供了信息丰富的地形可视化体验［见图 12.5(d)］。

随着以下三种技术的发展，准确三维地形信息收集技术将持续改进：(a)适用于立体航空摄影的软拷贝摄影测量软件；(b)LIDAR；(c)干涉 RADAR（详见第 3 章和第 9 章）。

2．城镇基础设施可视化

城镇/郊区环境三维 GIS 分析将越来越重要。全站仪（见第 3 章）和地面 LiDAR 传感器的应用改进了地面测量，能够提供非常准确的内外部三维坐标信息，可用于在三维 GIS 中建立数字模型（BIM）。例如，图 12.6 以三维的方式，详细展示了南卡罗来纳州立大学校园的部分基础设施建设信息(Morgan, 2010)。图 12.6(a)展示了从空中斜向观测的地形，图 12.6(b)显示了几栋建筑物实际高度的直立体模型图。建筑物内部房间的直立体模型如图 12.6(c)所示。规划人员和科学家对于以前难以获取的基础设施建筑的内外部信息，将会有越来越多的手段获取，以便用于各种 3D GIS 应用中。

制订中的新空间数据标准在逐渐增多的三维 GIS 分析中将更加准确和有效。例如，开放地理空间协会（OGC）正在开发城市地理标记语言（CityGML）。该语言对于虚拟三维城市模型的表示、存储和交换是一个开放信息模型，提供了描述对象的几何、拓扑、语义及外观等方面的一种方式，并定义了 5 种不同层次的细节。CityGML 允许用户将虚拟三维城市模型完成的复杂分析和显示应用于不同的领域，如行人导航、环境模拟、城市数据挖掘、设施管理、房地产评估和基于位置的营销等（开放地理空间协会，2011）。

12.4　地理空间公共访问和法律问题

可能会影响到 GIS 未来的几个法律问题包括：公共数据访问、GIS 数据责任和侵犯隐私权。

12.4.1　公共数据访问

访问公共数据（包括空间数据）是将来 GIS 用户会遇到的一个重要问题。访问这些数据通常要通过《信息自由法案》或类似的立法。

1．《信息自由法案》

大多数政府机构必须遵守信息自由或公开记录的法律，允许任何请求使用的人在支付了数据复制成本（如刻录 CD 的时间成本和 CD 自身的成本）后，能够获取使用税收所采集的数据。《信息自由法案》（FOIA）是美国政府管理信息与文件的联邦法律，它于 1966 年立法并经过了多次修订。FOIA 赋予任何人获得联邦机构档案的权利，除非档案（或部分档案）受保护。1996 年，《电子信息自由法案修正案》成为法律。修正法案可使人们在没有正式的 FOIA 申请情况下就能访问电子信息。该修正案和 GIS 及其用户关系密切，因为所有人都可以下载并使用许多政府机构在网站上提供的空间数据。如果联邦政府采集的空间数据不能下载，那么可以向收集数据的机构发出正式的 FOIA 申请。收到正式申请后，该机构通常会在收取复制数据成本费用后提供数据。由政府机构提供的数字数据一般都满足精度标准。

美国大多数州会有一些不同版本的 FOIA（通常称为《公开记录法案》或《阳光法案》），

具体规定（包括谁可以请求信息及这些信息可以用来做什么）因州而异。与其他政府实体相比，地方政府和自治市可能会有不同的法律（或法律解释）。明智的做法是在假设所有公共数据全部可用之前，调查一下政府机构的相关政策。收集任何新数据前，最好先了解一下这些数据是否已被政府采集。

三维地形可视化

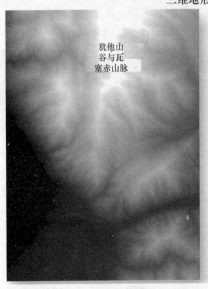

(a) 30m×30m数字高程模型

(b) 带有山体阴影的DEM

(c) 100m等高线与DEM叠加

(d) 100m等高线与带有山体阴影的DEM叠加

图 12.5　犹他县犹他山谷中部地形的可视化：(a)原始 DEM；(b)分析后具有山体阴影的 DEM；(c)从原始 DEM 中提取的 100m 等高线；(d)100m 等高线与带有山体阴影的 DEM 叠加（数据由美国地质调查局提供）

三维城镇基础设施可视化

(a) 南卡来罗纳州立大学校园一部分的航空相片

(b) 三维直立体建筑模型

(c) 三维建筑内部的房间

图 12.6 建筑物内部的三维信息将变得越来越重要: (a)南卡来罗纳大学的倾斜航拍
相片; (b)三维直立体建筑模型; (c)单个建筑中的单个房间 (数据由南卡来
罗纳州立大学地理系的 Dave Cowen 和 M. Morgan 提供)

对许多政府机构而言, 创建、存储和服务公共 GIS 数据都需要付出高昂的代价。此外, 维护一个支持公开访问的 GIS 的费用也相当可观。一些公共机构已决定通过向公众出售 GIS 相关的数据和数据服务来收回一些成本。另外一些人则认为此举与 FOIA 和《公开记录

《法案》的目的相抵触，因为公民有权免费获取公共机构采集的数据。任何过度的数据费用都会对该项权利造成限制。

相反，一些由政府机构持有的数据对使用这些数据来获取经济效益的个人或公司是非常有价值的。这些个人或公司应该为数据支付费用。他们对"免费"数据的需求给负责提供数据的公共机构带来了巨大负担。因此，公共机构经常需要按照具体情况具体分析的原则来对地理空间数据的分发作出决定。

12.4.2　GIS 数据有限责任

访问公共政府机构收集的数据也会引发各种责任问题。获取空间数据通常是为了某一具体目的。有时，数据随后就被用于完全不同甚至不适当的目的。例如，如果设计一个跨越多个州界或多种生态系统的数据集来进行区域研究，则该数据集并不适合于进行本地规模的研究。此时根据数据可能会得出不准确的结论或作出错误的决策。

因此，正如地图通常提供介绍其预期用途和限制的有责任声明那样，许多政府机构也会提供介绍其 GIS 数据和数据产品的有限责任声明。这样做是为了确保公共机构避免对使用空间数据作出错误决定或可能的非法行为承担责任。通常，地理空间数据的潜在用户在得到下载数据许可之前，需确认他们已阅读并理解了责任声明。例如，图 12.7 显示了堪萨斯州塞奇威克县地理信息服务中心的数据访问和使用协议，这样的声明将变得更加普遍，以便使公共机构从不适当使用公开的地理信息中保护自己。

GIS责任声明

图 12.7　堪萨斯州塞奇威克县地理信息服务中心的数据访问和使用协议，其目的是保护该县免受不正确使用公共地理信息后果的影响（照片由堪萨斯州塞奇威克县地理信息服务中心 http://gis.sedgwick.gov/提供，Copyright，2011）

12.4.3 第四隐私权修正案的思考

Onsrud et al.（1994）提出了向公众组合提供地理数据集与其他数据集的担忧。他们指出，有些 GIS 数据集虽然合法，但对大多数公民而言可能存在很大的争议性和侵犯性。最初，他们的许多担忧在今天具有非常重要的意义。在《使用地图的间谍》一书中，Monmonier（2002）提醒读者要注意正常使用 GIS 和空间数据的其他意外结果。

在美国，第四修正案保护公众免于不合理搜索。不合理搜索是一个重要的法律问题，将来很可能在地理空间信息的使用或滥用中发挥重要作用。例如，高空间分辨率的遥感数据已有数十年的应用，但由地方政府负责监控的 GIS 中数据的配准和数据分析，被人们认为是不合理的搜索。下面是一些不合理搜索的示例。

- 纽约里弗黑德镇使用谷歌地球的图像数据定位城市中的所有游泳池。这一信息与当前获得许可的游泳池列表叠加后，发现约有 250 个未获得许可的游泳池。随后，该市要求游泳池所有者申请获得所需的许可证或处以罚款（Elgan，2010）。该过程实现起来非常简单，图 12.8 用一个完全不同的美国东南部住宅区进行了演示。

住宅小区内的室外游泳池

图 12.8　用高空间分辨率航空摄影照片来确定所有室外游泳池的位置是一项非常简单的任务。把获得许可的游泳池与所有游泳池的位置（地址）叠加，是识别未获得许可游泳池的一种简单方法（图片由列克星敦县房地产、测绘与数据服务中心提供）

- 许多市政当局为降低能耗，规定了家庭隔热层的最小厚度。为确保所有家庭满足这个最小值，政府官员是否有权在寒冷的冬天乘坐搭载热红外温度计的车辆上街，或搭载直升机在空中检查各个家庭，以便判断你的家里是否装了足够厚的隔热层？
- 如果你是一名嫌疑犯，手机公司是否有权将通过手机收集到的你的位置信息提供给执法部门？
- 租车公司是否有权监控汽车的速度？如果可以，当租赁者经常超速时，租车公司是否可以收取保险费？康涅狄格州的一家租车公司通过 GPS 追踪客户，一旦时速超过 79 英里/小时，就会对他们罚款（Monmonier，2002）。

- 政府机构或公司是否有权创建和/或共享关于个人家庭或土地（评估价值、面积、卧室和浴室数量、建筑物边界等）的空间数据和信息，从而可以被任何人质疑？在英国，小偷会使用谷歌地球图像来标记珍稀鱼类在后院的池塘位置，然后闯入后院偷鱼，日后再把鱼卖掉（Elgan，2010）。
- 一些数据采集员会定期采集道路两侧所有不动产的地形剖面图。有时，采集数据时拍摄的照片能够拍到街道上的行人甚至住家或办公室中的人。这是对隐私的侵犯吗？
- 政府是否有权收集关于个人财产的地理空间信息，以便判断是否有非法活动？例如，通过获取高空间分辨率的航空摄影照片来识别种植在野外的小块大麻地块，是非常容易实现的。在某些情况下，可以用高空间分辨率热红外图像识别正在制作冰毒或里面种植有大麻的高温建筑。

哪些是构成非法搜索和/或侵犯隐私的行为将成为非常重要的议题，会影响到GIS能够采集、共享和分析的数据类型。GIS从业者及时了解最新的法律问题非常重要。包含有适当数据的GIS可用于提高生活质量，但也可能被用于非法目的。GIS从业者必须是有道德价值观的守法公民。

人们经常无意中泄露个人信息。例如，用手机或数码相机拍摄的照片，通常会自动进行地理标记，这种标记包含有拍摄照片位置的准确地理信息（经度和纬度）。这是一种确定照片拍摄时间和地点的很好信息源，很多人都没有意识到这种信息收集方式。人们经常将照片发布到网上（如在博客中），这会无意中泄露个人隐私。例如，图 12.9 是一张包含地理信息和其他信息的地理标记图片。

典型地理标记图片中的信息

File	
	Name: Image.121.jpg
	Size: 939 KB
	Modified: 08.11.11 12.33.17 pm
	Imported: 08.11.11 12.35.08 pm
Exposure	
	Shutter: 1/211
	Aperture: f / 2.8
	Exposure: Normal program
	Focal Length: 3.85 mm
	Sensing: One-chip color area
	Flash: Off
	Metering: Average
	ISO Speed: 64
	GPS Latitude: 40° 14′ 42.60″ N
	GPS Longitude: 111° 38′ 21.60″ W

图 12.9   用手机或数码相机拍摄的照片可能包含有快门速度、焦距和地理位置信息。例中，经度和纬度也保存在照片中。许多用户并未意识到照片已进行了地理标记，并无意中让他人知道了照片拍摄地点

12.5   遥感和 GIS 的集成

遥感科学的发展对 GIS 产生了重大影响。数据获取平台的数量和平台稳定性的改善，提高了遥感衍生产品的实时性和空间精度。平台上搭载的传感器系统的改进，将为 GIS 调查提供新的生物物理类型和城市/郊区信息。遥感数字图像处理的发展有助于提取更多实用和

准确的地理空间信息。

12.5.1　数据采集平台的发展

卫星、亚轨道飞行器和移动平台（如汽车或货车）具有更高的可靠性。惯性制导系统和 GPS 的发展，支持遥感数据在采集时获得更准确的平台位置和方位信息，这大大提高了对遥感衍生产品进行准确几何校正的能力。遥感数据的几何精度越高，在 GIS 中与其他地理空间信息一起建模就越容易。

无人机（UAV）的使用也将不断增加。现在，众多供应商提供相对廉价的独立系统，可以编程获得用户指定海拔地区的不同遥感数据。联邦航空部门会继续严格控制无人机的使用，以保护公众免受天空坠物的伤害。

12.5.2　遥感系统的发展

工程师们正在不断地发展和改进遥感系统，以收集全新或改良的遥感数据。例如，NASA 的高光谱红外成像仪（HyspIRI）将于 2012—2016 年推出，该传感器的光谱敏感性大大提高，在 380～2500nm 范围内有数百个光谱波段，空间分辨率为 60m×60m（NASA，2011）。世界各地的许多机构正在研发改进的合成孔径雷达（SAR）系统，这种系统不仅可以获得多个频率的极化（PolSAR）数据，而且能昼夜工作，甚至在恶劣天气时也能获取数据。（传感器放在地面上的）探地雷达是探测地面以下物体的一种新技术。人类学家和土木工程师使用地下地理空间信息来确定挖掘地点。

机载和地面激光雷达的数据采集明显提高了野外和城市数字高程模型的质量，并提供详细的植被生物物理信息（特别是森林特征）（Maidment et al.，2007；Raber，2007）。机载测深激光雷达可提供较浅水体的详细等深线信息。（传感器放在地面上的）地面激光雷达可用于加密建筑、立交桥、地形、树木等的三维信息。这类信息也大量用于电影行业，通过数字图像处理操作来合成城市的三维视图。

有些组织和政府机构正在进行历史遥感数据的挖掘工作，以制作国家或世界范围的图像拼接和/或变化检测产品。典型的数据集包括陆地卫星世界影像（Esri，2011a）、土地覆盖、生物量、不透水表层、海拔、树冠（USGS，2011）和城市范围（Schneider et al.，2009）。其他类型的遥感相关地理空间产品请参阅附录。

到目前为止，遥感仪器仍不能看透大多数结构的内部。新的地面反向散射 X 射线技术（传感器固定在地面或放置在厢式货车上）可以穿透较厚的金属容器、汽车拖车和房屋。如照片般逼真的 X 射线图片擅长定位质地较软的物体，如香蕉、植被和人体（美国科学与工程，2011）。这种遥感技术在实际中用于定位炸药、藏匿在汽车或卡车中的人和违禁药品等。这种技术也可用于生命救援，例如当人们被困在洪水不断上涨的阁楼上时。与所有遥感技术一样，该技术也有合理和不合理使用的可能性。

12.5.3　数字图像处理进展

从上述遥感数据类型中提取土地利用/土地覆盖、生物物理和地形信息的处理过程有了很大的进步。很多这样的地理空间信息都能导入 GIS，以便结合其他地理空间信息来解决问题。

软拷贝摄影测量的改进，提升了 GIS 人员从高空间分辨率的数字（和模拟）航空照片中提取详细建筑基础设施信息（如建筑范围）和详细地形信息的能力。

高光谱数据的分析曾经相对困难。更多人性化的高光谱分析软件正在使个人从高光谱数据中提取信息变得更加简单（Im and Hensen，2009；ITT，2011）。

分析雷达图像一直非常困难。改进的雷达数字图像处理技术，使得多频和多极化雷达数据的处理变得更为容易，可提取土地利用/土地覆盖和生物物理信息。当遮挡的植被较少时，干涉雷达数据能够得到相对准确的数字高程信息。

面向对象的图像分割将更频繁地用于提取图像中的均匀多边形信息而非每个像素的信息（Jensen et al.，2009；Wang et al.，2010）。这些算法同时考虑了遥感数据的空间和光谱特性，而不仅仅是光谱特性。这对于高空间分辨率多光谱图像的分析尤其有用。基于地理对象的图像分析（GEOGIA）正在发展为图像上下文分析的新领域，结合激光雷达/DEM、雷达和 GIS 地理数据库信息，可用于对象的识别和分类，并可直接输入到 GIS 中（Blaschke et al.，2008）。激光雷达和地面激光雷达数据处理的明显改进，使得从大量点云中提取非常密集的数字地形和植物结构特征更加容易（参见第 3 章和第 9 章）。

遥感变化检测一直是一个比较复杂的过程。数字图像处理变化检测算法的改进，使得从多时相影像中提取变化信息的过程简单多了（如 Jensen and Im，2007；Esri，2011b）。

GIS 软件公司正在提升以下几方面的处理能力：(a)获取不同类型的遥感数据；(b)用 GIS 软件分析遥感数据；(c)输出遥感衍生信息，以便在 GIS 分析中能够和其他空间信息结合。今后 GIS 和遥感科学将会更加集成化。

12.6　小结

接受地理信息科学和 GIS 培训的人将会有光明的未来。本章探讨了几个未来的发展方向。排除不可预见的因素，在公共和私营部门内与 GIS 相关的工作，应会如美国劳工部的记录档案（USDOL/ETA，2011）预计的那样持续增加。成为专业组织的成员是一种提升自身地理信息科学素养和为行业知识主体作出重大贡献的有效方式。同时，还需要了解其他测绘科学（地学技术）的进展。获得证书、认证和执业许可，是今后需要重点考虑的内容。

GIS 技术、方法和软件方面将取得重大进展。随之变化的重要领域包括云计算、网络

GIS、移动 GIS、数据格式和标准的改进、自发地理信息的创建与合理使用、三维可视化等。跟上公众访问 GIS 数据的新进展非常重要。GIS 和遥感科学将变得越来越集成化。

地理新科学发展的主要贡献者之一 Roger Tomlinson 最近表示："我对 GIS 的未来非常乐观。这是出现在正确时间的正确技术。我认为当今世界面临的所有重大问题（人口过剩、食物短缺、农业产量降低、不良气候变化、贫穷等）都是典型的地理问题，它们都涉及人与土地的关系，而 GIS 可以为此作出巨大的贡献。GIS 是这个时代唯一可以帮助我们解决所面临问题的技术。"（Baumann，2009）。

复习题

1. 公共或私营部门所聘的 GIS 专家的优点和缺点分别是什么？
2. 为什么地方和国家政府机构担心他们在网站上提供给公众的地理空间数据的相关责任？
3. 与 GIS 数据相关的两个主要隐私问题是什么？
4. 你认为移动 GIS 将如何发展？请举出移动 GIS 技术的两个重要应用。
5. 与自发地理信息相关的优缺点有哪些？
6. GIS 证书、GIS 认证与许可之间的区别是什么？
7. 什么是《信息自由法案》？为什么它对 GIS 从业者而言非常重要？
8. 为什么继续自学 GIS 原理与实践很重要？GIS 领域中"灵活性"的含义是什么？
9. 什么是带地理标记的照片？与地理标记照片有关的隐私问题是什么？
10. 为什么专业组织有益于 GIS 职业？专业组织成员如何从中获益？
11. 你怎么看待 GIS 的未来？你觉得会出现哪些重要的变化或挑战？

关键术语

云计算（Cloud Computing）：通过互联网访问存储在远程位置的文件或软件。

数据标准（Data Standards）：便于空间数据的使用、分享、创建和发布的规范。

信息自由法案（Freedom of Information Act，FOIA）：美国政府管理信息和文件的公开联邦法律。

GIS 证书（GIS Certificate）：学生完成一系列 GIS 学术课程或培训项目后，被授予的正式证书或认可文件。

GIS 认证（GIS Certification）：由公正的第三方对个人所具有的 GIS 专业技能进行认定的过程。不同的授权第三方对认证要求不一样。

GIS 许可（GIS Licensure）： 行业执业许可证的授予。许可通常由国家立法监管。

测绘科学（Mapping Sciences）：测绘科学包括大地测量学［包括全球导航卫星系统（GNSS）的使用，如美国的 GPS］、测量学、制图学、GIS 和遥感。

移动 GIS（Mobile GIS）：办公室之外（现场）的 GIS 技术和数据的使用。

非营利专业组织（Nonprofit Professional Organizations）：寻求特定行业的进一步发展，追求从事该职业人群的利益和公众利益的组织。

自发地理信息（Volunteered Geographic Information, VGI）：网络用户创建并自愿纳入各种互联网应用的地理坐标信息。

网络 GIS（Web-based GIS）：GIS 数据、数据分析和其他与 GIS 相关的服务在互联网上的分布。

参考文献

[1] American Science and Engineering, 2011, Z Backscatter, Billerica, MA: American Science and Engineering (http://www.ase.com/products_solutions/z_backscatter.asp).

[2] Baumann, J., 2009, "Roger Tomlinson on GIS History and Future," GEOconnexion International Magazine, 8(2):46–48.

[3] Blaschke, T., Lang, S. and G. Hay, 2008, Object-Based Image Analysis: Spatial Concepts for Knowledge- Driven Remote Sensing Applications, New York: Springer, 836 p.

[4] BLS, 2010, "Number of Jobs Held, Labor Market Activity, and Earnings Growth among the Youngest Baby Boomers: Results from a Longitudinal Survey," Washington, DC: Bureau of Labor Statistics (http:// www.bls.gov/news.release/pdf/nlsoy.pdf).

[5] Bossler, J. D., Jensen, J. R., McMaster, R. B. and C. Rizos, 2002, Manual of Geospatial Science and Technology, London: Taylor & Francis, 623 p.

[6] DiBiase, D., DeMers, M., Johnson, A., Kemp, K., Luck, A.T., Plewe, B. and E. Wentz, 2006, Geographic Information Science & Technology Body of Knowledge, Washington: Association of American Geographers.

[7] Elgan, M., 2010. "Big Brother is Searching You: Is it OK to Violate the Fourth Amendment, as Long as You Use New Technology To Do It?" Computerworld, August (http://www.computerworld.com/s/article/ 9181298/Big_Brother_is_searching_ you_?).

[8] Elwood, S., 2008, "Volunteered Geographic Information: Key Questions, Concepts and Methods to Guide Emerging Research and Practice," GeoJournal, 72:133–135.

[9] Esri, 2007, GIS Best Practices Mobile GIS, Redlands: Esri, Inc. (http://www.Esri.com/library/bestpractices/ mobile-gis. pdf).

[10] Esri, 2011a, Esri Introduces Landsat Data of the World, Redlands: Esri, Inc. (http://www.Esri.com/news/ arcnews/spring11articles/Esri-introduces-landsat-data-for-theworld.html).

[11] Esri, 2011b, Landsat Change Matters Viewer, Redlands: Esri, Inc. (http://www.Esri.com/landsat- imagery/viewer.html).

[12] FGDC, 2011, Standards—Federal Geographic Data Committee, Washington: Federal Geographic Data Committee (http://www.fgdc.gov/standards).

[13] Flanagin, A. J. and M. J. Metzger, 2008, "The Credibility of Volunteered Geographic Information," GeoJournal, 72:137-148.

[14] Gewin, V., 2004, "Careers and Recruitment Mapping Opportunities," Nature, 427:376–377.

[15] GISCI, 2011, Geographic Information System Certification Institute Program (http://www.gisci. org/certification_ program_description.aspx).

[16] Goodchild, M. F., 2007. "Citizens as Sensors: The World of Volunteered Geography," GeoJournal, 69:211–221.

[17] Hayes, B., 2008, "Cloud Computing: As Software Migrates from Local PCs to Distant Internet Servers, Users and Developers alike go along for the Ride," Communications of the ACM, 51:9–11.

[18] Im, J. and J. R. Jensen, 2009, "Hyperspectral Remote Sensing of Vegetation," Geography Compass, Vol. 3 (November), DOI: 10.1111/j.1749-8198.2008. 00182.x.

[19] ITT, 2011, ENVI–Environment for Visualizing Images, Boulder: ITT (http://www.ittvis.com/Products Services/ENVI.aspx).

[20] Jensen, J. R. and J. Im., 2007, "Remote Sensing Change Detection in Urban Environments," in R. R. Jensen, J. D. Gatrell. and D. D. McLean (Eds.), Geo-Spatial Technologies in Urban Environments Policy, Practice, and Pixels, 2nd Ed., Berlin: Springer- Verlag, 7–32.

[21] Jensen, J. R., Im, J., Jensen, R. and P. Hardin, 2009, "Chapter 19: Image Classification," in Handbook of Remote Sensing, D. Nellis and T. Warner, Eds., Boca Raton: CRC Press, 82–102.

[22] Kouyoumjian, V., 2010, "The New Age of Cloud Computing and GIS," ArcWatch, January, 2010 (http://www.Esri.com/news/arcwatch/0110/feature.html).

[23] Luccio, M. 2007, "GIS—the Greater Extent: GIS Professional Certification," Professional Surveyor Magazine, July 2007 (http://www.profsurv.com/ magazine/article.aspx?i=1911).

[24] Maidment, D. R., Edelman, S., Heiberg, E. R., Jensen, J. R., Maune, D. F., Schuckman, K. and R. Shrestha, 2007, Elevation Data for Floodplain Mapping, Washington: National Academy Press, 151 p.

[25] Mondello, C., G. Hepner and R. Medina, 2008, "ASP&RS Ten-year Remote Sensing Industry Forecast Phase V," Photogrammetric Engineering & Remote Sensing, 74(11):1297–1305.

[26] Monmonier, M., 2002, Spying with Maps, Chicago: University of Chicago Press, 339 p.

[27] Morgan, M. F., 2009, CAD-GIS Interoperability Issues for Facilities Management: Enabling Inter-disciplinary Workflows, unpublished Masters Thesis, Columbia: Department of Geography, University of South Carolina.

[28] NASA, 2011, NASA Earth Science Decadal Survey Studies: HyspIRI, Washington: NASA Goddard Space Flight Center (http://decadal.gsfc.nasa.gov/ hyspiri.html).

[29] NASA JPL, 2011, Eyes on the Earth 3D, Pasadena: California Institute of Technology (http://climate.nasa.gov/Eyes/ eyes.html).

[30] Onsrud, H. J., Johnson, J. P. and X. Lopez, 1994, "ProtectingPersonal Privacy in Using Geographic Information Systems," Photogrammetric Engineering & Remote Sensing, 60:1083–1095.

[31] Open Geospatial Consortium, 2011, The OGC Seeks Comment on City Geography Markup Language (CityGML) V1.1, Wayland, MA: Open Geospatial Consortium (http://www.opengeospatial.org/ogc).

[32] Raber, G., Hodgson, M. E. and J. R. Jensen, 2007, "Impact of LiDAR Nominal Posting Density on DEM Accuracy, Hydraulic Modeling, and Flood Zone Delineation," Photogrammetric Engineering & Remote Sensing, 73(7):793–804.

[33] Schneider, A., Friedl, M. A. and D. Potere, 2009, "A New Map of Global Extent of Urban Area from MODIS Satellite Data," Environmental Research Letters, 4(4): doi:10.1088/1748-9326/4/4/044003.

[34] USDOL/ETA, 2011, O*Net Online, Washington: U.S. Department of Labor/Employment and Training Administration (www.onetonline.org/find/quick?s= GIS).

[35] USGS, 2011, National Land Cover Database 2006: Land Cover, Impervious Surfaces, Tree Canopy, Orthophoto, and Elevation, Washington: U.S. Geological Survey (http://seamless.usgs.gov/index. php).

[36] Wadember, I. and J. K. Ssewanyana, 2010, "Future IT Trends for GIS/Spatial Information Management," Scientific Research and Essay, 5:1025–1032.

[37] Wang, Z., Jensen, J. R. and J. Im, 2010, "An Automatic Region-Based Image Segmentation Algorithm for Remote Sensing Applications," Environmental Modelling & Software, 25(10): 1149–1165.

[38] Zielstra, D. and H. H. Hochmair, 2011, "Free versus Proprietary Digital Street Data," GIM International, 25:29–33.

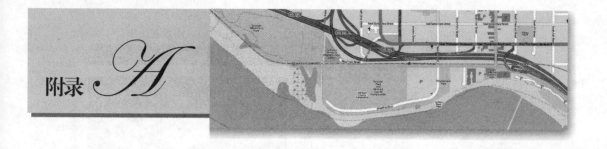

地理空间信息来源

获得及时、准确的地理空间信息是 GIS 研究最重要也最具挑战的活动。第 3 章介绍了 GIS 中通常分析的地理空间数据类型。本章介绍如何通过互联网来访问所需类型的地理空间数据。列出的专题数据集并不完整，但可为读者指明获得最通用地理空间数据的方向。

本章首先介绍 4 个联邦地理空间数据库，包括 EarthExplorer、The National Map、Geo.Data.gov 和人口统计局；然后讨论使用自发地理信息（VGI）创建的开源地理空间数据库 OpenStreetMap；再后讨论商业地理空间数据库 Esri ArcGIS Online。

本章剩下的部分讨论部分专题数据集（如高程、水文、土地利用/土地覆盖）、部分公用遥感数据源（第 3 章中给出了遥感数据的几个商用来源），然后列出美国 50 个州的 GIS 数据交换中心的网址。

A.1 目录

A.1.1 联邦地理空间数据库

- EarthExplorer（USGS）
- The National Map（USGS）
- Geo.Data.gov（USGS）
- 美国人口统计局

A.1.2 开源自发地理信息库

- OpenStreetMap

A.1.3 商用地理空间数据库

- Esri ArcGIS Online

A.1.4 数字高程数据

- DRG：数字栅格图形（USGS 和 www.libremap.org）
- GTOPO30：世界数字高程模型（USGS）
- NED：国家高程数据集（USGS）
- 地形和水深信息（USGS、NOAA）
- 地形变化信息（USGS）
- SRTM：航天飞机雷达地形测绘任务（NASA、JPL）

A.1.5 水文数据

- NHD：国家水文数据库（USGS）
- EDNA：高程衍生产品国家应用（USGS）

A.1.6 土地利用/土地覆盖和生物多样性/栖息地数据

- NLCD：国家土地覆盖数据集（USGS）
- C-CAP：海岸变化分析计划（NOAA）
- 差异分析计划（USGS）
- NWI：国家湿地库存（USFWS）
- NPN：美国国家物候网络

USGS EarthExplorer 用户界面   NLCD2006 的搜索结果

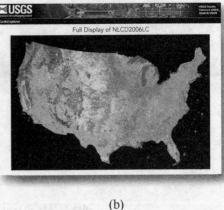

(a)   (b)

图 A.1   (a)USGS EarthExplorer 用户界面。在线得到地理搜索面积后，图中已选择搜索美
国大陆的 USGS 2006 年国家土地覆盖数据集（NLCD）；(b)搜索 2006 NLCD 的
结果（http:// edcsns17.cr.usgs.gov/NewEarth Explorer/）

A.1.7 网络（道路）和人口统计数据

- MAF/TIGER：主地地址文件/拓扑集成
  地理编码与参考系统（人口统计局）

- 2010 年人口普查与统计（人口统计局）

- LandScan（美国橡树岭国家实验室）

A.1.8 遥感数据

- ASTER：先进星载热辐射和反射辐射
  计（NASA）

- AVHRR：先进超高分辨率辐射计（NOAA）

- AVIRIS：先进可见光红外成像光谱仪
  （NASA）

- 解密卫星影像（USGS）

- DOQ：数字正射影像（USGS）

- 陆地卫星多光谱扫描系统（MSS），专
  题制图仪（TM）和增强型专题制图仪
  （ETM+）（NASA/USGS）

- LiDAR：光探测和测距（USGS）

- MODIS：中等分辨成像光谱仪（NASA）

- NAIP：国家农业影像计划（USDA）

A.2 联邦地理空间数据库

由于联邦地理空间数据仓库中的数据对

公众基本上是免费的，因此这里仅介绍少数联
邦地理空间数据仓库。

A.2.1 USGS EarthExplorer

寻找矢量和栅格地理空间数据的最好去
处之一是美国地质调查局的 EarthExplorer 网
站（http://earthexplorer.usgs.gov/）。在该站点，
用户可通过键入位置名称、输入地理坐标或拖
绘框图来选取一个位置或区域［见图 A.1(a)］。
识别地理区域后，用户可从菜单中标识特定类
型的数据。例如，图 A.1(a)所示的用户界面就
用于查找 2006 年的国家土地覆盖数据集
（NLCD）。从该网站上可查询和下载许多机构
和组织的数据。

用户须在 EarthExplorer 中注册后，才能
搜索和订购数据。查找和下载矢量与栅格数据
很容易，尤其是遥感数据文件。

有些数据集可立即下载。其他数据集则需
要几小时或几天时间通过 FTP 下载，因为数据
提取需要时间。通常，用户不需要向其他站点
发送信息来订购数据。这是一个高级搜索引
擎，适用于那些知道所查询地理空间数据类型
和特性的人员。

A.2.2 USGS 的 The National Map

由国家地理空间计划（NGP）管理的 The

National Map 查看程序可提供数据查看功能，以及下载所有 8 个国家地图数据集和美国拓扑产品的功能（Carswell, 2011）。The National Map 包含有地理边界、高程、地理名称、水文、土地覆盖、正射影像、结构和交通信息。其主要目的是获取和集成各种来源的 8 个基本图层的中比例尺（通常为 1:24000）地理空间数据，提供对无缝地理空间数据覆盖的访问（见图 A.2）。

美国国家地图

图 A.2 The National Map 用户界面尤其适用于查找地理边界、地形高程、地理名称、水文、土地覆盖、正射影像、结构和交通信息（http://nationalmap.gov/viewers.html）

The National Map 中最有用的图层之一是美国的拓扑数据。美国拓扑数据是新生成的数字地形图，它以传统的 7.5 分四边形格式排列。数字美国拓扑地图类似于传统的纸质地形图，优点是支持更广和更快的公众分发，并能进行基本的屏幕地理分析（http://nationalmap.gov/ustopo/index.html）。

The National Map 内的 National Atlas 具有很强的交互性，它包含有用户可以选择的许多不同数据图层。The National Map 还为用户提供制图工具，以便使用各个空间数据层来创建所需的地图。

A.2.3 Geo.Data.gov

2011 年 10 月 1 日，Geodata.gov 在 Data.gov 架构内更名为 Geo.Data.gov。这一变化使得美国国家地理空间数据集更为集中，用户可浏览和访问 400000 幅以上的地图、数据集和服务［见图 A.3(a)］。此外，用户还可访问这些站点背后的服务、制图和显示性能与数据。这一功能需要由新的地理空间平台提供，该平面保留了联邦地理数据委员会的指南、政策和标准的联机主页。

Geo.Data.gov 允许用户通过指定"内容类型"和 ISO 主题分类来搜索地理空间信息［见图 A.3(a)］。然后用户可使用提供的文本过滤器来优化搜索。本例中，标识了"交通网络"类，并使用 TIGER Richland County South Carolina 信息进行了过滤。所得结果是美国人口统计局关于里奇兰县 2008 年至 2010 年的 TIGER 数据。该网站还提供一个地图查看器，在该查看器中，用户可选取 12 个背景数据集之一，并使用 Add 图标将信息叠加到该数据集上［见图 A.3(b)］。如果用户对人口数据和基本的空间数据感兴趣，那么这个地图查看器尤其有用。对于缺乏经验的用户或不确定要查找什么地理空间数据的用户而言，该网站最为合适。

Geo.Data.gov用户界面　　　　　　　　　　　地图查看器

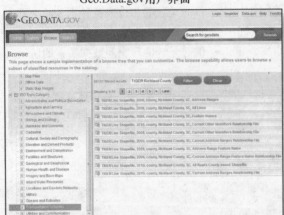

图 A.3　(a)Geo.Data.gov 网站的浏览器界面。左侧的浏览目录包含了"内容类型"（不可见）和 I
SO 主题分类的信息。在该例中，用户选取了"交通网络"主题分类，并在过滤器中指定
了 TIGER Richland County South Carolina。搜索结构识别出了里奇兰县从 2008 年至 2012 年
的所有 TIGER 数据。用户可评估与每个文件相关的元数据，或单击期望的数据集并按照一些
简单的指令来下载数据；(b)网站的地图查看器提供 12 种底图，它们可作为背景图层，用户可
使用 Add 图标在其上叠加所找到的信息（http://geo.data.gov/viewer/webmap/viewer.html）

A.2.4　美国人口统计局

如果用户不想使用 Geo.Data.gov 来查找
公众数据，可直接进入数据来源。例如，美国
人口统计局的网站提供了大量地理空间数据，
如图 A.4 所示。该网站提供了几种文件类型的
普查地理数据图，它们是基于 MAF/TIGER 数
据库建立的。对许多 GIS 研究而言，该网站最
重要的部分是 TIGER/Line Shape 文件和制图
边界文件。

美国人口统计局

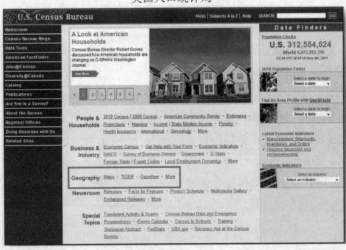

图 A.4　美国人口统计局网站的用户界面提供对美国人口数据和 MAF/TIGER
Line 数据库的访问。界面所示的地理区域已突出显示（www.census.gov）

TIGER/Line Shape 文件：TIGER/Line 文
件可按各个县或整个州来下载。这些文件中包
含有公路、铁路、河流、法律和统计地理区域
的要素。这是美国人口统计局最全面的数据

集，设计用于 GIS。

　　制图边界文件：制图边界文件是从美国人口统计局的 MAF/TIGER 地理数据库中选取的有代表性的地理区域。这些边界文件专门设计用于小比例尺专题制图。通用的边界文件是美国大致轮廓的简化形式，适用于已裁剪到海岸线的小比例尺制图项目。

A.3　开源自发地理信息库

　　开源地理空间数据库有很多，其中最知名的此类数据库之一是 OpenStreetMap。

A.3.1　OpenStreetMap

　　OpenStreetMap（OSM）类似于维基百科，只是它提供的是免费的开源地理信息，如世界街道地图（http://www.openstreetmap.org/）（见图 A.5）。人们认为他们应能在制图和 GIS 应用中免费使用空间数据的看法，实际上存在许多法律限制。OpenStreetMap 中严禁那些具有版权的地图数据或其他专有数据。

　　OSM 的目的是对地理空间数据提供免费访问，以便激发人们的创造力。志愿者会通过各种来源收集感兴趣区域的地理数据。有些志愿者会系统地创建所有城市在某段时间的地图，或制作某个时段某个区域的专题地图。2011 年，OSM 已拥有超过 400000 名注册用户。

　　地面测量通常由携带 GPS 的人员步行、骑自行车、驾车、划船完成。对校正后的航空照片或卫星影像采用简单的图形或屏幕追踪处理，也可提取地理数据。有些政府机构也会在 OSM 中发布数据。

　　许多此类数据来自美国的公共来源（如陆地卫星影像、TIGER 数据）。2010 年，微软公司开始允许 OSM 社区在 OSM 编辑器中使用必应垂直航空影像作为背景图层。

　　收集完地理数据后，可上传至 OSM 网站。然后可使用一个简单的编辑界面（见图 A.5）来为地理数据赋予"属性"，即把线段标记为公路、小溪或电力线，并使它们符号化。这通常可由上传地理数据的同一个人来完成，或由其他已注册的 OSM 用户完成。OSM 按位置来提供详细的地理数据，包括建筑范围和要素名称（见图 A.5）以及少量其他区域的信息。当然，OSM 数据的几何和属性准确度取决于志愿者所提供的地理数据的质量。

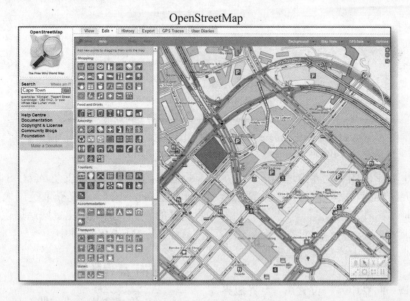

图 A.5　开源 OpenStreetMap 主要包含有由志愿者自联邦机构的某些公共来源获得并上
　　　　传的数据。该图演示了与南非开普敦市相关的地理数据。界面正处于编辑模式，
　　　　在这种模式下，志愿者可向数据库中添加点、线和多边形，并使用所示的图标
　　　　提供符号和属性信息（地图数据由 OpenStreetMap 贡献者 CC-BY-SA 提供）

人们可以使用移动式手持接收机（如 Garmin）和手机（如 iPhone）来查看 OSM 数据，也可使用开源地理信息系统（如 Quantum GIS, http://qgis.org/）来提取 OSM 数据并将其保存为 ArcGIS shape 文件。

在 2010 年海地地震期间，OSM 和志愿者两天内就使用高空间分辨率的卫星影像制作出了太子港的道路、建筑和难民营地图。他们创建了最完整的太子港数字化道路网络地图。生成的数据和地图已被许多国际救济组织使用。

A.4　商用地理空间数据库

商用地理数据搜索引擎有很多，如谷歌地球、必应地图、Esri ArcGIS Online 等。这里为显示目的介绍 Esri ArcGIS Online 数据库。

A.4.1　Esri ArcGIS Online

Esri ArcGIS Online 网站提供有与底图、人口统计图、参考地图和专业地图相关的信息（见图 A.6）。

Esri ArcGIS Online

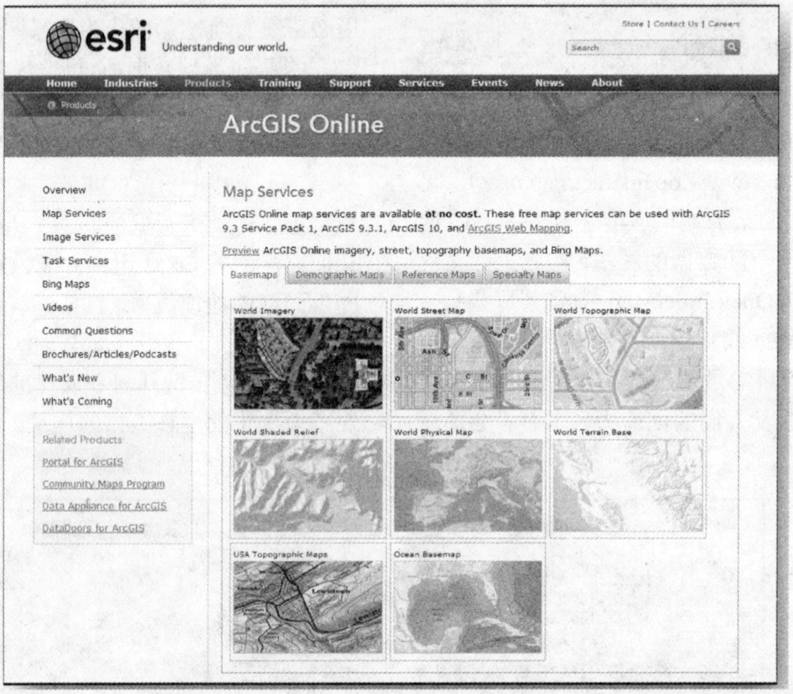

图 A.6　Esri ArcGIS Online 界面提供对底图、人口统计图、参考地图和专业地图的访问（用户界面经 Esri 公司许可使用）

底图：世界影像图、世界街道地图、世界地形图、世界阴影图、世界自然图、世界地形底图、美国地形图和海洋底图。

人口统计图：美国人口的详细信息，包括平均住房大小、年龄中位数、人口密度、零售消费潜力等。

参考地图：世界边界和位置图、世界边界和位置父替图、世界参考叠加和世界交通。

专业地图：德洛姆世界底图、世界导航图和土壤调查图。

Esri ArcGIS Online 提供了几个至政府数据仓库的链接，还提供至 ArcGIS 联机地图与影像服务的访问。它是获取美国人口统计局的数据的好位置。这个免费网站提供的数据，容易导入至 ArcGIS 软件中。

A.5　数字高程数据

对于许多应用而言，准确的数字高程信息非常重要。许多商业摄影工程与制图公司会收费提供对高质量的数字高程信息的访问。本节主要介绍数字高程信息的公共来源。

- DRG：数字栅格图形（USGS，www.libremap.org）

有时分析历史地形信息是有用的。所幸的是，USGS 的原始硬拷贝地形图已转换为数字栅格图形（DRG），比例尺包括 1:24000、1:25000、1:63360（阿拉斯加）、1:100000 和 1:250000。图幅包括标准的美国四分幅地图等。地图图廓线内的图像已地理参照到地表，并匹配到了通用横轴墨卡托投影下。DRG 的水平定位准确度和基准与源地图的准确度与基准一致。这些地图是以最小分辨率 250dpi 扫描的。历史 DRG 可自 http://libremap.org/ 下载。

数字高程信息的其他几种重要来源详见表 A.1，包括：

- GTOPO30：世界数字高程模型（USGS）
- NED：国家高程数据集（USGS）
- 地形和水深信息（USGS、NOAA）
- 地形变化信息（USGS）
- SRTM：航天飞机雷达地形测绘任务（NASA JPL）

A.6 水文数据

水文信息对许多自然（如溪流）和人为（如运河）地理空间关系非常重要。表 A.2 总结了一些详细的水文信息：

- NHD：国家水文数据库（USGS）
- EDNA：高程衍生产品国家应用（USGS）

A.7 土地利用/土地覆盖和生物多样性/栖息地数据

土地利用指的是人类对地形的利用。土地覆盖指的是表面上出现的生物物理材料，如植被、土壤、水体、岩石等。生物多样性指的是动物、鸟类和水生植物的栖息地。表 A.3 中给出了几种非常重要的土地利用/土地覆盖和生物多样性/栖息地资源：

- NLCD：国家土地覆盖数据集（USGS）
- C-CAP：海岸变化分析计划（NOAA）
- 差异分析计划（USGS）
- NWI：国家湿地库存（USFWS）

此外，还有国家物候网络。

物候学研究的是自然历法。例如，它研究梨树何时开花、短吻鳄何时筑巢、鲑鱼何时洄游、玉米何时成熟等。国家网络协调办公室是鼓励收集、汇总和共享物候学数据与相关信息的资源中心。来源：美国国家物候网络，1955，亚利桑那州图森市东 6 街，85721。

A.8 网络（道路）和人口统计数据

拓扑正确的道路网络信息对导航和商务决策制定而言不可或缺。

美国人口统计局向公众免费提供 MAF/TIGER：主地址文件/拓扑集成地理编码和参考系统，详见表 A.4。

美国人口统计局还提供各种空间枚举区的信息。

美国橡树岭国家实验室创建的 LandScan，预测了世界各地的人们在一天不同时间的空间分布，其空间分辨率为 1km×1km（见表 A.4）。

A.9 遥感数据

遥感数据可从卫星轨道、航空平台和传感器获得。表 A.5 提供了一些常用于采集数据并使用 GIS 分析数据的遥感系统的信息：

- ASTER：先进星载热辐射和反射辐射计（NASA）
- AVHRR：先进超高分辨率辐射计（NOAA）
- AVIRIS：先进可见光红外成像光谱仪（NASA）
- 解密卫星影像（USGS）
- DOQ：数字正射四边形影像（USGS）
- 陆地卫星多光谱扫描系统（MSS）、专题制图仪（TM）和增强型专题制图仪（ETM+）（NASA/USGS）
- LiDAR：光探测和测距（USGS）
- MODIS：中等分辨率成像光谱仪（NASA）
- NAIP：国家农业影像计划（USDA）

A.10 各州的 GIS 数据交换中心

美国各州的数据交换中心存储了大量的公共地理空间数据（见表 A.6）。这些网站通常按类别（如高程、水文和交通）列出 GIS 数据。

参考文献

[1] Carswell, W. J., 2011, *National Geospatial Program*, Washington, DC: U.S. Geological Survey, 2 p.

[2] Gesch, D. B., 2007, Chapter 4: "The National Elevation Dataset," in Maune, D. F., Ed., *Digital Elevation Model Technologies and Applications—The DEM Users Manual*（2nd ed.）, Bethesda, MD: American Society for Photogrammetry & Remote Sensing, 99–118.

表 A.1　数字高程数据

数　据	说　明	示　例
GTOPO30	GTOPO30 是一个全球数字高程模型，其水平网格间距为 30 弧秒（约 1km×1km）。它源自大量不同来源的地形信息，广泛用于区域、洲际和全球研究及大量全球变化应用。比较乞力马扎罗山的 GTOPO30 DEM 与 SRTM DEM，可了解 GTOPO30 数据的粗糙分辨率。来源：http://eros.usgs.gov/#/Find_Data/Products_and_Data_Available/gtopo30_info	 Mt. Kilimanjaro
NED：国家高程数据集	国家高程数据集是国家地图的 30m×30m 分辨率高程图层。NED 已演化为多分辨率数据集，可提供最好的高程数据，包括 3m×3m 或更好的 LiDAR 高程数据。来源：http://ned.usgs.gov。关于国家高程数据集特性的详细描述，请参阅 Gesch（2007）	
地形-测深信息	地形-测深数据在单种产品中合并了地形（陆地高程）和测深（水深）数据，可用于洪水制图和其他应用。地形数据源于国家高程数据集，测深数据由 NOAA 地球物理数据系统（GEODAS）提供。例中显示了华盛顿州普吉特湾的部分水深数据。来源：http://topotools.cr.usgs.gov/topobathy.viewer/	
地形变化信息	美国地形变化制图所需的人为地貌活动程度信息。人为地貌活动所致的主要地形变化包括露天开采、筑路、城市开发、水坝修建和填埋。例中左侧显示了内华达州卡林金矿的 NED DEM，右则显示了使用 SRTM 衍生 DEM 识别的切割（蓝色）和填充（红色）区域。来源：http://topochange.cr.usgs.gov/	
SRTM：航天飞机雷达地形测绘任务	SRTM 数据由 2000 年发射的奋进号航天飞机获取。SRTM 数据覆盖了地球上北纬 60 度和南纬 56 度间 80% 以上的陆地面积。SRTM 图像可免费通过 FTP 下载。比较乞力马扎罗山的 GTOPO30 DEM 和 SRTM DEM，可了解 SRTM 衍生 DEM 的粗糙分辨率。来源：http://eros.usgs.gov/ #/Find_Data/Products_and_Data_Available/SRTM	

表 A.2 水文信息

数 据	说 明	示 例
NHD：国家水文数据集	NHD 是国家地图的地表水成分。NHD 是数字矢量数据集，易于在 GIS 水文分析中使用。它包含许多要素，如湖泊、池塘、河流、运河、水坝和水文标尺。这些数据用于普通制图与地表水系统的分析。NHD 包含有自地形图和其他来源获取的矢量地表水水文信息。用户可获取国家范围内中等分辨率的 1:100000 水文信息和高分辨率的 1:24000 水文信息。在阿拉斯加，NHD 的比例尺为 1:63360。也可获得各种比例尺的一些"本地分辨率"区域的水文信息。美国的水文地理学研究主要在排水区域开展。子盆地 8 位水文单元编码（HUC）排水区是高分辨率 NHD 的最实用区域。子区域（4 位 HUC）由各个子盆地组成。NHD 可以 Esri 公司的 NHDinGEO 格式、基于文件的地理数据库格式和 Esri 的 NHDGEOin-Shape 格式获得。NHD 按水文单元组织，可按多种地理扩展形式下载。例中显示了犹他州荷伯流域的 NHD 数据。来源：http://nhd.usgs.gov/	
EDNA：高程衍生产品国家应用	EDNA 是源自 NED 的一个多层数据库，它一直由改进的水文流动模型调节。这种无缝 EDNA 数据库提供 30m×30m 的栅格和适量数据层，包括方位等值线、填充的 DEM、流动积累、流向、汇水区种子点、汇水区、分水岭、沟渠、坡度、合成流线。水文调节的高程数据经处理后，可生成水文衍生产品，进而用于许多水文可视化和研究中。在任何位置都可追踪排水区的上游或下游，因此有助于洪水分析研究、污染研究和水电项目研究。例中是汇水区种子点的地图。来源：http://edna.usgs.gov/	

表 A.3 土地利用/土地覆盖和生物多样性/栖息地信息

数 据	说 明	示 例
NLCD：1992 年、2001 年、2006 年国家土地覆盖数据集 1992、2001、2006	NLCD 由多分辨率土地要素（MRLC）联盟开发，是源自 30m×30m 陆地卫星 TM 数据的一个 16～21 类美国土地覆盖数据集。NLCD 的州数据集提取自较大的区域性数据集，较大的区域性数据集是陆地卫星 TM 场景的镶嵌图。NLCD 1992 是一个土地覆盖数据集。NLCD 2001 是由三个元素组成的一个土地覆盖数据库：土地覆盖、不透水表面和树冠密度。NLCD 2006 还量化了 2001 年至 2006 年间的土地覆盖变化。例中显示了华盛顿特区 1992 年的土地覆盖。来源：http://www.mrlc.gov/index.php	

（续表）

数　据	说　明	示　例
C-CAP：海岸变化分析计划	C-CAP 是每隔 5 年生成的美国海岸区域的土地覆盖和土地覆盖变化的数据库。C-CAP 提供沿海潮间带、湿地和相邻高地的数据。C-CAP 产品包括每个日期分析所用的土地覆盖地图、这些日期之间发生变化的文件。NOAA 也制作高分辨率的 C-CAP 土地覆盖产品。C-CAP 提供 NLCD 的"海岸表示"，并服务于国家空间数据基础设施的地球覆盖图层。例中显示了夏威夷州珍珠港的 C-CAP 数据。来源：http://www.csc.noaa.gov/digitalcoast/data/ccapregional/	
差异分析计划	差异分析计划是美国国家生物信息基础设施（NAII）的一部分，其目标是保护常见的物种。差异活动的重点是创建州、区域数据库和制图，以说明土地管理、土地覆盖、生物多样性的模式。这些数据可用于在动物和植物群落不足以表示原有保护地网络的情形下，识别保护地的"差异"。例中显示了美国差异土地覆盖图，它包含有 551 个生态系统和改进的生态系统。来源：http://gapanalysis.usgs.gov/	
NWI：国家温地库存	美国鱼类和野生动物服务局的国家温地库存计划提供了优先区域内湿地、水滨、深水和相关水生生境的状态、范围、特点和作用等的实时地理空间数据，以促进人们对这些资源的理解和保护。NWI 提供了美国大陆各州 82% 的联机地图信息，阿拉斯加州 31% 的信息和夏威夷 100% 的信息，目的是为可能成为 NSDI 湿地数据层的地区完成和维护无缝的数字湿地数据集。NWI 的一个示例是克雷维克湿地。来源：http://www.fws.gov/wetlands/index.html	

表 A.4　网络（道路）和人口统计信息

数　据	说　明	示　例
MAF/TIGER/Line	TIGER/Line Shapefiles 是从美国人口统计局的 MAF/TIGER 数据库中提取的空间数据（主地址文件/拓扑集成地理编码和参考系统），包含有如下要素：拓扑正确的道路、铁路、河流以及法律和统计地理区域。它们免费向公众提供，通常用作 GIS 或制图软件的数字底图。TIGER/Line Shapefiles 并不包含人口统计数据，但包含可链接到统计局人口统计数据的地理实体代码，使用下面描述的 Americal FactFinder 可获取这些数据。TIGER/Line Shapefiles 以 4 种类型的图幅提供：按县划分的图幅、按州划分的图幅、按整个国家划分的图幅、按美洲印第安人区划分的图幅。来源：http://www.census.gov/geo/www/tiger/shp.html	
2010 人口统计	2010 年的人口普查统计称，美国共有人口 3.087 亿，与 2000 年的 2.814 亿人口相比增长了 9.7%。以下是一些最重要的 2010 年美国人口普查产品（基于表格和特征）及它们的简要说明。其他发达国家通常也提供人口普查数据供人们下载和分析。	

（续表）

2010 人口统计	American FactFinder（AFF） 　　AFF 是一个数据访问系统，它可查找和检索地理信息，并采用交互方式对信息成图。来源：http://factfinder2.census.gov/faces/nav/ jsf/pages/index.xhtml 制图边界文件 　　适用于 GIS 小比例专题制图的通用数字文件。来源：http://www. census.gov/geo/www/cob/ 人口普查 2010 年县块图 　　显示人口普查区块、选区和其他要素细节的彩色地图。来源：http://www.census.gov/geo/www/maps/pl10_map_suite/cou_block.html 选区/国家立法区参考图 　　显示选区和/或国家立法分区的彩色地图。来源：http://www. census.gov/geo/www/maps/pl10_map_suite/vtd_sld.html
LandScan 人口分布模型	LandScan 由美国橡树岭国家实验室开发，资源来源于 DOS 和 DOE。空间分辨率近似为 1km×1km，LandScan 是最高分辨率的全球人口分布数据，代表了一种环境人口（平均超过 24 小时）。LandScan 算法在可控范围内，使用空间数据和图像分析技术、多变量分区密度建模方法来分解人口普查计数。LandScan 人口分布模型可匹配数据条件和各个国家与区域的地理属性。LandScan 数据集对美国政府机构免费。其他部门如教育机构或研究人员必须注册支付许可费用后，才能获得相关资源。来源：http://www.ornl.gov/sci/landscan/index.shtml

表 A.5　遥感数据——公开数据说明示例

数　据	说　明	示　例
ASTER：先进星载热辐射和反射辐射计	ASTER 由 NASA 的特拉卫星运营。ASTER 于 2000 年开始收集数据，由 3 个传感器组成，可获得多种分辨率的图像（15m×15m、30m×30m 和 90m×90m）。ASTER 是特拉卫星上的唯一一个高分辨率成像传感器。ASTER 任务的主要目标是，以 14 个波段（包括热红外）获取整个陆地表面的高分辨率图像和黑白立体图像。通过 4 天和 16 天的回访时间，ASTER 可重复覆盖地表上的变化区域。智利巴塔哥尼亚冰川的这幅 ASTER 图像的获取时间为 2000 年 5 月 2 日。来源：http://visibleearth. nasa.gov/view_rec.php?id=2044	
AVHRR：先进超高分辨率辐射计	AVHRR 是 NOAA 在轨卫星上的一台光学多分光谱扫描仪。该设备测量的是反射阳光和电磁波谱范围内地球在可见光（波段 1）、近红外（波段 2）和热红外（波段 3 和波段 4）范围发射的辐射（热）。自 1979 年 6 月以来，它对全球覆盖作出了巨大的贡献，可在早晨和下午获取数据。天底分辨率为 1.1km×1.1km。例中是北部湾和南卡罗来纳的图像。来源：http://eros.usgs.gov /#/Find_Data/Products_and_Data_Available/AVHRR	
AVIRIS：机载/可见光成像光谱仪	AVIRIS 是以 244 个连续波段分发校准后的光谱辐射图像的唯一传感器，波段波长范围是 400～2500nm。AVIRIS 的主要目的是，根据分子吸收和颗粒散射特征来识别、测量和监控地面与大气的连续变化。用 AVIRIS 数据进行研究的重点是，了解与全球环境与气候变化的过程。例中是加利福尼亚州旧金山湾区下部的 AVIRIS 图像。来源：http://aviris.jpl.nasa.gov/	

数　据	说　明	示　例
解密卫星影像	USGS EROS 自卫星影像档案中解密并维护了约 90000 幅解密的卫星影像。这些图像是从 1960 年至 1980 年期间，使用各种智能卫星获取的，包括 CORONA、ARGON、LANYARD、KH-7 和 KH-9。覆盖范围是全球，但地理分布并不均衡。有些图像是高分辨率的（尽管未经过地理参照修正）。例中是非洲达卡塞内加尔西侧的图像，是在 1966 年使用 KH-7 卫星获取的。来源：http://eros.usgs.gov/#/Find_Data/Products_and_Data_Available/Declassified_Satellite_Imagery_-_2	
DOQ：数字正射四边形影像	DOQ 是计算机生成的航空照片影像，其中已消除了地形起伏和相机倾斜导致的位移。DOQ 兼具原始照片和经过地理参照修正质量地图的特性。DOQ 可以是黑白、自然、彩色或彩红外图像，地面分辨率为 1m×1m。所覆盖面积是经度 3.75 分、纬度 3.75 分，或经度 7.5 分、纬度 7.5 分。例中显示了华盛顿特区华盛顿市中心的 CIR DOQ 图像。来源：http://egsc.usgs.gov/isb/pubs/factsheets/fs05701.html	
陆地卫星：MSS、TM、ETM+	前两颗地球资源技术卫星（ERTS）分别发射于 1972 年和 1975 年，后来均更名为陆地卫星。其他陆地卫星分别于 1978 年、1982 年、1984 年、1993 年（未成功进入轨道）和 1999 年发射。陆地卫星上载有许多传感器，包括多光谱扫描系统（MSS；80m×80m）、专题制图仪（TM；30m 和 60m）和增强型专题制图仪（ETM+；15m、30m 和 60m）。USGS 于 1972 年获取的所有陆地卫星数据都可免费供用户使用。示例在非洲马拉危南部靠近莫桑比克边界的 SRTM 数字高程模型上，显示了陆地卫星 7 所成的影像。来源：http://landsat.gsfc.nasa.gov/images/archive/f0005.html	
LiDAR：光探测与测距	LiDAR 数据集是最重要的数字表面模型之一，它提供地表上所有要素的详细 (x, y, z) 位置信息。经过准确的处理后，质点可编辑为裸露地表数字地形模型。经过额外的处理后，可产生关于植被的生物物理信息。LiDAR 也可用于获取浅水区域的水深信息。USGS 在 http://lidar.cr.usgs.gov/ 处提供了 LiDAR 的信息坐标和知识	
MODIS：中等分辨率成像光谱仪	MODIS 搭载在 NASA 的 Aqua 和特拉卫星上。它以三种分辨率于 36 个波段收集数据：250m×250m、500m×500m 和 1000m×1000m。MODIS 每隔 1～2 天收集一次整个地球的影像。所获取的数据可用于小比例尺问题的区域、大陆和全球分析，如陆地、海洋、海冰、大气和全球环境的变化。来源：http://modis.gsfc.nasa.gov/gallery/#	
NAIP：国家农业影像计划	NAIP 获取的数据是美国大陆农作物生长季节的影像。有叶正射影像的空间分辨率为 1m×1m 或 2m×2m。1m×1m 影像提供更新的数字正射影像。2m×2m 影像支持 USDA 的农场服务计划，该计划要求在作业生长季节实时获取低分辨率影像。示例影像是在落叶期获取的 1m×1m 影像。来源：http://www.fsa.usda.gov/FSA/apfoapp?area=home&subject=prog&topic=nai	

表 A.6　各州 GIS 数据交换中心

州　名	GIS 数据交换中心网址
阿拉巴马	http://portal.gsa.state.al.us/Portal/index.jsp
阿拉斯加	http://www.asgdc.state.ak.us/
亚利桑那	http://agic.az.gov/
阿肯色	http://www.geostor.arkansas.gov/G6/Home.html
加利福尼亚	http://atlas.ca.gov/
克罗拉多	http://coloradogis.nsm.du.edu/Portal/
康涅狄格	http://magic.lib.uconn.edu/
特拉华	http://datamil.delaware.gov/geonetwork/srv/en/main.home
佛罗里达	http://www.fgdl.org/
佐治亚	http://gis.state.ga.us/
夏威夷	http://hawaii.gov/dbedt/gis/download.htm
爱达荷	http://www.insideidaho.org/
伊利诺伊	http://www.isgs.uiuc.edu/nsdihome/ISGSindex.html
印第安那	http://www.igic.org/
艾奥瓦	http://www.igsb.uiowa.edu/nrgislibx/
堪萨斯	http://www.kansasgis.org/
肯塔基	http://technology.ky.gov/gis/Pages/default.aspx
路易斯安那	http://lagic.lsu.edu/
缅因	http://www.maine.gov/megis/
马里兰	http://www.marylandgis.net/index.jsp
马萨诸萨	http://www.mass.gov/mgis/
密歇根	http://www.michigan.gov/cgi
明尼苏达	http://www.mngeo.state.mn.us/chouse/index.html
密西西比	http://www.gis.ms.gov/portal/home.aspx
密苏里	http://www.msdis.missouri.edu/
蒙大拿	http://nris.mt.gov/gis/
内布拉斯加	http://www.dnr.state.ne.us/databank/geospatial.html
内华达	http://www.nbmg.unr.edu/DataDownloads/VirtualClearinghouse.html
新罕布什尔	http://www.granit.unh.edu/
新泽西	https://njgin.state.nj.us/NJ_NJGINExplorer/index.jsp
新墨西哥	http://rgis.unm.edu/
纽约	http://www.nysgis.state.ny.us/http://rgis.unm.edu/
北卡罗来纳	http://www.nconemap.com/
北达科他	http://www.nd.gov/gis
俄亥俄	http://ogrip.oit.ohio.gov/Home.aspx
俄克拉荷马	http://www.seic.okstate.edu/
俄勒冈	http://gis.oregon.gov/
宾夕法尼亚	http://www.pasda.psu.edu/
罗得岛	http://www.edc.uri.edu/RIGIS/
南卡罗来纳	http://www.gis.sc.gov/data.html

南达科他	http://www.sdgs.usd.edu/
田纳西	http://www.tngis.org/
德克萨斯	http://www.tnris.org/
犹他	http://gis.utah.gov/
佛蒙特	http://www.vcgi.org/dataware/
弗吉尼亚	http://gisdata.virginia.gov/Portal/
华盛顿	http://metadata.gis.washington.edu/geoportal/catalog/main/home.page
西弗吉尼亚	http://wvgis.wvu.edu/
威斯康星	http://www.sco.wisc.edu/wisclinc/
怀俄明	http://www.wyoming.gov/loc/04222011_1/statewideIT/gis/Pages/default.aspx